普通高等教育"十三五"规划教材

# 工程热力学

陈巨辉 戴 冰 李九如 于广滨 编著

科学出版社
北京

## 内 容 简 介

本书是黑龙江省级精品课程"工程热力学"的配套教材,通过不断地修改、补充和完善,目前已经形成了一套科学完整的知识体系,并且入选为科学出版社普通高等教育"十三五"规划教材。本书与当前世界科技发展及国家建设紧密结合,章节编排更符合教学规律,教材立体化方面具有新的突破。全书共12章,第1~9章全面介绍了工程热力学的基本概念、基本定律、气体及蒸汽的热力性质、各种热力过程和循环的分析计算等内容。第10~12章则侧重于学生对知识点的运用和理解能力的培养。

本书适用于高等学校能源动力、化工机械、航空航天、核工程技术、建筑工程、工业管理等专业学生,也可作为这些专业的教师、管理人员的参考书、自学和进修读物,本书也适合于工程技术人员作为参考书,或作为技术手册备查。

---

图书在版编目(CIP)数据

工程热力学/陈巨辉等编著. —北京:科学出版社,2017.6

普通高等教育"十三五"规划教材

ISBN 978-7-03-052869-8

Ⅰ. ①工… Ⅱ. ①陈… Ⅲ. ①工程热力学–高等学校–教材 Ⅳ. ①TK123

中国版本图书馆 CIP 数据核字(2017)第 111940 号

责任编辑:张 震 杨慎欣 / 责任校对:刘亚琦
责任印制:徐晓晨 / 封面设计:无极书装

科学出版社 出版
北京东黄城根北街 16 号
邮政编码:100717
http://www.sciencep.com

北京中石油彩色印刷有限责任公司 印刷
科学出版社发行 各地新华书店经销
*
2017 年 6 月第 一 版 开本:787×1092 1/16
2017 年 8 月第二次印刷 印张:20 1/2
字数:525 000
定价:60.00 元
(如有印装质量问题,我社负责调换)

# 前　言

本书是黑龙江省级精品课程"工程热力学"的配套教材。从本专业 1986 年成立以来，《工程热力学》讲义经过了三十多届的讲授，内容不断得以修改和完善，并结合新技术补充了知识点，目前已形成了一套完整的知识体系。"工程热力学"课程在教学方法、创新实验、多媒体教学、试题库建立、编写教材等方面一直在不断地积累、创新，课程不仅为学生讲授有关专业的基础理论知识，也为其毕业后从事相关专业技术工作和科学研究工作提供重要的理论基础，同时培养了学生的科学抽象、逻辑思维能力。本书在原有讲义的基础上紧跟"十三五"规划思想，并与当前世界科技发展及国家建设紧密结合，章节编排更符合教学规律，教材立体化方面具有新的突破。

本书主要具有以下特色。

（1）编写思路新颖，内容全面，结构清晰，重点突出。"工程热力学"课程具有概念多、公式多、内容多（一种工质、两个基本定律、三个守恒方程、四个热力过程、五个方面应用）等特点，内容涉及面广、跨度大、知识点多。本书对传统的"工程热力学"课程进行了调整，主要考虑到热能与动力工程专业的特点，着眼于培养学生的学习兴趣，提高学生解决实际问题的能力，改革了习题构成，增加了培养学生能力训练的题目，着重强调全面性、实用性、创新性，做到难度适中、内容详略得当、语言准确精练。

（2）本书的内容以实用为目的，注重知识应用的先进性和前沿性。本书紧跟"十三五"规划思想，补充了该领域"十三五"规划重点研究内容及最新的研究成果。随着知识的不断探寻及更新拓展，作者结合十多年的讲课经验，对《工程热力学》讲义内容又进行了完善和补充。

（3）提供丰富的立体化配套资源，教学资源丰富，提供优质教学服务。为使内容更加动态化、形象化，本书提供课程教学资源和网络学习平台。课程教学资源包括课程标准、教学指南、学习指南、电子教案、多媒体课件等；网络学习平台主要为师生提供电子教材、在线交流、在线作业、答疑解惑等即时和非即时的沟通手段。

（4）作者队伍结构合理，教科研实力强。《工程热力学》作者团队包括从教十几年经验丰富的老教师及有活力有新想法的年轻教师，同时还有系主任对"十三五"规划主导思想的把关。

《工程热力学》讲义得到了所有授课教师和广大学生的好评。经向学生抽样调查，"工程热力学"课程多次被学生认为是"最受欢迎的课程"；《工程热力学》讲义也被评为最受欢迎的教科书，学生表示讲义内容浅显易懂，各类教学资源非常丰富，便于自学。课题组曾多次参加中国工程热物理学会所召开的全国性学术交流会议；基于《工程热力学》讲义的教学方法、教学计划和大纲设计等均得到了同行专家的认可。

本书初稿由陈巨辉执笔完成，承蒙戴冰、李九如、于广滨仔细审阅，对本书的结构安排和内容取舍提出了中肯的意见，指出了一些细节的错误和不妥。感谢哈尔滨理工大学机械动力工程学院对本书编写和出版的大力支持，及本专业学生的积极配合与反馈。

书中难免有不妥之处，望不吝指正。

陈巨辉

2016 年 11 月 9 日

# 主 要 符 号

| | | | |
|---|---|---|---|
| $A$ | 面积，$m^2$ | $p_s$ | 饱和压力，Pa |
| $c_f$ | 流速，m/s | $p_v$ | 真空度，湿空气中水蒸气分压力，Pa |
| $c$ | 比热（质量比热），J/(kg·K)；浓度，$mol/m^3$ | $Q$ | 热量，J |
| $c_p$ | 定压比热，J/(kg·K) | $q_m$ | 质量流量，kg/s |
| $c_V$ | 定容比热，J/(kg·K) | $q_V$ | 体积流量，$m^3/s$ |
| $C_m$ | 摩尔比热，J/(mol·K) | $R$ | 通用气体常数，J/(mol·K) |
| $C_{p,m}$ | 摩尔定压比热，J/(mol·K) | $R_g$ | 气体常数，J/(kg·K) |
| $C_{V,m}$ | 摩尔定容比热，J/(mol·K) | $R_{g,eq}$ | 平均（折合）气体常数，J/(kg·K) |
| $d$ | 耗汽率，kg/J；含湿量，kg/kg（干空气） | $S$ | 熵，J/K |
| | | $S_g$ | 熵产，J/K |
| | | $S_f$ | 热（熵流），J/K |
| $E$ | 总能（储存能），J | $T$ | 热力学温度，K |
| $E_k$ | 宏观动能，J | $T_i$ | 转回温度，K |
| $E_p$ | 宏观位能，J | $t$ | 摄氏温度，℃ |
| $F$ | 力，N | $T_w$ | 湿球温度，℃ |
| $H$ | 焓，J | $U$ | 内能，J |
| $H_m$ | 摩尔焓，J/mol | $V$ | 体积，$m^3$ |
| $M$ | 摩尔质量，kg/mol | $v$ | 比体积，$m^3/kg$ |
| $Ma$ | 马赫数 | $V_m$ | 摩尔体积，$m^3/mol$ |
| $M_r$ | 相对分子质量 | $W$ | 膨胀功，J |
| $M_{eq}$ | 平均（折合）摩尔质量，kg/mol | $W_{net}$ | 循环净功，J |
| $n$ | 多变指数；物质的量，mol | $W_i$ | 内部功，J |
| $p$ | 绝对压力，Pa | $W_s$ | 轴功，J |
| $p_0$ | 大气环境压力，Pa | $W_t$ | 技术功，J |
| $p_b$ | 大气压力，背压力，Pa | $W_u$ | 有用功，J |
| $p_e$ | 表压力，Pa | $w_i$ | 质量分数 |
| $p_i$ | 分压力，Pa | $x$ | 干度（专指湿蒸汽中饱和干蒸汽的质量分数） |

| | | | |
|---|---|---|---|
| $x_i$ | 摩尔分数 | $\sigma$ | 回热度 |
| $z$ | 压缩因子 | $\varphi$ | 相对湿度；喷管速度系数 |
| $\alpha$ | 抽汽量，kg；离解度 | $\varphi_i$ | 体积分数 |
| $\alpha_V$ | 体膨胀系数 | | |
| $\gamma$ | 质量比热比（比热比）；相变潜热（汽化潜热），J/kg | **下标** | |
| $\varepsilon$ | 制冷系数；压缩比 | a | 空气中干空气的参数 |
| $\varepsilon'$ | 供暖系数 | c | 卡诺循环；冷库参数 |
| $\eta_c$ | 卡诺循环热效率 | C | 压气机 |
| $\eta_{C,s}$ | 压气机绝热效率 | cr | 临界点参数；临界流动状况参数 |
| $\eta_T$ | 蒸汽轮机、燃气轮机的相对内效率 | CV | 控制容积 |
| $\eta_t$ | 循环热效率 | in | 进口参数 |
| $\kappa$ | 定熵指数 | iso | 孤立系统 |
| $\kappa_T$ | 等温压缩率 | m | 物质的量 |
| $\lambda$ | 升压比 | s | 饱和参数；相平衡参数 |
| $\pi$ | 压力比（增压比） | out | 出口参数 |
| $\nu_{cr}$ | 临界压力比 | v | 湿空气中水蒸气的物理量 |
| $\rho$ | 密度，kg/m³；预胀比 | 0 | 环境的参数；滞止参数 |

# 目　　录

前言
主要符号
第1章　基本概念 ································································································· 1
　1.1　绪论 ····································································································· 1
　　1.1.1　热能与机械能的转换 ········································································· 1
　　1.1.2　热力学发展简史 ··············································································· 2
　　1.1.3　工程热力学的主要内容及研究方法 ······················································ 3
　1.2　热力学系统 ·························································································· 4
　　1.2.1　热力系定义 ····················································································· 4
　　1.2.2　热力系分类 ····················································································· 5
　1.3　状态及状态参数的基本概念 ···································································· 5
　　1.3.1　状态与状态参数 ··············································································· 5
　　1.3.2　基本状态参数 ·················································································· 6
　1.4　平衡状态、状态方程、坐标图 ································································· 9
　　1.4.1　平衡状态 ························································································ 9
　　1.4.2　状态公理 ························································································ 9
　　1.4.3　状态方程 ······················································································· 10
　　1.4.4　状态参数坐标图 ············································································· 10
　1.5　热力过程 ···························································································· 10
　　1.5.1　准静态过程 ···················································································· 11
　　1.5.2　可逆过程和不可逆过程 ···································································· 12
　1.6　功和热量 ···························································································· 13
　　1.6.1　功的热力学定义 ············································································· 13
　　1.6.2　可逆过程功 ···················································································· 14
　　1.6.3　热量 ····························································································· 15
　1.7　热力循环 ···························································································· 16
　　1.7.1　循环 ····························································································· 16
　　1.7.2　正向循环 ······················································································· 16
　　1.7.3　逆向循环 ······················································································· 17
　1.8　单位制简介 ························································································ 18
　　1.8.1　基本单位 ······················································································· 18
　　1.8.2　导出单位 ······················································································· 19
　　1.8.3　国际单位制词冠 ············································································· 19
　思考题 ········································································································ 20

习题 ································································· 21

# 第2章 热力学第一定律 ················································ 23
## 2.1 热力学第一定律的实质 ············································ 23
## 2.2 内能和总能 ······················································ 23
### 2.2.1 内能 ························································ 23
### 2.2.2 外部储存能 ·················································· 24
### 2.2.3 系统的总储存能 ·············································· 24
## 2.3 焓 ······························································ 24
## 2.4 热力学第一定律的表达式 ·········································· 25
### 2.4.1 基本表达式 ·················································· 25
### 2.4.2 闭口系统能量方程式 ·········································· 25
### 2.4.3 开口系统能量方程的一般形式 ·································· 28
## 2.5 稳定流动能量方程及其应用 ········································ 30
### 2.5.1 稳定流动能量方程式 ·········································· 30
### 2.5.2 稳定流动能量方程式的分析 ···································· 30
### 2.5.3 能量方程式的应用 ············································ 31
思考题 ································································ 35
习题 ·································································· 36

# 第3章 气体的性质 ···················································· 38
## 3.1 理想气体模型及其状态方程 ········································ 38
### 3.1.1 理想气体模型 ················································ 38
### 3.1.2 理想气体状态方程 ············································ 38
### 3.1.3 通用气体常数与气体常数的关系 ································ 39
## 3.2 实际气体模型及其状态方程 ········································ 41
### 3.2.1 实际气体模型 ················································ 41
### 3.2.2 实际气体状态方程 ············································ 42
### 3.2.3 实际气体临界参数 ············································ 43
## 3.3 对比参数及对比态定律 ············································ 45
### 3.3.1 对比参数 ···················································· 45
### 3.3.2 对比态定律 ·················································· 45
### 3.3.3 通用压缩因子图 ·············································· 46
## 3.4 理想气体的比热 ·················································· 49
### 3.4.1 比热的定义 ·················································· 49
### 3.4.2 定压比热与定容比热的关系 ···································· 50
### 3.4.3 利用比热计算热量 ············································ 51
## 3.5 理想气体的内能、焓和熵 ·········································· 53
### 3.5.1 内能和焓 ···················································· 53
### 3.5.2 状态参数熵 ·················································· 55
### 3.5.3 理想气体的熵变计算 ·········································· 55

## 3.6 理想气体混合物 ... 57
### 3.6.1 理想气体混合物定义与成分表示 ... 57
### 3.6.2 混合气体的折合摩尔质量和折合气体常数 ... 57
### 3.6.3 分压力定律和分体积定律 ... 58
### 3.6.4 $w_i$、$x_i$、$\varphi_i$ 的换算关系 ... 59
### 3.6.5 理想气体混合物的比热、内能、焓和熵 ... 60
## 思考题 ... 62
## 习题 ... 63

# 第4章 理想气体基本热力过程及气体压缩 ... 67
## 4.1 概述 ... 67
## 4.2 定容过程 ... 67
## 4.3 定压过程 ... 68
## 4.4 定温过程 ... 72
## 4.5 绝热过程 ... 73
### 4.5.1 过程方程式 ... 73
### 4.5.2 初、终态参数的关系 ... 74
### 4.5.3 定熵过程 $p$-$v$ 图和 $T$-$s$ 图 ... 74
### 4.5.4 绝热过程中能量的传递和转换 ... 74
## 4.6 多变过程 ... 75
### 4.6.1 过程方程式 ... 75
### 4.6.2 初、终态参数的关系 ... 76
### 4.6.3 多变过程的过程功、技术功及过程热量 ... 76
### 4.6.4 多变过程的特性及 $p$-$v$ 图、$T$-$s$ 图 ... 77
### 4.6.5 过程综合分析 ... 78
## 4.7 压气机的热过程 ... 83
### 4.7.1 压气机概述 ... 83
### 4.7.2 单级活塞式压气机的工作原理和理论耗功量 ... 84
### 4.7.3 余隙容积对压气机工作的影响 ... 85
### 4.7.4 多级压缩和级间冷却 ... 87
## 思考题 ... 89
## 习题 ... 90

# 第5章 热力学第二定律 ... 93
## 5.1 热力学第二定律的表述 ... 93
## 5.2 可逆循环分析及其热效率 ... 94
### 5.2.1 卡诺循环 ... 94
### 5.2.2 概括性卡诺循环 ... 95
### 5.2.3 逆向卡诺循环 ... 96
### 5.2.4 多热源的可逆循环 ... 97
## 5.3 卡诺定理 ... 98

- 5.4 状态参数熵及热过程方向的判据 ......... 100
  - 5.4.1 状态参数熵的导出 ......... 100
  - 5.4.2 热力学第二定律的数学表达式 ......... 102
  - 5.4.3 不可逆绝热过程分析 ......... 104
  - 5.4.4 熵变量计算 ......... 105
- 5.5 孤立系的熵增原理 ......... 106
  - 5.5.1 孤立系熵增原理的基本概念 ......... 106
  - 5.5.2 熵增原理的实质 ......... 108
  - 5.5.3 孤立系中熵增与做功能力损失 ......... 110
- 思考题 ......... 111
- 习题 ......... 112

## 第6章 水蒸气和湿空气 ......... 115
- 6.1 饱和状态及其参数 ......... 115
- 6.2 水蒸气的定压发生过程 ......... 116
- 6.3 水和水蒸气的状态参数 ......... 117
  - 6.3.1 零点的规定 ......... 118
  - 6.3.2 过冷水 ......... 118
  - 6.3.3 温度为 $t$、压力为 $p$ 的饱和水 ......... 118
  - 6.3.4 压力为 $p$ 的干饱和蒸汽 ......... 118
  - 6.3.5 压力为 $p$ 的湿饱和蒸汽 ......... 119
  - 6.3.6 压力为 $p$ 的过热蒸汽 ......... 119
- 6.4 水蒸气表和 $h$-$s$ 图 ......... 119
  - 6.4.1 水蒸气表 ......... 120
  - 6.4.2 $h$-$s$ 图 ......... 121
- 6.5 水蒸气的基本过程 ......... 121
- 6.6 湿空气的性质 ......... 123
  - 6.6.1 未饱和空气和饱和空气 ......... 124
  - 6.6.2 露点 ......... 124
  - 6.6.3 湿空气的绝对湿度 ......... 125
  - 6.6.4 湿空气的相对湿度 ......... 125
  - 6.6.5 湿空气的含湿量 ......... 125
  - 6.6.6 湿空气的焓 ......... 126
  - 6.6.7 湿空气的比体积 ......... 126
- 6.7 湿空气的焓湿图 ......... 127
  - 6.7.1 湿空气的 $h$-$d$ 图 ......... 127
  - 6.7.2 $h$-$d$ 图的应用 ......... 129
- 6.8 湿空气的基本过程 ......... 129
  - 6.8.1 加热（或冷却）过程 ......... 130
  - 6.8.2 绝热加湿过程 ......... 130

|     |       | 6.8.3 冷却去湿过程 ································································ 131 |
| --- | --- | --- |
|     |       | 6.8.4 绝热混合过程 ································································ 131 |
|     |       | 6.8.5 烘干过程 ···································································· 132 |
|     | 思考题 ·············································································· 132 |
|     | 习题 ················································································ 133 |

## 第 7 章 气体与蒸汽的流动 ······························································ 134

- 7.1 稳定流动的基本特性和基本方程 ·············································· 134
  - 7.1.1 喷管和扩压管 ···························································· 134
  - 7.1.2 连续性方程 ······························································ 134
  - 7.1.3 稳定流动能量方程式 ···················································· 135
  - 7.1.4 过程方程式 ······························································ 136
  - 7.1.5 声速方程 ································································ 137
- 7.2 促使流速改变的条件 ·························································· 137
  - 7.2.1 力学条件 ································································ 137
  - 7.2.2 几何条件 ································································ 138
- 7.3 喷管的计算 ···································································· 140
  - 7.3.1 流速计算 ································································ 140
  - 7.3.2 临界压力比 ······························································ 140
  - 7.3.3 流量计算 ································································ 142
- 7.4 绝热节流 ······································································ 143
- 思考题 ·············································································· 143
- 习题 ················································································ 144

## 第 8 章 动力循环 ······································································ 145

- 8.1 朗肯循环 ······································································ 145
  - 8.1.1 工质为水蒸气的卡诺循环 ··············································· 145
  - 8.1.2 朗肯循环及其热效率 ···················································· 146
  - 8.1.3 蒸汽参数对朗肯循环热效率的影响 ····································· 147
  - 8.1.4 有摩阻的实际循环 ······················································ 148
- 8.2 再热循环 ······································································ 150
- 8.3 回热循环 ······································································ 151
  - 8.3.1 抽汽回热 ································································ 151
  - 8.3.2 回热循环计算 ···························································· 152
- 8.4 热电循环 ······································································ 155
- 8.5 活塞式内燃机实际循环的简化 ·················································· 156
- 8.6 活塞式内燃机的理想循环 ······················································ 158
  - 8.6.1 混合加热理想循环 ······················································ 158
  - 8.6.2 定压加热理想循环 ······················································ 160
  - 8.6.3 定容加热理想循环 ······················································ 160
  - 8.6.4 活塞式内燃机各种理想循环的热力学比较 ····························· 162

## 8.7 燃气轮机装置及循环 ································································· 163
### 8.7.1 燃气轮机装置简介 ······················································· 163
### 8.7.2 燃气轮机装置的定压加热理想循环 ······························ 164
### 8.7.3 燃气轮机装置的定压加热实际循环 ······························ 165
思考题 ··············································································· 166
习题 ·················································································· 167

## 第9章 制冷循环 ······························································· 168
### 9.1 概况 ············································································ 168
### 9.2 空气压缩制冷循环原理及应用 ········································· 168
#### 9.2.1 空气压缩制冷循环 ················································· 168
#### 9.2.2 回热式空气制冷循环 ············································· 170
### 9.3 蒸气压缩制冷循环 ························································ 172
### 9.4 吸收式制冷循环 ···························································· 175
### 9.5 热泵 ············································································ 176
### 9.6 气体液化系统 ······························································· 176
#### 9.6.1 理想液化系统所需的功 ·········································· 176
#### 9.6.2 可逆气体液化系统 ················································· 177
思考题 ··············································································· 178
习题 ·················································································· 178

## 第10章 总复习试题精讲 ················································· 180
## 第11章 考研复习试题精讲 ·············································· 187
## 第12章 专升本复习试题汇编 ··········································· 273
复习参考题（一） ······························································· 273
复习参考题（二） ······························································· 273
专升本模拟考试试题（一） ·················································· 274
专升本模拟考试试题（二） ·················································· 276
专升本模拟考试试题（三） ·················································· 279
专升本模拟考试试题（四） ·················································· 281
专升本模拟考试试题（五） ·················································· 284
专升本模拟考试试题（六） ·················································· 286
专升本模拟考试试题（七） ·················································· 289

## 参考文献 ·········································································· 292
## 附录 ················································································ 293

# 第 1 章 基 本 概 念

## 1.1 绪 论

### 1.1.1 热能与机械能的转换

随着社会的快速发展，人类不断地开发和利用自然界的各种能源。所谓能源，是指提供各种有效能量的物质资源。自然界中可被人们利用的能量主要有矿物燃料的化学能以及风能、水力能、太阳能、地热能、原子能等。其中风能和水力能是自然界以机械能形式提供的能量，其他则主要以热能的形式或者转换为热能的形式供人们利用，可见能量的利用过程实质上是能量的传递和转换过程。据统计，以热能形式而被利用的能量，在我国占 90%以上，世界其他各国平均超过 85%。因此，热能的开发利用对人类社会的发展有着重要意义。

热能的利用通常有下列两种基本形式：一种是热利用，如在冶金、化工、食品等工业和生活上的应用；另一种是把热能转化成机械能或电能，为人类社会的各方面提供动力等。

当今热力工程所利用的热源物质主要是矿物燃料。从燃料燃烧中获得热能，以及利用热能得到动力的整套设备（包括辅助设备），统称热能动力装置。

热能动力装置可分为蒸汽动力装置及燃气动力装置两大类。下面以内燃机与蒸汽动力装置为例分析热能动力装置中的能量转换情况。

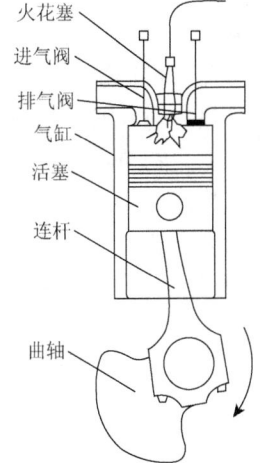

图 1.1 内燃机示意图

内燃机的主要部分为气缸、活塞（图 1.1）。内燃机工作时，活塞做往复运动，往复运动连续进行并借助于连杆和曲柄的作用使内燃机曲轴转动，进而带动机器工作。

燃料和空气的混合物在气缸中燃烧，释放出大量热量，使燃气的温度、压力大大高于周围介质的温度和压力而具备做功的能力。它在气缸中膨胀做功，推动活塞，这时气体的能量通过曲柄连杆机构传递给装在内燃机曲轴上的飞轮，转变成飞轮上的动能。飞轮的转动带动曲轴，向外做出轴功，同时完成活塞的逆向运动，排出废气，为下一轮进气做好准备。

每经过一定的时间间隔，空气和燃料即被送入气缸中，并在其中燃烧、膨胀，推动活塞做功。这样，活塞不断地往复运动，曲轴则连续回转。飞轮从气体那里所得到的能量，除了部分作为带动活塞逆向运动所需要的能量外，其余部分传递给工作机械加以利用。此外，把一部分燃料化学能转换来的热能排向环境大气。

蒸汽动力装置的系统简图如图 1.2 所示。这是由锅炉、汽轮机、冷凝器、泵等组成的一套热力设备。燃料在锅炉中燃烧，使化学能转化为热能，锅炉沸水管内的水吸热后变为蒸汽，并且在过热器内过热，成为过热蒸汽。此时高温高压蒸汽具有做功的能力，当它被导入汽轮机后，先通过喷管膨胀，速度增大，内能转变成动能。这样，具有一定动能的蒸汽推动叶片，使轴转动做功。做功后的乏汽从汽轮机进入冷凝器，被冷却水冷凝成水，并由泵加压送入锅炉加热。如此周而复始，通过锅炉、汽轮机、冷凝器等不断把燃料中的化学能转变而来的热能中的一部分转变成功，其余部分则排向环境介质。

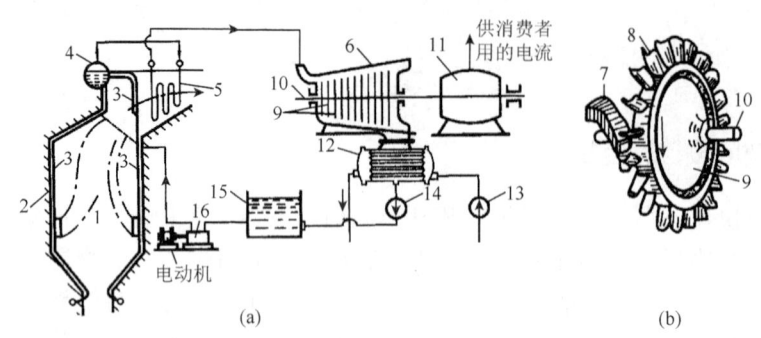

图 1.2 蒸汽动力装置的系统简图

1—炉子；2—炉墙；3—沸水管；4—汽锅；5—过热器；6—汽轮机；7—喷嘴；8—叶片；9—叶轮；
10—轴；11—发电机；12—冷凝器；13、14、16—泵；15—蓄水池

工程热力学不深入研究各种热机的结构和各自的特性，而是抽取所有热机的共同问题进行探讨。从上述两种热机的工作情况可以看出，它们构造不同，工作特性不同。例如，活塞式内燃机的燃烧、膨胀、压缩和排气都发生在气缸内，而且可以说气体的膨胀过程发生在气体无宏观运动的状况下；蒸汽动力装置中工质的吸热、膨胀、冷凝等过程分别发生在不同的设备中，而且蒸汽虽然在进入喷管时速度较低，但膨胀后冲出喷管时速度却很大，因此蒸汽的膨胀过程是发生在有宏观运动时。其他形式的热机可能还有另外的方式和特性，但是概括地看来，无论哪一种动力装置，总是用某种媒介物质从某个能源获取热能，从而具备做功能力并对机器做功，最后又把余下的热能排向环境介质。上述这些过程——吸热、膨胀、做功、排热，对任何一种热能动力装置都是共同的，也是本质性的。把实现热能和机械能相互转化的媒介物质称为工质；把工质从中吸取热能的物系称为热源，或称高温热源；把接受工质排出热能的物系称为冷源，或称低温热源。热源和冷源可以是恒温的，也可以是变温的。热能动力装置的过程可概括成：工质自高温热源吸热，将其中一部分转化为机械能而做功，并把余下部分传给低温热源。

## 1.1.2 热力学发展简史

热力学是一门研究物质的能量、能量传递和转换以及能量与物质性质之间普遍关系的科学。工程热力学是热力学的工程分支，是在阐述热力学普遍原理的基础上，研究这些原理的技术应用的学科，它着重研究的是热能与其他形式能量（主要是机械能）之间的转换规律及其工程应用。掌握工程热力学的基本原理，必将为能源、动力、化工及环境工程等领域内的深入研究打下坚实的基础。

人类的实践活动和探索未知事物的欲望是科学技术发展的动力。热现象是人类最早广泛接触到的自然现象之一，但是直到 18 世纪初，在欧洲，由于煤矿开采、航海、纺织等产业部门的发展，产生了对热机的巨大需求，才促使热学的发展得到积极的推动。1763～1784 年，英国人瓦特（James Watt，1736～1819）对当时用来带动煤矿水泵的原始蒸汽机

进行了重大改进,且研制成功了应用高于大气压的蒸汽和配有独立凝汽器的单缸蒸汽机,提高了蒸汽机的热效率。此后,蒸汽机为纺织、冶金、交通等部门广泛采用,使生产力有了很大的提高。

蒸汽机的发明与应用,刺激、推动了热学方面的理论研究,促成了热力学的建立与发展。1824年,法国人卡诺(Sadi Carnot,1796～1832)提出了卡诺定理和卡诺循环,指出热机必须工作于不同温度的热源之间,并提出了热机最高效率的概念,这在本质上已阐明了热力学第二定律的基本内容。但是,卡诺用当时流行的热质说作为其理论的依据,因而虽然他的结论是正确的,但证明过程却是错误的。在卡诺所做工作的基础上,1850～1851年,克劳修斯(Rudolf Clausius,1822～1888)和汤姆孙(William Thomson,即开尔文 Lord Kelvin,1824～1907)先后独立地从热量传递和热转变成功的角度提出了热力学第二定律,指明了热过程的方向性。

在热质说流行的年代,一些研究者用实验事实驳斥了其错误,但由于没有找到热功转换的数量关系,他们的工作没有受到重视。1842年,迈耶(Julius Robert Mayer,1814～1878)提出了能量守恒原理,认为热是能量的一种形式,可以与机械能相互转换。1850年,焦耳(James Prescott Joule,1818～1889)在他的关于热功相当实验的总结论文中,以各种精确的实验结果使能量守恒与转换定律,即热力学第一定律得到了充分的证实。能量守恒与转换定律是19世纪物理学的最重要发现。1851年,汤姆孙把能量这一概念引入热力学。

热力学第一定律的建立宣告第一类永动机(即不消耗能量的永动机)是不可能实现的。热力学第二定律则使制造第二类永动机(只从一个热源吸热的永动机)的梦想破灭。这两个定律奠定了热力学的理论基础。

热力学理论促进了热动力机的不断改进与发展,而人类生产实践又不断为热力学的前进提供新的驱动力。1906年,能斯特(Walther Nernst,1864～1941)根据低温下化学反应的大量实验事实归纳出了新的规律,并于1912年将之表述为0K不能达到原理,即热力学第三定律。热力学第三定律的建立使经典热力学理论更趋完善。1942年,凯南(Joseph Henry Keenan,1900～1977)在热力学基础上提出有效能的概念,使人们对能源利用和节能的认识又上了一个台阶。近代能量转换新技术(如等离子发电、燃料电池等)及1974年人们确定了作为常用制冷剂的氯氟烃物质CFC和含氢氯氟烃物质HCFC与南极臭氧层空洞的联系等,向热力学提出了新的课题。热力学理论将在不断解决新课题中发展。

## 1.1.3 工程热力学的主要内容及研究方法

工程热力学的研究对象主要是能量转换,特别是热能转化成机械能的规律和方法,以及提高转化效率的途径,以提高能源利用的经济性。它的主要内容包括以下几个方面。

(1)基本概念与定律及分析计算方法,如热力系统、状态参数、平衡态、热力学第一定律、热力学第二定律、能量转换过程和循环的分析研究及计算方法等。这些构成了工程热力学的基础。

(2)常用工质的性质。工质性质对其状态变化过程有着极重要的影响。

(3)热力学理论在热能动力装置中的应用。重点剖析各种热能动力装置的热效率问题,即工程上将热机输出的功量与同时期内加给热机的热量之比称为热效率。

热力学有两种不同的研究方法：一种是宏观研究方法；另一种是微观研究方法。

宏观研究方法的特点是以热力学第一定律、热力学第二定律等基本定律为基础，针对具体问题采用抽象、概括、理想化和简化的方法，抽出共性，突出本质，建立分析模型，推导出一系列有用的公式，得到若干重要结论。由于热力学基本定律的可靠性以及它们的普适性，所以应用热力学宏观研究方法可以得到可靠的结果。但是，由于它不考虑物质分子和原子的微观结构，也不考虑微粒的运动规律，所以由之建立的热力学宏观理论并不能说明热现象的本质及其内在原因。

应用宏观研究方法的热力学称为宏观热力学，也称为经典热力学。工程热力学主要应用宏观研究方法。

应用微观研究方法的热力学称为微观热力学，也称为统计热力学。气体分子运动学说和统计热力学认为，大量气体分子的杂乱运动服从统计法则和概率法则，应用统计法则和概率法则的研究方法就是微观研究方法。它是从物质由大量分子和原子等粒子所组成的事实出发，利用量子力学和统计方法，将大量粒子在一定宏观条件下一切可能的微观运动状态予以统计平均，来阐明物质的宏观特性，导出热力学基本规律，因而能阐明热现象的本质，解释"涨落"现象。在对分子结构进行模型假设后，利用统计热力学方法还可对这种物质的具体热力学性质进行预测。但统计热力学也有局限性，对分子微观结构的假设只能是近似的，因此尽管运用了复杂的数学运算，所求得的理论结果往往不够精确。

工程热力学主要应用热力学的宏观方法，但有时也引用气体分子运动理论和统计热力学的基本观点及研究成果。随着近代计算机技术的发展，计算机越来越多地应用于工程热力学的研究中，成为一种强有力的工具。

学好工程热力学首先要掌握学科的主要线索：一是研究热能转化为机械能的规律、方法以及怎样提高转化效率和热能利用的经济性；二是在深刻理解基本概念的基础上运用抽象简化的方法抽出各种具体问题的本质，应用热力学基本定理和基本方法进行分析研究；三是必须重视习题、实验等环节，通过这些环节可以培养抽象、分析问题的能力，加深对基本概念的理解。

## 1.2 热力学系统

### 1.2.1 热力系定义

热力学中，为了明确分析研究对象，把某种边界所包围的特定物质或空间称为热力系统，简称热力系或系统。边界以外的一切物质统称外界。系统和外界之间的分界面称为边界。边界可以是实际存在的，也可以是假想的。例如，当取汽轮机中的工质（蒸汽）作为热力系统时，工质和汽轮机之间存在着实际的边界，而进口前后或出口前后的工质之间却并无实际的边界，此处可人为地设想一个边界把系统中的工质和外界分割开来（图1.3（a））。另外，边界可以固定不动，也可以有位移和变形。例如，当取内燃机气缸中的工质（燃气）作为热力系统时，工质和气缸壁之间的边界是固定不动的，但工质和活塞之间的边界却可以移动而不断改变位置（图1.3（b））。

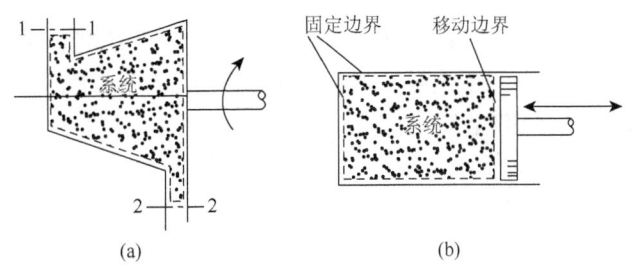

图 1.3 系统和边界

## 1.2.2 热力系分类

根据热力系统和外界之间的能量和物质交换情况,热力系统可分为各种不同的类型。

一个热力系统如果和外界只有能量交换而无物质交换,则该系统称为闭口系统。闭口系统内的质量保持恒定不变,所以闭口系统又称控制质量。

如果热力系统和外界不仅有能量交换而且有物质交换,则该系统称为开口系统。开口系统中能量和物质都可以变化,但这种变化通常是在某一划定的空间范围内进行的,所以开口系统又称为控制容积。

当一个热力系统和外界无热量交换时,该系统称为绝热系统。当一个热力系统和外界既无能量交换又无物质交换时,该系统称为孤立系统。孤立系统的一切相互作用都发生在系统内部。热力系统的划分要根据具体要求而定。例如,可把整个蒸汽动力装置划为一个热力系统,计算它在一段时间内从外界投入的燃料、向外界输出的功以及冷却水带走的热量等。这时整个蒸汽动力装置中工质的质量不变,是闭口系统。倘若只分析其中某个设备,如汽轮机或锅炉的工作过程,不仅有吸热做功等能量交换过程,而且有工质流进流出的物质交换过程。这时如果取汽轮机或锅炉为划定的空间就组成开口系统。同样地,在内燃机气缸进、排气阀门都关闭时,取封闭于气缸内的工质为系统就是闭口系统;而把内燃机进、排气及燃烧膨胀过程一起研究时,取气缸为划定的空间就是开口系统。

在热力工程中,最常见的热力系是由可压缩流体(如水蒸气、空气、燃气等)构成的。这类热力系若与外界可逆的功交换只有体积变化功(膨胀功或压缩功)一种形式,则该系统称为简单可压缩系。工程热力学讨论的大部分系统都是简单可压缩系。

除上述各类系统外,还可根据热力系内部情况的不同,把热力系分为单元系、多元系、单相系、复相系、均匀系和非均匀系等。

## 1.3 状态及状态参数的基本概念

### 1.3.1 状态与状态参数

工质在热力设备中,必须通过吸热、膨胀、排热等过程才能完成将热能转变为机械能的工作。在这些过程中,工质的宏观物理状况随时在发生变化。把工质在热力变化过程中的某一瞬间所呈现的宏观物理状况称为工质的热力学状态,简称状态。工质的状态常用一些宏观物理量来描述。这种用来描述工质所处状态的宏观物理量称为状态参数,如温度、压力等。状态参数的全部或一部分发生变化,即表明物质所处的状态发生了变化。物质的状态变化也必然可由参数的变化标志出来。状态参数一旦完全确定，工质的状态也就确定了，因而状态参数是热力系统状态一一对应的单值函数，它的值取决于给定的状态，而与达到这一状态的途径无关。状态参数的这一特性表现在数学上是点函数，其微元差是全微分，而全微分沿闭合路线的积分等于零。

研究热力过程时，常用的状态参数有压力 $p$、温度 $T$、比体积 $v$、内能 $U$、焓 $H$ 和熵 $S$，其中压力、温度及比体积可直接用仪器测量，使用最多，称为基本状态参数。其余状态参数可根据基本状态参数间接算得。强度参数是指与系统质量无关的量，如压力和温度；广延参数是指与系统质量成正比的量，如体积、内能、焓、熵等，具有可叠加性。但广延参数的比参数，如比体积、比内能、比焓和比熵，即单位质量工质的体积、内能、焓和熵，又具有强度参数的性质，不具有可加性。通常，热力系的广延参数用大写字母表示，其比参数用小写字母表示。

## 1.3.2 基本状态参数

下面先介绍基本状态参数，其他状态参数后面陆续介绍。

1. 温度

温度是物体冷热程度的标志。若令冷热程度不同的两个物体 A 和 B 相互接触，它们之间将发生热量传递，热量将从较热的物体流向较冷的物体。在不受外界影响的条件下，两物体会同时发生变化：热物体逐渐变冷，冷物体逐渐变热。经过一段时间后，它们达到相同的冷热程度，不再有热量的传递，这时物体 A 和 B 达到热平衡。当物体 C 同时和物体 A 和 B 接触而达到热平衡时，物体 A 和 B 也一定达到热平衡。这一事实说明，物质具有某种宏观性质。当各物体的这一性质不同时，它们若相互接触，其间将有热量的传递；当这一性质相同时，它们之间达到热平衡。把这一宏观物理性质称为温度。

从微观上说，温度标志物质分子热运动的激烈程度。对于气体，它是大量分子平移动能平均值的量度，其关系式为

$$\frac{m\overline{c}^2}{2} = BT \tag{1.1}$$

式中，$T$ 是热力学温度；$B = \frac{3}{2}k$，$k = 1.380 \times 10^{-23}$ J/K 是玻尔兹曼常数；$\overline{c}$ 是分子移动的均方根速度；$m$ 是分子的平均质量。当两个物体接触时，通过接触面上分子的碰撞进行动能交换，能量从平均动能较大的一方，即温度较高的物体，传到了平均动能较小的一方，即温度较低的物体。这种微观的动能交换就是热能的交换，也就是两个温度不同的物体间进行的热量传递。传递的方向总是由温度高的物体传向温度低的物体。这种热量的传递将持续不断地进行，直至两物体的温度相等。

测量温度的仪器称为温度计，选作温度计的感应元件的物体应具备某种物理性质，它随物体的冷热程度不同有显著的变化（如金属丝的电阻、封在细管中的水银柱的高度等）。为了给温度确定数值，还应建立温标——温度的数值表示法。例如，以前摄氏温标规定：在标准大气压下纯水的冰点是 0℃，汽点是 100℃，而其他温度的数值由作为温度标志的物理量（金属丝电阻、水银柱高度等）的线性函数来确定。

国际上规定热力学温标作为测量温度的最基本温标，它是根据热力学第二定律的基本原理制定的，与测温物质的特性无关，可以成为度量温度的标准。

热力学温标的温度单位是开尔文，符号为 K（开），把水的三相点的温度，即水的固相、液相、气相平衡共存状态的温度作为单一的基准点，并规定为 273.16K。因此，热力学温度单位"开尔文"是水的三相点温度的 1/273.16。

1960 年，国际计量大会通过决议，规定摄氏温度由热力学温度移动零点来获得，即

$$t = T - 273.15\,\text{K} \tag{1.2}$$

式中，$t$ 为摄氏温度，其单位为摄氏度，符号为℃；$T$ 为热力学温度。这样规定的热力学温标称为热力学摄氏温标。由式（1.2）可知，摄氏温标和热力学温标并无实质差异，而只是零点取值的问题。

由于热力学温度不能直接测定，所以国际上建立了一种既实施方便又使得所测温度尽可能接近热力学温度的新型温标，这种温标称为国际实用温标。目前全世界范围内采用"1990 年国际温标（ITS—1990）"替代原有国际温标。我国自 1991 年 7 月 1 日起施行"1990 年国际温标（ITS—1990）"。

2. 压力

单位面积上所受的垂直作用力称为压力（即压强）。分子运动学说把气体的压力看成是大量气体分子撞击器壁的平均结果。

测量工质压力的仪器称为压力计。由于压力计的测压元件处于某种环境压力的作用下，所以压力计所测得的压力是工质的真实压力（或称绝对压力）与环境介质压力之差，称为表压力或真空度。下边以大气环境中的 U 形管压力计为例，说明工质绝对压力 $p$ 与大气压力 $p_\text{b}$ 及表压力 $p_\text{e}$ 或真空度 $p_\text{v}$ 的关系。

当绝对压力大于大气压力（图 1.4（a））时

$$p = p_\text{b} + p_\text{e} \tag{1.3}$$

式中，$p_\text{e}$ 表示测得的差数，称为表压力。若工质的绝对压力低于大气压力（图 1.4（b）），则

$$p = p_\text{b} - p_\text{v} \tag{1.4}$$

式中，$p_\text{v}$ 也表示测得的差数，称为真空度。此时测量压力的仪表称为真空计。

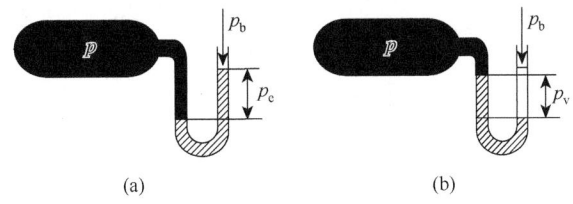

图 1.4 绝对压力

作为工质状态参数的压力应该是绝对压力。大气压力是地面以上空气柱的重量所造成的，它随着各地的纬度、高度和气候条件而有些变化，可用气压计测定。因此，即使工质的绝对压力不变，表压力和真空度仍有可能变化。在用压力计进行热工测量时，必须同时用气压计测定当时当地的大气压力，才能得到工质的实际压力。若绝对压力很大，则可把大气压力视为常数。

我国压力的法定计量单位是帕斯卡（简称帕），符号为 Pa。

$$1Pa=1N/m^2$$

即 1Pa 等于每平方米的面积上作用 1N 的力。工程上，因 Pa 的单位太小常采用 MPa（兆帕），$1MPa=10^6Pa$。

工程上遇到的压力单位还有标准大气压（atm，也称物理大气压）、巴（bar）、工程大气压（at）、毫米汞柱（mmHg）和毫米水柱（mmH$_2$O），它们与帕之间的互换关系如表 1.1 所示（压力换算关系表实际应用较多）。

表 1.1　压力换算关系

|  | Pa | bar | atm | at | mmHg | mmH$_2$O |
| --- | --- | --- | --- | --- | --- | --- |
| Pa | 1 | $1\times10^{-5}$ | $0.986\,92\times10^{-5}$ | $0.101\,97\times10^{-4}$ | $7.500\,62\times10^{-2}$ | 0.101 97 |
| bar | $1\times10^5$ | 1 | 0.986 923 | 1.019 72 | 750.062 | 10 197.2 |
| atm | 101 325 | 1.013 25 | 1 | 1.033 23 | 760 | 10 332.3 |
| at | 98 066.5 | 0.980 665 | 0.967 841 | 1 | 755.559 | $1\times10^4$ |
| mmHg | 133.322 | $133.322\times10^{-5}$ | $1.315\,79\times10^{-3}$ | $1.359\,51\times10^{-3}$ | 1 | 13.5951 |
| mmH$_2$O | 9.806 65 | $9.806\,65\times10^{-5}$ | $9.078\,41\times10^{-5}$ | $1\times10^{-4}$ | $735.559\times10^{-5}$ | 1 |

【例 1.1】　测得容器内气体的表压力为 0.5MPa，当地大气压为 755mmHg，求容器内气体的绝对压力 $p$，并分别用（1）MPa（兆帕）、（2）bar（巴）、（3）atm、（4）at 表示。

**解**　由

$$p = p_b + p_e, \quad 1mmHg=133.3Pa$$

得

$$p =0.5\times10^6+755\times133.3=0.6006\times10^6 (Pa)$$

（1）用 MPa 表示

$$p = \frac{0.6006\times10^6}{10^6} = 0.6006(MPa)$$

（2）用 bar 表示

$$p = \frac{0.6006\times10^6}{10^5} = 6.006(bar)$$

（3）用 atm 表示

$$p = \frac{0.6006\times10^6}{101\,325} = 5.9(atm)$$

（4）用 at 表示

$$p = \frac{0.6006\times10^6}{98\,066.5} = 6.1(at)$$

3. 比体积及密度

单位质量物质所占的体积称为比体积，即

$$v = \frac{V}{m}$$

式中，$v$ 为比体积，m³/kg；$m$ 为物质的质量，kg；$V$ 为物质的体积，m³。

单位体积物质的质量，称为密度，单位为 kg/m³。密度用符号 $\rho$ 表示，即

$$\rho = \frac{m}{V}$$

显然，$v$ 与 $\rho$ 互为倒数，因此它们不是互相独立的参数，可以任意选用其中之一，工程热力学中通常用 $v$ 作为独立参数。

## 1.4 平衡状态、状态方程、坐标图

### 1.4.1 平衡状态

一个热力系统，如果在不受外界影响的条件下，系统的状态能够始终保持不变，则系统的这种状态称为平衡状态。

倘若组成热力系统的各部分之间没有热量的传递，系统就处于热的平衡；各部分之间没有相对位移，系统就处于力的平衡。在无化学反应的系统内，同时具备了热和力的平衡，系统就处于热力平衡状态。处于热力平衡状态的系统，只要不受外界的影响，它的状态就不会随时间改变，平衡也不会自发破坏；处于不平衡状态的系统，由于各部分之间的传热和位移，其状态将随时间而改变，改变的结果一定使传热和位移逐渐减弱，直至完全停止。因此，不平衡状态的系统，在没有外界条件的影响下总会自发地趋于平衡状态。

相反地，若系统受到外界影响，则不能保持平衡状态。例如，系统和外界间因温度不平衡而产生的热量交换，因压力不平衡而产生的功的交换，都会破坏系统原来的平衡状态。系统和外界间相互作用的最终结果，必然是系统和外界共同达到一个新的平衡状态。

由上可见，只有在系统内或系统与外界之间一切不平衡的作用（势）都不存在时，系统的一切宏观变化才可停止，此时热力系统所处的状态才是平衡状态。对于处于热力平衡状态下的气体（或液体），如果略去重力的影响，那么气体内部各处的性质是均匀一致的，各处的温度、压力、比体积等状态参数都应相同。如果考虑到重力的影响，那么气体（尤其是液体）中的压力和密度将沿高度而有所差别，但如果高度不大，则这种差别通常可以略去不计。

对于气液两相并存的热力平衡系统，气相的密度和液相的密度不同，所以整个系统不是均匀的。因此，均匀并非系统处于平衡状态的必要条件。

本书在未加特别注明时，一律把平衡状态下单相物系当成是均匀的，物系中各处的状态参数应相同。

一热力系，若其两个状态相同，则其所有状态参数均一一对应相等。反之，也只有当所有状态参数均对应相等，才可说该热力系的两状态相同。对于简单可压缩系而言，只要两个独立状态参数对应相同，即可判定该两状态相同。这意味着，只要有两个独立的状态参数即可确定一个状态，所有其他状态参数均可表示为这两个独立状态参数的函数。

工程热力学通常只研究平衡状态。

### 1.4.2 状态公理

热力系与环境之间由于不平衡势的存在将产生相互作用（即相互的能量交换），这种相互

作用以热力系的状态变换为标志。每一种平衡将对应某种不平衡势的消失,从而可得到一个确定的描述系统平衡特性的状态参数。由于各种能量交换可以独立进行,所以决定平衡热力系状态的独立变量的数目应该等于热力系与外界交换能量的各种方式的总数。对于组成一定的闭口系而言,与外界的相互作用除了表现为各种形式的功的交换外,还可能交换热量。因此,"对于组成一定的闭口系的给定平衡状态而言,可用 $n+1$ 个独立的状态参数来限定它。这里 $n$ 是系统有关的准静功形式的数目,1 是考虑系统与外界的热交换"。该说法称为状态公理。

对于简单可压缩系统而言,由于不存在电、磁等其他形式的功量,热力系与外界交换的准静功只有压差作用下气体的容积变化功(膨胀功或压缩功)一种形式,根据状态公理,决定简单可压缩系统平衡状态的独立状态参数只有 $n+1=1+1=2$ 个。

### 1.4.3 状态方程

各部分组成均匀、化学成分恒定不变的物质称为纯物质。本书主要探讨简单可压缩纯物质。对于此类物质,磁、电以及表面效应都可以略去不计,而容积变化却十分重要。

对于简单可压缩纯物质热力系,当它处于平衡状态时,各部分具有相同的压力、温度和比体积等参数,且这些参数服从一定关系式,这样的关系式称为纯物质的状态方程,即

$$T=T(p,v), \quad p=p(T,v), \quad v=v(p,T) \tag{1.5}$$

这种关系式也可写为隐函数形式

$$f=f(p,v,T) \tag{1.6}$$

### 1.4.4 状态参数坐标图

由于两个参数可以完全确定简单可压缩系的平衡状态,所以由任意两个独立的状态参数所组成的平面坐标图上的任意一点,都相应于热力系的某一确定的平衡状态。同样,热力系每一平衡状态总可在这样的坐标图上用一点来表示。这种由热力系状态参数所组成的坐标图称为热力状态坐标图。常用的这类坐标图有压容($p$-$v$)图和温熵($T$-$s$)图等,如图 1.5 所示。例如,具有压力 $p_1$ 和比体积 $v_1$ 的气体,它所处的状态 1 可用 $p$-$v$ 图上点 1 来表示;若系统温度为 $T_2$,熵是 $s_2$,则可用 $T$-$s$ 图上点 2 来表示。显然,只有平衡状态才能用状态参数图上的一点表示,不平衡状态因系统各部分的物理量一般不相同,在坐标图上无法表示。此外,$p$-$v$ 图和 $T$-$s$ 图上任一点都可在 $T$-$s$ 图和 $p$-$v$ 图上找到确定的对应点。

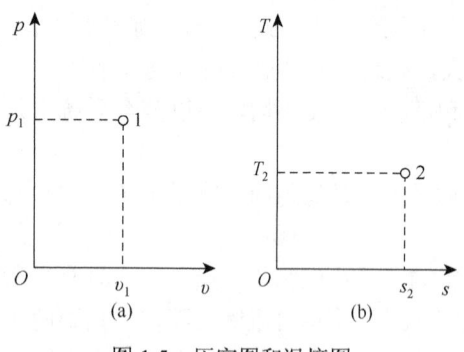

图 1.5 压容图和温熵图

## 1.5 热 力 过 程

热力系的宏观状态随时间发生的一系列变化称为该系统经历了热力学过程,简称热力过程或过程。系统要经历一个热力过程,就要发生状态变化,即必须破坏原有的平衡,足够时间以后,才会达到另一平衡态。在两个平衡态之间,存在着一系列非平衡态。经典热力学不

能描写非平衡态,为便于描述以进行研究,需要定义一些理想的过程。

### 1.5.1 准静态过程

热能和机械能的相互转化必须通过工质的状态变化过程才能完成,在实际设备中进行的这些过程都是很复杂的。首先,一切过程都是平衡被破坏的结果,工质和外界有了热和力的不平衡才促使工质向新的状态变化,故实际过程都是不平衡的。若过程进行相对缓慢,工质在平衡被破坏后自动恢复平衡所需的时间即弛豫时间又很短,工质有足够的时间来恢复平衡,随时都不致显著偏离平衡状态,那么这样的过程就称为准平衡过程。相对弛豫时间来说,准平衡过程是进行无限缓慢的过程,准平衡过程又称为准静态过程。

下面介绍由于力的不平衡而进行的气体膨胀过程。

如图 1.6 所示,气缸中有 1kg 气体,其参数为 $p_1$、$v_1$、$T_1$。取气体为热力系,若气体对活塞的作用力 $p_1 A$ 等于外界作用力 $p_{ext,1} A$ 和活塞与缸壁摩擦力 $F$ 之和,则活塞静止不动,气体的状态如图 1.6 中点 1 所示。若外界施加的作用力突然减小为 $p_{ext,2} A$,使之与摩擦力之和小于 $p_1 A$,活塞两边力不平衡,气体将推动活塞右行。在右行的过程中,接近活塞的一部分气体将首先膨胀,因此这一部分气体具有较小的压力和较大的比体积,温度也会和远离活塞的气体有所不同,这就造成了气体内部的不平衡。不平衡的产生,在气体内部引起质量和能量的迁移。最终气体的各部分又趋向一致,且在活塞终止于某位置时气体重新与外界建立平衡,其状态如图 1.6 中点 2 所示。若外界压力再减小到 $p_{ext,3}$,则活塞继续右行,达到新的平衡状态 3。气体在点 1、2、3 是平衡状态,而当气体从状态 1 变化到状态 2 以及从状态 2 变化到状态 3 时,中间经历的状态则是不

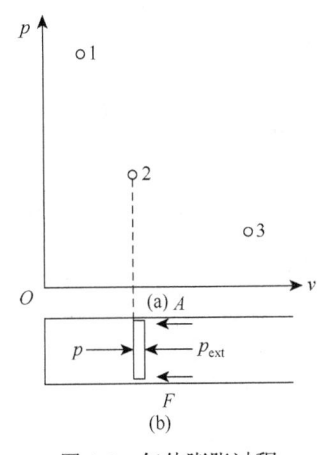

图 1.6 气体膨胀过程

平衡的。这样的过程就是不平衡过程。外界作用力每次改变的量越大,造成气体内部的不平衡性越明显。但若外界作用的力每次只改变一个微量,而且在两次改变时有大于弛豫时间的时间间隔,则工质每次偏离平衡态极少,而且很快又重新恢复了平衡,在整个状态变化过程中好像工质始终没有离开平衡状态,此时过程就是准平衡过程。

由此可见,气体工质在压力差作用下实现准平衡过程的条件是,气体工质和外界之间的压力差为无限小,即

$$p - \left(p_{ext} + \frac{F}{A}\right) \to 0 \quad \text{或} \quad p \to p_{ext} + \frac{F}{A}$$

上述例子只说明了力的平衡。当然,在平衡过程中还需要热的平衡,即工质的温度也必须时刻一致。为此,在过程中气体的温度还必须与气缸壁和活塞一致。若气缸壁与温度较高的热源相接触,则接近气缸壁的一部分气体的温度将首先升高,并引起压力和比体积变化,引起气体内部的不平衡。随着分子的热运动和气体的宏观运动,这种影响再逐渐扩大到全部。此时若外界的作用力保持不变,则气体压力的增大将推动活塞右行,其现象同上。这一变化将进行到气体各部分都达到热源的温度,压力达到和外界压力相平衡,体积则对应于新的温度和压力下的数值,而后处于新的平衡。显然,中间经过的各状态是不平衡的,这样的过程

也是不平衡过程。只有当传热时热源和工质的温度始终保持相差为无穷小时，其过程才是准平衡的。由此，气体工质在温差作用下实现准平衡过程的条件是，气体工质和外界的温差为无限小，即

$$\Delta T = (T - T_{\text{ext}}) \to 0 \quad 或 \quad T \to T_{\text{ext}}$$

热的平衡和力的平衡是相互关联的，只有工质和外界的压差和温差均为无限小的过程才是准平衡过程。如果在过程中还有其他作用存在，实现准平衡过程还必须加上其他相应的条件。

只有准平衡过程在坐标图中可用连续曲线表示。准平衡过程是实际过程的理想化。由于实际过程都是在有限的温差和压差作用下进行的，所以都是不平衡过程，但是在适当的条件下可以把实际设备中进行的过程当成准平衡过程处理。例如，活塞式机器中工质和外界一旦出现不平衡，工质有足够时间得以恢复平衡。实际上，活塞运动的速度通常不足 10m/s，而气体分子运动的速度、气体内压力波的传播速度都在每秒几百米以上，即使气体内部存在某些不均匀性，也可以迅速得以消除，使气体的变化过程比较接近准平衡过程。

## 1.5.2 可逆过程和不可逆过程

进一步观察准平衡过程，可以看到它有一个重要特性。图 1.7 表示由工质、机器和热源组成的系统。工质沿 1-3-4-5-6-7-2 进行准平衡的膨胀过程，同时自热源吸热。在准平衡过程中工质随时都和外界保持热与力的平衡，热源与工质的温度是随时相等的，或只相差一个无限小量，工质对外界的作用力与外界的反抗力也是随时相等的，或者相差一个无限小量，若不存在摩擦，则过程就随时可以无条件逆向进行，使外力压缩工质同时向热源排热。若过程是不平衡的，则当进行膨胀过程时工质的作用力一定大于反抗力，这时若不改变外力的大小就不能用这样较小的反抗力来压缩工质回行。同样，当工质自温度高过自身的热源吸热时，当然不再能让温度较低的工质向同一热源放热而使过程逆行。

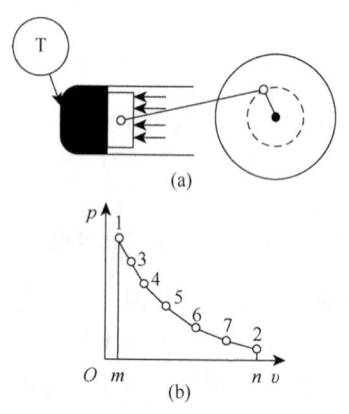

图 1.7 气体准平衡膨胀过程

在上述准平衡的膨胀过程中，工质膨胀做功一部分克服摩擦而耗散转变成热；另一部分通过活塞、连杆系统传递给飞轮，以动能形式储存在飞轮中；余下部分用于因气体膨胀体积增大，通过活塞移动排斥大气。若工质内部及机械运动部件之间无摩擦等耗散效应，则工质所做膨胀功除去用于排斥大气外全部储存在飞轮中。此时利用飞轮的动能来推动活塞逆行，将工质沿 2-7-6-5-4-3-1 压缩，由于活塞逆行时大气通过活塞对工质做功与前述排斥大气耗功相等，所以压缩工质所消耗的功恰与膨胀过程气体所做的功相等。此外，在压缩过程中工质向热源所排热量也恰与膨胀时所吸收的热量相等。因此，当工质恢复到原来状态 1 时，机器与热源也都恢复到原来的状态，也即工质及过程所涉及的外界全部都恢复原来状态而无任何变化。

当完成了某一过程之后，如果有可能使工质沿相同的路径逆行而恢复到原来状态，并使相互作用中所涉及的外界也恢复到原来状态，而不留下任何改变，则这一过程称为可逆过程。不满足上述条件的过程为不可逆过程。

摩擦使功和动能转化为热，电阻使电能转化为热，这种通过摩擦、电阻、磁阻等使有序能直接转变为无序能的现象称为耗散效应。耗散效应不影响准静态过程的实现，但是具有耗散效应的过程一定为不可逆过程。

典型的不可逆过程包括：存在摩擦的过程；有限温差传热过程；自由膨胀过程；混合过程；燃烧和爆炸过程；自发的化学反应过程及物理化学过程等。以上种种导致过程不可逆的因素称为不可逆因素。其中，对于所取热力系而言，出现在系统与外界环境之间的不可逆因素称为外部不可逆因素（如系统与外界在有限温差下的传热）；出现在热力系内部的不可逆因素称为内部不可逆因素（如系统内部的摩擦等）。

总之，一个可逆过程，首先应是准平衡过程，应满足热和力的平衡条件，同时在过程中不应有任何耗散效应。这也是可逆过程的基本特征。准平衡过程和可逆过程的区别在于，准平衡过程只着眼于工质内部的平衡，有无外部机械摩擦对工质内部的平衡并无影响，准平衡过程进行时可能发生能量耗散。可逆过程则是分析工质与外界作用所产生的总效果，不仅要求工质内部是平衡的，而且要求工质与外界的作用可以无条件地逆复，过程进行时不存在任何能量的耗散。可见，可逆过程必然是准平衡过程，而准平衡过程只是可逆过程的必要条件。根据以上对准平衡过程和可逆过程关系的分析，可逆过程必定可用状态参数图上的连续实线表示。

实际热力设备中所进行的一切热力过程，或多或少地存在着各种不可逆因素，因此实际过程都是不可逆的。可逆过程是不引起任何热力学损失的理想过程。研究热力过程就是要尽量设法减少不可逆因素，使其尽可能地接近可逆过程。可逆过程是一切实际过程的理想极限，是一切热力设备内过程力求接近的目标。研究可逆过程在理论上有十分重要的意义。

## 1.6 功 和 热 量

### 1.6.1 功的热力学定义

在力学中把力和力方向上位移的乘积定义为力所做的功。若在力 $F$ 作用下物体发生微小位移 $dx$，则力 $F$ 所做的微功为

$$\delta W = F dx$$

式中，$\delta W$ 表示微小功量，并不表示全微分。现设物体在力 $F$ 作用下由空间某点 1 移动到点 2，则力 $F$ 所做的总功为

$$W_{1-2} = \int_1^2 F dx$$

在热力学里，力与位移常常不易辨认。如将功的定义和热力学状态及状态变化过程联系起来，热力学中功的定义：功是热力系通过边界而传递的能量，且其全部效果可表现为举起重物。这里"举起重物"是指过程产生的效果相当于举起重物，并不要求真的举起重物。

热力学规定：系统对外界做功取为正，而外界对系统做功取为负。在我国法定计量单位中，功的单位为焦耳，用符号 J 表示。

单位质量的物质所做的功称为比功，单位为 J/kg。若质量为 $m$ 的物质完成的功为 $W$，则比功为

$$w = W / m$$

单位时间内完成的功称为功率，单位为 W（瓦），即 1W=1J/s。

工程上还常用 kW（千瓦）作为功率的单位：1kW=1kJ/s。

### 1.6.2 可逆过程功

功是与系统的状态变化过程相联系的，下面讨论工质在可逆过程中所做的功。设有质量为 $m$ 的气体工质在气缸中进行可逆膨胀，其变化过程由图 1.8 中连续曲线 1-2 表示。由于过程是可逆的，所以工质施加在活塞上的力 $F$ 与外界作用在活塞上的各种反力之总和随时只相差一无穷小量。按照功的力学定义，工质推动活塞移动距离 $dx$ 时，反抗斥力所做的膨胀功为

$$\delta W = Fdx = pAdx = pdV \quad (1.7)$$

式中，$A$ 为活塞面积；$dV$ 是工质体积微元变化量。在工质从状态 1 到状态 2 的膨胀过程中，所做的膨胀功为

$$W_{1-2} = \int_1^2 pdV \quad (1.8)$$

如已知可逆的膨胀过程 1-2 的方程式 $p=f(V)$，即可由积分求得膨胀功的数值。膨胀功 $W_{1-2}$ 在 $p$-$V$ 图上可用过程线下方的面积 1-2-$n$-$m$-1 来表示，因此 $p$-$V$ 图也称示功图。

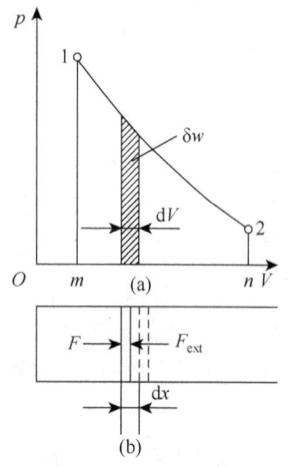

图 1.8 可逆过程的功

如果工质是 1kg，则所做的功为

$$\delta w = \frac{1}{m}pdV = pdv \quad (1.9)$$

$$w_{1-2} = \int_1^2 pdv \quad (1.10)$$

工程热力学中约定：气体膨胀对外做的功为正值；外力压缩气体所消耗的功为负值。

分析可见，功的数值不仅决定于工质的初态和终态，而且还和过程的中间途径有关。从状态 1 膨胀到状态 2，可以经过不同的途径，所做的功也是不同的。因此功不是状态参数，是过程量，它不能表示为状态参数的函数［即 $w \neq f(p,v)$］，$\delta w$ 也仅是微小量，不是全微分，故用 δ 表示。

膨胀功或压缩功都是通过工质体积的变化而与外界交换的功，因此统称为体积变化功。从功的计算式可看出，体积变化功只与气体的压力和体积的变化量有关，而同形状无关，只要被界面包围的气体体积发生了变化，同时过程是可逆的，则在边界上克服外力所做的功都可用式（1.8）及式（1.10）来计算。

闭口系工质在膨胀过程中做的功并不能全部用来输出作为有用功，如举起重物。它一部分因摩擦而耗散，一部分用以排斥大气，反抗大气压力做功，余下的才是可被利用的功，称为有用功。若用 $W_u$、$W_l$、$W_r$ 分别表示有用功、摩擦耗功及排斥大气功，则有

$$W_u = W - W_l - W_r \quad (1.11)$$

由于大气压力可为定值，所以

$$W_r = p_0(V_2 - V_1) = p_0 \Delta V \quad (1.12)$$

而可逆过程不包含任何耗散效应，$W_l = 0$，可用功可简化成

$$W_u = \int_1^2 p\mathrm{d}V - p_0(V_2 - V_1) \tag{1.13}$$

【例1.2】 如图1.9所示，某种气体工质从状态1（$p_1$，$V_1$）可逆地膨胀到状态2。膨胀过程中：(a) 工质的压力服从 $p = a + bV$，其中 $a$、$b$ 为常数；(b) 工质的 $pV$ 保持恒定为 $p_1V_1$。试分别求两过程中气体的膨胀功。

**解** 过程为可逆过程：

(a) $W_{1\text{-}2} = \int_1^2 p\mathrm{d}V = \int_1^2 (a + bV)\mathrm{d}V$

$\qquad\quad = a(V_2 - V_1) + \dfrac{b}{2}(V_2^2 - V_1^2)$

(b) $W_{1\text{-}2} = \int_1^2 p\mathrm{d}V = \int_1^2 pV\dfrac{\mathrm{d}V}{V} = p_1V_1 \ln\dfrac{V_2}{V_1}$

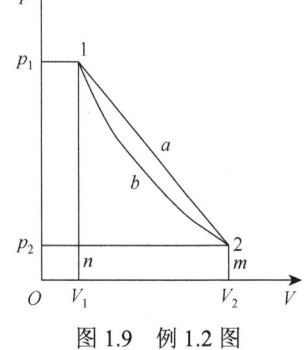

图1.9 例1.2图

在上述两过程中，系统的初、终态相同，但中间途径不同，因而气体的膨胀功也不同。

【例1.3】 利用体积为 $2\mathrm{m}^3$ 的储气罐中的压缩空气给气球充气，开始时气球内完全没有气体，呈扁平状，可忽略其内部容积。设气球弹力可忽略不计，充气过程中气体温度维持不变，大气压力为 $1\times10^5\mathrm{Pa}$。为使气球充到 $V_B = 2\mathrm{m}^3$，问罐内气体最低初压力及气体所做的功为多少？已知空气满足状态方程式 $pV = mR_gT$，其中压力 $p$ 的单位为 Pa，体积 $V$ 的单位为 $\mathrm{m}^3$，温度 $T$ 的单位为 K，质量 $m$ 的单位为 kg，气体常数 $R_g$ 的单位为 J/(kg·K)。

**解** 因忽略气球弹力，充气后气球内压力维持在与大气压力相同的 $1\times10^5\mathrm{Pa}$，而充气结束时储气罐内压力也应恰好降到 $1\times10^5\mathrm{Pa}$。又据题意，留在罐内与充入球内的气体温度相同，由于压力相同、温度相同，故这两部分气体的状态相同。若取全部气体为热力系，设初始整个系统的体积为 $V_1$，则气体的最小初压 $p_{1,\min}$ 应满足

$$m = \dfrac{p_{1,\min}V_1}{R_gT_1} = \dfrac{p_2(V_1 + V_B)}{R_gT_2}$$

$$p_{1,\min} = \dfrac{p_2(V_1 + V_B)}{V_1} = \dfrac{1\times10^5\times(2+2)}{2} = 2\times10^5\ (\mathrm{Pa})$$

考察该过程，储气罐的体积不变，充气时气球中气体压力等于大气压力，气球膨胀排斥了大气，设充气后气罐与气球的体积为 $V_2$，所以气球对大气做功

$$W = p_0(V_2 - V_1) = 1\times10^5\times(4-2) = 2\times10^5\ (\mathrm{J})$$

本例中，储气罐内气体向气球充气的过程是不可逆的，因此不能用式（1.12）计算过程功。但是，在一些场合下如界面上反力为恒值，则可用外部参数计算过程体积变化功。

### 1.6.3 热量

热力学中把热量定义为热力系和外界之间仅由于温度不同而通过边界传递的能量。

热量的单位是 J（焦耳），工程上常用 kJ（千焦）。工程热力学中约定：体系吸热，热量为正；反之，则为负。用大写字母 $Q$ 和小写字母 $q$ 分别表示质量为 $m$ 的工质及 1kg 工质在过程中与外界交换的热量。

系统在可逆过程中与外界交换的热量可由下式计算：

$$\delta q = Tds \quad (1.14)$$

$$q_{1\text{-}2} = \int_1^2 Tds \quad (1.15)$$

对照式（1.7）和式（1.8）可知，可逆过程热量 $q_{1\text{-}2}$ 在 $T\text{-}s$ 图上可用过程线下方的面积表示，见图 1.10。

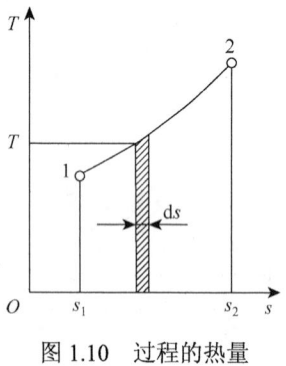

图 1.10  过程的热量

从对功和热量的定义可以看出，热量和功都是能量传递的度量，它们是过程量。只有在能量传递过程中才有所谓的功和热量，没有能量的传递过程也就没有功和热量。说物系在某一状态下有多少功或多少热量，显然是毫无意义的、错误的，因为功和热量都不是状态参数。

但功和热量又有不同之处：功是有规则的宏观运动能量的传递，在做功过程中往往伴随着能量形态的转化；热量则是大量微观粒子杂乱热运动的能量的传递，传热过程中不出现能量形态的转化。功转变成热量是无条件的，而热量转变成功是有条件的。

## 1.7 热力循环

### 1.7.1 循环

热机或制冷机需要连续工作，其中的工质必须经历循环过程。即工质从初态出发，经历了一系列状态变化后又回到原来状态，并且周而复始地工作。这样一系列过程的综合，称为热力循环，简称循环。

全部由可逆过程组成的循环称为可逆循环；若循环中有部分过程或全部过程是不可逆的，则该循环为不可逆循环。在状态参数的平面坐标图上，可逆循环的全部过程构成一闭合曲线。

据循环效果及进行方向的不同，可以把循环分为正向循环和逆向循环。将热能转化为机械能的循环称为正向循环，它使外界得到功；将热量从低温热源传给高温热源的循环称为逆向循环，一般来讲，逆向循环必然消耗外功。

普遍接受的循环经济性指标的原则性定义是

$$\text{经济性指标} = \frac{\text{得到的收获}}{\text{花费的代价}}$$

### 1.7.2 正向循环

正向循环也称热动力循环。下面以 1kg 工质在封闭气缸内进行一个任意的可逆正向循环为例，概括说明正向循环的性质。图 1.11（a）、（b）分别为该循环的 $p\text{-}v$ 图及相应的 $T\text{-}s$ 图。

在图 1.11（a）中，1-2-3 为膨胀过程，过程功以面积 1-2-3-$n$-$m$-1 表示。3-4-1 为压缩过程，该过程消耗的功以面积 3-4-1-$m$-$n$-3 表示。工质完成一个循环后对外所做的净功称循环功，以 $w_{\text{net}}$ 表示。显然，循环功等于膨胀所做的功减去压缩消耗的功，在 $p\text{-}v$ 图上它等于循环曲线包围的面积，即面积 1-2-3-4-1。根据前面的约定：工质膨胀做功为正，压缩耗功为负。因此，

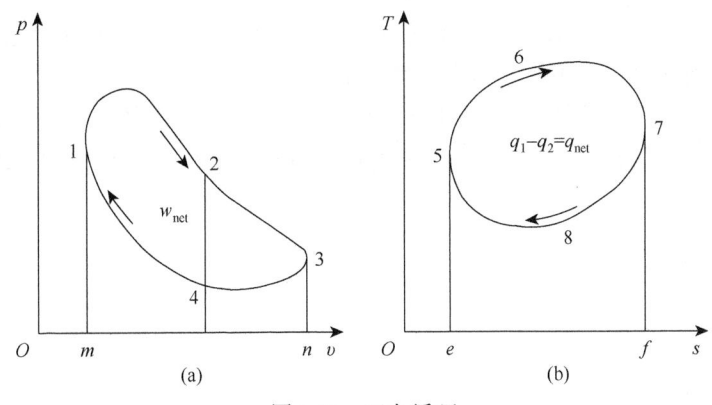

图 1.11 正向循环

循环净功 $w_{net}$ 就是工质沿一个循环过程所做功的代数和,写成数学式即

$$w_{net} = \oint \delta w$$

工质完成一个循环之后,对外做正的净功,所以膨胀过程线位置高于压缩过程线,膨胀功数值上大于压缩功。为此,可使工质在膨胀过程开始前,或在膨胀过程中,与高温热源接触,从中吸入热量;而在压缩过程开始前,或在压缩过程中,工质与低温热源接触,放出热量。这样,就保证了在相同体积时膨胀过程的温度较压缩过程高,使得膨胀过程压力比压缩过程高,做到膨胀过程线位于压缩过程线之上。如图 1.11(a)中的状态 2 和状态 4,$v_2=v_4$,$p_2>p_4$。现今使用的热动力设备,工质往往在膨胀前加热,压缩前放热,正是这个道理。

同一循环的 $T$-$s$ 图见图 1.11(b),图中 5-6-7 是工质从热源吸热的过程,所吸热量为面积 5-6-7-$f$-$e$-5,以 $q_1$ 表示;7-8-5 是放热过程,放出的热量为面积 7-8-5-$e$-$f$-7,以 $q_2$ 表示。若以 $q_{net}$ 表示该循环的净热量,则在 $T$-$s$ 图上 $q_{net}$ 可用循环过程线包围的面积 5-6-7-8-5 表示。显然,它等于循环过程中工质与热源及冷源换热量的代数和,即

$$q_{net} = q_1 - q_2 = \oint \delta q$$

由图 1.11 可见,正向循环在 $p$-$v$ 图和 $T$-$s$ 图上都是按顺时针方向进行的。

正向循环的经济性用热效率 $\eta_t$ 来衡量。据前述,正向循环的收益是循环净功 $w_{net}$,花费的代价是工质吸热量 $q_1$,故

$$\eta_t = w_{net} / q_1 \tag{1.16}$$

$\eta_t$ 越大,即吸入同样的热量 $q_1$ 时得到的循环功 $w_{net}$ 越多,表明循环的经济性越好。式(1.16)是分析、计算循环热效率的最基本的公式,普遍适用于各种类型的热动力循环,包括可逆的或不可逆的循环。

### 1.7.3 逆向循环

逆向循环主要应用于制冷机和热泵。制冷机中,功源(如电动机)供给一定的机械能,使低温冷藏库或冰箱中的热量排向温度较高的环境大气。热泵则消耗机械能把低温热源,如室外大气中的热量输向温度较高的室内,使室内空气获得热量维持较高的温度。两种装置用途不同,但热力学原理相同,均是在循环中消耗机械能(或其他能量),把热量从低温热源传向高温热源。

如图 1.12（a）所示，工质沿 1-2-3 膨胀到状态 3，然后按较高的压缩线 3-4-1 压缩回状态 1，这时压缩过程消耗的功大于膨胀过程所做的功，故需由外界向工质输入功，其数值为循环净功 $w_{net}$，即 $p\text{-}v$ 图上封闭曲线包围的面积 1-2-3-4-1。在 $T\text{-}s$ 图（图 1.12（b））中，同一循环的吸热过程为 5-6-7，放热过程为 7-8-5。工质从低温热源吸热 $q_2$，向高温热源放热 $q_1$，其差值为循环净热量 $q_{net}$，即 $T\text{-}s$ 图上封闭曲线包围的面积 5-6-7-8-5。

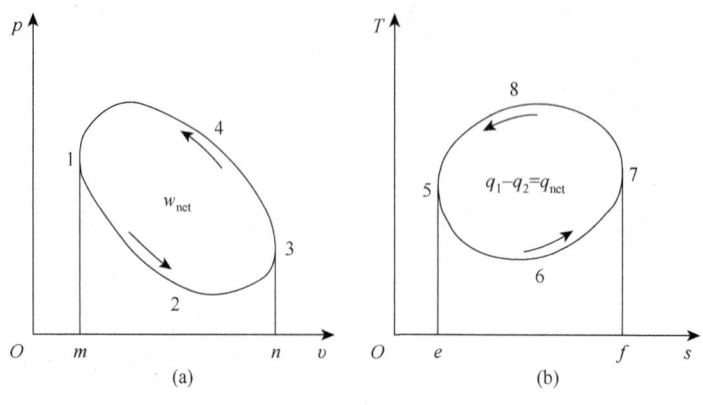

图 1.12 逆向循环

逆向循环时，工质在吸热前可先进行膨胀降温过程（如绝热膨胀），使工质的温度降低到能自低温热源吸取热量；而在放热过程前，进行压缩升温过程（如绝热压缩），使其温度升高到能向高温热源放热。

由上可见，逆向循环在 $p\text{-}v$ 图和 $T\text{-}s$ 图上都按逆时针方向进行。

制冷循环和热泵循环的用途不同，即收益不同，故其经济性指标也不同，分别用制冷系数 $\varepsilon$ 和热泵系数（也称供热系数）$\varepsilon'$ 表示：

$$\varepsilon = \frac{q_2}{w_{net}} \tag{1.17}$$

$$\varepsilon' = \frac{q_1}{w_{net}} \tag{1.18}$$

与热效率 $\eta_t$ 一样，制冷系数 $\varepsilon$ 和热泵系数 $\varepsilon'$ 越大，表明循环经济性越好。

## 1.8 单位制简介

国际单位制是 1960 年第十一届国际计量大会通过的，其国际代号为 SI。国际单位制由 7 个基本量的 7 个基本单位所构成，并且在此基础上确定了一切科学技术领域内的各种量的度量。

### 1.8.1 基本单位

基本单位共 7 个，如表 1.2 所示。

表 1.2 国际单位制基本单位

| 量 | 名称 | 中文代号 | 国际代号 |
|---|---|---|---|
| 长度 | 米 | 米 | m |
| 质量 | 千克（公斤） | 千克（公斤） | kg |
| 时间 | 秒 | 秒 | s |
| 电流 | 安培 | 安 | A |
| 热力学温度 | 开尔文 | 开 | K |
| 物质的量 | 摩尔 | 摩 | mol |
| 发光强度 | 坎德拉 | 坎 | cd |

## 1.8.2 导出单位

表 1.3 列出与本书有关的一些主要导出单位。

表 1.3 国际单位制导出单位示例

| 量 | 名称 | 中文代号 | 国际代号 | 用国际单位制基本单位表示的关系式 |
|---|---|---|---|---|
| 力 | 牛顿 | 牛 | N | $m \cdot kg \cdot s^{-2}$ |
| 压力（压强） | 帕斯卡 | 帕 | Pa | $m^{-1} \cdot kg \cdot s^{-2}$ |
| 能、功、热量 | 焦耳 | 焦 | J | $m^2 \cdot kg \cdot s^{-2}$ |
| 功率 | 瓦特 | 瓦 | W | $m^2 \cdot kg \cdot s^{-3}$ |
| 表面张力 | 牛顿每米 | 牛/米 | N/m | $kg \cdot s^{-2}$ |
| 热流密度 | 瓦特每平方米 | 瓦/米$^2$ | W/m$^2$ | $kg \cdot s^{-3}$ |
| 比热、熵 | 焦耳每开尔文 | 焦/开 | J/K | $m^2 \cdot kg \cdot s^{-2} \cdot K^{-1}$ |
| 比热、比熵 | 焦耳每千克开尔文 | 焦/（千克·开） | J/(kg·K) | $m^2 \cdot s^{-2} \cdot K^{-1}$ |
| 比能、比焓 | 焦耳每千克 | 焦/千克 | J/kg | $m^2 \cdot s^{-2}$ |
| 热导率（导热系数） | 瓦特每米开尔文 | 瓦/（米·开） | W/(m·K) | $m \cdot kg \cdot s^{-3} \cdot K^{-1}$ |
| 能量密度 | 焦耳每立方米 | 焦/米$^3$ | J/m$^3$ | $m^{-1} \cdot kg \cdot s^{-2}$ |
| 摩尔能量 | 焦尔每摩尔 | 焦/摩 | J/mol | $m^2 \cdot kg \cdot s^{-2} \cdot mol^{-1}$ |
| 摩尔熵、摩尔比热 | 焦尔每摩尔开尔文 | 焦/（摩·开） | J/(mol·K) | $m^2 \cdot kg \cdot s^{-2} \cdot K^{-1} \cdot mol^{-1}$ |

## 1.8.3 国际单位制词冠

国际单位制词冠是用来构成十进倍数和分数单位的词冠。常用国际单位制词冠见表 1.4。

表 1.4 常用国际单位制词冠

| 因数 | 词冠 | 中文代号 | 国际代号 |
|---|---|---|---|
| $10^9$ | 吉咖（giga） | 吉 | G |
| $10^6$ | 兆（mega） | 兆 | M |
| $10^3$ | 千（kilo） | 千 | k |

续表

| 因数 | 词冠 | 中文代号 | 国际代号 |
|---|---|---|---|
| $10^2$ | 百（hecto） | 百 | h |
| 10 | 十（deca） | 十 | da |
| $10^{-1}$ | 分（deci） | 分 | d |
| $10^{-2}$ | 厘（centi） | 厘 | c |
| $10^{-3}$ | 毫（milli） | 毫 | m |
| $10^{-6}$ | 微（mico） | 微 | μ |

国际单位制与其他单位制单位的换算，参见附表1。

## 思 考 题

**1-1** 闭口系与外界无物质交换，系统内质量保持恒定，那么系统内质量保持恒定的热力系一定是闭口系吗？

**1-2** 有人认为，开口系统中系统与外界有物质交换，而物质又与能量不可分割，所以开口系不可能是绝热系。对不对，为什么？

**1-3** 平衡状态与稳定状态有何区别和联系？平衡状态与均匀状态有何区别和联系？

**1-4** 倘使容器中气体的压力没有改变，试问安装在该容器上的压力表的读数会改变吗？绝对压力计算公式

$$p = p_b + p_e \, (p > p_b), \quad p = p_b - p_v \, (p < p_b)$$

中，当地大气压是否是环境大气压？

**1-5** 温度计测温的基本原理是什么？

**1-6** 促使系统状态变化的原因是什么？举例说明。

**1-7** 如思考题 1-7 图所示容器为刚性容器：

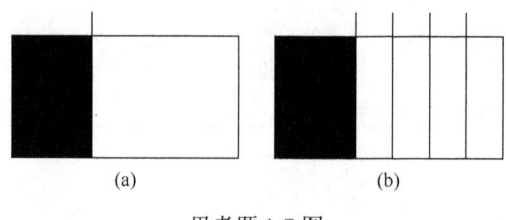

思考题 1-7 图

（1）将容器分成两部分，一部分装气体，一部分抽成真空，中间是隔板。若突然抽去隔板，气体（系统）是否做功？

（2）设真空部分装有许多隔板，每抽去一块隔板让气体先恢复平衡再抽去一块，气体（系统）是否做功？

（3）上述两种情况从初态变化到终态，其过程是否都可在 p-v 图上表示？

**1-8** 经历一个不可逆过程后，系统能否恢复到原来的状态？包括系统和外界的整个系统能否恢复到原来的状态？

**1-9** 系统经历一个可逆正向循环及其逆向可逆循环后，系统和外界有什么变化？若上述正向及逆向循环中有不可逆因素，则系统及外界有什么变化？

**1-10** 工质及气缸、活塞组成的系统经循环后，系统输出的功中是否要减去活塞排斥大气功才是有用功？

**1-11** 若用摄氏温度计和华氏温度计测量同一个物体的温度，有人认为这两种温度计的读数不可能出现数值相同的情况，对吗？若可能，读数相同的温度应该是多少？

## 习　题

**1-1** 华氏温标规定，在标准大气压（101 325Pa）下纯水的冰点是 32°F，汽点是 212°F（°F 是华氏温标温度单位的符号）。试推导华氏温度与摄氏温度的换算关系。

**1-2** 直径为 2m 的球形刚性容器，抽气后真空度为 760mmHg。（1）求容器内绝对压力为多少 Pa；（2）若当地大气压力为 0.1MPa，容器外表面受力为多少 N？

**1-3** 容器中的真空度 $p_V$=560mmHg，气压计上水银柱高度为 765mm，求容器中的绝对压力（以 MPa 表示）。如果容器中绝对压力不变，而气压计上水银柱高度为 798mm，此时真空表上的读数（以 mmHg 表示）是多少？

**1-4** 容器中的真空度 $p_V$=710mmHg，气压计上水银柱高度为 746mm，求容器中的绝对压力（以 MPa 表示）。如果容器中绝对压力不变，而气压计上水银柱高度为 735mm，此时真空表上的读数（以 mmHg 表示）是多少？

**1-5** 容器被分隔成左、右两室，如习题 1-5 图所示。已知当地大气压 $p_b$=0.1013MPa，右室内压力表 B 的读数 $p_{e,B}$=1.05MPa，压力表 C 的读数 $p_{e,C}$=0.389MPa，求压力表 A 的读数（用 MPa 表示）。

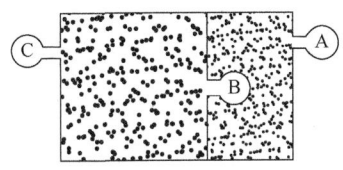

习题 1-5 图

**1-6** 一绝对真空的钢瓶，当阀门打开时，在大气压力 $p_b$=0.1013MPa 的作用下，有体积为 1.1m³ 的空气输入钢瓶，求大气对输入钢瓶的空气所做的功。

**1-7** 据统计资料，某地各发电厂平均每生产 1kW·h 电耗标煤 389g。若标煤的热值为 29 308kJ/kg，试求电厂平均热效率 $\eta_t$ 是多少？

**1-8** 若某种气体的状态方程式为 $pv=R_gT$，现取质量为 1kg 的该种气体分别进行两次循环，如习题 1-8 图中循环 1-2-3-1 和循环 4-5-6-4 所示。设过程 1-2 和过程 4-5 中温度 $T$ 不变，都等于 $T_a$，过程 2-3 和过程 5-6 中压力不变，过程 3-1 和过程 6-4 中体积不变。又设状态 3 和状态 6 的温度均等于 $T_b$，试证明两个循环中 1kg 气体对外界做的循环净功相同。

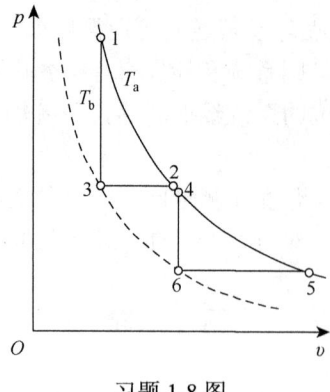

习题 1-8 图

# 第 2 章 热力学第一定律

热力学第一定律就是能量守恒和转换定律在热现象中的应用，它确定了热力过程中热力系与外界进行能量交换时，各种形态能量数量上的守恒关系。热力学第一定律所建立的能量方程式是对工程问题进行能量分析的基础和工具。应当在深入理解热力学第一定律基本理论的基础上，正确、灵活地应用能量方程解决工程实际问题。自然界所发生的一切运动都伴随着能量变化，热力学第一定律是工程热力学的主要理论基础之一。

## 2.1 热力学第一定律的实质

能量守恒与转换定律是自然界的基本规律之一。它指出：自然界中的一切物质都具有能量，能量具有各种不同的形式，它能够从一种形式转变为另一种形式，从一个物体传递给另一个物体，在转换和传递过程中能量的数量保持不变。运动是物质的属性，能量是物质运动的度量。分子运动学说阐明了热能是组成物质的分子、原子等微粒的杂乱运动——热运动的能量。既然热能和其他形态的能量都是物质的运动，那么热能和其他形态的能量可以相互转换，并在转换时能量守恒完全是理所当然的。

在工程热力学的范围内，主要考虑的是热能和机械能之间的相互转换与守恒，因此热力学第一定律可表述如下。

"热是能的一种，机械能变热能，或热能变机械能时，它们间的比值是一定的。"或"当热能与其他形式的能进行转化时，能的总量保持不变。"或者"第一类永动机是造不成的。"热力学第一定律是人类在实践中积累的经验总结，它不能用数学或其他的理论来证明，但热力学第一定律以及由其得出的一切推论都与实际经验相符合等事实，可以充分说明它的正确性。

## 2.2 内能和总能

### 2.2.1 内能

以一定方式储存于热力系内部的能量称为系统的内能。从微观观点看，内能是与物质内部粒子的微观运动和粒子空间位移有关的能量。在分子尺度上，内能包括分子的移动、转动和振动的动能，分子间由于相互作用力的存在而具有的位能；在分子尺度以下，包括不同原子束缚成分子的能量、电磁偶极距的能量；在原子尺度内，包括自由电子绕核旋转及自旋的能量、自由电子与核束缚在一起的能量、核自旋的能量；在原子尺度以下，内能还包括核能等。

在工程热力学中，一般内能停留在分子尺度上，只考虑分子运动的内动能及分子间由于相互作用力的存在而具有的内位能。内动能是温度的函数，内位能决定于气体的比体积和温度。

我国法定计量单位中内能的单位是焦耳，用符号 J 表示；内能用符号 $U$ 表示，1kg 物质的内能称比内能，用符号 $u$ 表示，比内能的单位是 J/kg。

根据气体分子运动学说，内能是热力状态的单值函数。在一定的热力状态下，分子有一定的均方根速度和平均距离，就有一定的内能，而与达到这一热力状态的路径无关，因而内能是状态参数。

由于气体的热力状态可由两个独立状态参数决定，所以比内能一定是两个独立状态参数的函数，如：

$$u = f(T,v) \text{ 或 } u = f(T,p); \quad u = f(p,v) \tag{2.1}$$

### 2.2.2 外部储存能

除了储存在热力系内部的内能外，热力系作为一个整体在参考坐标中由于其宏观运动速度的不同或在重力场中由于高度的不同而储存着不同数量的机械能（物体做机械运动而具有的能量），称为宏观动能和重力位能。这种储存能又称外部储存能。

这样，把系统的储存能分成了两类：凡需要借助在系统外的参考坐标内测量的参数来表示的能量称为外部储存能；凡与物质内部粒子的微观运动和粒子空间位形有关的能量称为内部储存能，简称内能。

### 2.2.3 系统的总储存能

内能和机械能是不同形式的能量，但是可以同时储存在热力系统内。把内部储存能和外部储存能的总和，即内能与宏观运动动能及位能的总和，称为系统的总储存能，简称总能。若总能用 $E$ 表示，动能和位能分别用 $E_k$ 和 $E_p$ 表示，则

$$E = U + E_k + E_p \tag{2.2}$$

若工质的质量为 $m$，速度为 $c_f$，在重力场中的高度为 $z$，则宏观动能

$$E_k = \frac{1}{2}mc_f^2$$

重力位能

$$E_p = mgz$$

式中，$c_f$、$z$ 是力学参数，它们只取决于工质在参考系中的速度和高度。

这样，工质的总能可写成

$$E = U + \frac{1}{2}mc_f^2 + mgz \tag{2.3}$$

1kg 工质的总能，即比总能 $e$，可写为

$$e = u + \frac{1}{2}c_f^2 + gz \tag{2.4}$$

即总能取决于热力状态和力学状态的状态参数。

## 2.3 焓

在有关热工计算中时常有 $U+pV$ 出现，为了简化公式和简化计算，把它定义为焓，用符

号 $H$ 表示，即

$$H = U + pV \tag{2.5}$$

1kg 工质的焓称为比焓，用 $h$ 表示，即

$$h = u + pv \tag{2.6}$$

式（2.5）就是焓的定义式。可以看出，焓的单位是 J，比焓的单位是 J/kg。还可以看出，焓是一个状态参数（对于理想气体，其焓和内能都为温度的单值函数）。在任一平衡状态下，$u$、$p$ 和 $v$ 都有一定的值，因而比焓 $h$ 也有一定的值，而与达到这一状态的路径无关。这符合状态参数的基本性质，满足状态参数的定义，因而比焓也就一定具备状态参数的一切性质。从式（2.1）知，$u$ 可以表示成 $p$ 和 $v$ 的函数，所以

$$h = pv + u = f(p,v) \tag{2.7}$$

因此，比焓也可以表示成另外两个独立状态参数的函数，即

$$h = f(p,T), \quad h = f(T,v) \tag{2.8}$$

同样还有

$$\Delta h_{1-a-2} = \Delta h_{1-b-2} = \int_1^2 \mathrm{d}h = h_2 - h_1 \tag{2.9}$$

$$\oint \mathrm{d}h = 0 \tag{2.10}$$

$u+pv$ 的合并出现并不是偶然的。$u$ 是 1kg 工质的内能，是存储 1kg 工质内部的能量。$pv$ 是 1kg 工质的推动功，即 1kg 工质移动时所传输的能量。当 1kg 工质通过一定的界面流入热力系统时，储存于它内部的内能当然随着也带进了系统，同时还把从外部功源获得的推动功 $pv$ 带进了系统，因此系统中因引进 1kg 工质而获得的总能量是内能与推动功之和（$u+pv$），这正是由式（2.6）表示的比焓。在热力设备中，工质总是不断地从一处流到另一处，随着工质的移动而转移的能量不等于内能而等于焓，对于流动工质，焓可以理解为流体向下游传送的热力学能和推动功之和，故在热力工程的计算中焓有更广泛的应用。

## 2.4 热力学第一定律的表达式

### 2.4.1 基本表达式

热力学第一定律的能量方程式就是系统变化过程中的能量平衡方程式，是分析状态变化过程的根本方程式。它可以从系统在状态变化过程中各项能量的变化和它们的总量守恒这一原则推出。把热力学第一定律的原则应用于系统中的能量变化时可写成如下形式：

$$\text{进入系统的能量} - \text{离开系统的能量} = \text{系统中储存能量的增加} \tag{2.11}$$

式（2.11）是系统能量平衡的基本表达式，任何系统、任何过程均可据此原则建立其平衡式。

### 2.4.2 闭口系统能量方程式

对于闭口系统，如图 2.1 所示，进入和离开系统的能量只包括热量和做功两项。下面从闭口系统的能量平衡方程出发，导出热力学第一定律的基本能量方程式，即闭口系能量方程式。取气缸活塞系统中的工质为系统，考察其在状态变化过程中和外界（热源和机器设备）的能量交换。由于过程中没有工质越过边界，所以这是一个闭口系。当工质从外界吸入热量

$Q$ 后，从状态 1 变化到状态 2，并对外界做功 $W$（一般是膨胀功，即由于热力系的体积变化而和外界交换的功）。

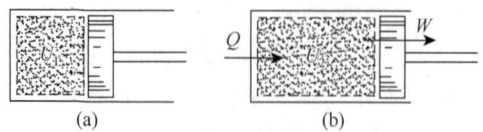

图 2.1　闭口系统

在任何情况下，膨胀功只能从热力系本身的热力学能储备或从外界供给的热量转化而来。但是，闭口系中膨胀功全部向外界输出；开口系中，膨胀功中有一部分要用来弥补排气推动功和进气推动功的差值，剩下的部分（即技术功）可供输出。若工质的宏观动能和位能的变化可忽略不计，则系统储存能的增加即内能的增加 $\Delta U$。于是根据式（2.11）可得

$$Q - W = \Delta U = U_2 - U_1 \text{ 或 } Q = \Delta U + W \tag{2.12}$$

式中，$U_2$ 和 $U_1$ 分别表示系统在状态 2 和状态 1 下的内能。式（2.12）是热力学第一定律应用于闭口系而得到的能量方程式，是最基本的能量方程式，称为热力学第一定律的解析式。它表明，加给工质的热量一部分用于增加工质的内能，储存于工质内部，余下的一部分以做功的方式传递至外界。在状态变化过程中，转化为机械能的部分为 $Q - \Delta U$。

对于一个微元过程，热力学第一定律解析式的微分形式是

$$\delta Q = \mathrm{d}U + \delta W \tag{2.13}$$

对于 1kg 工质，则有

$$q = \Delta u + w \tag{2.14}$$

及

$$\delta q = \mathrm{d}u + \delta w \tag{2.15}$$

式（2.12）直接从能量守恒与转换的普遍原理得出，没有进行任何假定，因此，它适用于闭口系的任何工质、任何过程。为了确定工质初态和终态内能的值，要求工质初态和终态是平衡状态。

热量 $Q$、内能变量 $\Delta U$ 和功 $W$ 都是代数值，可正可负。系统吸热 $Q$ 为正，系统对外做功 $W$ 为正；反之则为负。系统的内能增大，$\Delta U$ 为正，反之为负。

对于可逆过程，$\delta W = p\mathrm{d}V$，所以

$$\delta Q = \mathrm{d}U + p\mathrm{d}V, \quad Q = \Delta U + \int_1^2 p\mathrm{d}V \tag{2.16}$$

或

$$\delta q = \mathrm{d}u + p\mathrm{d}v, \quad q = \Delta u + \int_1^2 p\mathrm{d}v \tag{2.17}$$

对于循环

$$\oint \delta Q = \oint \mathrm{d}U + \oint \delta W$$

由于内能是状态参数，完成一循环后，$\oint \mathrm{d}U = 0$。

于是

$$\oint \delta Q = \oint \delta W \tag{2.18}$$

即系统在循环中与外界交换的净热量等于其与外界交换的净功量。用 $Q_{\mathrm{net}}$ 和 $W_{\mathrm{net}}$ 分别表示循

环净热量和循环净功量,则有

$$Q_{net} = W_{net} \tag{2.19}$$

或

$$q_{net} = w_{net} \tag{2.20}$$

【例 2.1】 如图 2.2 所示,一定量气体在气缸内体积由 $0.9m^3$ 可逆地膨胀到 $1.4m^3$,过程中气体压力保持定值,且 $p=0.3MPa$。若在此过程中气体内能增加 12 000J,试:

(1) 求此过程中气体吸入或放出的热量。

(2) 若活塞质量为 22kg,且初始时活塞静止,求终态时活塞的速度。已知环境压力 $p_0=0.1MPa$。

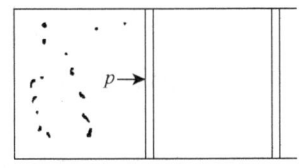

图 2.2 例 2.1 图

**解** (1) 取气缸内的气体为系统,即为闭口系,其能量方程为

$$Q = \Delta U + W$$

由题意

$$\Delta U = U_2 - U_1 = 12\ 000\ J$$

由于过程可逆,且压力为常数,故

$$W = \int_1^2 p dV = p(V_2 - V_1)$$
$$= 0.3 \times 10^6 \times (1.4 - 0.9) = 150\ 000(J)$$

所以

$$Q = 12\ 000 + 150\ 000 = 162\ 000(J)$$

因此,过程中气体自外界吸热 162 000J。

(2) 气体对外界做功,一部分用于排斥活塞背面的大气,另一部分转变成活塞的动能增量。由式(1.12)

$$W_r = p_0 \Delta V = p_0(V_2 - V_1)$$
$$= 0.1 \times 10^6 \times (1.4 - 0.9) = 50\ 000(J)$$

由式(1.13)

$$W_u = \int_1^2 p dV - W_r = 150\ 000 - 50\ 000 = 100\ 000(J)$$

因为

$$\Delta E_k = W_u = \frac{m}{2}(c_2^2 - c_1^2)$$

所以

$$c_2 = \sqrt{\frac{2W_u}{m} + c_1^2} = \sqrt{\frac{2W_u}{m}} = \sqrt{\frac{2 \times 100\ 000}{22}} = 95.35\ (m/s)$$

【例 2.2】 说明下列论断是否正确。

(1) 气体吸热后一定膨胀,内能一定增加。

(2) 气体膨胀时一定对外做功。

(3) 气体压缩时一定消耗外功。

**解** (1) 不正确。当气体吸热全部变成对外做的膨胀功时,内能就不增加。

(2) 不正确,如图 2.3 所示。

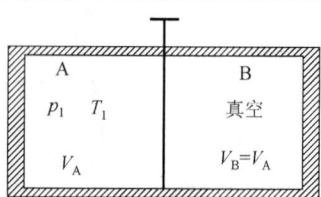

图 2.3 例 2.2 图

(3) 正确。因为功是通过边界传递的能量，只有通过边界的移动才能使气体被压缩，所以一定要消耗功。

【例 2.3】 如图 2.4 所示，一闭口系从状态 $a$ 沿图中路径 $acb$ 变化到 $b$ 时，吸热 80J，对外做功 30J。试问：

(1) 系统从 $a$ 经 $d$ 到达 $b$，若对外做功 10J，则吸热量为多少？

(2) 系统由 $b$ 经曲线所示过程返回 $a$，若外界对系统做功 20J，吸热量为多少？

(3) 设 $U_a = 0$，$U_d = 40J$，那么 $db$、$ad$ 过程的吸热量各为多少？

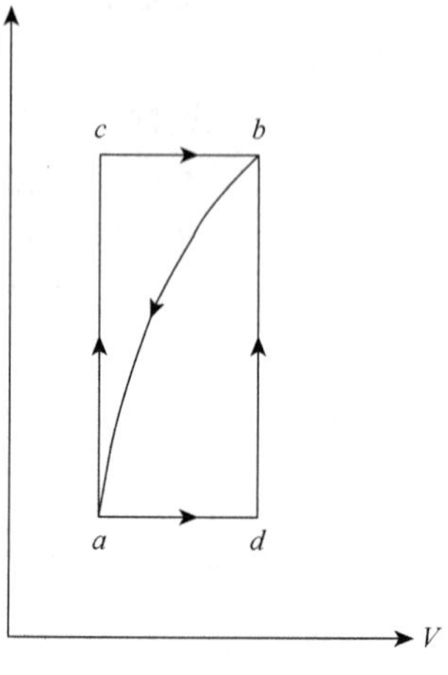

**解** (1) 根据能量方程有

$$Q = \Delta U + W$$

$$\Delta U_{ab} = Q - W = 80J - 30J = 50J$$

$$Q_{adb} = \Delta U_{ab} + W_{adb} = 50J + 10J = 60J$$

(2)

$$\Delta U_{ba} = -\Delta U_{ab} = -50J$$

$$Q_{ba} = \Delta U_{ba} + W_{ba} = -50J - 20J = -70J$$

(3) 因为

$$\Delta U_{ab} = \Delta U_{ad} + \Delta U_{db}$$

所以

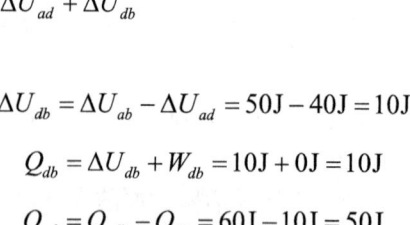

图 2.4 例 2.3 图

$$\Delta U_{db} = \Delta U_{ab} - \Delta U_{ad} = 50J - 40J = 10J$$

$$Q_{db} = \Delta U_{db} + W_{db} = 10J + 0J = 10J$$

$$Q_{ad} = Q_{adb} - Q_{db} = 60J - 10J = 50J$$

【讨论】 (1) 上述计算分析可以看到，热量和功量都是过程量，它们的值不仅与初、终状态有关，而且还取决于过程的路径。

(2) 状态参数变化量仅取决于初、终态。

### 2.4.3 开口系统能量方程的一般形式

对于开口系统，因有物质进出分界面，所以进入系统的能量和离开系统的能量除热量和做功两项外，还有随同物质带进、带出系统的能量。在实际热力设备中实施的能量转换过程通常是很复杂的，工质要在热力装置中循环不断地流经各相互连接的热力设备，完成不同的热力过程，实现能量转换。分析这类热力设备时，常采用开口系统即控制容积的分析方法。

工质在设备内流动，其热力状态参数及流速在不同的截面上是不同的。即使在同一截面上，各点的参数也不一定相同。但由于工质分子热运动的影响，同一截面上各点的温度及压力差别不大，可近似地看成是均匀的。其他热力参数都是 $p$、$T$ 的函数，故也可近似认为相同。为简便起见，常取截面上各点流速的平均值为该截面的流速，即认为同一截面上各点有相同的流速。

图 2.5 是一开口系统示意图。在 $\mathrm{d}\tau$ 时间内进行一个微元过程：质量为 $\delta m_1$（体积为 $\mathrm{d}V_1$）的微元工质流入进口截面 1-1，质量为 $\delta m_2$（体积为 $\mathrm{d}V_2$）的微元工质流出出口截面 2-2；同时系统从外界接受热量 $\delta Q$，对机器设备做功 $\delta W_i$。$W_i$ 表示工质在机器内部对机器所做的功，称为内部功，有别于机器的轴上向外传出的轴功 $W_s$。两者的差额是机器各部分摩擦引起的损失，忽略摩擦损失时两者相等。完成该微元过程后系统内工质质量增加了 $\mathrm{d}m$，系统总能量增加了 $\mathrm{d}E_{CV}$。

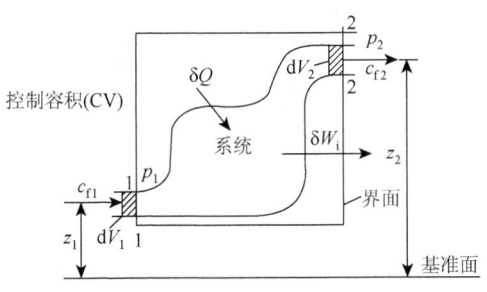

图 2.5 开口系统能量平衡

根据式（2.11）有

$$\mathrm{d}E_1 + p_1\mathrm{d}V_1 + \delta Q - (\mathrm{d}E_2 + p_2\mathrm{d}V_2 + \delta W_i) = \mathrm{d}E_{CV}$$

整理得

$$\delta Q = \mathrm{d}E_{CV} + \mathrm{d}E_2 + p_2\mathrm{d}V_2 - (\mathrm{d}E_1 + p_1\mathrm{d}V_1) + \delta W_i$$

考虑到 $E = me$ 和 $V = mv$，且 $h = \mathrm{d}E_{CV}u + pv$，则上式可改写成

$$\delta Q = \mathrm{d}E_{CV} + \left(h_2 + \frac{c_{f2}^2}{2} + gz_2\right)\delta m_2 - \left(h_1 + \frac{c_{f1}^2}{2} + gz_1\right)\delta m_1 + \delta W_i \tag{2.21}$$

如果流进流出控制容积的工质各有若干股，则式（2.21）可写成

$$\delta Q = \mathrm{d}E_{CV} + \sum_j\left(h + \frac{c_f^2}{2} + gz\right)_{out}\delta m_{out} - \sum_i\left(h + \frac{c_f^2}{2} + gz\right)_{in}\delta m_{in} + \delta W_i \tag{2.22}$$

若考虑单位时间内的系统能量关系，则仅需在式（2.22）两边均除以 $\mathrm{d}\tau$。令 $\dfrac{\delta Q}{\mathrm{d}\tau} = \Phi$，$\dfrac{\delta m_{in}}{\mathrm{d}\tau} = q_{m,in}$，$\dfrac{\delta m_{out}}{\mathrm{d}\tau} = q_{m,out}$ 及 $\dfrac{\delta W_i}{\mathrm{d}\tau} = P_i$。$\Phi$、$q_m$ 和 $P_i$ 分别表示单位内的热流量、质量流量及内部功量，称为热流率、质流率和内部功率。于是

$$\Phi = \frac{\mathrm{d}E_{CV}}{\mathrm{d}\tau} + \sum_j\left(h + \frac{c_f^2}{2} + gz\right)_{out}q_{m,out} - \sum_i\left(h + \frac{c_f^2}{2} + gz\right)_{in}q_{m,in} + P_i \tag{2.23}$$

式（2.21）～式（2.23）为开口系能量方程的一般表达式。

## 2.5 稳定流动能量方程及其应用

### 2.5.1 稳定流动能量方程式

若流动过程中开口系统内部及其边界上各点工质的热力参数及运动参数都不随时间而变，这种流动过程称为稳定流动过程。反之，则为不稳定流动或瞬变流动过程。当热力设备在不变的工况下工作时，工质的流动可视为稳定流动过程；当其在启动、加速等变工况下工作时，工质的流动属于不稳定流动过程。通常设计热力设备时均按稳定流动过程计算。

因为稳定流动时热力系任何截面上工质的一切参数都不随时间而变，所以稳定流动的必要条件可表示为

$$\frac{\mathrm{d}E_{\mathrm{CV}}}{\mathrm{d}\tau} = 0, \quad \sum q_{m,\mathrm{out}} = \sum q_{m,\mathrm{in}}$$

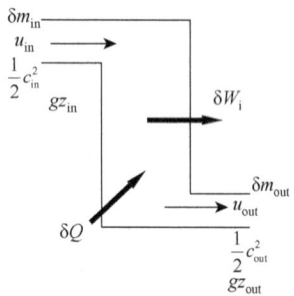

图 2.6 开口系统的稳定流动

如图 2.6 所示，在只有单股流体进出时，有 $q_{m,\mathrm{out}} = q_{m,\mathrm{in}} = q_m$。将这些条件代入式（2.23），并用 $q_m$ 除式（2.23），得到

$$q = \Delta h + \frac{1}{2}\Delta c_{\mathrm{f}}^2 + g\Delta z + w_{\mathrm{i}} \tag{2.24}$$

或写成微量形式

$$\delta q = \mathrm{d}h + \frac{1}{2}\mathrm{d}c_{\mathrm{f}}^2 + g\mathrm{d}z + \delta w_{\mathrm{i}} \tag{2.25}$$

式中，$q$ 和 $w_{\mathrm{i}}$ 分别是 1kg 工质进入系统后，系统从外界吸入的热量和在机器内部做的功。

当流入质量为 $m$ 的流体时，稳定流动能量方程可写为

$$Q = \Delta H + \frac{1}{2}m\Delta c_{\mathrm{f}}^2 + mg\Delta z + W_{\mathrm{i}} \tag{2.26}$$

或写成微量形式

$$\delta Q = \mathrm{d}H + \frac{1}{2}m\mathrm{d}c_{\mathrm{f}}^2 + mg\mathrm{d}z + \delta W_{\mathrm{i}} \tag{2.27}$$

式（2.24）～式（2.27）为不同形式的稳定流动能量方程式，它们是根据能量守恒与转换定律导出的，除流动必须稳定外无任何附加条件，故不论系统内部如何改变，有无扰动或摩擦，均能应用，是工程上常用的基本公式。

### 2.5.2 稳定流动能量方程式的分析

由式（2.24）可得

$$q - \Delta u = \frac{1}{2}\Delta c_{\mathrm{f}}^2 + g\Delta z + \Delta(pv) + w_{\mathrm{i}} \tag{2.28}$$

上式等号右边由四项组成，前两项即 $\frac{1}{2}\Delta c_{\mathrm{f}}^2$ 和 $g\Delta z$ 是工质机械能的变化；第三项 $\Delta(pv)$ 是维持工质流动所需的流动功；第四项 $w_{\mathrm{i}}$ 是工质对机器做的功。它们均源自于工质在状态变化过程中通过膨胀而实施的热能转变成的机械能。等式左边是工质在过程中的容积变化功。因此上式说明，工质在状态变化过程中从热能转变而来的机械能总等于膨胀功。由于机械能可全部

转变为功，所以 $\frac{1}{2}\Delta c_f^2$、$g\Delta z$ 及 $w_i$ 之和是技术上可资利用的功，称为技术功（即动力机械在一个工作周期中获得的功），用 $w_t$ 表示：

$$w_t = w_i + \frac{1}{2}(c_{f2}^2 - c_{f1}^2) + g(z_2 - z_1) \tag{2.29}$$

由式（2.28）并考虑到 $q - \Delta u = w$，则

$$w_t = w - \Delta(pv) = w - (p_2 v_2 - p_1 v_1) \tag{2.30}$$

对可逆过程

$$w_t = \int_1^2 p\mathrm{d}v + p_1 v_1 - p_2 v_2 = \int_1^2 p\mathrm{d}v - \int_1^2 \mathrm{d}(pv) = -\int_1^2 v\mathrm{d}p \tag{2.31}$$

其中，$-v\mathrm{d}p$ 可用图 2.7 中画斜线的微元面积表示，$-\int_1^2 v\mathrm{d}p$ 则可用面积 5-1-2-6-5 表示。

在微元过程中，有

$$\delta w_t = -v\mathrm{d}p \tag{2.32}$$

由式（2.31）可见，若 $\mathrm{d}p$ 为负，即过程中工质压力降低，则技术功为正，此时工质对机器做功，如蒸汽轮机、燃气轮机；反之机器对工质做功，如活塞式压气机和叶轮式压气机。

引进技术功概念后，稳定流动能量方程式（2.24）可写为

$$q = h_2 - h_1 + w_t = \Delta h + w_t \tag{2.33}$$

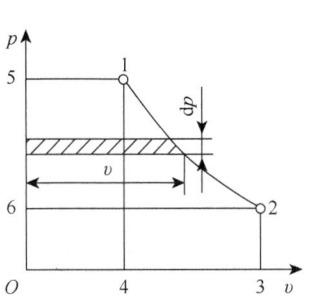

图 2.7 技术功的表示

对于质量为 $m$ 的工质，有

$$Q = \Delta H + W_t \tag{2.34}$$

对于微元过程，有

$$\delta q = \mathrm{d}h + \delta w_t \tag{2.35}$$

$$\delta Q = \mathrm{d}H + \delta W_t \tag{2.36}$$

若过程可逆，则

$$q = \Delta h - \int_1^2 v\mathrm{d}p, \quad \delta q = \mathrm{d}h - v\mathrm{d}p \tag{2.37}$$

$$Q = \Delta H - \int_1^2 V\mathrm{d}p, \quad \delta Q = \mathrm{d}H - V\mathrm{d}p \tag{2.38}$$

式（2.33）也可由热力学第一定律的解析式直接导出：

$$\delta q = \mathrm{d}u + p\mathrm{d}v = \mathrm{d}(h - pv) + p\mathrm{d}v = \mathrm{d}h - p\mathrm{d}v - v\mathrm{d}p + p\mathrm{d}v = \mathrm{d}h - v\mathrm{d}p$$

因此，热力学第一定律的各种能量方程式在形式上虽有不同，但由热变功的实质都是一致的，只是不同场合不同应用而已。

### 2.5.3 能量方程式的应用

热力学第一定律的能量方程式在工程上应用很广，可用于计算任何一种热力设备中能量的传递和转化。但是在工程上，对于某些具体过程而言，由于实施过程的具体条件不同（如定压、定容、绝热等），能量方程式具有不同的形式。因此，在解决实际问题时，应根据具体问题的不同条件，进行某种假定和简化，使能量方程更加简单明了。

## 1. 动力机

工质流经汽轮机、燃气轮机等动力机（图 2.8）时，压力降低，对机器做功；进口和出口的速度相差不多，动能差很小，可以不计；对外界略有散热损失，但数量通常不大，也可忽略；位能差极小，可以不计。把这些条件代入稳定流动能量方程式（2.24），可得 1kg 工质对机器所做的功为

$$w_i = h_1 - h_2 = w_t$$

即汽轮机中工质所做的轴功即为工质在这个过程中的焓降。

## 2. 压气机

风机、水泵等耗功的工作机与压气机的工作状态相同，统称为耗功工作机。

工质流经压气机（图 2.9）时，机器对工质做功，即压气机耗功用 $w_C$ 表示，且令 $w_C = -w_i$，使工质升压；动能差和位能差可忽略不计。从稳定流动能量方程式（2.24）可得对每千克工质需做功为

$$w_C = -w_i = (h_2 - h_1) + (-q) = -w_t$$

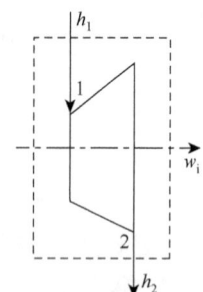

图 2.8　动力机能量平衡

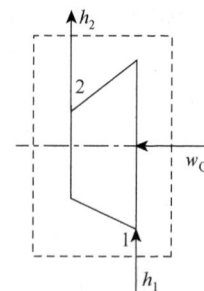

图 2.9　压气机能量平衡

## 3. 换热器

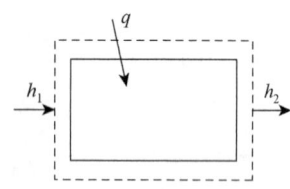

图 2.10　换热器能量平衡

工质流经锅炉、换热器（图 2.10）等时和外界有热量交换而无功的交换，动能差和位能差也可忽略不计。若工质流动是稳定的，从式（2.24）可得 1 kg 工质的吸热量为

$$q = h_2 - h_1$$

即加入加热器的热量等于工质的焓升，散热器散出的热量等于工质的焓降。

## 4. 管道

工质流经如喷管、扩压管等这类设备（图 2.11）时，不对设备做功，位能差很小，可不计；因喷管长度短，工质流速大，来不及和外界交换热量，故热量交换也可忽略不计。若流动稳定，则用式（2.24）可得 1kg 工质动能的增加为

$$\frac{1}{2}\left(c_{f2}^2 - c_{f1}^2\right) = h_1 - h_2$$

即工质通过喷管后动能的增加等于工质的焓降。同理工质通过扩压管后动能的降低等于工质的焓升。

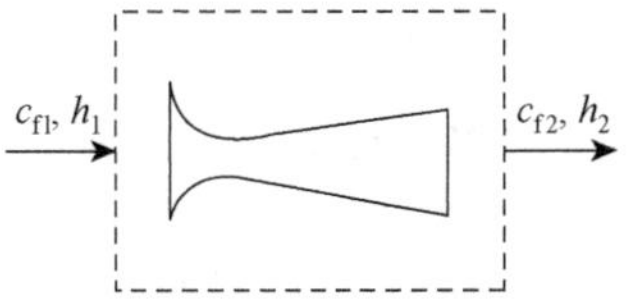

**5. 节流**

节流过程是工质流经阀门（图 2.12）或缩孔时发生的一种特殊流动过程。由于存在摩擦和涡流，流动是不可逆的。在离阀门不远的两个截面处，工质

图 2.11 喷管能量平衡

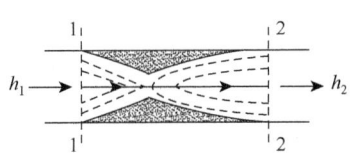

图 2.12 节流现象

的状态趋于平衡。设流动是绝热的，前后两截面间的动能差和位能差忽略不计，又不对外界做功，则对两截面间工质应用式（2.24），可得节流前后焓值相等，即

$$h_2 = h_1$$

但需要说明的是，节流不是等焓过程，因为在节流过程中焓是变化的。

**【例 2.4】** 已知新蒸汽流入汽轮机时的焓 $h_1$ =3200kJ/kg，流速 $c_{f1}$ =50m/s；乏汽流出汽轮机时的焓 $h_2$ =2300kJ/kg，流速 $c_{f2}$ =120m/s。散热损失和位能差可略去不计。试求每千克蒸汽流经汽轮机时对外界所做的功。若蒸汽流量是 20t/h，求汽轮机的功率。

**解** 由式（2.24）

$$q = (h_2 - h_1) + \frac{1}{2}(c_{f2}^2 - c_{f1}^2) + g(z_2 - z_1) + w_i$$

根据题意，$q = 0$，$z_2 - z_1 = 0$，于是得每千克蒸汽所做的功为

$$\begin{aligned}
w_i &= (h_1 - h_2) - \frac{1}{2}(c_{f2}^2 - c_{f1}^2) \\
&= (3200 - 2300) - 0.5 \times (120^2 - 50^2) \times 10^{-3} \\
&= 900 - 5.95 = 894.05 \text{(kJ/kg)}
\end{aligned}$$

其中，5.95kJ/kg 是蒸汽流经汽轮机时动能的增加，可见工质流速在每秒百米数量级时动能的影响仍不大。

工质每小时做功

$$W_i = q_m w_i = 20 \times 10^3 \times 894.05 = 17.88 \times 10^6 \text{(kJ/h)}$$

故汽轮机功率为

$$P = \frac{W_i}{3600} = 4966.94 \text{kW}$$

**【例 2.5】** 某输气管内气体的参数为 $p_1$=4MPa、$t_1$=27℃、$h_1$=300kJ/kg。设该气体是理想气体，它的内能与温度之间的关系为 $u$=0.75$\{T\}$kJ/kg，气体常数 $R_g$=287J/(kg·K)。现将 1m³ 的真空容器与输气管连接，打开阀门对容器充气，直至容器内压力达 4MPa。充气时输气管中气体参数保持不变，问充入容器的气体量为多少千克（设气体满足状态方程 $pV = mR_gT$）？

**解** 图 2.13 为输气管及容器的示意图。若取容器为热力系统，则该系统为一开口系统，可利用方程式（2.21）计算。由题意，充气过程的条件是

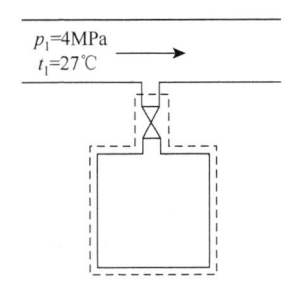

图 2.13 例 2.5 图

$$\delta Q = 0, \quad \delta w_i = 0, \quad \delta m_2 = 0$$

将上述条件代入式（2.21），忽略充入气体的动能和位能，并用脚标 in 代替 1 表示进入容器的参数，即把 $\delta m_1$ 改为 $\delta m_{in}$，把 $h_1$ 改为 $h_{in}$，表示进入容器的质量和每千克工质的焓。于是得

$$dE_{CV} = h_{in}\delta m_{in}$$

由于充气的宏观动能可忽略不计，所以系统的总能即为系统的内能。上式可写成

$$d(mu)_{CV} = h_{in}\delta m_{in}$$

对上式进行积分可得

$$\int d(mu)_{CV} = \int h_{in}\delta m_{in}$$

现因输气管中参数不变，故 $h_{in}$ 为常数，上式简化为

$$(mu)_2 - (mu)_1 = h_{in}m_{in}$$

即

$$U_2 - U_1 = h_{in}m_{in}$$

容器在充气前为真空，即 $m_1 = 0$；充气后质量为 $m_2$，它等于充入容器的质量 $m_{in}$。上式又可写成

$$U_2 = m_2 u_2 = m_{in} h_{in}$$

对 1kg 气体

$$u_2 = h_{in}$$

因此，由题意

$$u_2 = h_{in} = 300 \text{ kJ/kg}$$

$$T = \frac{300}{0.75} = 400(\text{K})$$

由状态方程可得充入容器的气体质量为

$$m = \frac{pv}{R_g T} = \frac{4\times 10^6 \times 1}{287 \times 400} = 34.84 \text{ (kg)}$$

本题也可直接从系统能量平衡的基本表达式（2.11）出发求解。据题意，进入系统的能量为 $m_{in}h_{in}$；离开系统的能量为零；系统中存储能的增量为 $(m_2 u_2 - 0) = m_{in} u_2$，所以可得 $m_{in} u_2 = m_{in} h_{in}$。

管道中气体的温度是 27℃，即 300.15K，而充入原为真空的容器内后升高为 400K。温度升高表明理想气体内能增大，这是由于进入系统的气体工质可以传递能量，将推动功转变成热能。

【例 2.6】 容器 A 刚性绝热，其体积 $V = 1\text{m}^3$，初态为真空。如图 2.14 所示，管道内的压力 $p_{in}=0.4\text{MPa}$，温度 $t_{in}=30℃$，焓值 $h_{in}=305.3\text{kJ/kg}$，打开阀门充气，使压力 $p_2=4\text{MPa}$ 时截止。若空气 $u=0.72T$，求容器 A 内达平衡后温度 $T_2$ 及充入气体量 $m$。

**解** 取 A 为 CV-非稳态开口系，因为容器刚性绝热，所以

$$\delta Q = 0, \quad \delta W = 0, \quad \delta m_{out} = 0$$

忽略动能差及位能差，则

$$\delta Q = \mathrm{d}E_{CV} + \left(h + \frac{1}{2}c_f^2 + gz\right)_{out} \delta m_{out} - \left(h + \frac{1}{2}c_f^2 + gz\right)_{in} \delta m_{in} + \delta W$$

$$h_{in}\mathrm{d}m_{in} = \mathrm{d}E = \mathrm{d}(mu)$$

$$\int_\tau^{\tau+\Delta\tau} h_{in}\mathrm{d}m_{in} = \int_\tau^{\tau+\Delta\tau} \mathrm{d}(mu)$$

$$h_{in}m_{in} = m_2u_2 - m_1u_1 = m_2u_2$$

$$m_{in} = m_2$$

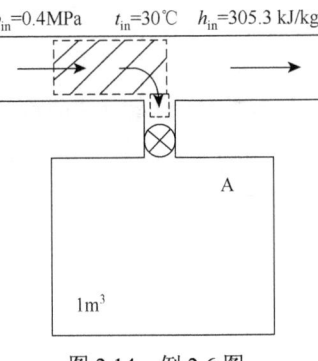

图 2.14　例 2.6 图

所以

$$h_{in} = u_2, \quad T_2 = \frac{305.3}{0.72} = 424.03\mathrm{K} = 150.88\ ℃$$

由

$$m = \frac{PV}{R_gT} = \frac{4\times10^6 \times 1}{287 \times 424.03} = 32.87(\mathrm{kg})$$

或由流入 $h_{in}\delta m_{in}$、流出 0，内增 $u\delta m$，得

$$(h_{in} - u)\delta m = 0$$

$$h_{in} = u$$

## 思 考 题

**2-1**　刚性绝热容器中间用隔板分为两部分，A 中存有高压空气，B 中保持真空，如思考题 2-1 图所示。若将隔板抽去，容器中空气的内能如何变化？若隔板上有一小孔，气体泄漏入 B 中，当 A、B 两部分压力相同时，A、B 两部分气体的内能如何变化？

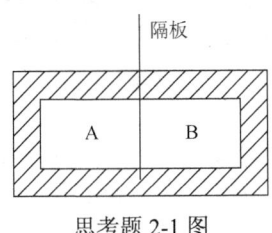

思考题 2-1 图

**2-2**　热力学第一定律的能量方程式是否可写成 $q = \Delta u + pv$，$q_2 - q_1 = (u_2 - u_1) + (w_2 - w_1)$ 的形式，为什么？

**2-3**　热力学第一定律解析式有时写成下列两种形式：$q = \Delta u + w$，$q = \Delta u + \int_1^2 p\mathrm{d}V$。分别讨论上述两式的适用范围。

**2-4**　为什么推动功出现在开口系能量方程式中，而不出现在闭口系能量方程式中？

**2-5**　稳定流动能量方程式（2.24）是否可应用于活塞式压气机这种机械的稳定工况运行的能量分析？为什么？

**2-6**　开口系实施稳定流动过程，是否同时满足下列三式：

$$\delta Q = \mathrm{d}U + \delta W$$

$$\delta Q = \mathrm{d}H + \delta W_t$$

$$\delta Q = dH + \frac{m}{2}dc_f^2 + mgdz + \delta W_i$$

上述三式中 $W$、$W_t$ 和 $W_i$ 的相互关系是什么？

**2-7** 用稳定流动能量方程分析锅炉、汽轮机、压气机、汽凝器的能量转换特点，得出对其适用的简化能量方程。

**2-8** 在炎热的夏天，有人试图用关闭厨房的门窗和打开电冰箱门的办法使厨房降温。开始时他感到凉爽，但过了一段时间后，这种效果消失，甚至会感到更热，这是为什么？

## 习 题

**2-1** 一汽车在 1h 内消耗汽油 35.6L，已知汽油的发热量为 44 000kJ/kg，汽油密度为 0.759g/cm³。测得该车通过车轮输出的功率为 71kW，试求汽车通过排气、水箱散热等各种途径所放出的热量。

**2-2** 气体在某一过程中吸收了 64J 的热量，同时内能增加了 92J，问此过程是膨胀过程还是压缩过程？对外做功是多少？

**2-3** 在冬季，某加工车间每小时经过墙壁和玻璃等处损失热量 $4 \times 10^5$ kJ，车间中各种机床的总功率为 452kW，且全部动力最终变成了热能。另外，室内经常点着 60 盏 60W 的电灯。为使该车间温度保持不变，问每小时需另外加入多少热量？

**2-4** 一飞机的弹射装置如习题 2-4 图所示，在气缸内装有压缩空气，初始体积为 0.21m³，终了体积为 1.11m³。飞机的发射速度为 73m/s，活塞、连杆和飞机的总质量为 3125kg。设发射过程进行很快，压缩空气和外界间无传热现象，若不计摩擦损耗，求发射过程中压缩空气内能的变化量。

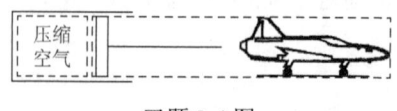

习题 2-4 图

**2-5** 1kg 氧气置于如习题 2-5 图所示的气缸内，缸壁能充分导热，且活塞与缸壁无摩擦。初始时氧气压力为 1.2MPa、温度为 30℃。若气缸长度为 $2l$，活塞质量为 12kg，试计算拔除销钉后，活塞可能达到的最大速度。

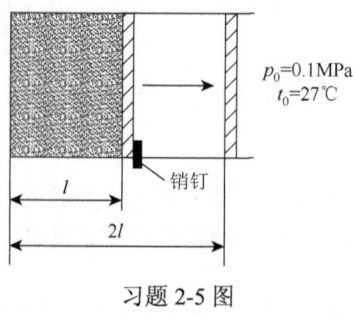

习题 2-5 图

**2-6** 为避免阳光直射，密闭门窗，用电扇取凉，电扇功率为 75W。假定房间内初温为 25℃，压力为 0.13MPa，太阳照射传入的热量为 0.2kW，通过墙壁向外散热 2100kJ/h。室内有 2 人，每人每小时向环境散发的热量为 396.9kJ。试求面积为 20m²、高度为 3.2m 的室内每小时温度的升高值。已知空气的内能与温度的关系为 $\Delta u = 0.72\{\Delta T\}_K$ kJ/kg。

**2-7** 如习题 2-7 图所示，气缸内空气的体积为 0.123m³，温度为 25℃。初始时空气压力为 0.210MPa，弹簧处于自由状态。现向空气加热，使其压力升高，并推动活塞上升而压缩弹簧。已知活塞面积为 1.02m²，弹簧刚度 $k$=510N/cm，空气内能变化的关系式为 $\Delta u_{12} = 0.718\{\Delta T\}_K$ kJ/kg。环境大气压力 $p_b$=0.0103MPa，试求使气缸内空气压力达到 0.4MPa 所需的热量。

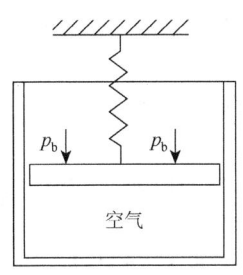

习题 2-7 图

**2-8** 空气在压气机中被压缩。压缩前空气的参数为 $p_1$=0.1MPa，$v_1$=0.845m³/kg；压缩后的参数为 $p_2$=0.8MPa，$v_2$=0.175m³/kg。设在压缩过程中每千克空气的内能增加 146.5kJ，同时向外放出热量 50kJ。压气机每分钟产生压缩空气 10kg。求：（1）压缩过程中对每千克空气做的功；（2）每生产 1kg 压缩空气所需的功（技术功）；（3）带动此压气机所用电动机的功率。

**2-9** 某蒸汽动力厂中锅炉以 55t/h 的蒸汽供入蒸汽轮机，进口处压力表上读数是 9.5MPa，蒸汽的焓为 3547kJ/kg；蒸汽轮机出口处真空表上的读数为 0.0876MPa，出口蒸汽的焓为 2154kJ/kg。汽轮机对环境散热为 7.2×10⁵kJ/h。求：（1）进、出口处蒸汽的绝对压力（当地大气压是 101 325Pa）；（2）不计进、出口动能差和位能差时汽轮机的功率；（3）进口处蒸汽速度为 81m/s、出口处速度为 153m/s 时对汽轮机的功率有多大影响？（4）蒸汽进、出口高度差为 2.1m 时对汽轮机的功率又有多大影响？

# 第 3 章 气体的性质

工质是热能转变成机械能的媒介。不同工质进行温升相等性质相同的过程，单位工质的吸热量也不相等，因为工质的吸热量与其比热有关。过程中工质的膨胀程度则取决于工质比体积随压力、温度的变化规律。因而研究热功转换时，除了热力学第一定律外，还需要研究工质的比热和状态方程。比热、状态方程以及比内能、比焓、比熵等都属于工质热力性质的范畴。本章的主要任务就在于讨论理想气体及其混合物的热力性质。

## 3.1 理想气体模型及其状态方程

热能转变为机械能只能通过工质膨胀做功实现，采用的工质应具有显著的涨缩能力，即其体积随温度、压力能有较大的变化。物质的三态中只有气态具有这一特性，因而热机工质一般采用气态物质，且视其距液态的远近又分为气体和蒸汽。气态物质的分子持续不断地做无规则的热运动，分子数目巨大，因而运动在任何一个方向上都没有显著的优势，宏观上表现为各向同性，压力各处各向相同，密度一致。自然界中的气体分子本身有一定的体积，分子相互间存在作用力，分子在两次碰撞之间进行的是非直线运动，精确描述和确定其运动是非常困难的，为了方便分析、简化计算，引出了理想气体的概念。

### 3.1.1 理想气体模型

理想气体是一种实际上不存在的假想气体。对气体模型进行如下假设。
（1）分子都是弹性的不占体积的质点。
（2）分子间相互没有作用力。

符合上述假设的假想气体称为理想气体。理想气体分子的运动规律极大地简化了，分子两次碰撞之间为直线运动，且弹性碰撞无动能损失。对此简化了的物理模型，不但可定性地分析气体某些热力学现象，而且可定量地导出状态参数间存在的简单函数关系。

众所周知，高温、低压的气体密度小、比体积大，若大到分子本身体积远小于其活动空间，分子间平均距离远到作用力极其微弱的状态就很接近理想气体。因此，理想气体是气体压力趋近于零、比体积趋近于无穷大时的极限状态。一般来说，氩、氦、氢、氧、氮、一氧化碳等临界温度低（附表 2）的单原子或双原子气体，在温度不太低、压力不太高时均远离液态，接近理想气体假设条件。因而，工程中常用的氧气、氮气、氢气、一氧化碳等及其混合空气、燃气、烟气等工质，在通常使用的温度、压力下都可作为理想气体处理，误差一般都在工程计算允许的精度范围之内。如空气在室温下、压力达 10MPa 时，按理想气体状态方程计算的比体积误差在 1%左右。

### 3.1.2 理想气体状态方程

根据分子运动论，对理想气体分子运动物理模型，用统计方法得出的气体的压力为

$$p = \frac{2}{3} N \frac{mc^2}{2} \tag{3.1}$$

式中，$N$ 为 $1m^3$ 体积内的分子数；$m$ 为每个分子的质量；$c$ 为分子平移运动均方根速度。因此，$N\frac{mc^2}{2}$ 则是 $1m^3$ 中全部分子的移动动能，大小完全由温度确定。

式（3.1）可用文字表述为：理想气体的压力等于单位体积中全部分子移动动能总和的 2/3。

式（3.1）两侧各乘以比体积 $v$，将式（1.1）代入，得

$$pv = \frac{2}{3} Nv \frac{mc^2}{2} = NvkT$$

即

$$pv = R_g T \tag{3.2}$$

式中，$R_g = Nvk$，$k$ 是玻尔兹曼常数，$Nv$ 是 1kg 质量的气体所具有的分子数，每一种气体都有确定的值。$R_g$ 称为气体常数，它是一个只与气体种类有关，而与气体所处状态无关的物理量，单位为 $J/(kg \cdot K)$。

上述表示理想气体在任一平衡状态时 $p$、$v$、$T$ 之间关系的方程式称为理想气体状态方程，或称克拉珀龙（Clapeyron）方程。它与玻意耳、马略特等测定低压气体得出的实验结果 $\frac{p_1 v_1}{T_1} = \frac{p_2 v_2}{T_2} = \cdots = \frac{pv}{T} =$ 常数是一致的。使用时应注意各量的单位，即按国际单位制代入计算。

### 3.1.3 通用气体常数与气体常数的关系

摩尔（mol）是国际单位制中用来表示物质的量的基本单位。物质中包含的基本单元数与 0.012kg 碳 12 的原子数目相等时物质的量即为 1mol。热力学中基本单元是分子，因而 1mol 任何物质的分子数为 $6.0225 \times 10^{23}$ 个。

1mol 物质的质量称为摩尔质量，用符号 $M$ 表示，单位是 kg/mol。1kmol 物质的质量，数值上等于物质的相对分子质量 $M_r$。若物质的质量 $m$ 以 kg 为单位，物质的量 $n$ 以 mol 为单位，则

$$n = \frac{m}{M} \tag{3.3}$$

1mol 气体的体积以 $V_m$ 表示，显然

$$V_m = Mv \tag{3.4}$$

阿伏伽德罗定律指出：同温、同压下，各种气体的摩尔体积都相同。实验得出，在标准状态（$p_0 = 1.01325 \times 10^5 \text{Pa}$，$T_0 = 273.15 \text{K}$）下，1mol 任意气体的体积为 $(0.02241410 \pm 0.00000019) \text{m}^3$，即

$$V_{m0} = (Mv)_0 = 0.0224141 \text{m}^3/\text{mol} \tag{3.5}$$

这里，各参数的下角标"0"是指标准状态。热工计算中，除了用 kg 和 mol 外，有时采用标准立方米作为计量单位。1mol 气体的质量为 $\{M\}_{kg/mol} \text{kg}$，在标准状态下的体积为 $0.0224141 \text{m}^3$。

1kg 理想气体的状态方程的两侧同乘以摩尔质量 $M$，即为 1mol 气体的状态方程 $pV_m = MR_g T$。若以 1 和 2 分别代表两种不同种类的气体，根据阿伏伽德罗定律，当 $p_1 = p_2$、$T_1 = T_2$ 时，$V_{m1} = V_{m2}$。

比较 1、2 两种气体的状态方程,可见两种气体的 $M$ 与 $R_g$ 的乘积相同,而气体的种类又是任选的,因而 $(MR_g)_1=(MR_g)_2=\cdots=MR_g$,各自都与气体的状态无关,可以断定:$MR_g$ 是既与状态无关,又与气体性质无关的普适恒量,称为通用气体常数,以 $R$ 表示。$R$ 的数值可取任意气体在任意状态下的参数确定,如用标准状态的参数,可得

$$R = MR_g = \frac{p_0 V_{m0}}{T_0} = \frac{101\,325 \times (0.022\,414\,10 \pm 0.000\,000\,19)}{273.15}$$
$$= 8.314\,510 \pm 0.000\,070 [\text{J}/(\text{mol} \cdot \text{K})]$$

$p$、$V_m$、$T$ 的单位选择不同,$R$ 的数值和单位也不相同。

各种气体的气体常数与通用气体常数之间的关系可由下式确定:

$$R_g = \frac{R}{M} = \frac{8.3145 \text{J}/(\text{mol} \cdot \text{K})}{M} \tag{3.6}$$

例如,空气的摩尔质量是 $28.97 \times 10^{-3}$ kg/mol,故气体常数为 287J/(kg·K)。附表 2 列有一些气体的摩尔质量 $M$ 和临界参数 $T_{cr}$、$p_{cr}$。

不同物量时理想气体状态方程可归纳如下:

1kg 气体

$$pv = R_g T \tag{3.7}$$

1mol 气体

$$pV_m = RT \tag{3.8}$$

质量为 $m$ 的气体

$$pV = mR_g T \tag{3.9}$$

物质的量为 $n$ 的气体

$$pV = nRT \tag{3.10}$$

其他几种状态的计算方法相同,不再重复,计算结果如表中所示。可见,常温而压力不太高时相对误差很小;而低温、高压(如 200K、100atm)时误差很大,理想气体状态方程式已不适用。

**【例 3.1】** 启动柴油机用的空气瓶,体积 $V=0.5\text{m}^3$,内装有 $p_1=8$MPa、$T_1=300$K 的压缩空气。启动后,瓶中空气压力降低为 $p_2=4.5$MPa,这时 $T_2=300$K。求用去空气的量(mol)及相当的质量(kg)。

**解** 根据物质的量为 $n$ 的理想气体状态方程,使用前、后瓶中空气的状态方程分别为

$$p_1 V = n_1 RT_1, \quad p_2 V = n_2 RT_2$$

用去空气的量

$$n_1 - n_2 = \frac{V(p_1 - p_2)}{RT_1} = \frac{0.5 \times (8 \times 10^6 - 4.5 \times 10^6)}{8.3145 \times 300} = 702 \text{ (mol)}$$

由附表 2 查得,空气的摩尔质量 $M=28.97 \times 10^{-3}$ kg/mol,故用去空气的质量为

$$m_1 - m_2 = M(n_1 - n_2) = 28.97 \times 10^{-3} \times 702 = 20.34 \text{ (kg)}$$

## 3.2 实际气体模型及其状态方程

### 3.2.1 实际气体模型

非理想气体的气态物质称为实际气体。蒸汽动力装置中采用的工质水蒸气,制冷装置的工质氟利昂蒸气、氨蒸气等,这类物质的临界温度较高,蒸气在通常的工作温度和压力下离液态不远,不能看成理想气体。通常,蒸气的比体积较气体小得多,分子本身体积不容忽略,分子间的内聚力随距离减小急剧增大。因而,实际分子运动规律极其复杂,宏观上反映为状态参数的函数关系式繁复,热工计算中需要借助于计算机或利用为各种蒸气专门编制的图或表。

基于课程的性质,本书主要讨论简单可压缩物质系统的热力学一般关系式。

研究实际气体的性质在于寻求它的各热力参数间的关系,其中最重要的是建立实际气体的状态方程。因为不仅 $p$、$v$、$T$ 本身就是过程和循环分析中必须确定的量,而且在状态方程的基础上利用热力学一般关系式可导出 $u$、$h$、$s$ 及比热的计算式,以便于进行过程和循环的热力分析。

按照理想气体的状态方程 $pv = R_g T$,可得出 $\dfrac{pv}{R_g T} = 1$。因而,对于理想气体,$\dfrac{pv}{R_g T}$ 是常数,在 $\dfrac{pv}{R_g T} \sim p$ 图上应该是一条 $\dfrac{pv}{R_g T}$ 值为 1 的水平线。但实验结果显示出实际气体并不符合这样的规律(图 3.1),尤其在高压低温下偏差更大。

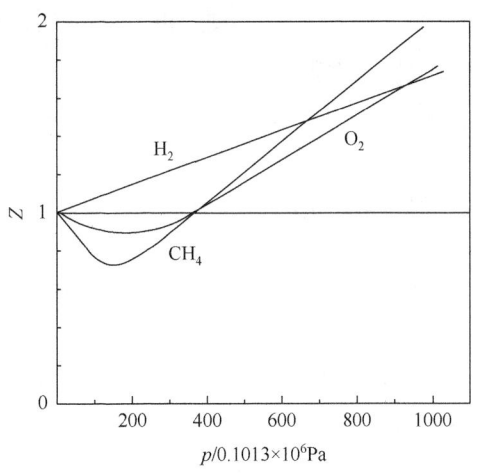

图 3.1 气体的压缩因子

实际气体的这种偏离通常采用压缩因子或压缩系数 $Z$ 修正,表示为

$$Z = \frac{pv}{R_g T} = \frac{pV_m}{RT} \quad 或 \quad pV_m = ZRT \tag{3.11}$$

式中,$V_m$ 为摩尔体积,单位是 $m^3/mol$。对于理想气体,$Z$ 值恒等于 1;对于实际气体和液体,

$Z$ 是状态的函数，$Z$ 值的大小不仅与气体的种类有关，而且同种气体的 $Z$ 值还随压力和温度而变化。$Z$ 可大于 1，也可小于 1。$Z$ 值偏离 1 的大小，反映了实际气体对理想气体性质偏离的程度。

为了便于理解压缩因子 $Z$ 的物理意义，将式（3.11）改写为

$$Z = \frac{pv}{R_g T} = \frac{v}{R_g T/p} = \frac{v}{v_i}$$

式中，$v$ 是实际气体在 $p$、$T$ 时的比体积；$v_i$ 则是在相同的 $p$、$T$ 下把实际气体当成理想气体时计算的比体积。因而，压缩因子 $Z$ 即温度、压力相同时的实际气体比体积与理想气体比体积之比。$Z>1$，说明该气体的比体积比将之作为理想气体在同温同压下计算而得的比体积大，也说明实际气体较之理想气体更难压缩；反之，若 $Z<1$，则说明实际气体可压缩性大。所以，$Z$ 是从比体积的比值或从可压缩性的大小来描述实际气体对理想气体的偏离的。

产生这种偏离的原因是，理想气体模型中忽略了气体分子间的作用力和气体分子所占据的体积。事实上，由于分子间存在着引力，当气体被压缩，分子间的平均距离缩短时，分子间引力的影响增大，气体的体积在分子引力作用下要比不考虑引力时小。因此，在一定温度下，大多数实际气体的 $Z$ 值随着压力的增大而减小，即其比体积比作为理想气体在同温同压下的比体积小。随着压力增大，分子间距离进一步缩小，分子间斥力影响逐渐增大，因而实际气体的比体积比作为理想气体的比体积大。同时，分子本身占有的体积使分子自由活动空间减小的影响也不容忽视。故而，极高压力时气体 $Z$ 值将大于 1，而且 $Z$ 值随压力的增大而增大。

从上面粗略的定性分析可以看到，实际气体只有在高温低压状态下，其性质和理想气体相近，实际气体是否能作为理想气体来处理，不仅与气体的种类，而且与气体所处状态有关。由于 $pv = R_g T$ 不能准确反映实际气体 $p$、$v$、$T$ 之间的关系，所以必须对其进行修正和改进，或通过其他途径建立实际气体的状态方程。

### 3.2.2 实际气体状态方程

通常建立实际气体状态方程有两种方法：一是以理论分析为主；二是根据实验数据构成状态方程。

为了求得准确的实际气体状态方程式，百余年来人们从理论分析的方法、经验或半经验半理论的方法导出了成百上千个状态方程式。这些方程中，通常准确度高的适用范围较小，通用性强的则准确度差。在各种实际气体的状态方程中，具有特殊意义的是范德瓦耳斯方程。

1873 年，范德瓦耳斯针对理想气体的两个假定，考虑了分子自身占有的容积和分子间相互作用力，对理想气体的状态方程进行修正，提出了范德瓦耳斯状态方程：

$$\left(p + \frac{a}{V_m^2}\right)(V_m - b) = RT \quad \text{或} \quad p = \frac{RT}{V_m - b} - \frac{a}{V_m^2} \tag{3.12}$$

式中，$a$ 与 $b$ 是与气体种类有关的正常数，称为范德瓦耳斯常数，根据实验数据确定；$\frac{a}{V_m^2}$ 常被称为内压力。

对比理想气体的状态方程可以知道，范德瓦耳斯考虑到气体分子具有一定的体积，所以

用分子可自由活动的空间$(V_m - b)$来取代理想气体状态方程中的体积;考虑到气体分子间的引力作用,气体对容器壁面所施加的压力要比理想气体小,用内压力修正压力项。由分子间引力引起的分子对器壁撞击力的减小与单位时间内和单位壁面面积碰撞的分子数成正比,同时又与吸引这些分子的其他分子数成正比,因此内压力与气体的密度的平方,即比体积平方的倒数成正比,进而可用$\dfrac{a}{V_m^2}$来表示。

### 3.2.3 实际气体临界参数

将范德瓦耳斯方程按$V_m$的降幂次排列,可写成

$$pV_m^3 - (bp + RT)V_m^2 + aV_m - ab = 0$$

它是$V_m$的三次方程式。随着$p$和$T$不同,$V_m$可以有3个不等的实根、3个相等的实根或一个实根两个虚根。实验也说明了这一现象。在各种温度下定温压缩某种工质,如$CO_2$,测定$p$与$v$,在$p$-$v$图上画出$CO_2$的等温线,如图3.2所示。从图中可见,当温度低于临界温度$T_C$(304K)

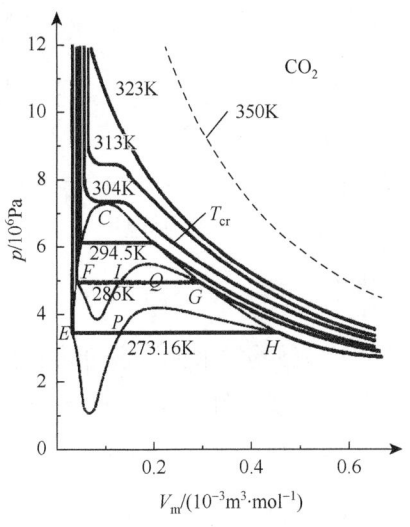

图3.2 $CO_2$的等温线

时,定温线中间有一段是水平线。这些水平线段相当于气体凝结成液体的过程。在点$H$、$G$等处开始凝结,到点$E$、$F$等处凝结完毕。当温度等于304 K时等温线上不再有水平线段,而在$C$处有一转折点。

点$C$也是开始凝结的各点连接线和凝结终了各点连接线的交点。这两条连接线分别称为下界限线和上界限线,或称饱和液线和干饱和蒸汽线。点$C$的状态称为临界状态,临界状态工质的压力、温度和比体积等分别称为临界压力、临界温度和临界比体积,用符号$p_{cr}$、$T_{cr}$及$v_{cr}$表示。通过临界点$C$的等温线称为临界等温线。当温度大于临界温度时,等温线中不再有水平段,意味着压力再高,气体也不能液化。

从图3.2可见,当温度高于临界温度时,对于每一个$p$,只有一个$V_m$值,即只有一个实根。当温度低于临界温度时,与一个压力值对应的有3个$V_m$值,其中最小值是饱和液线上的

饱和液的摩尔体积，最大值为干饱和蒸汽线上的饱和蒸汽的摩尔体积。由于图中 $P-I-Q$ 是违反稳定平衡态判据的，所以是不可能的，故而中间的那个 $V_m$ 值没有意义。当温度等于临界温度时，3 个实根合并为一个，即相对于 $p_{cr}$，$V_m$ 有 3 个相等的实根。

在温度远高于临界温度的区域范德瓦耳斯方程与实验结果符合较好，但在较低压力和较低温度时范德瓦耳斯方程与实验结果符合得不好。

临界等温线在临界点处有一拐点，其压力对摩尔体积的一阶偏导数和二阶偏导数均为零，即

$$\left(\frac{\partial p}{\partial V_m}\right)_{T_{cr}} = -\frac{RT_{cr}}{(V_{m,cr}-b)^2} + \frac{2a}{V_{m,cr}^3} = 0$$

$$\left(\frac{\partial^2 p}{\partial V_m^2}\right)_{T_{cr}} = \frac{2RT_{cr}}{(V_{m,cr}-b)^3} - \frac{6a}{V_{m,cr}^4} = 0$$

联立求解上述两式得

$$p_{cr} = \frac{a}{27b^2}, \quad T_{cr} = \frac{8a}{27Rb}, \quad V_{m,cr} = 3b \tag{3.13}$$

$$a = \frac{27}{64}\frac{(RT_{cr})^2}{p_{cr}}, \quad b = \frac{RT_{cr}}{8p_{cr}}, \quad R = \frac{8}{3}\frac{p_{cr}V_{m,cr}}{T_{cr}} \tag{3.14}$$

因此，气体的范德瓦耳斯常数 $a$ 和 $b$ 除了可以根据气体的 $p$、$V_m$、$T$ 的实验数据用曲线拟合法确定外，还可根据实测的临界压力 $p_{cr}$ 和临界温度 $T_{cr}$ 的值由上式计算。不过由上式可知，不论何种物质，其临界状态的压缩因子即临界压缩因子 $Z_{cr}\left(=\frac{p_{cr}V_{m,cr}}{RT_{cr}}\right)$ 均等于 0.375。事实上，不同物质的 $Z_{cr}$ 值并不相同，对于大多数物质来说，它们远小于 0.375，一般在 0.23~0.29 范围内，所以范德瓦耳斯方程用于临界区或其附近是有较大误差的，而按上式计算的 $a$ 和 $b$ 的值也是近似的。表 3.1 列出了一些物质的临界参数和由实验数据拟合得出的范德瓦耳斯常数。

表 3.1 临界参数和范德瓦耳斯常数

| 物质 | $T_{cr}/K$ | $p_{cr}/MPa$ | $V_{m,cr}\times 10^3/$ $(m^3/mol)$ | $Z_{cr}\left(=\frac{p_{cr}V_{m,cr}}{RT_{cr}}\right)$ | $a\times 10^{-6}/$ $\left(MPa\cdot\frac{m^3}{mol}\right)^2$ | $b\times 10^{-3}/$ $(m^3/mol)$ |
|---|---|---|---|---|---|---|
| 空气 | 133 | 3.77 | 0.0829 | 0.284 | 0.1358 | 0.0364 |
| 一氧化碳 | 133 | 3.50 | 0.0928 | 0.294 | 0.1463 | 0.0394 |
| 正丁烷 | 425.2 | 3.80 | 0.257 | 0.274 | 1.380 | 0.1196 |
| R12 | 385 | 4.01 | 0.214 | 0.270 | 1.078 | 0.0998 |
| 甲烷 | 190.7 | 4.64 | 0.0991 | 0.290 | 0.2285 | 0.0427 |
| 氮 | 126.2 | 3.39 | 0.0897 | 0.291 | 0.1361 | 0.0385 |
| 乙烷 | 305.4 | 4.88 | 0.221 | 0.273 | 0.5575 | 0.0650 |
| 丙烷 | 370 | 4.27 | 0.195 | 0.276 | 0.9315 | 0.0900 |
| 二氧化碳 | 431 | 7.87 | 0.124 | 0.268 | 0.6837 | 0.0568 |

范德瓦耳斯状态方程是半经验的状态方程，它虽可以较好地定性描述实际气体的基本特性，但是在定量上不够准确，不宜作为定量计算的基础。后人在此基础上提出了许多种派生的状态方程，其中一些有很大的实用价值。

如 R-K 方程，它是 Redlich 和 Kwong 于 1949 年在范德瓦耳斯方程的基础上提出的含两个常数的方程，其表达形式为 $p = \dfrac{RT}{V_m - b} - \dfrac{a}{T^{0.5} V_m (V_m + b)}$，它保留了体积的三次方程的简单形式，通过对内压力项 $\dfrac{a}{V_m^2}$ 的修正，使精度有较大提高。

1972 年，出现了对 R-K 方程进行修正的 R-K-S 方程；1976 年，又出现了 P-R 方程。这些方程拓展了 R-K 方程的适用范围。各种方程的具体形式可从相关分析查找。

## 3.3　对比参数及对比态定律

### 3.3.1　对比参数

实际气体的状态方程包含与物质固有性质有关的常数，这些常数需根据该物质的 $p$、$v$、$T$ 实验数据进行曲线拟合才能得到。如果能消除这样的物性常数，使方程具备普遍性，将对既没有足够的 $p$、$v$、$T$ 实验数据，又没有状态方程中所固有的常数数据的物质的热力性质计算带来很大方便。

对多种流体的实验数据分析显示，接近各自的临界点时所有流体都显示出相似的性质，如果采用所谓对比参数来描述状态，那么各种物质热力性质的相似性可以表述得更加清楚。对比参数是各种参数与临界点同名参数之比值，即

$$p_r = \frac{p}{p_{cr}}, \quad T_r = \frac{T}{T_{cr}}, \quad v_r = \frac{v}{v_{cr}}$$

$p_r$、$T_r$ 和 $v_r$ 分别称为对比压力、对比温度和对比比体积。对比参数都是无因次量。

### 3.3.2　对比态定律

将不同物质的具有相同对比压力和对比温度的状态称为对比（应）态。下面以范德瓦耳斯方程为例说明对比态定律。

将对比参数代入范德瓦耳斯方程，并考虑到用临界参数表示物性常数 $a$ 和 $b$ 的关系，可导得

$$\left( p_r + \frac{3}{v_r^2} \right)(3 v_r - 1) = 8 T_r \tag{3.15}$$

称为范德瓦耳斯对比态方程。方程中没有任何与物质固有特性有关的常数，所以是通用的状态方程式，适用于任一符合范德瓦耳斯方程的物质。范德瓦耳斯方程本身的近似性，决定了范德瓦耳斯对比态方程也仅是一个近似方程，特别在低压时不能适用。

从范德瓦耳斯对比态方程可以看出：虽然在相同的压力与温度下，不同气体的比体积是不同的，但是只要它们的 $p_r$ 和 $T_r$ 分别相同，它们的 $v_r$ 必定相同。因此，实践证明：处于对比

态的各种流体具有相同的对比比体积。这个由经验得出的规律称为对比态定律，或称对应态原理，其数学表达式为

$$f(p_r, T_r, v_r) = 0 \tag{3.16}$$

上式虽然是根据二常数的范德瓦耳斯方程导出的，但可以推广到一般的实际气体状态方程。对不同流体的试验数据的详细研究表明，对比态定律并不是十分精确，但大致是正确的。它可以在缺乏详细资料的情况下，借助某一资料充分地参考流体的热力性质来估算其他流体的性质。

### 3.3.3 通用压缩因子图

实际气体对理想气体性质的偏离可以用压缩因子 $Z$ 描述，实际气体的状态方程也可以通过修正理想气体状态方程得到，即

$$pV_m = ZRT$$

但是，因为 $Z$ 值不仅随气体种类而且随其状态（$p, T$）而异，故每种气体应有不同的 $Z=f(p,T)$ 曲线。图 3.3 给出了 $N_2$ 的压缩因子图。对于缺乏资料的流体，可采用通用压缩因子图。

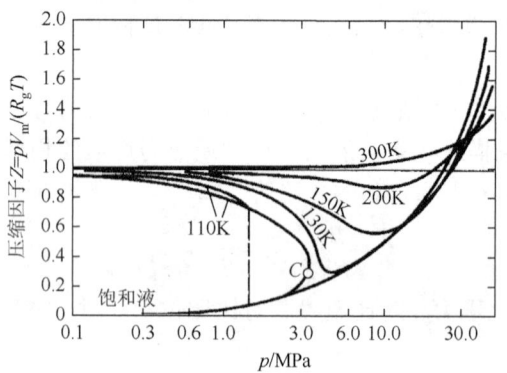

图 3.3 $N_2$ 的压缩因子图

由压缩因子 $Z$ 和临界压缩因子 $Z_{cr}$ 的定义可得

$$\frac{Z}{Z_{cr}} = \frac{pV_m/RT}{p_{cr}V_{m,cr}/RT_{cr}} = \frac{p_r v_r}{T_r}$$

根据对比态定律，上式可改写成

$$Z = f_1(p_r, T_r, Z_{cr})$$

若 $Z_{cr}$ 的数值取一定值，则可进一步简化成

$$Z = f_2(p_r, T_r)$$

上式为编制通用压缩因子图提供了理论基础，取大多数气体临界压缩因子 $Z_{cr}$ 的平均值 $Z_{cr}=0.27$ 绘制的通用压缩因子图如图 3.4 所示。

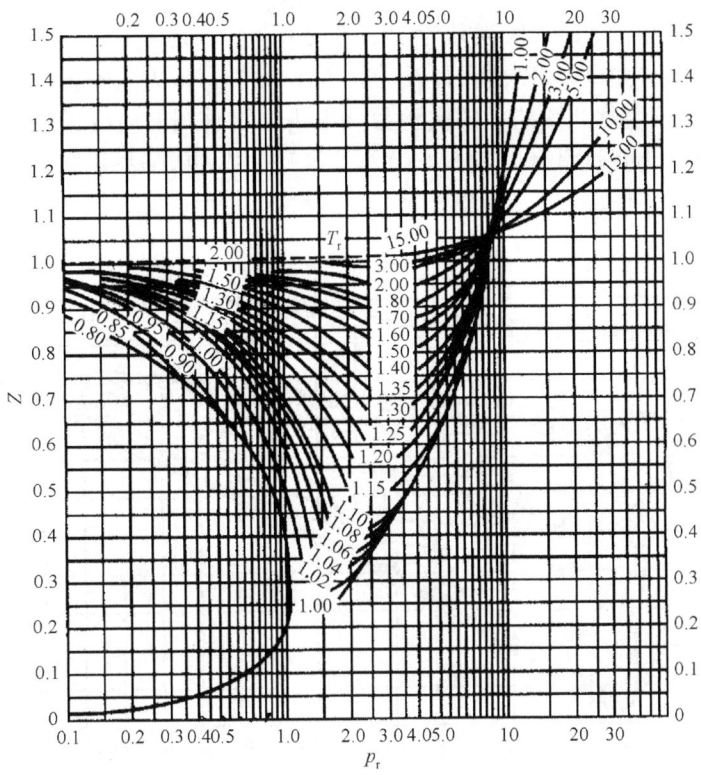

图 3.4 通用压缩因子图（$Z_{cr}=0.27$）

图 3.5～图 3.7 是目前普遍认为准确度较高的由实验数据制作的通用压缩因子图：N-O 图。图中虚线是理想对比体积 $V'_m$，$v'_r$ 是理想对比比体积。图 3.5 是低压区（$p_r=0～1$）通用压缩因子图，是按 30 种气体的实验数据绘制而成的，其中氢、氦、氨和水蒸气的最大误差为 3%～

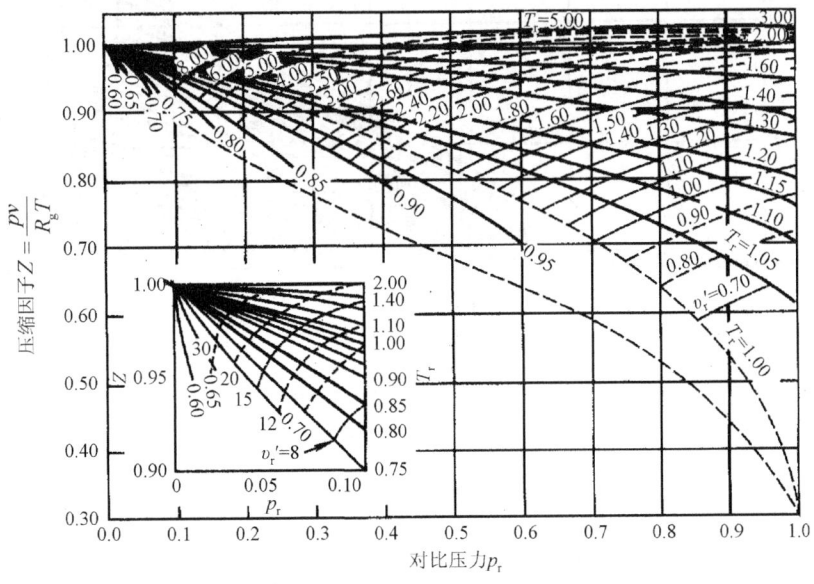

图 3.5 N-O 图（低压区）

4%,另外 26 种非极性气体的最大误差为 1%。图 3.6 为中压区($p_r$=1~10)通用压缩因子图,也是根据 30 种气体的实验数据绘制的,除氢、氦、氨外,最大误差为 2.5%。图 3.7 为高压区通用压缩因子图,绘制此图能用的实验数据很少。这种图的精度虽然比范德瓦耳斯方程高,但仍是近似的,为提高其计算精度,引入了第三参数,如临界压缩因子 $Z_{cr}$ 和偏心因子,深入内容请参阅有关文献。

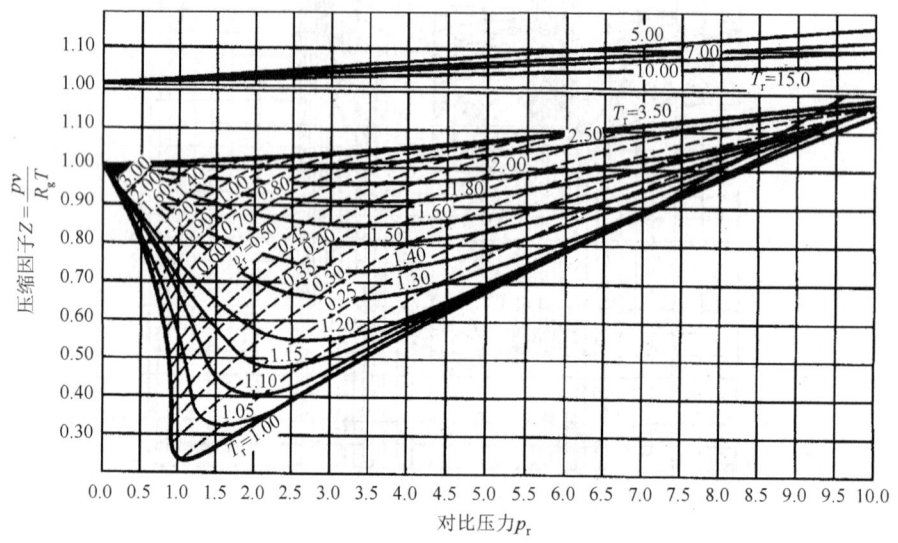

图 3.6  N-O 图(中压区)

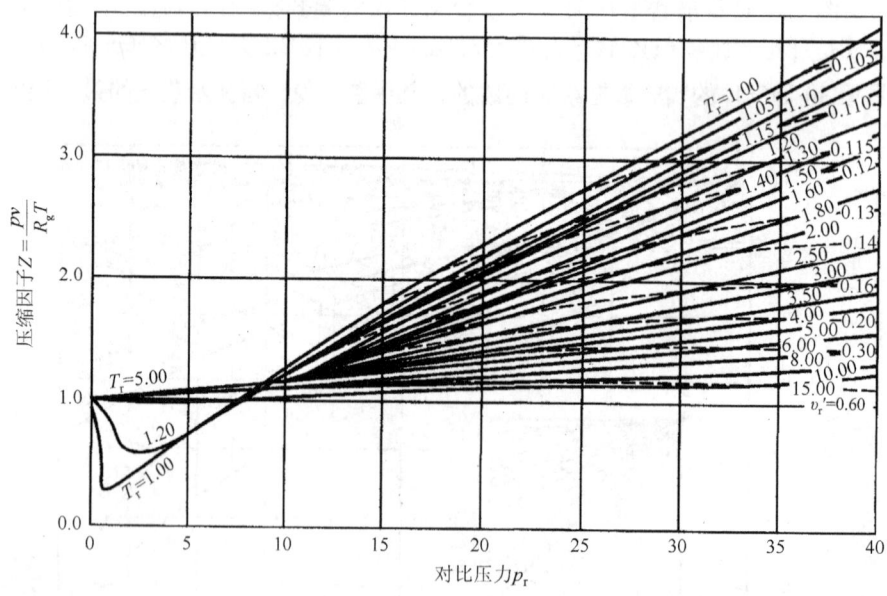

图 3.7  N-O 图(高压区)

**【例 3.2】** 利用通用压缩因子图确定氧气在温度为 160K、比体积为 0.0074m³/kg 时的压力。

**解** 查附表 2 得氧气的临界参数为 $T_{cr}$=154K，$p_{cr}$=5.05MPa。因为

$$p_r = \frac{p}{p_{cr}} = \frac{ZR_gT}{vp_{cr}} = \frac{Z \times 260 \times 160}{0.0074 \times 5.05 \times 10^6} = 1.11Z$$

所以 $Z = 0.9 p_r$。根据上述关系在通用压缩因子图（图 3.6）上作出一些点，然后连接成线，由其和 $T_r = \dfrac{T}{T_{cr}} = \dfrac{160}{154} = 1.04$ 的交点即得 $p_r = 0.79$。因此

$$p = p_r p_{cr} = 0.79 \times 5.05 = 4.0 \text{(MPa)}$$

## 3.4 理想气体的比热

### 3.4.1 比热的定义

为了计算气体状态变化过程中的吸（或放）热量，引入比热的概念。物体温度升高 1K 所需的热量称为热容，其单位为 J/K，用 $C$ 表示。其定义式为

$$C = \frac{\delta Q}{dT} \tag{3.17}$$

单位质量的物体温度升高 1K（或 1℃）所需的热量称为比热。其定义式为

$$c = \frac{\delta q}{dT} \quad \text{或} \quad c = \frac{\delta q}{dt} \tag{3.18}$$

根据物量单位不同，比热有以下几种。

（1）质量比热 $c$：物量单位为千克的比热，其单位为 J/(kg·K)，简称比热。

（2）摩尔比热 $C_m$：物量单位为摩尔的比热，其单位为 J/(mol·K)，简称摩尔比热。

（3）体积比热 $C'$：物量单位取标准立方米的比热，其单位为 J/(m³·K)，简称体积比热。

以上 3 种比热之间的关系为

$$C_m = Mc = 0.022\,414\,1C' \tag{3.19}$$

式中，$M$ 为摩尔质量。

热量是过程函数，比热也随过程而异。各种过程的比热中以定压过程和定容过程的比热最常用，它们分别称为定压比热和定容比热，分别以 $c_p$ 和 $c_V$ 表示。

引用热力学第一定律解析式（2.17）、式（2.37），对于可逆过程有

$$\delta q = du + pdv, \quad \delta q = dh - vdp$$

定容时（$dv=0$）

$$c_V = \left(\frac{\delta q}{dT}\right)_v = \left(\frac{du + pdv}{dT}\right)_v = \left(\frac{\partial u}{\partial T}\right)_v \tag{3.20}$$

定压时（$dp=0$）

$$c_p = \left(\frac{\delta q}{dT}\right)_p = \left(\frac{dh - vdp}{dT}\right)_p = \left(\frac{\partial h}{\partial T}\right)_p \tag{3.21}$$

以上两式直接由 $c_V$、$c_p$ 的定义导出，故适用于一切工质，不限于理想气体。

对于理想气体，其分子间无作用力，不存在内位能，内能只包括取决于温度的内动能，

因而与比体积无关，理想气体的内能是温度的单值函数，即 $u=f_u(T)$。焓值 $h=u+pv$，对于理想气体 $h=u+R_gT$，显然其焓值与压力无关，也只是温度的单值函数，即 $h=f_h(T)$，因而

$$\left(\frac{\partial u}{\partial T}\right)_v = \frac{\mathrm{d}u}{\mathrm{d}T} \tag{3.22}$$

$$\left(\frac{\partial h}{\partial T}\right)_p = \frac{\mathrm{d}h}{\mathrm{d}T} \tag{3.23}$$

将式（3.22）、式（3.23）分别代入式（3.20）、式（3.21），得理想气体的比热

$$c_V = \frac{\mathrm{d}u}{\mathrm{d}T} \tag{3.24}$$

$$c_p = \frac{\mathrm{d}h}{\mathrm{d}T} \tag{3.25}$$

式（3.20）、式（3.21）意味着：工质的 $c_V$ 和 $c_p$ 分别是状态参数 $u$ 对 $T$、$h$ 对 $T$ 的偏导数，$c_V$ 和 $c_p$ 是状态参数。式（3.24）、式（3.25）意味着理想气体的 $c_V$ 和 $c_p$ 仅是温度的函数。

### 3.4.2 定压比热与定容比热的关系

将理想气体的焓值 $h=u+R_gT$ 对 $T$ 求导：

$$\frac{\mathrm{d}h}{\mathrm{d}T} = \frac{\mathrm{d}u}{\mathrm{d}T} + R_g$$

即

$$c_p - c_V = R_g \tag{3.26}$$

$R_g$ 是常数，恒大于零。因此，同样温度下任意气体的 $c_p$ 总是大于 $c_V$，其差值 $(c_p-c_V)$ 恒等于气体常数 $R_g$。从能量守恒的观点分析气体定容加热时，吸热量全部转变为分子的动能使温度升高；而定压加热时容积增大，吸热量中有一部分转变为机械能对外做膨胀功，所以同样温度升高 1K 所需热量更大，这正是 $c_p$ 大于 $c_V$ 的原因。式（3.26）两侧同乘以摩尔质量 $M$，则有

$$C_{p,\mathrm{m}} - C_{V,\mathrm{m}} = R \tag{3.27}$$

式（3.26）、式（3.27）称为迈耶公式。它给出了理想气体的定压比热和定容比热的关系。$c_V$ 不易测准，通常实验测定 $c_p$，再由此式确定 $c_V$。

比值 $c_p/c_V$ 称为比热比，它在热力学理论研究和热工计算方面是一重要参数，以 $\gamma$ 表示

$$\gamma = \frac{c_p}{c_V} = \frac{C_{p,\mathrm{m}}}{C_{V,\mathrm{m}}} \tag{3.28}$$

式（3.28）代入式（3.26），可得

$$c_V = \frac{1}{\gamma - 1} R_g \tag{3.29}$$

$$c_p = \frac{\gamma}{\gamma - 1} R_g \tag{3.30}$$

### 3.4.3 利用比热计算热量

**1. 真实比热计算热量**

根据比热的定义 $c = \dfrac{\delta q}{\mathrm{d}T}$，只要知道理想气体的比热与温度的具体函数关系，即 $c = f(T)$。通常可以用积分方法求出热量为

$$q = \int_{T_1}^{T_2} f(T)\mathrm{d}T \tag{3.31}$$

近年来，随着计算机的普及，对于理想气体及其混合物以及一些实际气体，用真实比热积分求取热量或内能差、焓差、熵差的方法已广泛采用。

**2. 平均比热表计算热量**

利用平均比热表计算的方法是一种既简单又准确的方法。图 3.8 中 $c = f(t)$ 曲线下的面积代表过程热量。温度由 $t_1$ 升高到 $t_2$ 所需热量 $q$ 为面积 $EFDBE$，平均比热 $c\big|_{t_1}^{t_2}$ 等于 $q$ 除以温差 $(t_2-t_1)$，即矩形 $HGDBH$ 的高度 $MN$，因而

$$c\big|_{t_1}^{t_2} = \frac{q}{t_2 - t_1} = \frac{\int_{t_1}^{t_2} c\mathrm{d}t}{t_2 - t_1}$$

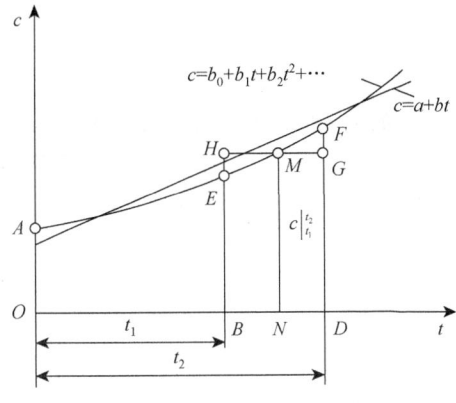

图 3.8 真实比热随温度的变化

又因

$$q = 面积 AFDOA - 面积 AEBOA = \int_{0℃}^{t_2} c\mathrm{d}t - \int_{0℃}^{t_1} c\mathrm{d}t = c\big|_{0℃}^{t_2} t_2 - c\big|_{0℃}^{t_1} t_1 \tag{3.32}$$

于是

$$c\big|_{t_1}^{t_2} = \frac{c\big|_{0℃}^{t_2} t_2 - c\big|_{0℃}^{t_1} t_1}{t_2 - t_1} \tag{3.33}$$

过程热量可按式（3.32）计算。式中，$c\big|_{0℃}^{t_1}$、$c\big|_{0℃}^{t_2}$ 分别表示温度 $0℃\sim t_1$ 和 $0℃\sim t_2$ 的平均比热值。这种平均比热的起始温度同为 $0℃$，显然同种气体的 $c\big|_{0℃}^{t}$ 只取决于终态温度 $t$，因而简化了制表。本书附表 3 列有几种常用气体的平均定压比热 $c_p\big|_{0℃}^{t}$，供精确计算时查用。

若需平均定容比热，则由表中查出平均定压比热，然后按迈耶公式［式(3.26)、式(3.27)］确定。

3. 定值比热计算热量

工程上，当气体温度在室温附近，温度变化范围不大或者计算精确度要求不太高时，将比热近似作为定值处理，通常称为定值比热。

由分子运动理论可导出，1mol 理想气体的内能 $U_m = \frac{i}{2}RT$。由此得出气体的摩尔定容比热 $C_{V,m}$、摩尔定压比热 $C_{p,m}$ 和比热比 $\gamma$ 各为

$$C_{V,m} = \frac{dU_m}{dT} = \frac{i}{2}R, \quad \frac{C_{V,m}}{R} = \frac{i}{2}$$

$$C_{p,m} = C_{V,m} + R = \frac{i+2}{2}R, \quad \frac{C_{p,m}}{R} = \frac{i+2}{2}, \quad \gamma = \frac{i+2}{i}$$

式中，$i$ 为分子运动的自由度。单原子气体只有空间 3 个方向的平移运动，$i=3$，$C_{p,m}/R = 2.5$，$\gamma = 1.67$；双原子气体除平移运动外，尚有绕垂直于原子连线的两个轴的转动，故 $i=5$，$C_{p,m}/R = 3.5$，$\gamma = 1.4$。总之，组成分子的原子数越多，温度越高，未能计及振动能量造成的误差也越大。量子力学已经给出了更为精确的分子运动模型，能进行更为严密的解释。

考虑上述原因后对多原子气体进行了适当的修正，推荐的定值比热列于表 3.2，以便定性分析某些热力学问题。

定值比热和定值体积比热可根据式（3.19）计算。

表 3.2　理想气体的定值摩尔比热和比热比 $\left[R = 8.3145 \text{J}/(\text{mol} \cdot \text{K})\right]$

|  | 单原子气体<br>（$i=3$） | 双原子气体<br>（$i=5$） | 多原子气体<br>（$i=6$） |
| --- | --- | --- | --- |
| $C_{V,m}/[\text{J}/(\text{mol}\cdot\text{K})]$ | $3 \times R/2$ | $5 \times R/2$ | $7 \times R/2$ |
| $C_{p,m}/[\text{J}/(\text{mol}\cdot\text{K})]$ | $5 \times R/2$ | $7 \times R/2$ | $9 \times R/2$ |
| $\gamma = C_{p,m}/C_{V,m}$ | 1.67 | 1.40 | 1.29 |

【例 3.3】　某燃气轮机动力装置的回热器中，空气从 150℃ 定压加热到 350℃，求每千克空气的加热量。

**解**　已知 $T_1 = 150 + 273.15 = 423.15 \text{ (K)}$，$T_2 = 350 + 273.15 = 623.15 \text{ (K)}$。

（1）按真实比热经验式计算。

由附表 4 查得空气的摩尔定压比热式为

$$C_{p,m}/R = 3.653 - 1.337 \times 10^{-3}\{T\}_K + 3.294 \times 10^{-6}\{T\}_K^2 - 1.913 \times 10^{-9}\{T\}_K^3 + 0.2763 \times 10^{-12}\{T\}_K^4$$

1mol 空气的加热量

$$Q_p = \int_{423.15}^{623.15} C_{p,m} dT = R\int_{423.15}^{623.15} \frac{C_{p,m}}{R} dT$$

$$= 8.3145 \times \left\{ 3.653 \times (623.15 - 423.15) - \frac{1.337 \times 10^{-3}}{2} \times \left[(623.15)^2 - (423.15)^2\right] \right.$$

$$+ \frac{3.294 \times 10^{-6}}{3} \times \left[(623.15)^3 - (423.15)^3\right] - \frac{1.913 \times 10^{-9}}{4} \times \left[(623.15)^4 - (423.15)^4\right]$$

$$\left. + \frac{0.2763 \times 10^{-12}}{5} \times \left[(623.15)^5 - (423.15)^5\right] \right\} = 5994.05 \text{(J/mol)}$$

由附表 2 查得空气的摩尔质量 $M=28.97\times 10^{-3}$kg/mol，故 1kg 空气的加热量

$$q_p = \frac{Q_p}{M} = \frac{5994.05}{28.97 \times 10^{-3}} = 206.9 \times 10^3 = 206.9 \text{ (kJ)}$$

（2）按平均比热表计算。

查附表 3 得：$t=100$℃时，$c_p=1.006$kJ/(kg·K)；$t=200$℃时，$c_p=1.012$kJ/(kg·K)；$t=300$℃时，$c_p=1.019$kJ/(kg·K)；$t=400$℃时，$c_p=1.028$kJ/(kg·K)。

所以

$$c_p\big|_{0℃}^{150℃} = [1.012 - 1.006] \times 50/100 + 1.006 = 1.009 [\text{kJ/(kg·K)}]$$

$$c_p\big|_{0℃}^{350℃} = [1.028 - 1.019] \times 50/100 + 1.019 = 1.0235 [\text{kJ/(kg·K)}]$$

$$q_p = c_p\big|_{0℃}^{350℃} t_2 - c_p\big|_{0℃}^{150℃} t_1 = 1.0235 \times 350 - 1.009 \times 150 = 206.88 \text{(kJ/kg)}$$

（3）按平均比热直线关系式计算。

由附表 5 查得，平均定压比热直线关系式为

$$\{c_p\}_{\text{kJ/(kg·K)}} = 0.9936 + 0.000\,093\{t\}_{℃}$$

$$c_p\big|_{150℃}^{350℃} = 0.9936 + 0.000\,093 \times (350 - 150) = 1.0122 \text{kJ/(kg·K)}$$

$$q_p = c_p\big|_{150℃}^{350℃}(t_2 - t_1) = 1.0122 - (350 - 150) = -198.9878 \text{(kJ/kg)}$$

平均比热表是考虑比热随温度而变化的曲线关系，根据比热精确值编制的，得出的是可靠结果。平均比热直线关系式略有误差。

## 3.5 理想气体的内能、焓和熵

### 3.5.1 内能和焓

理想气体的内能及焓都只是温度的单值函数。如图 3.9 所示，在温度为 $T_2$ 的等温线上的点 2、2′、2″等，虽然其压力、比体积各不相同，但各点的内能值、焓值分别相等，即当 $T_2 = T_2' = T_2'' = \cdots$ 时，有

$$u_2 = u_2' = u_2'' = \cdots, \quad h_2 = h_2' = h_2'' = \cdots$$

显见，理想气体的等温线即等内能线、等焓线。由此得出重要结论：对于理想气体，任何一个过程的内能变化量都和温度变化相同的定容过程的内能变化量相等；任何一个过程的焓变

化量都和温度变化相同的定压过程的焓变化量相等。若 1-2 表示一任意过程，1-2′ 是定容过程，1-2″ 是定压过程，则

$$\Delta u_{1-2} = \Delta u_{1-2'}, \quad \Delta h_{1-2} = \Delta h_{1-2''}$$

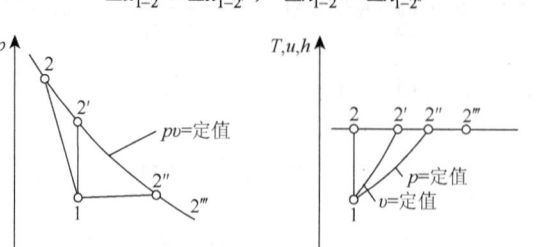

图 3.9 理想气体的 $\Delta u$ 和 $\Delta h$

根据热力学第一定律解析式

$$q = \Delta u + \int_1^2 p \mathrm{d}v, \quad q = \Delta h - \int_1^2 v \mathrm{d}p$$

定容过程膨胀功为零，内能变化量与过程热量相等，即

$$\Delta u = q_V = \int_{t_1}^{t_2} c_V \mathrm{d}t$$

定压过程技术功为零，焓变化量与过程热量相等，即

$$\Delta h = q_p = \int_{t_1}^{t_2} c_p \mathrm{d}t$$

因而，对于理想气体的任何一种过程，下列各式都成立：

$$\Delta u = q_V = \int_{t_1}^{t_2} c_V \mathrm{d}t = c_V \Big|_{t_1}^{t_2} (t_2 - t_1) \tag{3.34}$$

$$\mathrm{d}u = c_V \mathrm{d}t = c_V \mathrm{d}T \tag{3.35}$$

$$\Delta h = q_p = \int_{t_1}^{t_2} c_p \mathrm{d}t = c_p \Big|_{t_1}^{t_2} (t_2 - t_1) \tag{3.36}$$

$$\mathrm{d}h = c_p \mathrm{d}t = c_p \mathrm{d}T \tag{3.37}$$

由此可见，理想气体的温度由 $t_1$ 变化到 $t_2$，不论经过何种过程，也无须考虑压力和比体积是否变化，其内能及焓的变化量都可按式（3.34）～式（3.37）确定。

通常热工计算中只要求确定过程中内能或焓值的变化量。对无化学反应的热力过程，物系的化学能不变，这时可人为地规定基准态（如水蒸气三相态中的液态水）的内能为零；某制冷工质规定 $-20°C$ 或 $-40°C$ 时饱和液态值为零。理想气体通常取 0K 或 0°C 时的焓值为零，如 $\{h_{0K}\} = 0$，相应的 $\{u_{0K}\} = 0$，这时任意 $T$ 时的 $h$、$u$ 实质上是从 0K 计起的相对值，即

$$h = c_p \Big|_{0K}^{T} T \tag{3.38}$$

$$u = c_V \Big|_{0K}^{T} T \tag{3.39}$$

若以 0°C 时的焓值为起点，$h_{0°C} = 0 \mathrm{kJ/kg}$，这时 $u_{0°C} = -273.15 R_g$，则

$$h = c_p \Big|_{0°C}^{t} t, \quad u = c_V \Big|_{0°C}^{t} t - 273.15 R_g$$

本书附表 6 中直接列有各种温度时空气的比焓 $h$，温度范围为 200～2925K，它是取 $\{h_{0K}\} = 0$ 得出的。

对理想气体可逆过程，热力学第一定律可进一步具体化为

$$\delta q = c_V dT + p dv \tag{3.40}$$

$$q = c_V \big|_{t_1}^{t_2} (T_2 - T_1) + \int_{v_1}^{v_2} p dv \tag{3.41}$$

以及

$$\delta q = c_p dT - v dp \tag{3.42}$$

$$q = c_p \big|_{t_1}^{t_2} (T_2 - T_1) - \int_{p_1}^{p_2} v dp \tag{3.43}$$

### 3.5.2 状态参数熵

状态参数熵也是用数学式进行定义的，即

$$ds = \frac{\delta q_{rev}}{T} \tag{3.44}$$

式中，$\delta q_{rev}$ 为 1kg 工质在微元可逆过程中与热源交换的热量；$T$ 是传热时工质的热力学温度；$ds$ 是此微元过程中 1kg 工质的熵变，称为比熵变。

对于理想气体，将可逆过程热力学第一定律解析式 $\delta q = c_p dT - v dp$ 和状态方程 $v = \frac{R_g T}{p}$ 代入熵的定义式，得

$$ds = \frac{c_p dT - v dp}{T} = c_p \frac{dT}{T} - R_g \frac{dp}{p} \tag{3.45}$$

上式积分得熵的变化量

$$\Delta s_{1-2} = \int_{T_1}^{T_2} c_p \frac{dT}{T} - R_g \ln \frac{p_2}{p_1} \tag{3.46}$$

理想气体的比热是温度的函数，即 $c_p = f(T)$，对于一定气体该函数式是确定的。从式（3.46）分析可以看出，从状态 1 变化到状态 2，熵变 $\Delta s_{1-2}$ 完全取决于初态和终态，而与过程经历的途径无关。至此，对于理想气体已证明熵是状态参数，至于任何工质都存在状态参数熵，将在第 4 章介绍。

### 3.5.3 理想气体的熵变计算

熵既然是状态参数，可用其他任意两个独立的状态参数表示，式（3.46）是以 $p$、$T$ 表示的计算式，也是应用最广的形式。同样也可导出以 $T,v$ 或 $p,v$ 表示的计算式。将 $\delta q = c_V dT + p dv$ 和 $p = \frac{R_g T}{V}$ 代入熵定义式，得

$$ds = \frac{c_V dT + p dv}{T} = c_V \frac{dT}{T} + R_g \frac{dv}{v} \tag{3.47}$$

$$\Delta s_{1-2} = \int_{T_1}^{T_2} c_V \frac{dT}{T} + R_g \ln \frac{dv}{v} \tag{3.48}$$

若把状态方程式 $pv = R_g T$ 的微分形式 $\frac{dp}{p} + \frac{dv}{v} = \frac{dT}{T}$ 和迈耶公式 $c_V = c_p - R_g$ 代入式（3.47），

整理后得

$$ds = c_V \frac{dp}{p} + c_p \frac{dv}{v} \tag{3.49}$$

$$\Delta s_{1-2} = \int_{p_1}^{p_2} c_V \frac{dp}{p} + \int_{v_1}^{v_2} c_p \frac{dv}{v} \tag{3.50}$$

热工计算中，一般要求确定初、终态熵的变化量。利用熵变计算式（3.45），选择精确的真实比热经验式 $c_p = f(T)$，可算得熵变的精确值。

按定值比热可使计算简化。这时熵变的近似计算式为

$$\Delta s_{1-2} = c_p \ln \frac{T_2}{T_1} - R_g \ln \frac{p_2}{p_1} \tag{3.51}$$

$$\Delta s_{1-2} = c_V \ln \frac{T_2}{T_1} + R_g \ln \frac{v_2}{v_1} \tag{3.52}$$

$$\Delta s_{1-2} = c_V \ln \frac{p_2}{p_1} + c_p \ln \frac{v_2}{v_1} \tag{3.53}$$

【例 3.4】 $CO_2$ 按定压过程流经冷却器，$p_1 = p_2 = 0.105\,\text{MPa}$，温度由 600K 冷却到 366K，试计算 1kg $CO_2$ 的内能、焓及熵变化量，并使用平均比热表计算。

**解** 已知 $T_1$=600K，$T_2$=366K，$p_1=p_2$=0.105MPa，所以 $t_1$=326.85℃、$t_2$=92.85℃。由附表 2 查得 $M$=44.01×10$^{-3}$kg/mol。

由附表 3 可查得 $CO_2$ 的平均定压比热 $c_p\big|_{0℃}^{t}$。根据 $t_1$ 和 $t_2$，内插得到

$$c_p\big|_{0℃}^{t_1} = 0.958\,\text{kJ/(kg·K)}$$

$$c_p\big|_{0℃}^{t_2} = 0.862\,\text{kJ/(kg·K)}$$

$CO_2$ 的气体常数

$$R_g = \frac{8.3145}{M} = \frac{8.3145}{44.01 \times 10^{-3}} = 0.189\,[\text{kJ/(kg·K)}]$$

而平均定容比热 $c_V\big|_{0℃}^{t} = c_p\big|_{0℃}^{t} - R_g$，故

$$c_V\big|_{0℃}^{t_1} = c_p\big|_{0℃}^{t_1} - R_g = 0.958 - 0.189 = 0.769\,[\text{kJ/(kg·K)}]$$

$$c_V\big|_{0℃}^{t_2} = c_p\big|_{0℃}^{t_2} - R_g = 0.862 - 0.189 = 0.673\,[\text{kJ/(kg·K)}]$$

比内能变化量

$$\Delta u = c_V\big|_{0℃}^{t_2} t_2 - c_V\big|_{0℃}^{t_1} t_1$$
$$= 0.673 \times 92.85 - 0.769 \times 326.85 = -188.85961\,[\text{kJ/(kg·K)}]$$

比焓变化量

$$\Delta h = c_p \mid_{0°C}^{t_2} t_2 - c_p \mid_{0°C}^{t_1} t_1$$
$$= 0.862 \times 92.85 - 0.958 \times 326.85$$
$$= -233.086 [kJ/(kg \cdot K)]$$

$t_1$ 和 $t_2$ 间平均定压比热

$$c_p \mid_{t_1}^{t_2} = \frac{\Delta h}{t_2 - t_1} = \frac{-233.086}{92.85 - 326.85} = 0.996 \ [kJ/(kg \cdot K)]$$

比熵变化量

$$\Delta s = c_p \mid_{t_1}^{t_2} \ln \frac{T_2}{T_1} - R_g \ln \frac{p_2}{p_1} = 0.996 \times \ln \frac{366}{600} = -0.492 [kJ/(kg \cdot K)]$$

## 3.6 理想气体混合物

### 3.6.1 理想气体混合物定义与成分表示

若将相互之间不发生化学反应的不同种类的理想气体混合，则由于扩散作用，最终会成为均匀的混合气体，称为理想气体混合物。热力工程中应用的工质大都是由几种气体组成的理想气体混合物。例如，内燃机、燃气轮机装置中的燃气，主要成分是 $N_2$、$CO_2$、$H_2O$、$O_2$，有时还有少量的 $SO_2$ 等。常遇到的空气也是混合气体，由 $N_2$、$O_2$ 及少量 $CO_2$ 和惰性气体组成，成分几乎稳定。至于大气中含有的少量水蒸气、燃气以及烟气中含有的水蒸气和二氧化碳等，因分子浓度低，分压力甚小，在这些混合物的温度不太低时仍可视为理想气体。

混合物气体的成分通常可用化学分析方法测定。混合物的成分是指各组成的含量占总量的百分数，依计量单位不同有 3 种表示方法。

（1）质量分数：$w_i = \frac{m_i}{m}$。

（2）摩尔分数：$x_i = \frac{n_i}{n}$。

（3）体积分数：$\varphi_i = \frac{V_i}{V}$。

混合气体的热力学性质取决于各组成气体的热力学性质及成分。若各组成气体全部处于理想气体状态，则其混合物也具有理想气体的一切特性。混合气体也遵循状态方程式 $pV_m = nRT$；混合气体的摩尔体积与同温、同压的任何一种单一气体的摩尔体积相同，标准状态时也是 0.022 414 1 $m^3$/mol；混合气体的摩尔气体常数也是恒量，$R = MR_g = 8.3145 J/(mol \cdot K)$；混合气体也可以用 $\Delta u = c_V \mid_{t_1}^{t_2} (t_2 - t_1)$、$\Delta h = c_p \mid_{t_1}^{t_2} (t_2 - t_1)$ 确定 $\Delta u$ 和 $\Delta h$，比热之间也满足迈耶公式 $c_p - c_V = R_g$，但首先必须确定混合气体的 $R_g$。

### 3.6.2 混合气体的折合摩尔质量和折合气体常数

混合气体中各种单一气体的分子，由于杂乱无章的热运动而处于均匀混合状态。可以设想一种单一气体，其分子数和总质量恰与混合气体相同，这种假拟单一气体的摩尔质量和气体常数就是混合气体的平均摩尔质量和平均气体常数，实质上是折合量，故也称折合摩尔质量和折合气体常数。

根据假拟气体的概念：假拟气体的质量等于混合气体中各组成气体质量的总和，即 $m = \sum m_i$，或写为 $nM_{eq} = \sum n_i m_i$。这里 $n$、$M_{eq}$ 分别是假拟气体的物质的量和摩尔质量（即混合气体的物质的量和折合摩尔质量），$n_i$、$M_i$ 分别是其中第 $i$ 种组成气体的物质的量和摩尔质量，从而得出折合摩尔质量为

$$M_{eq} = \frac{\sum n_i M_i}{n} = \sum x_i M_i \tag{3.54}$$

相应的折合气体常数 $R_{g,eq}$ 再由下式确定：

$$R_{g,eq} = \frac{R}{M_{eq}} = \frac{8.3145 \text{J/(mol·K)}}{M_{eq}}$$

### 3.6.3 分压力定律和分体积定律

设有温度为 $T$、压力为 $p$ 以及物质的量为 $n$ 的理想气体混合物，占有体积 $V$，质量为 $m$。这时理想气体的状态方程式为

$$pV = nRT \tag{3.55}$$

组成气体可按多种方式分离。如图 3.10 所示，在与混合物温度相同的情况下，每一种组成气体都独自占据体积 $V$ 时，组成气体的压力称为分压力，用 $p_i$ 表示。对每一组分都可写出状态方程（如第 $i$ 组分）为

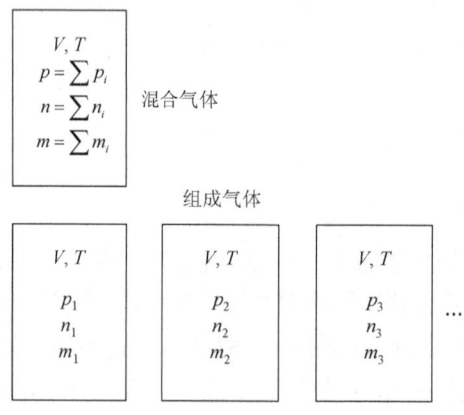

图 3.10 理想气体的分压力

$$p_i V = n_i RT \tag{3.56}$$

将各组成气体的状态方程相加，即

$$V \sum p_i = RT \sum n_i \tag{3.57}$$

由于混合气体的分子总数等于各组分的分子数之和,所以混合气体的物质的量等于各组成气体物质的量之和,即 $n = \sum n_i$。式(3.56)与式(3.57)比较后得出

$$p = \sum p_i \tag{3.58}$$

该式表明:混合气体的总压力 $p$ 等于各组成气体分压力 $p_i$ 之总和。1801年,道尔顿(Dalton)用实验证实了结论,故称为道尔顿分压定律。

此外,式(3.56)与式(3.55)相比,得出

$$\frac{p_i}{p} = \frac{n_i}{n} = x_i, \quad p_i = x_i p \tag{3.59}$$

上式表明:理想气体混合物各组分的分压力等于其摩尔分数与总压力的乘积。此式用于已知各组分的摩尔分数时的分压力计算。

另一种分离方式如图 3.11 所示,各组成气体都处于与混合物相同的温度 $T$、压力 $p$ 下,各自单独占据的体积 $V_i$ 称为分体积。对第 $i$ 种组分写出状态方程式为

$$pV_i = n_i RT \tag{3.60}$$

对各组成气体相加,得出

$$p \sum V_i = RT \sum n_i \tag{3.61}$$

式(3.61)与式(3.55)比较可得

$$\sum V_i = V \tag{3.62}$$

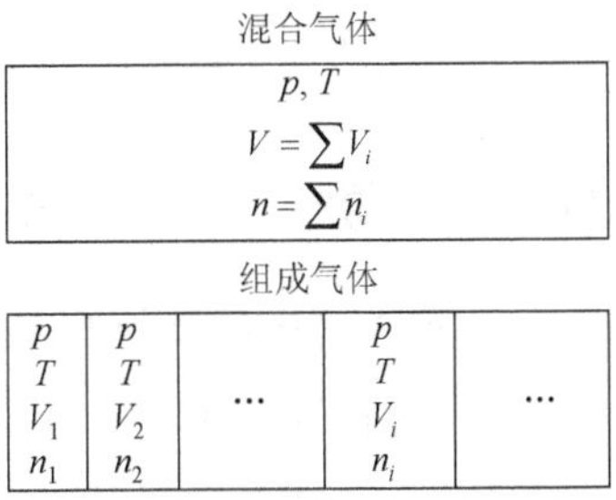

图 3.11 理想气体的分体积

该式表明:理想气体的分体积之和等于混合气体的总体积。这一结论称为阿马加(Amagat)分体积定律。

显然,只有当各组成气体的分子不具有体积、分子间不存在作用力时,各组成气体对容器壁面的撞击效果才如同单独存在于容器时的一样,因此道尔顿分压定律和阿马加分体积定律只适用于理想气体状态。

### 3.6.4 $w_i$、$x_i$、$\varphi_i$ 的换算关系

式(3.60)和式(3.55)相比,得

$$\frac{V_i}{V} = \frac{n_i}{n} \quad 即 \quad x_i = \varphi_i$$

可见,体积分数与摩尔分数相同,故混合气体成分的 3 种表示法,实质上只有质量分数 $w_i$ 和摩尔分数 $x_i$ 两种,它们之间存在如下换算关系:

$$x_i = \frac{n_i}{n} = \frac{m_i / M_i}{m / M_{eq}} = \frac{M_{eq}}{M_i} w_i \tag{3.63}$$

因为 $M_i R_{g,i} = M_{eq} R_{g,eq}$,所以

$$x_i = \frac{R_{g,i}}{R_{g,eq}} w_i \tag{3.64}$$

由此还可以导出混合气体折合气体常数 $R_{g,i}$ 的计算式。对每一个组成气体写出上式并全部相加得

$$\sum x_i = \frac{\sum R_{g,i} w_i}{R_{g,eq}} = 1$$

所以

$$R_{g,eq} = \sum R_{g,i} w_i \tag{3.65}$$

若已知组成气体的质量分数 $w_i$ 和气体常数 $R_{g,i}$，则混合气体的折合气体常数 $R_{g,eq}$ 可直接由式（3.65）计算；若已知组成气体的摩尔分数 $x_i$ 及摩尔质量 $M_i$，则混合气体折合摩尔质量 $M_{eq}$ 直接由式（3.54）计算。

### 3.6.5 理想气体混合物的比热、内能、焓和熵

1. 理想气体混合物的比热

1kg 混合气体的温度升高 1K 所需的热量称为混合气体的比热。1kg 中有 $w_i$ kg 的第 $i$ 种组分。因而，混合气体的比热为

$$c = \sum w_i c_i \tag{3.66}$$

同理可得混合气体的摩尔比热和体积比热分别为

$$C_m = \sum x_i C_{m,i} \tag{3.67}$$

$$C' = \sum \varphi_i C'_i \tag{3.68}$$

式中，$c_i$、$C_{m,i}$、$C'_i$ 分别为第 $i$ 种组成气体的比热、摩尔比热和体积比热。混合气体的 $c_i$、$C_{m,i}$、$C'_i$ 之间仍适式（3.19）所表示的关系。混合气体的定压比热和定容比热之间的关系也遵循迈耶公式。

2. 理想气体混合物的内能、焓和熵

理想气体混合物的分子满足理想气体的两点假设，各组成气体分子的运动不因存在其他气体而受影响，混合气体的内能、焓和熵都是广延参数，具有可加性，因而混合气体的内能、焓和熵等于各组成气体内能、焓和熵之和，即

$$U = \sum_i U_i \ ; \ H = \sum_i H_i \ ; \ S = \sum_i S_i \tag{3.69}$$

混合气体的比内能 $u$ 和摩尔内能 $U_m$ 分别为

$$u = \frac{U}{m} = \frac{\sum_i m_i u_i}{m} = \sum_i w_i u_i \tag{3.70}$$

$$U_m = \frac{U}{n} = \frac{\sum_i n_i U_{m,i}}{n} = \sum_i x_i U_{m,i} \tag{3.71}$$

混合气体的比焓 $h$ 和摩尔焓 $H_m$ 分别为

$$h = \sum_i w_i h_i \tag{3.72}$$

$$H_m = \sum_i x_i H_{m,i} \tag{3.73}$$

同时，各组成气体都是理想气体，温度 $T$ 相同，所以混合气体的比内能和比焓是温度的单值函数，即

$$u = f_u(T); \quad h = f_h(T)$$

混合气体的比熵 $s$ 和摩尔熵 $S_m$ 分别为

$$s = \sum_i w_i s_i \tag{3.74}$$

$$S_m = \sum_i x_i S_{m,i} \tag{3.75}$$

式中，$w_i, s_i$ 分别为组成气体的质量分数及比熵值，根据式（3.45）得出，当混合气体成分不变时，第 $i$ 种组分在微元过程中的比熵变为

$$ds_i = c_{p,i} \frac{dT}{T} - R_{g,i} \frac{dp_i}{p_i} \tag{3.76}$$

将式（3.76）代入式（3.74）的微分形式 $ds = \sum w_i ds_i$，则 1kg 混合气体的比熵变为

$$ds = \sum_i w_i c_{p,i} \frac{dT}{T} - \sum_i w_i R_{g,i} \frac{dp_i}{p_i} \tag{3.77}$$

同理，1mol 混合气体的熵变为

$$dS_m = \sum_i x_i c_{p,m,i} \frac{dT}{T} - \sum_i x_i R \frac{dp_i}{p_i} \tag{3.78}$$

【**例 3.5**】 刚性绝热器被隔板一分为二，如图 3.12 所示，左侧 A 装有氧气，$V_{A1} = 0.3 \text{m}^3$，$p_{A1} = 0.5 \text{MPa}, T_{A1} = 280 \text{K}$；右侧 B 装有氮气，$V_{B1} = 0.6 \text{m}^3, p_{B1} = 0.6 \text{MPa}, T_{B1} = 320 \text{K}$。抽去隔板氧气和氮气相互混合，重新达到平衡后，试求：

（1）混合气体的温度 $T_2$ 和压力 $p_2$；
（2）混合气体中氧气和氮气各自的分压力 $p_{A2}$、$p_{B2}$；
（3）混合前后的熵变量 $\Delta S$，按定值比热计算。

**解** 不同种类气体的混合过程是非平衡过程。达到平衡后混合气体的终态参数，可借助于热力学第一定律和理想气体状态方程式确定。

图 3.12 例 3.5 图

（1）求混合气体的温度 $T_2$ 和压力 $p_2$。
根据初态确定 $O_2$ 和 $N_2$ 的物质的量 $n_A$ 和 $n_B$：

$$n_A = \frac{p_{A1} V_{A1}}{R T_{A1}} = \frac{0.5 \times 10^6 \times 0.3}{8.3145 \times 280} = 64.4 \text{(mol)}$$

$$n_B = \frac{p_{B1} V_{B1}}{R T_{B1}} = \frac{0.6 \times 10^6 \times 0.6}{8.3145 \times 320} = 135.3 \text{(mol)}$$

选取容器内全部气体为封闭热力系。容器刚性绝热，气体除自己混合外，系统与外界无任何能量交换，$Q=0$，$W=0$。依热力学第一定律解析式 $Q = \Delta U + W$，故有 $\Delta U = 0$，即

$$\Delta U = \Delta U_A + \Delta U_B = n_A C_{V,m,A}(T_2 - T_{A1}) + n_B C_{V,m,B}(T_2 - T_{B1}) = 0$$

$$T_2 = \frac{n_A C_{V,m,A} T_{A1} + n_B C_{V,m,B} T_{B1}}{n_A C_{V,m,A} + n_B C_{V,m,B}} \quad (3.79)$$

已知 $T_{A1}=280\text{K}, T_{B1}=320\text{K}$，$O_2$ 和 $N_2$ 都是双原子气体，摩尔定容比热为 $\frac{5}{2}R$，即 $C_{V,m,A}=C_{V,m,B}=\frac{5}{2}\times 8.3145 \text{J/(mol·K)}$。将已知数值代入式（3.79）后解得 $T_2=307.1\text{K}$。

混合气体的压力

$$p_2 = \frac{nRT_2}{V} = \frac{(n_A+n_B)RT_2}{V_{A1}+V_{B1}} = \frac{199.7 \times 8.3145 \times 307.1}{0.3+0.6} = 566\,567 = 0.5666 \times 10^6 \text{(MPa)}$$

（2）$O_2$ 和 $N_2$ 的分压力

$$p_{A2} = x_A p_2 = \frac{n_A}{n_A+n_B} p_2 = \frac{64.4}{64.4+135.3} \times 0.5666 \times 10^6 = 0.1827 \text{(MPa)}$$

$$p_{B2} = x_B p_2 = \frac{n_B}{n_A+n_B} p_2 = \frac{135.3}{64.4+135.3} \times 0.5666 \times 10^6 = 0.3839 \text{(MPa)}$$

（3）热力系的熵变

$$\Delta S = \Delta S_A + \Delta S_B = n_A \Delta S_{m,A} + n_B \Delta S_{m,B}$$

$$= n_A \left( C_{p,m,A} \ln \frac{T_2}{T_{A1}} - R \ln \frac{p_{A2}}{p_{A1}} \right) + n_B \left( C_{p,m,B} \ln \frac{T_2}{T_{B1}} - R \ln \frac{p_{B2}}{p_{B1}} \right)$$

摩尔定压比热

$$C_{p,m,A} = C_{p,m,B} = \frac{7}{2}R = \frac{7}{2} \times 8.3145 = 29.10 \text{[J/(mol·K)]}$$

$$\Delta S = 64.4 \times \left( 29.10 \times \ln \frac{307.1}{280} - 8.3145 \times \ln \frac{0.1827 \times 10^6}{0.5 \times 10^6} \right)$$

$$+ 135.3 \times \left( 29.10 \times \ln \frac{307.1}{320} - 8.3145 \times \ln \frac{0.3839 \times 10^6}{0.6 \times 10^6} \right) = 1052.5 \text{(J/K)}$$

## 思 考 题

**3-1** 怎样正确看待"理想气体"这个概念？在进行实际计算时如何决定是否可采用理想气体的一些公式？

**3-2** 气体的摩尔体积 $V_m$ 是否因气体的种类而异？是否因所处状态不同而异？任何气体在任意状态下摩尔体积是否都是 $0.022\,414 \text{m}^3/\text{mol}$？

**3-3** 摩尔气体常数 $R$ 值是否随气体的种类不同或状态不同而异？

**3-4** 如果某种工质的状态方程式为 $pv=R_g T$，那么这种工质的比热、内能、焓都仅是温度的函数吗？

**3-5** 对于一种确定的理想气体，$c_p-c_V$ 是否等于定值？$c_p/c_V$ 是否为定值？在不同温度下 $c_p-c_V$、$c_p/c_V$ 是否总是同一定值？

**3-6** 迈耶公式 $c_p-c_V=R_g$ 是否适用于理想气体混合物？是否适用于实际气体？

**3-7** 试论证内能和焓是状态参数，理想气体内能和焓有何特点？

**3-8** 气体有两个独立的参数，$u$（或 $h$）可以表示为 $p$ 和 $v$ 的函数，即 $u=f_u(p,v)$。但又曾得出结论，理想气体的内能、焓只取决于温度，这两点是否矛盾？为什么？

**3-9** 为什么工质的内能、焓、熵为零的基准可以任选？理想气体的内能或焓的参照状态通常选定哪个或哪些状态参数值？对理想气体的熵又如何？

**3-10** 气体热力性质表中的 $u$、$h$ 及 $s^0$ 的基准是什么状态？

**3-11** 如思考题 3-11 图所示，$T$-$s$ 图上任意可逆过程 1-2 的热量如何表示？理想气体在 1 和 2 状态间的内能变化量、焓变化量如何表示？若 1-2 经过的是不可逆过程又如何？

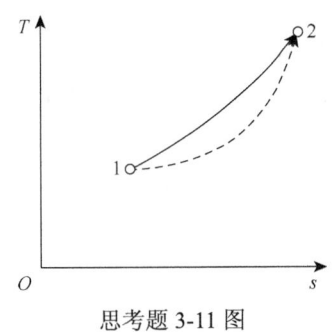

思考题 3-11 图

**3-12** 理想气体熵变计算式 [式（3.51）~ 式（3.53）] 是由可逆过程导出的，这些计算式是否可用于不可逆过程初、终态的熵变？为什么？

**3-13** 熵的数学定义式为 $ds = \dfrac{\delta q_{rev}}{T}$，比热的定义式为 $\delta q = cdT$，故 $ds = \dfrac{cdT}{T}$。理想气体的比热是温度的单值函数，所以理想气体的熵也是温度的单值函数。这一结论是否正确？若不正确，错在何处？

**3-14** 试判断下列各说法是否正确：
（1）气体吸热后熵一定增大；
（2）气体吸热后温度一定升高；
（3）气体吸热后内能一定升高；
（4）气体膨胀时一定对外做功；
（5）气体压缩时一定耗功。

**3-15** 道尔顿分压定律和阿马加分体积定律是否适用于实际气体混合物？

**3-16** 混合气体中如果已知两种组分 A 和 B 的摩尔分数 $x_A > x_B$，能否断定质量分数也是 $w_A > w_B$？

**3-17** 实际气体性质与理想气体性质差异产生的原因是什么？在什么条件下才可以把实际气体作为理想气体处理？

**3-18** 压缩因子 $Z$ 的物理意义怎么理解？能否将 $Z$ 当成常数处理？

**3-19** 范德瓦耳斯方程中的物性常数 $a$ 和 $b$ 可以由实验数据拟合得到，也可以由物质的 $p_{cr}$、$T_{cr}$ 及 $v_{cr}$ 计算得到，需要较高的精度时应采用哪种方法？为什么？

**3-20** 什么是对应态原理？为什么要引入对应态原理？什么是对比参数？

## 习　题

**3-1** 已知氮气的摩尔质量 $M=28.01\times10^{-3}$ kg/mol，试求：

(1) 氮气的摩尔气体常数 $R$；

(2) 标准状态下氮气的比体积 $v_0$ 和密度 $\rho_0$；

(3) 标准状态下 $1m^3$ 氮气的质量 $m_0$；

(4) $p=0.2$ MPa、$t=650℃$ 时氮气的比体积 $v$ 和密度 $\rho$；

(5) 上述状态下的摩尔体积 $V_m$。

**3-2** 压力表测得储气罐中丙烷的压力为 5.3MPa，丙烷的温度为 112℃，问这时比体积多大？若要储存 550kg 这种状态的丙烷，问储气罐的体积需多大？

**3-3** 空气压缩机每分钟从大气中吸入温度 $t_b=17℃$、压力等于当地大气压力 $p_b$=750mmHg 的空气 $0.2m^3$，充入体积 $V=1m^3$ 的储气罐中，如习题 3-3 图所示。储气罐中原有空气的温度 $t_1=17℃$、表压力 $p_{e,1}=0.05$MPa，问经过多长时间（min）储气罐内的气体压力才能提高到 $p_2=0.75$MPa，温度 $t_2=45℃$？

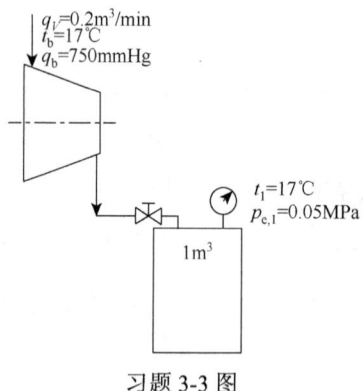

习题 3-3 图

**3-4** 锅炉燃烧需要的空气量折合为标准状态为 $q_{V,0}=5×10^3 m^3/h$，实际送入的是温度 $t_{in}=250℃$、表压力 $p_e=150$mmHg 的热空气。已知当地大气压力 $p_b$=759mmHg。设煤燃烧后产生的烟气量与空气量近似相同，烟气通过烟囱排入大气。如习题 3-4 图所示，已知烟囱出口处烟气的压力 $p_2=0.1$MPa、温度 $T_2=480$K，要求烟气流速 $c_f=3$m/s，试求：（1）热空气实际状态的体积流量 $q_V$；（2）烟囱出口内直径的设计尺寸。

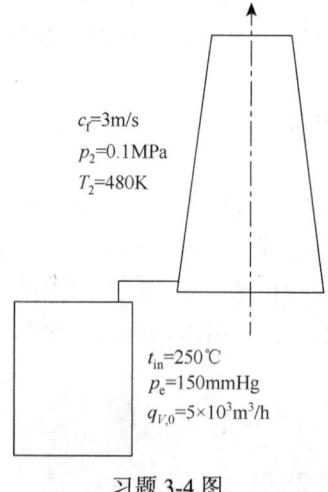

习题 3-4 图

**3-5** 烟囱底部烟气的温度为 275℃，顶部烟气的温度为 103℃。若不考虑顶、底两截面间压力微小的差异，欲使烟气以同样的速度流经此两截面，试求顶、底两截面面积之比。

**3-6** 截面的面积 $A$=200cm$^2$ 的气缸内充有空气，活塞距底面高度 $h$=18cm，活塞及负载的总质量是 230kg（习题 3-6 图）。已知当地大气压力 $p_0$=756mmHg、环境温度 $t_0$=25℃，气缸内空气恰与外界处于热力平衡状态。将负载取去 153kg，活塞将上升，最后与环境重新达到热力平衡。设空气可以通过气缸壁与外界充分换热，达到热平衡时空气的温度等于环境大气的温度。试求活塞上升的距离、空气对外做的功以及与环境的换热量。

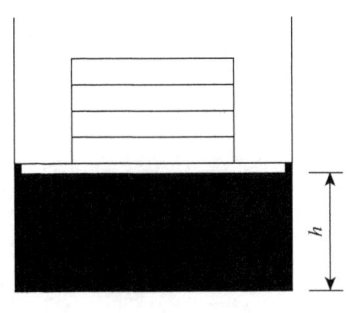

习题 3-6 图

**3-7** 空气初态时 $T_1$=478K、$p_1$=0.15MPa，经某一状态变化过程被加热到 $T_2$=1050K、$p_2$=0.46MPa。试求 1kg 空气的 $u_1$、$u_2$、$\Delta u$、$h_1$、$h_2$、$\Delta h$，并要求：
（1）按平均质量比热表计算；
（2）按空气的热力性质表计算；
（3）若上述过程为定压过程，即 $T_1$=492K，$T_2$=1235K，$p_1$=$p_2$=0.3MPa，问这时的 $u_1$、$u_2$、$\Delta u$、$h_1$、$h_2$、$\Delta h$ 有何变化？

**3-8** 体积 $V$=1.0m$^3$ 的密闭容器中装有 25℃、1.02MPa 的氧气，加热后温度升高到 405℃。试求加热量 $Q_V$，并要求：
（1）按比热的算术平均值计算；
（2）按平均摩尔比热表计算；
（3）按真实摩尔比热经验式计算；
（4）按平均比热直线关系式计算；
（5）按气体热力性质表计算。

**3-9** 某种理想气体初态时 $p_1$=498kPa、$V_1$=0.136m$^3$，经放热膨胀过程，终态的 $p_2$=125kPa、$V_2$=0.259m$^3$，过程中焓值变化 $\Delta H$ =−70.85kJ。已知该气体的定压比热 $c_p$=4.98kJ/(kg·K)，且为定值，试求：（1）内能变化量 $\Delta U$；（2）定容比热 $c_V$ 和气体常数 $R_g$。

**3-10** 15g 氩气经历一个内能不变的过程，初始状态为 $p_1$=0.7MPa、$T_1$=780K，膨胀终了体积 $V_2$=2$V_1$。氩气为理想气体，且比热可看成定值，试求终温 $T_2$、终压 $p_2$ 及总熵变 $\Delta S$。

**3-11** 1kmol 氮气由 $p_1$=1MPa、$T_1$=400K 变化到 $p_2$=0.4MPa、$T_2$=900K，试求熵变量 $\Delta S_m$。（1）摩尔比热可近似为定值；（2）借助气体热力表计算。

**3-12** 混合气体各组分的摩尔分数为 $x_{CO_2}$=0.35、$x_{N_2}$=0.25、$x_{O_2}$=0.4，混合气体的温度 $t$=75℃，表压力 $p_e$=0.05MPa，气压计上读数为 $p_b$=760mmHg。试求：（1）体积 $V$=8m$^3$ 的混合

气体的质量；（2）混合气体在标准状态下的体积。

**3-13** 25kg 废气和 85kg 空气混合，已知废气中各组成气体的质量分数为 $w_{CO_2}$=18%、$w_{O_2}$=5%、$w_{H_2O}$=5%、$w_{N_2}$=72%，空气中 $O_2$、$N_2$ 的质量分数为 $w_{O_2}$=23.2%、$w_{N_2}$=76.8%。混合后气体压力 $p$=0.45MPa，试求混合气体的：（1）质量分数；（2）折合气体常数；（3）折合摩尔质量；（4）摩尔分数；（5）各组成气体的分压力。

# 第4章 理想气体基本热力过程及气体压缩

## 4.1 概 述

工程上实施热力过程的主要目的有两个：一是实现预期能量转换；二是获得预期的热力状态。前者如汽轮机中的膨胀做功过程，后者如压气机中的压缩增压过程。两个目的都是通过工质的热力过程实现的。工质的热力过程与能量转换是同一事物的不同方面，任一热力过程都有确定的状态变化和相应的能量转换。研究热力过程的任务就在于揭示各种热力过程中状态参数的变化规律和相应的能量转换状况。

根据热力设备中实际过程进行的条件，可将实际过程概括为几种带有某些简单特征的典型热力过程，如定容过程、定压过程、定温过程、绝热过程等。上述 4 种过程称为基本热力过程。在对各热力设备的热力过程进行分析时，根据过程进行条件，可分别按开系或闭系讨论。

分析过程的一般方法和步骤如下。

（1）列出过程方程式。过程方程是以基本状态参数 $p$、$v$、$T$ 来表征过程特点的方程式。

（2）在 $p$-$v$ 图和 $T$-$s$ 图上绘出过程曲线。根据过程曲线定性了解过程中参数的变化情况和功量、热量的正负，这有助于分析计算。

（3）建立过程中基本状态参数的关系式。根据过程方程和状态方程联解得到过程中任意两个状态的 $p$、$v$、$T$ 关系式。

（4）计算 $\Delta u$、$\Delta h$、$\Delta s$ 值。

（5）求过程的膨胀功量和热量。

本章的依据：作为普遍规律的热力学第一、第二定律的能量方程；作为理想气体特性的状态方程和熵、比热定义式。

## 4.2 定 容 过 程

定容过程即比体积保持恒定的过程。通常，一定量的气体在刚性容器内进行定容加热（或放热）时，比体积保持不变，即 d$v$=0，其过程方程式

$$v = \text{定值} \tag{4.1}$$

初、终态参数间的关系可根据 $v$=定值及 $pv=R_gT$ 得出：

$$v_1 = v_2, \quad \frac{p_2}{p_1} = \frac{T_2}{T_1} \tag{4.2}$$

可见，定容过程中气体的压力与热力学温度成正比。

过程曲线在 $p$-$v$ 图上是一条与横坐标垂直的直线，定容过程的熵变量可简化为 $\Delta s_v \approx c_V \ln \dfrac{T_1}{T_2}$，可见定值比热时定容过程在 $T$-$s$ 图上是一条对数曲线，如图 4.1 所示。

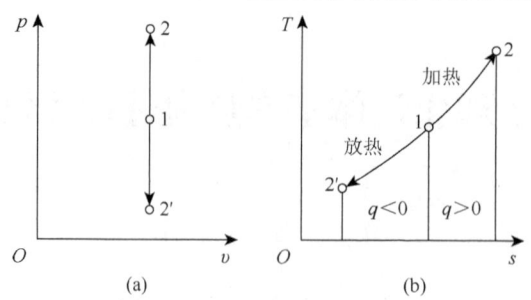

图 4.1 定容过程的 $p\text{-}v$ 图及 $T\text{-}s$ 图

由于比体积不变，$\mathrm{d}v=0$，定容过程的过程功为零，即

$$w = \int_{v_2}^{v_1} p\mathrm{d}v = 0 \tag{4.3}$$

过程热量可根据热力学第一定律第一解析式得出：

$$q_v = \Delta u = u_1 - u_2 \tag{4.4}$$

由此可见，定容过程中工质不输出膨胀功，加给工质的热量未转变为机械能，而全部用于增加工质的内能，因而温度升高，在 $T\text{-}s$ 图上定容吸热过程线 1-2 指向右上方，是吸热升温增压过程。反之，定容放热过程中内能的减小量等于放热量，温度必然降低，定容放热过程线 1-2' 指向左下方，是放热降温减压过程。上述结论直接由热力学第一定律推得，故不限于理想气体，对任何工质都适用。

定容过程的热量或内能差还可借助定容比热计算，即

$$q_v = u_1 - u_2 = c_V \big|_{t_1}^{t_2} (t_2 - t_1) \tag{4.5}$$

定容过程的技术功

$$w_t = -\int_{p_1}^{p_2} v\mathrm{d}p = v(p_1 - p_2) \tag{4.6}$$

上述各式中，下标"1"表示初态，"2"表示终态。$q_v$ 的计算结果为正，是吸热过程；反之是放热过程。其他几种基本热力过程也是如此。

## 4.3 定压过程

定压过程是工质在状态变化过程中压力保持恒定的过程。工程上使用的加热器、冷却器、燃烧器、锅炉等很多热设备是在接近定压的情况下工作的。其过程方程式为

$$p = \text{定值} \tag{4.7}$$

初、终态参数的关系可根据 $p=$定值及 $pv=R_g T$ 得出

$$p_2 = p_1, \quad \frac{v_2}{v_1} = \frac{T_2}{T_1} \tag{4.8}$$

可见，定压过程中气体的比体积与绝对温度成正比。

如图 4.2 所示，在 $p\text{-}v$ 图上定压过程线为一水平直线。定压过程的熵变量可简化为 $\Delta s_p \approx c_p \ln \dfrac{T_2}{T_1}$，因而定值比热时定压过程在 $T\text{-}s$ 图上也是一条对数曲线。但定压线较定容线更为平坦，这一结论可由如下分析得出。

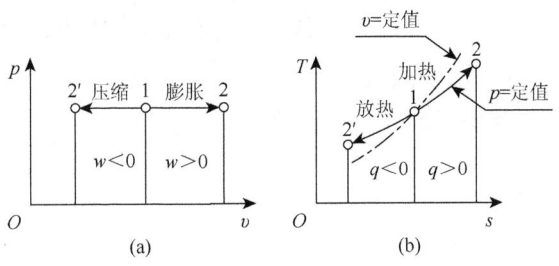

图 4.2 定压过程的 $p$-$v$ 图及 $T$-$s$ 图

对于可逆的定容过程，将 $dv = 0$ 代入 $\delta q = c_V dT + pdv$，并由 $Tds = c_V dT$ 得

$$\left(\frac{\partial T}{\partial s}\right)_v = \frac{T}{c_V}$$

对于可逆的定压过程，将 $dp=0$ 代入 $\delta q = c_p dT - vdp$，并考虑 $Tds = c_p dT$，得

$$\left(\frac{\partial T}{\partial s}\right)_p = \frac{T}{c_p}$$

$\left(\frac{\partial T}{\partial s}\right)_v$ 和 $\left(\frac{\partial T}{\partial s}\right)_p$ 分别是定容线和定压线在 $T$-$s$ 图上的斜率。对于任何一种气体，同一温度下总是 $c_p > c_V$，所以 $\frac{T}{c_p} < \frac{T}{c_V}$，$\left(\frac{\partial T}{\partial s}\right)_p < \left(\frac{\partial T}{\partial s}\right)_v$，即定压线斜率小于定容线斜率，故同一点的定压线较定容线平坦。此外，$c_V$、$c_p$、$T$ 均恒为正值，故定容线和定压线均为正斜率的对数曲线。定压过程 1-2 是吸热升温膨胀过程，1-2'是放热降温压缩过程。

由于 $p$=定值，定压过程的过程功为

$$w = \int_{v_1}^{v_2} pdv = p(v_2 - v_1) \tag{4.9}$$

对于理想气体，定压过程的过程功可表示为

$$w = R_g (T_2 - T_1) \tag{4.10}$$

过程热量由热力学第一定律第一解析式得出：

$$q_p = u_2 - u_1 + p(v_2 - v_1) = h_2 - h_1 \tag{4.11}$$

即任何工质在定压过程中吸入的热量等于焓增，或放出的热量等于焓降。定压过程的热量或焓差还可借助于定压比热计算，即

$$q_p = h_2 - h_1 = c_p \big|_{t_1}^{t_2} (t_2 - t_1) \tag{4.12}$$

定压过程的技术功

$$w_t = -\int_{p_1}^{p_2} vdp = 0 \tag{4.13}$$

它表明：工质按定压过程稳定流过如换热器等设备时，不对外做技术功，这时 $q_p - \Delta u = pv_2 - pv_1$，$pv_2 - pv_1$ 为流动功，即热能（$q_p - \Delta u$）转化的机械能全部用来维持工质流动。

上述式（4.9）、式（4.11）及式（4.13）是根据过程功的定义和热力学第一定律直接导出的，故不限于理想气体，对任何工质都适用。而式（4.10）只适用于理想气体。

【例 4.1】 1kg 空气，初始状态为 $p_1$=0.1MPa、$t_1$=100℃，分别按定容过程 1-$2_v$ 和定压过

程 1-2$_p$ 加热到同样温度 $t_2$=400℃，参见图 4.3。求终态压力和比体积（$p_{2_v}$、$p_{2_p}$ 和 $v_{2_v}$、$v_{2_p}$），以及两过程各自的 $\Delta u$、$\Delta h$、$\Delta s$、$q$、$w$ 和 $w_t$。（1）按定值比热计算，且 $c_V$=0.717 kJ/(kg·K)，$c_p$=1.004 kJ/(kg·K)；（2）利用平均比热表计算。

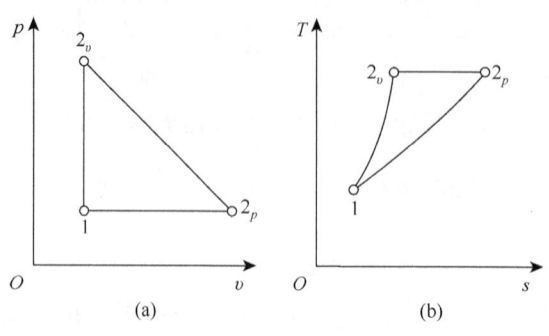

图 4.3　例 4.1 图

**解**　在 $p$-$v$ 图和 $T$-$s$ 图上画出定容过程线 1-2$_v$ 和定压过程线 1-2$_p$，如图 4.3 所示。
空气的气体常数
$$R_g = c_p - c_V = 1.004 - 0.717 = 0.287[\text{kJ}/(\text{kg}\cdot\text{K})] = 287[\text{J}/(\text{kg}\cdot\text{K})]$$

初态 1 的比体积
$$v_1 = \frac{R_g T_1}{p_1} = \frac{287 \times (100+273)}{0.1 \times 10^6} = 1.0705 \,(\text{m}^3/\text{kg})$$

状态 2$_v$：
$$v_{2_v} = v_1 = 1.0705 \,\text{m}^3/\text{kg}$$
$$p_{2_v} = \frac{R_g T_2}{v_{2_v}} = \frac{287 \times (400+273)}{1.0705} = 0.1804 \times 10^6 \,(\text{Pa})$$

或
$$p_{2_v} = \frac{T_2}{T_1} p_1 = \frac{(400+273) \times 0.1 \times 10^6}{(100+273)} = 0.1804 \times 10^6 \,(\text{Pa})$$

状态 2$_p$：
$$p_{2_p} = p_1 = 0.1 \times 10^6 \,\text{Pa}$$
$$v_{2_p} = \frac{R_g T_2}{p_{2_p}} = \frac{287 \times (400+273)}{0.1 \times 10^6} = 1.9315 \,(\text{m}^3/\text{kg})$$

或
$$v_{2_p} = \frac{T_2}{T_1} v_1 = \frac{(400+273) \times 1.0705}{100+273} = 1.9315 \,(\text{m}^3/\text{kg})$$

（1）按定值比热计算。
由于理想气体的 $u$、$h$ 是温度的单值函数，本题终温相同，所以 1-2$_v$、1-2$_p$ 两过程的内能变量、焓变量相同：
$$\Delta u_{1-2_v} = \Delta u_{1-2_p} = c_V(t_2 - t_1) = 0.717 \times (400-100) = 215.1 \,(\text{kJ/kg})$$

$$\Delta h_{1-2_v} = \Delta h_{1-2_p} = c_p(t_2 - t_1) = 1.004 \times (400 - 100) = 301.2 (\text{kJ/kg})$$

定容过程 1-$2_v$：

$$\Delta s_{1-2_v} = c_V \ln \frac{T_2}{T_1} = 0.717 \times \ln \frac{673}{373} = 0.4231 [\text{kJ/(kg} \cdot \text{K)}]$$

$$q = \Delta u_{1-2_v} = c_V(t_2 - t_1) = 215.1 \text{kJ/kg}$$

$$w = 0$$

$$w_t = v(p_1 - p_2) = R_g(T_1 - T_2) = 0.287 \times (373 - 673) = -86.1(\text{kJ/kg})$$

定压过程 1-$2_p$：

$$\Delta s_{1-2_p} = c_p \ln \frac{T_2}{T_1} = 1.004 \times \ln \frac{673}{373} = 0.5925 [\text{kJ/(kg} \cdot \text{K)}]$$

$$q = \Delta h_{1-2_p} = c_p(t_2 - t_1) = 301.2 \text{kJ/kg}$$

$$w = p(v_2 - v_1) = R_g(T_2 - T_1) = 0.287 \times (673 - 373) = 86.1(\text{kJ/kg})$$

或

$$w = q - \Delta u = 301.2 - 215.1 = 86.1(\text{kJ/kg})$$

$$w_t = 0$$

（2）利用平均比热表计算。

由附表 3 查得：$t_1$=100℃时，$c_p\big|_{0℃}^{100℃} = 1.006 \text{kJ/(kg} \cdot \text{K)}$；$t_2$=400℃时，$c_p\big|_{0℃}^{400℃} = 1.028 \text{kJ/(kg} \cdot \text{K)}$。

而

$$c_V\big|_{0℃}^{100℃} = c_p\big|_{0℃}^{100℃} - R_g = 1.006 - 0.287 = 0.719 [\text{kJ/(kg} \cdot \text{K)}]$$

$$c_V\big|_{0℃}^{400℃} = c_p\big|_{0℃}^{400℃} - R_g = 1.028 - 0.287 = 0.741 [\text{kJ/(kg} \cdot \text{K)}]$$

$$c_V\big|_{100℃}^{400℃} = \frac{c_V\big|_{0℃}^{400℃} t_2 - c_V\big|_{0℃}^{100℃} t_1}{t_2 - t_1} = \frac{0.741 \times 400 - 0.719 \times 100}{400 - 100} = 0.748 [\text{kJ/(kg} \cdot \text{K)}]$$

$$c_p\big|_{100℃}^{400℃} = \frac{c_p\big|_{0℃}^{400℃} t_2 - c_p\big|_{0℃}^{100℃} t_1}{t_2 - t_1} = \frac{1.028 \times 400 - 1.006 \times 100}{400 - 100} = 1.035 [\text{kJ/(kg} \cdot \text{K)}]$$

同理，两过程的内能变量、焓变量相同：

$$\Delta u_{1-2_v} = \Delta u_{1-2_p} = c_V\big|_{0℃}^{400℃} t_2 - c_V\big|_{0℃}^{100℃} t_1 \ w = 0.741 \times 400 - 0.719 \times 100 = 224.5(\text{kJ/kg})$$

$$\Delta h_{1-2_v} = \Delta h_{1-2_p} = c_p\big|_{0℃}^{400℃} t_2 - c_p\big|_{0℃}^{100℃} t_1 = 1.028 \times 400 - 1.006 \times 100 = 310.6(\text{kJ/kg})$$

定容过程 1-$2_v$：

$$\Delta s_{1-2_v} = c_V\big|_{100℃}^{400℃} \ln \frac{T_2}{T_1} = 0.748 \times \ln \frac{673}{373} = 0.4414 [\text{kJ/(kg} \cdot \text{K)}]$$

$$q = \Delta u_{1-2_v} = 224.5 \text{kJ/kg}$$

$$w = 0$$

$$w_t = v(p_1 - p_2) = R_g(T_1 - T_2) = 0.287 \times (373 - 673) = -86.1(\text{kJ/kg})$$

定压过程 1-$2_p$：

$$\Delta s_{1-2_p} = c_p\big|_{100℃}^{400℃} \ln \frac{T_2}{T_1} = 1.035 \times \ln \frac{673}{373} = 0.6108 [\text{kJ/(kg} \cdot \text{K)}]$$

$$q = \Delta h_{1-2_p} = 310.6 \text{kJ/kg}$$
$$w = p(v_2 - v_1) = R_g(T_2 - T_1) = 86.1 \text{kJ/kg}$$

或

$$w = q - \Delta u = 310.6 - 224.5 = 86.1 (\text{kJ/kg})$$
$$w_t = 0$$

## 4.4 定温过程

定温过程是工质状态变化时温度保持恒定的过程，$T=$定值。代入理想气体状态方程 $pv = R_g T$，得到过程方程式为

$$pv = \text{定值} \tag{4.14}$$

因此，初、终态参数的关系可写为

$$T_2 = T_1, \quad p_2 v_2 = p_1 v_1 \tag{4.15}$$

可见，定温过程中气体的压力与比体积成反比。

如图4.4所示，定温过程线在 $p$-$v$ 图上为一条等轴双曲线，$T$-$s$ 图上则为水平直线。理想气体的内能和焓都只是温度的函数，故定温过程也是定内能过程、定焓过程。即

$$\Delta u = 0, \quad \Delta h = 0$$

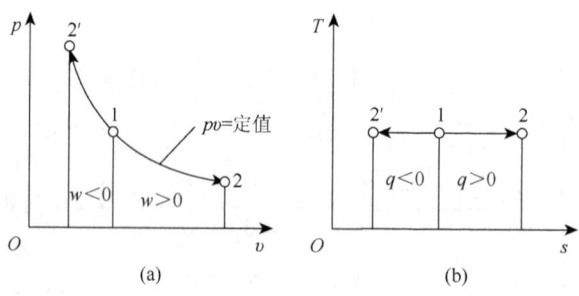

图 4.4 定温过程的 $p$-$v$ 图及 $T$-$s$ 图

定温过程的熵变量为

$$\Delta s = R_g \ln \frac{v_2}{v_1} = -R_g \ln \frac{p_2}{p_1}$$

定温过程的过程功为

$$w = \int_1^2 p \mathrm{d}v = \int_1^2 pv \frac{\mathrm{d}v}{v} = \int_1^2 R_g T \frac{\mathrm{d}v}{v} = R_g T \ln \frac{v_2}{v_1} = p_1 v_1 \ln \frac{v_2}{v_1} = -p_1 v_1 \ln \frac{p_2}{p_1} \tag{4.16}$$

过程热量为

$$q_T = w = R_g T \ln \frac{v_2}{v_1} = p_1 v_1 \ln \frac{v_2}{v_1} = -p_1 v_1 \ln \frac{p_2}{p_1} \tag{4.17}$$

可逆定温过程热量也可由 $q_T = \int_1^2 T \mathrm{d}s = -R_g \ln \frac{p_2}{p_1}$ 导出，结果相同。可见，理想气体定温过程的热量 $q_T$ 和过程功 $w$ 的数值相等，且正负也相同。由于这时理想气体的内能不变，定温膨胀时吸热量全部转变为膨胀功；定温压缩时消耗的压缩功全部转变为放热量。图 4.4 中定温过

程线 1-2 是吸热膨胀降压过程；1-2'是放热压缩增压过程。

技术功为

$$w_t = -\int_1^2 v\mathrm{d}p = -\int_1^2 pv\frac{\mathrm{d}p}{p} = -\int_1^2 R_gT\frac{\mathrm{d}p}{p} = -R_gT\ln\frac{p_2}{p_1} = -p_1v_1\ln\frac{p_2}{p_1} \quad (4.18)$$

经上式分析得出：理想气体定温稳定流经开口系时技术功 $w_t$ 与过程热量 $q_T$ 相同，由于这时 $p_2v_2 = p_1v_1$，流动功（$p_2v_2 - p_1v_1$）为零，吸热量全部转变为技术功。

上述式（4.16）～式（4.18）以及过程方程式 $pv=$定值，只适用于理想气体。

## 4.5 绝热过程

在状态变化过程中工质与外界没有热量交换的过程称为绝热过程。绝热过程的特征是任一瞬间工质与外界的热量交换为零，即 $q=0$，$\delta q = 0$。

绝对绝热的过程难以实现，工质无法与外界完全隔热，但当实际过程进行很快，一定量的工质的换热量相对极少时可近似地看成绝热过程。过程进行迅速，往往是非准平衡的和不可逆的，所以可逆的绝热过程是实际过程的一种近似。近似于绝热的过程是很普遍的，例如，内燃机气缸内工质进行的膨胀过程和压缩过程、压缩机中气体的压缩过程（尤其是叶轮式压缩机）、汽轮机和燃气轮机喷管内的膨胀过程等，因而对绝热过程的研究很有实用价值。

根据熵的定义，$\mathrm{d}s = \dfrac{\delta q_{\mathrm{rev}}}{T}$，可逆绝热时 $\delta q_{\mathrm{rev}} = 0$，故有 $\mathrm{d}s = 0$，$s=$定值。可逆绝热过程又称为定熵过程。

### 4.5.1 过程方程式

对理想气体，可逆过程的热力学第一定律解析式的两种形式为

$$\delta q = c_V\mathrm{d}T + p\mathrm{d}v \quad \text{和} \quad \delta q = c_p\mathrm{d}T - v\mathrm{d}p$$

因绝热 $\delta q = 0$，将两式分别移项后相除，得

$$\frac{\mathrm{d}p}{p} = -\frac{c_p}{c_V}\frac{\mathrm{d}v}{v}$$

式中，比热比 $\dfrac{c_p}{c_V} = \gamma = 1 + \dfrac{R_g}{c_V}$。$c_V$ 是温度的复杂函数，上式的积分解十分复杂，不便用于工程计算。设比热为定值，则 $\gamma$ 也是定值，上式可以直接积分：

$$\frac{\mathrm{d}p}{p} + \gamma\frac{\mathrm{d}v}{v} = 0 \quad (4.19)$$

$$\ln p + \gamma \ln v = 定值$$

$$pv^\gamma = 定值 \quad (4.20)$$

因此，定熵过程方程式是指数方程。定熵指数通常用 $\kappa$ 表示。对于理想气体，定熵指数等于比热比 $\gamma$。该式在推导过程中曾设定为理想气体、可逆绝热过程及定值比热，对于一般的绝热过程来说，它只是近似式。将式（4.20）写为

$$\frac{\mathrm{d}p}{p} + \kappa\frac{\mathrm{d}v}{v} = 0 \quad (4.21)$$

式（4.21）是以微分形式表达的定熵过程方程，它是更为一般的形式，有时更为方便地用于分析过程中参数的变化规律。这时定熵指数为

$$\kappa = -\frac{v}{p}\left(\frac{\partial p}{\partial v}\right)_s$$

### 4.5.2 初、终态参数的关系

将初、终态的 $p$、$v$、$T$ 参数代入过程方程及状态方程，整理后得

$$p_2 v_2^\kappa = p_1 v_1^\kappa \tag{4.22}$$

$$\frac{T_2}{T_1} = \left(\frac{v_1}{v_2}\right)^{\kappa-1} \tag{4.23}$$

$$\frac{T_2}{T_1} = \left(\frac{p_2}{p_1}\right)^{\frac{\kappa-1}{\kappa}} \tag{4.24}$$

### 4.5.3 定熵过程 $p$-$v$ 图和 $T$-$s$ 图

如图 4.5 所示，定熵过程线在 $T$-$s$ 图上是垂直于横坐标的直线；在 $p$-$v$ 图上是高次双曲线。由式（4.21）可知，其斜率为 $\left(\frac{\partial p}{\partial v}\right)_s = -\kappa \frac{p}{v}$。与定温线斜率 $\left(\frac{\partial p}{\partial v}\right)_T = -\frac{p}{v}$ 相比，因 $\kappa > 1$，定熵线斜率的绝对值大于等温线，所以定熵线更陡些。

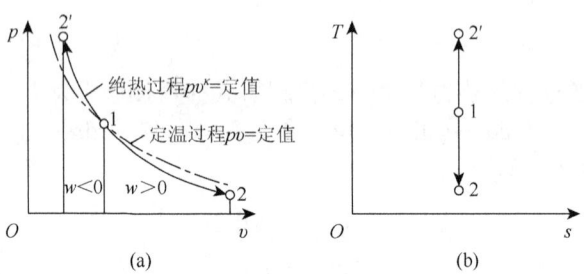

图 4.5 定熵过程的 $p$-$v$ 图及 $T$-$s$ 图

此外，由式（4.22）、式（4.24）可见，可逆绝热过程中压力与比体积的 $\kappa$ 次方成反比，温度与压力的 $\frac{\kappa-1}{\kappa}$ 次方成正比。因而过程线 1-2 是绝热膨胀降压降温过程；1-2′是绝热压缩增压升温过程。

### 4.5.4 绝热过程中能量的传递和转换

绝热过程体系与外界不交换热量，即 $q=0$。代入闭口系热力学第一定律解析式 $q = \Delta u + w$，得出过程功为

$$w = -\Delta u = u_1 - u_2 \tag{4.25}$$

该式表明：绝热过程中工质与外界无热量交换，过程功只来自工质本身的能量转换。绝热膨

胀时，膨胀功等于工质的内能降；绝热压缩时，消耗的压缩功等于工质的内能增量。式（4.25）普遍适用于理想气体和实际气体进行的可逆和不可逆绝热过程。

若为理想气体，且按定值比热考虑，可得近似式

$$w = c_V(T_1 - T_2) = \frac{1}{\kappa - 1} R_g(T_1 - T_2) = \frac{1}{\kappa - 1}(p_1 v_1 - p_2 v_2) \tag{4.26}$$

对于可逆的绝热过程，还可导得

$$w = \frac{1}{\kappa - 1} R_g T_1 \left[ 1 - \left(\frac{p_2}{p_1}\right)^{\frac{\kappa - 1}{\kappa}} \right] = \frac{1}{\kappa - 1} R_g T_1 \left[ 1 - \left(\frac{v_1}{v_2}\right)^{\kappa - 1} \right] \tag{4.27}$$

理想气体在可逆的绝热过程中，过程功也可由 $w = \int_1^2 p \mathrm{d}v$ 结合 $p_2 = \left(\dfrac{v_1}{v_2}\right)^\kappa p_1$ 积分求得，结果与式（4.27）是一致的。

由稳流开口系的热力学第一定律解析式 $q = \Delta h + w_t$，可得绝热过程的技术功为

$$w_t = -\Delta h = h_1 - h_2 \tag{4.28}$$

该式表明：工质在绝热过程中所做的技术功等于焓降。式（4.28）对理想气体和实际气体、可逆的和不可逆的绝热过程普遍适用。

对于理想气体，当按定值比热计算时 $w_t$ 可近似为

$$w_t = c_p(T_1 - T_2) = \frac{\kappa}{\kappa - 1} R_g(T_1 - T_2) = \frac{\kappa}{\kappa - 1}(p_1 v_1 - p_2 v_2) \tag{4.29}$$

对于可逆的绝热过程，还可导出

$$w_t = \frac{\kappa}{\kappa - 1} R_g T_1 \left[ 1 - \left(\frac{p_2}{p_1}\right)^{\frac{\kappa - 1}{\kappa}} \right] = \frac{\kappa}{\kappa - 1} R_g T_1 \left[ 1 - \left(\frac{v_1}{v_2}\right)^{\kappa - 1} \right] \tag{4.30}$$

此外，理想气体进行可逆绝热过程时，技术功也可按 $w_t = -\int_1^2 v \mathrm{d}p$ 积分得出，结果与式（4.30）一致。从式（4.28）和式（4.29）对比得出：技术功是过程功的 $\kappa$ 倍，即

$$w_t = \kappa w \tag{4.31}$$

## 4.6 多变过程

上述 4 种典型热力过程的特征是某一个状态参数保持不变（如 $p$=定值、$T$=定值等），或者在过程中热力系与外界没有热量交换。实际的过程往往是工质的状态参数 $p$、$v$、$T$ 等都在变化，并且也不完全绝热。但是一般的实际过程其状态变化往往也遵循一定规律，实验测定了一些过程中 1kg 工质的压力 $p$ 和 $v$ 的关系，发现它们接近指数函数，即 $pv^n$=定值（$n$ 为多变指数），这样的过程称为多变过程。

### 4.6.1 过程方程式

多变过程比前述几种特殊过程更为一般化，但也并非任意的过程，它仍然依据一定的规律变化：整个过程服从过程方程 $pv^n$=定值，多变指数 $n$ 为某一定值，它可以是 $-\infty \sim +\infty$ 的任意数值。

实际过程往往更为复杂。如柴油机气缸中的压缩过程，开始时工质温度低于缸壁温度，边吸热边压缩而温度升高，高于缸壁温度后则边压缩边放热，整个过程 $n$ 从 1.6 变化到 1.2 左右；至于膨胀过程，由于存在后燃及高温时被离解气体的复合放热现象，情况更为复杂，其散热规律的研究已不属于热力学的范围。对于多变指数 $n$ 是变化的实际过程，若 $n$ 的变化范围不大，则可用一个不变的平均值近似地代替实际变化的 $n$；若 $n$ 的变化较大，则可将实际过程分成数段，每一段近似为 $n$ 值不变。

### 4.6.2 初、终态参数的关系

理想气体的多变过程中，初、终态参数间关系可根据过程方程 $pv^n=$ 定值及状态方程式 $pv=R_gT$ 得出：

$$\frac{p_2}{p_1}=\left(\frac{v_1}{v_2}\right)^n \tag{4.32}$$

$$\frac{T_2}{T_1}=\left(\frac{v_1}{v_2}\right)^{n-1} \tag{4.33}$$

$$\frac{T_2}{T_1}=\left(\frac{p_2}{p_1}\right)^{\frac{n-1}{n}} \tag{4.34}$$

### 4.6.3 多变过程的过程功、技术功及过程热量

多变过程中热量一般不为零，所以过程功 $w \neq \Delta u$，需按 $w=\int_1^2 p\mathrm{d}v$ 积分确定。将 $p=p_1v_1^n \times \frac{1}{v^n}$ 代入，得

$$\begin{aligned} w &= \int_1^2 p\mathrm{d}v = p_1v_1^n \int_1^2 \frac{\mathrm{d}v}{v^n} = \frac{1}{n-1}(p_1v_1-p_2v_2) = \frac{1}{n-1}R_g(T_1-T_2) \\ &= \frac{1}{n-1}R_gT_1\left[1-\left(\frac{p_2}{p_1}\right)^{\frac{n-1}{n}}\right] = \frac{\kappa-1}{n-1}c_V(T_1-T_2) \end{aligned} \tag{4.35}$$

对于稳流开口系，其技术功同样可按式（2.31）积分求得

$$\begin{aligned} w_t &= -\int_1^2 v\mathrm{d}p = p_1v_1-p_2v_2 + \int_1^2 p\mathrm{d}v = p_1v_1-p_2v_2 + \frac{1}{n-1}(p_1v_1-p_2v_2) \\ &= \frac{n}{n-1}(p_1v_1-p_2v_2) = \frac{n}{n-1}R_g(T_1-T_2) = \frac{n}{n-1}R_gT_1\left[1-\left(\frac{p_2}{p_1}\right)^{\frac{n-1}{n}}\right] \end{aligned} \tag{4.36}$$

可见多变过程的技术功是过程功的 $n$ 倍。即

$$w_t = nw \tag{4.37}$$

理想气体取定值比热时多变过程的内能变量仍为 $\Delta u = c_V(T_2-T_1)$。在求得 $w$ 和 $\Delta u$ 后，过程热量可直接由热力学第一定律确定：

$$q = \Delta u + w = c_V(T_2 - T_1) + \frac{\kappa - 1}{n - 1}c_V(T_1 - T_2) = \frac{n - \kappa}{n - 1}c_V(T_2 - T_1) \quad (4.38)$$

根据比热的定义，热量为比热乘以温差，即 $q = c_n(T_2 - T_1)$ 与式（4.38）比较，可得多变过程的比热为

$$c_n = \frac{n - \kappa}{n - 1}c_V \quad (4.39)$$

对于某个具体的多变过程，定值比热时 $c_n$ 有一确定的数值。

### 4.6.4 多变过程的特性及 *p-v* 图、*T-s* 图

在 *p-v* 图、*T-s* 图上，可逆的多变过程是一条任意的双曲线，过程线的相对位置取决于 $n$ 值。$n$ 值不同的各多变过程表现出不同的过程特性，图 4.6 中示出了 $1 < n < \kappa$ 时，即介于定温过程和定熵过程之间的多变过程，热机中常会遇到这类过程。图中过程线 1-2 是多变膨胀吸热降温过程，1-2′为多变压缩放热升温过程，这一过程特性可通过分析其能量转换规律 $w/q$ 得到解释。将式（4.35）和式（4.38）代入比值 $w/q$，可得

$$\frac{w}{q} = \frac{\kappa - 1}{\kappa - n} \quad (4.40)$$

因定熵指数 $\kappa$ 恒大于 1，故 $\kappa - 1 > 0$，因而 $w/q$ 的比值取决于 $n$ 小于还是大于 $\kappa$。

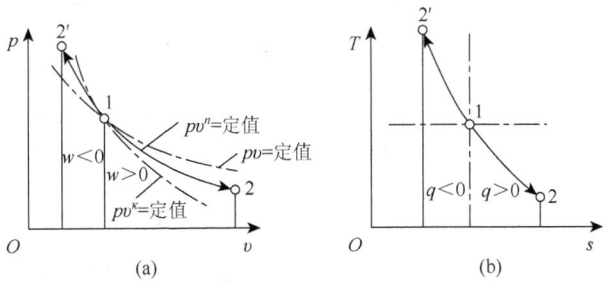

图 4.6 多变过程的 *p-v* 图及 *T-s* 图

1. $n < \kappa$ 的多变过程

这时 $\frac{\kappa - 1}{\kappa - n} > 0$，$w/q > 0$，即 $w$ 与 $q$ 正负相同。

膨胀过程（$w > 0$），必须对气体加热（$q > 0$）；压缩过程（$w < 0$），气体必定对外放热（$q < 0$）。

若 $1 < n < \kappa$，则 $\frac{\kappa - 1}{\kappa - n} > 1$，$\frac{w}{q} > 1$，即 $w$ 与 $q$ 同号，且 $|w| > |q|$。此类多变膨胀过程输出的过程功大于气体的吸热量，根据能量守恒原则，气体的内能一定减少，故温度降低；反之，此类多变压缩过程消耗的过程功大于气体的放热量，内能一定增大，故温度升高。

2. $n > \kappa$ 的多变过程

这时 $\frac{\kappa - 1}{\kappa - n} < 0$，$\frac{w}{q} < 0$，即 $w$ 与 $q$ 正负相反。

膨胀过程（$w>0$），气体必须对外放热（$q<0$）；压缩过程（$w<0$），必须对气体加热（$q>0$）。

高温时气体的定熵指数 $\kappa$ 并非定值，通常，温度越高，$\kappa$ 值越小。

### 4.6.5 过程综合分析

定容、定压、定温、定熵 4 个基本热力过程可看成多变过程的特例，相对于多变过程的过程方程 $pv^n$ = 定值：当 $n=0$ 时，$p$=定值，即定压过程；当 $n=1$ 时，$pv$=定值，即定温过程；当 $n=\kappa$ 时，$pv^\kappa$ = 定值，即定熵过程；当 $n=\pm\infty$ 时，$v$=定值，即定容过程。

1. 过程线的分布规律

在 $p$-$v$ 图和 $T$-$s$ 图上，从同一状态出发的 4 种基本热力过程如图 4.7 所示。可见，过程线在坐标图上的分布是有规律的，$n$ 值按顺时针方向逐渐增大，由 $-\infty \to 0 \to 1 \to \kappa \to +\infty$。对于任一多变过程，已知多变指数 $n$ 的值，则能确定其在图上的相对位置。

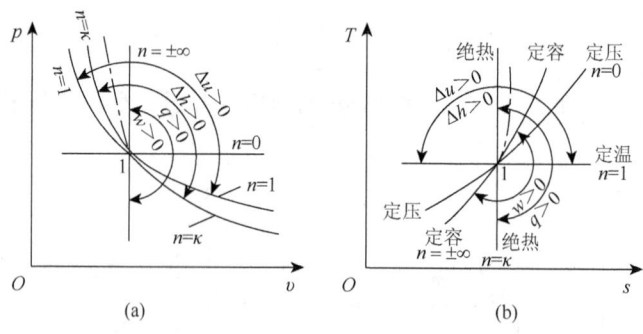

图 4.7 各种过程的 $p$-$v$ 图及 $T$-$s$ 图

多变过程在 $p$-$v$ 图上的斜率，可由过程方程式的微分形式 $\dfrac{\mathrm{d}p}{p}+n\dfrac{\mathrm{d}v}{v}=0$ 演化得出

$$\frac{\mathrm{d}p}{p}=-n\frac{\mathrm{d}v}{v}$$

同一状态的 $p$、$v$ 值相同，斜率只与 $n$ 有关，指数 $n$ 越大，过程线斜率的绝对值 $\left|\dfrac{\mathrm{d}p}{\mathrm{d}v}\right|$ 也越大。例如，定压时，$n=0$，$\left(\dfrac{\mathrm{d}p}{\mathrm{d}v}\right)_p=0$，定压线为水平线；定容时，$n\to\pm\infty$，$\left(\dfrac{\mathrm{d}p}{\mathrm{d}v}\right)_p\to\mp\infty$，定容线为垂直线。$n>0$，$\dfrac{\mathrm{d}p}{\mathrm{d}v}<0$，$\mathrm{d}p$ 与 $\mathrm{d}v$ 反号，压缩时压力升高，膨胀时压力降低，工程上多为这类过程；而 $n<0$，$\dfrac{\mathrm{d}p}{\mathrm{d}v}>0$，$\mathrm{d}p$ 与 $\mathrm{d}v$ 同号，这类过程工程上极少见，故不予深入讨论。

$T$-$s$ 图上，多变过程的斜率可由 $\mathrm{d}s=\dfrac{\delta q}{T}$ 和 $\delta q=c_n\mathrm{d}T$ 得出，将 $c_n=\dfrac{n-\kappa}{n-1}\cdot c_V$ 代入，得

$$\frac{\mathrm{d}T}{\mathrm{d}s}=\frac{T}{c_n}=\frac{n-1}{(n-\kappa)c_V}T$$

同样，斜率也与 $n$ 有关。例如，定温时 $n=1$，$c_n \to \infty$，$\left(\dfrac{\partial T}{\partial s}\right)_T = 0$，显然定温线是水平线；定熵时 $n=\kappa$，$c_n = 0$，$\left(\dfrac{\partial T}{\partial s}\right)_s \to \infty$，定熵线是垂直线。

2. 坐标图上过程特性的判定

多变过程线在 $p$-$v$ 图、$T$-$s$ 图上的位置确定后，可直接观察 $p$、$v$、$T(u、h)$、$s$ 等参数的变化趋势，以及过程中能量的传递方向。

定容线是过程功的正负分界，如图 4.7 所示，定容线右侧（$p$-$v$ 图）或右下区域（$T$-$s$ 图）的各过程的 $w>0$，即工质膨胀对外输出功；反之则 $w<0$，即工质被压缩，消耗外功。

定熵线是过程热量的正负分界，定熵线右侧（$T$-$s$ 图）或右上区域（$p$-$v$ 图）的各过程的 $\Delta s>0$、$q>0$，必为加热过程；反之则 $\Delta s<0$、$q<0$，必为放热过程。

对于理想气体，定温线是内能（或焓）的增减分界，定温线上侧（$T$-$s$ 图）或右上区域（$p$-$v$ 图）的各过程的 $\Delta u>0(\Delta h>0)$，工质的内能（或焓）是增大的；反之则 $\Delta u<0(\Delta h<0)$，其内能（或焓）减小。

例如，$\kappa=1.4$ 的某种气体，按 $n=1.6$ 的多变压缩过程工作，可根据 $dv<0$、$\kappa<n<\infty$ 先在 $p$-$v$ 图上画出过程线，再于 $T$-$s$ 图上确定相应的位置，图 4.7 中以点划线示出。该过程线处于 $w<0$、$q>0$ 的区域，故为耗功、吸热、升温、升压过程。

习惯上，认为气体吸热则温度升高，放热则温度降低。其实不然，只是那些 $c_n>0$ 的过程有此特性，这时 $dT$ 与 $\delta q$ 同号。另外 $c_n<0$ 的过程，$1<n<\kappa$，故 $dT$ 与 $\delta q$ 反号，加热则降温，放热反升温。

3. 理想气体可逆过程计算公式列表

本章出现大量计算公式，建议初学者在准确理解基本概念、基本定律的基础上，学会运用热力学第一定律、理想气体状态方程式及一些定义式，自行推导和整理这些计算式，同时应注意各公式的适用范围。表 4.1 列出了理想气体在各种可逆过程中的计算公式，供复习时对照参考。

表 4.1　理想气体可逆过程计算公式

| | 定容过程 | 定压过程 | 定温过程 | 定熵过程 | 多变过程 |
|---|---|---|---|---|---|
| 多变指数 $n$ | $\pm\infty$ | 0 | 1 | $\kappa$ | $n$ |
| 过程方程式 | $v=$定值 | $p=$定值 | $pv=$定值 | $pv^\kappa=$定值 | $pv^n=$定值 |
| 初、终态 $p$、$v$、$T$ 关系式 | $\dfrac{p_2}{p_1}=\dfrac{T_2}{T_1}$ | $\dfrac{v_2}{v_1}=\dfrac{T_2}{T_1}$ | $\dfrac{p_2}{p_1}=\dfrac{v_2}{v_1}$ | $p_1 v_1^\kappa = p_2 v_2^\kappa$<br>$T_1 v_1^{\kappa-1} = T_2 v_2^{\kappa-1}$<br>$T_1 p_1^{-(\kappa-1)/\kappa} = T_2 p_2^{-(\kappa-1)/\kappa}$ | $p_1 v_1^n = p_2 v_2^n$<br>$T_1 v_1^{n-1} = T_2 v_2^{n-1}$<br>$T_1 p_1^{-(n-1)/n} = T_2 p_2^{-(n-1)/n}$ |
| 内能变化 $\Delta u$ | $c_V\big\|_{T_1}^{T_2}(T_2-T_1)$<br>$c_V=c_V(t)$<br>$c_V(T_2-T_1)$<br>$c_V=$定值 | $c_V\big\|_{T_1}^{T_2}(T_2-T_1)$<br>$c_V=c_V(t)$<br>$c_V(T_2-T_1)$<br>$c_V=$定值 | 0 | $c_V\big\|_{T_1}^{T_2}(T_2-T_1)$<br>$c_V=c_V(t)$<br>$c_V(T_2-T_1)$<br>$c_V=$定值 | $c_V\big\|_{T_1}^{T_2}(T_2-T_1)$<br>$c_V=c_V(t)$<br>$c_V(T_2-T_1)$<br>$c_V=$定值 |

续表

|  | 定容过程 | 定压过程 | 定温过程 | 定熵过程 | 多变过程 |
|---|---|---|---|---|---|
| 焓变化 $\Delta h$ | $c_p\|_{T_1}^{T_2}(T_2-T_1)$<br>$c_p=c_p(t)$<br>$c_p(T_2-T_1)$<br>$c_p=$定值 | $c_p\|_{T_1}^{T_2}(T_2-T_1)$<br>$c_p=c_p(t)$<br>$c_p(T_2-T_1)$<br>$c_p=$定值 | 0 | $c_p\|_{T_1}^{T_2}(T_2-T_1)$<br>$c_p=c_p(t)$<br>$c_p(T_2-T_1)$<br>$c_p=$定值 | $c_p\|_{T_1}^{T_2}(T_2-T_1)$<br>$c_p=c_p(t)$<br>$c_p(T_2-T_1)$<br>$c_p=$定值 |
| 熵变化 $\Delta s$ | $c_p=c_p(t)$<br>$c_V=c_V(t)$<br>$c_V\|_{T_1}^{T_2}\ln\dfrac{T_2}{T_1}$<br>$c_V=$定值<br>$c_V\ln\dfrac{T_2}{T_1};c_V\ln\dfrac{p_2}{p_1}$ | $c_p=c_p(t)$<br>$c_p\|_{T_1}^{T_2}\ln\dfrac{T_2}{T_1}$<br>$c_p=$定值<br>$c_p\ln\dfrac{T_2}{T_1};c_p\ln\dfrac{v_2}{v_1}$ | $\dfrac{q}{T}$<br>$R_g\ln\dfrac{p_1}{p_2}$<br>$R_g\ln\dfrac{v_2}{v_1}$ | 0 | $c_p=c_p(t)$<br>$c_p\|_{T_1}^{T_2}\ln\dfrac{T_2}{T_1}-R_g\ln\dfrac{p_2}{p_1}$<br>$c_p=$定值, $c_V=$定值<br>$c_p\ln\dfrac{T_2}{T_1}-R_g\ln\dfrac{p_2}{p_1}$<br>$c_V\ln\dfrac{T_2}{T_1}+R_g\ln\dfrac{v_2}{v_1}$<br>$c_V\ln\dfrac{p_2}{p_1}+c_p\ln\dfrac{v_2}{v_1}$<br>$c_n\ln\dfrac{T_2}{T_1}$ |
| 过程功<br>$w_t=\int_1^2 pdv$ | 0 | $p(v_2-v_1)$<br>$R_g(T_2-T_1)$ | $R_gT\ln\dfrac{v_2}{v_1}$<br>$p_1v_1\ln\dfrac{v_2}{v_1}$<br>$p_1v_1\ln\dfrac{p_1}{p_2}$ | $-\Delta u$<br>$\dfrac{1}{\kappa-1}R_g(T_2-T_1)$<br>$\dfrac{1}{\kappa-1}R_g(p_1v_1-p_2v_2)$<br>$c=$定值时:<br>$\dfrac{1}{\kappa-1}R_gT_1\left[1-\left(\dfrac{p_2}{p_1}\right)^{\frac{\kappa-1}{\kappa}}\right]$ | $\dfrac{1}{n-1}R_g(T_2-T_1)$<br>$\dfrac{1}{n-1}(p_1v_1-p_2v_2)$<br>$\dfrac{1}{n-1}R_gT_1\left[1-\left(\dfrac{p_2}{p_1}\right)^{\frac{n-1}{n}}\right]$ |
| 技术功<br>$w_t=\int_1^2 vdp$ | $v(p_1-p_2)$ | 0 | $w_t=w=q$ | $w_t=\kappa w=-\Delta h$<br>$\dfrac{\kappa}{\kappa-1}R_g(T_2-T_1)$<br>$\dfrac{\kappa}{\kappa-1}(p_1v_1-p_2v_2)$<br>$c=$定值时:<br>$\dfrac{\kappa}{\kappa-1}R_gT_1\left[1-\left(\dfrac{p_2}{p_1}\right)^{\frac{\kappa-1}{\kappa}}\right]$ | $\dfrac{n}{n-1}R_g(T_2-T_1)$<br>$\dfrac{n}{n-1}R_g(p_1v_1-p_2v_2)$<br>$\dfrac{n}{n-1}R_gT_1\left[1-\left(\dfrac{p_2}{p_1}\right)^{\frac{n-1}{n}}\right]$<br>$w_t=nw$ |
| 过程热量 $q$ | $\Delta u$ | $\Delta h$ | $R_gT\ln\dfrac{v_2}{v_1}$<br>$p_1v_1\ln\dfrac{p_1}{p_2}$<br>$p_1v_1\ln\dfrac{v_2}{v_1}$<br>$T(s_2-s_1)$ | 0 | $\Delta u+w$<br>$\dfrac{n-\kappa}{n-1}c_V(T_2-T_1)$ |
| 过程比热 | $c_V$ | $c_p$ | $\infty$ | 0 | $\dfrac{n-\kappa}{n-1}c_V$ |

**【例 4.2】** 空气以 $q_m=0.015$kg/s 的流速稳定流过压缩机,入口参数 $p_1=0.1$MPa,$T_1=300$K,出口压力 $p_2=0.5$MPa,然后进入储气罐。求 1kg 空气的焓变 $\Delta h$ 和熵变 $\Delta s$,以及压缩机的技

术功率 $P_t$ 和每小时散热量 $q_Q$。（1）空气按定温压缩；（2）空气按 $n$=1.3 的多变过程压缩，比热取定值。

**解** （1）定温压缩

$$T_1 = T_2 = 300K, \quad \Delta h = 0$$

$$\Delta s = -R_g \ln \frac{p_2}{p_1} = -0.287 \times \ln \frac{0.5}{0.1} = -0.462[kJ/(kg \cdot K)]$$

$$w_{t,T} = -R_g T_1 \ln \frac{p_2}{p_1} = -0.287 \times 300 \times \ln \frac{0.5}{0.1} = -138.573(kJ/kg)$$

$$P_{t,T} = |q_m w_{t,T}| = 0.015 \times 138.573 = 2.079(kW)$$

$$q_T = w_{t,T} = -138.573 kJ/kg$$

$$q_{Q,T} = q_m q_T = 0.015 \times 3600 \times (-138.573) = -7482.942(kJ/h)$$

（2）多变压缩。

空气是双原子气体，$\kappa$=1.4，由表 3.2 可知定容比热

$$c_V = \frac{1}{M} \times \frac{5}{2} R = \frac{1}{28.97 \times 10^{-3}} \times \frac{5}{2} \times 8.3145 \times 10^{-3} = 0.717[kJ/(kg \cdot K)]$$

定压比热

$$c_p = c_V + R_g = 0.717 + 0.287 = 1.004[kJ/(kg \cdot K)]$$

$$T_2 = \left(\frac{p_2}{p_1}\right)^{\frac{n-1}{n}} T_1 = \left(\frac{0.5}{0.1}\right)^{\frac{1.3-1}{1.3}} \times 300 = 434.93(K)$$

$$\Delta h = c_p(T_2 - T_1) = 1.004 \times (434.93 - 300) = 135.470(kJ/kg)$$

$$\Delta s = c_p \ln \frac{T_2}{T_1} - R_g \ln \frac{p_2}{p_1} = 1.004 \times \ln \frac{434.93}{300} - 0.287 \times \ln \frac{0.5}{0.1} = -0.089[kJ/(kg \cdot K)]$$

$$w_{t,n} = \frac{n}{n-1} R_g T_1 \left[1 - \left(\frac{p_2}{p_1}\right)^{\frac{n-1}{n}}\right] = \frac{1.3}{1.3-1} \times 0.287 \times 300 \times \left[1 - \left(\frac{0.5}{0.1}\right)^{\frac{1.3-1}{1.3}}\right] = -167.811(kJ/kg)$$

$$P_{t,n} = |q_m w_{t,n}| = 0.015 \times 167.811 = 2.517(kW)$$

多变过程比热

$$c_n = \frac{n-\kappa}{n-1} \cdot c_V = \frac{1.3-1.4}{1.3-1} \times 0.717 = -0.239[kJ/(kg \cdot K)]$$

$$q_n = c_n(T_2 - T_1) = -0.239 \times (434.93 - 300) = -32.248(kJ/kg)$$

$$q_{Q,n} = q_n q_m = 0.015 \times 3600 \times (-32.248) = -1741.392(kJ/h)$$

技术功为负值表示压缩机耗功，压缩机消耗功率的大小习惯上取绝对值。热量为负值表示压缩过程气体对外界放出热量。

**【例 4.3】** 试确定下列多变过程的多变指数 $n$，将过程绘于同一 $p$-$v$ 图和 $T$-$s$ 图上，并判定过程特性，吸热还是放热？输出功还是耗功？热力学能增大还是减小？设工质为空气，定容比热 $c_V = 0.717 kJ/(kg \cdot K)$。

（1）用示功器测得的某气缸中气体的一组 $p$-$v$ 数据在 $\lg p$-$\lg v$ 图上为一直线，其中两个状态为 $p_1$=0.1MPa、$V_1$=435cm$^3$ 和 $p_2$=1.0MPa、$V_2$=70cm$^3$。

(2) 已知是多变过程，测得吸热 $q=600$kJ/kg，温差 $\Delta T=140$K。

**解** （1）已知该过程在 $\lg p$-$\lg v$ 图上为一直线，$\lg p+n\lg v=$ 定值，其斜率为$-n$，故

$$n_{(1)}=-\frac{\lg p_2-\lg p_1}{\lg V_2-\lg V_1}=-\frac{\lg 1.0-\lg 0.1}{\lg 70-\lg 435}=1.26$$

（2）多变过程热量 $q=c_n(T_2-T_1)=\frac{n-\kappa}{n-1}c_V(T_2-T_1)$，故 $\frac{n-\kappa}{n-1}=\frac{q}{c_V\Delta T}$。又空气的 $\kappa=1.4$，即

$$\frac{n-1.4}{n-1}=\frac{600}{0.717\times 140}$$

解得 $n_{(2)}=0.92$。

根据 $p_2>p_1$、$v_2<v_1$，且 $1<n_{(1)}<\kappa$，可在 $p$-$v$ 图上得出过程线 1-2$_{(1)}$ 以及相应于 $T$-$s$ 图上的过程线 1-2$_{(1)}$。该过程为耗功、放热、升温、升压过程，$\Delta u>0$。根据 $q>0$、$0<n_{(2)}<1$，在 $T$-$s$ 图上画出过程线 1-2$_{(2)}$，然后在 $p$-$v$ 图上画出相应的过程线 1-2$_{(2)}$。该过程为吸热、膨胀做功、升温过程，$\Delta u>0$，见图 4.8。

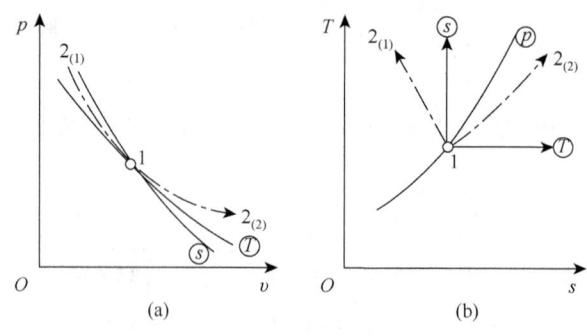

图 4.8　例 4.3 图

【**例 4.4**】 有一气缸和活塞组成的系统（图 4.9），气缸壁和活塞均由绝热材料制成，活塞可在气缸中无摩擦地自由移动。初始时活塞位于气缸中央，A、B 两侧各有 1kg 空气，压力均为 0.45MPa，温度同为 900K。现对 A 侧冷却水管通水冷却，A 侧压力逐渐降低，求压力降低到 0.3MPa 时两侧的体积 $V_{A2}$、$V_{B2}$ 以及冷却水从系统带走的热量 $Q$，并在 $p$-$v$ 及 $T$-$s$ 图上大致表示两侧气体进行的过程。按定值比热计算，且 $\kappa=1.4$，$c_V=0.717$kJ/(kg·K)。

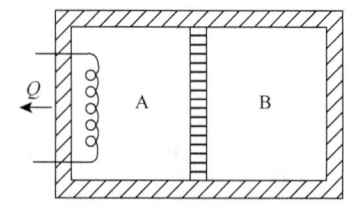

图 4.9　气缸和活塞组成的系统

**解** 据题意，B 侧为可逆绝热膨胀过程。A 和 B 两侧气体的压力时刻相同，终态时有 $p_{A2}=p_{B2}$，且过程中总体积不变，即 $V_A+V_B=$定值。

对于这类多个系统相互制约的问题，若热力系选择恰当，则解题将十分方便。

$$V_{A1}=V_{B1}=\frac{m_A R_g T_{A1}}{p_{A1}}=\frac{1\times 287\times 900}{0.45\times 10^6}=0.574(\text{m}^3)$$

先取 B 为热力系，其中进行的是可逆绝热过程，故

$$T_{B2}=\left(\frac{p_{B2}}{p_{B1}}\right)^{\frac{\kappa-1}{\kappa}}T_{B1}=\left(\frac{0.3}{0.45}\right)^{\frac{1.4-1}{1.4}}\times 900=801.55(\text{K})$$

$$V_{B2} = \frac{m_B R_g T_{B2}}{p_{B2}} = \frac{1 \times 287 \times 801.55}{0.3 \times 10^6} = 0.767 (\text{m}^3)$$

或

$$V_{B2} = \left(\frac{p_{B1}}{p_{B2}}\right)^{\frac{1}{\kappa}} V_{B1} = \left(\frac{0.45}{0.3}\right)^{\frac{1}{1.4}} \times 0.574 = 0.767 (\text{m}^3)$$

A 中：

$$V_{A2} = 2V_{B1} - V_{B2} = 2 \times 0.574 - 0.767 = 0.381 (\text{m}^3)$$

$$T_{A2} = \frac{p_{A2} V_{A2}}{m_A R_g} = \frac{0.3 \times 10^6 \times 0.381}{1 \times 287} = 398.26 (\text{K})$$

再取 A+B 为热力系，不做外功，故

$$Q = \Delta U_A + \Delta U_B = m_A c_V (T_{A2} - T_{A1}) + m_B c_V (T_{B2} - T_{B1})$$

因 $m_A = m_B = m = 1\text{kg}$，$T_{B1} = T_{A1} = 900\text{K}$，故

$$Q = m c_V (T_{A2} + T_{B2} - 2T_{A1})$$
$$= 1 \times 0.717 \times (398.26 + 801.55 - 2 \times 900) = -430.3 (\text{kJ})$$

过程线 1-2$_B$ 是定熵线；1-2$_A$ 可由 $p_A = p_B$、$V_A = 2V_{A1} - V_B$ 确定，大致位置见图 4.10。

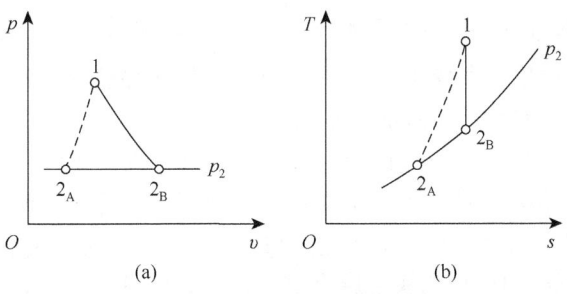

图 4.10 A、B 两侧气体进行过程图

## 4.7 压气机的热过程

### 4.7.1 压气机概述

用来压缩气体的设备称为压气机。气体在压气机中被压缩，压力升高，该气体称为压缩气体。压缩气体在工程上有广泛的用途，例如，动力工程中大、中型内燃机的启动需要高压空气，冶金中鼓风也应用压缩空气。此外，在风动工具、化学工业、潜水作业、医疗上也需要用压缩气体。

压气机按其动作原理及构造可分为活塞式压气机、叶轮式压气机以及特殊的引射式压缩器、热化学压缩器。按产生压缩气体的压力范围，常分为通风机（＜0.15MPa）、鼓风机（0.15～0.35MPa）和压气机（＞0.35MPa）三类。

活塞式压气机和叶轮式压气机的结构和工作原理虽然不同，但从热力学观点来看，气体状态变化过程并没有本质的不同，都是消耗外功，使气体压缩升压的过程，在正常工况下都可以视为稳定流动过程。本章以活塞式压气机为重点，分析压缩气体生产过程的热力学特性。

## 4.7.2 单级活塞式压气机的工作原理和理论耗功量

1. 单级活塞式压气机的工作原理

图 4.11 为单级活塞式压气机示意图及示功图，图中过程：$f$-1 为气体引入气缸；1-2 为气体在气缸内进行压缩；2-$g$ 为气体流出气缸，输向储气筒。

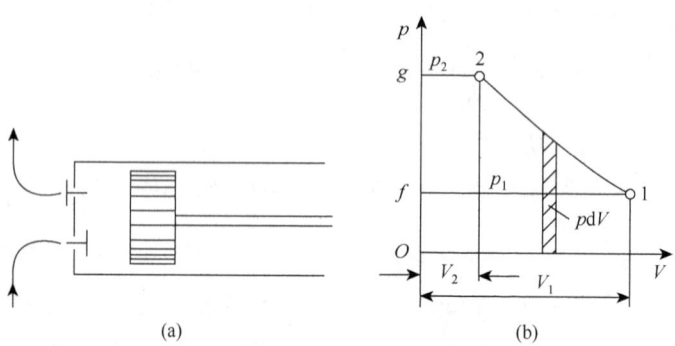

图 4.11 单级活塞式压气机示意图及示功图

其中 $f$-1 和 2-$g$，即进气和排气过程都不是热力过程，只是气体的移动过程，气体状态不发生变化，缸内气体的质量发生变化；1-2 是气体的参数发生变化的热力过程。压缩过程的耗功可由图中过程线 1-2 与 $V$ 轴所包围的面积表示。

压缩过程有两种极限情况：一是过程进行极快，气缸散热较差，气体与外界的换热可以忽略不计，过程可视为绝热过程，如图 4.12 中 1-$2_s$ 所示；二是过程进行得非常缓慢，且气缸散热条件好，压缩过程中气体的温度始终保持与初温相同，可视为定温压缩过程，如图 4.12 中 1-$2_T$ 所示。通常压气机中进行的实际压缩过程在上述两者之间，压缩过程中有热量传出，气体温度也有所升高，即实际过程是 $n$ 介于 1 与 $\kappa$ 之间的多变过程，如图 4.12 中 1-$2_n$ 所示。

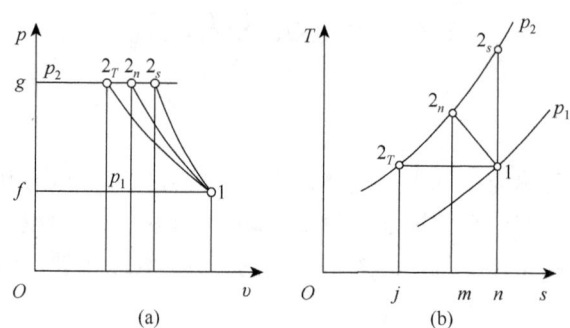

图 4.12 压缩过程的 $p$-$v$ 图及 $T$-$s$ 图

2. 压气机的理论耗功

压缩气体的生产过程包括气体的流入、压缩和输出，所以压气机耗功应以技术功计。通常用符号 $W_C$ 表示压气机的耗功，并令

$$W_C = -W_t$$

对 1kg 工质，可写成
$$w_C = -w_t$$
因此，压气机所需功的多少因压缩过程不同而异，根据技术功的表达式，结合压缩过程的过程方程，对定值比热理想气体，可导出针对上述 3 种情况的理论耗功。

（1）可逆绝热压缩

$$w_{C,s} = -w_{t,s} = \frac{\kappa}{\kappa-1}(p_2 v_2 - p_1 v_1) = \frac{\kappa}{\kappa-1} R_g T_1 \left[ \left( \frac{p_2}{p_1} \right)^{\frac{\kappa-1}{\kappa}} - 1 \right] \quad (4.41)$$

（2）可逆多变压缩

$$w_{C,n} = -w_{t,n} = \frac{n}{n-1}(p_2 v_2 - p_1 v_1) = \frac{n}{n-1} R_g T_1 \left[ \left( \frac{p_2}{p_1} \right)^{\frac{n-1}{n}} - 1 \right] \quad (4.42)$$

（3）可逆定温压缩

$$w_{C,T} = -w_{t,T} = -R_g T_1 \ln \frac{v_2}{v_1} = R_g T_1 \ln \frac{p_2}{p_1} \quad (4.43)$$

上述各式中，$p_2/p_1$ 是压缩过程中气体终压和初压之比，称为增压比，用 $\pi$ 表示。

分析图 4.12（a）、（b），容易得出：
$$w_{C,s} > w_{C,n} > w_{C,T}, \quad T_{2,s} > T_{2,n} > T_{2,T}, \quad v_{2,s} > v_{2,n} > v_{2,T}$$

可见，把一定量的气体从相同的初态压缩到相同的终压，绝热压缩所消耗的功最多，定温压缩最少，多变压缩介于两者之间，并随 $n$ 的减小而减少。同时，绝热压缩后气体的温度升温较多，这不利于机器的安全运行。此外，绝热压缩后气体的比体积较大，储气筒体积较大也是不利的。所以，尽量减小压缩过程的多变指数 $n$，使过程接近于定温过程才是有利的。然而，活塞式压气机即使采用水套冷却，也不能使气体的压缩过程成为定温过程，对于单级活塞式压气机，通常多变指数 $n = 1.2 \sim 1.3$。

### 4.7.3 余隙容积对压气机工作的影响

前面讨论压气机耗功时进行了没有余隙的假设，实际压气机为了安置进、排气阀，避免活塞与气缸间的碰撞以及考虑材料的热膨胀和制造公差等的需要，当活塞运动到上（左）死点位置时，在活塞顶面与气缸盖间留有一定的空隙，该空隙的容积称为余隙容积。图 4.13 是考虑了余隙容积后的示功图。图中 $V_c$ 表示余隙容积，$V_h = V_1 - V_3$ 是活塞从上死点运动到下（右）死点时扫过的容积，称为气缸的排量。图 4.13 中 1-2 为压缩过程，2-3 为排气过程，3-4 为余隙容积中剩余气体的膨胀过程，4-1 表示有效进气。

余隙容积的影响可从以下两个方面讨论。

1. 生产量

由图 4.14 可以看出，由于余隙容积 $V_c$ 的影响，活塞在右行之初，因余隙容积内所剩余的气体压力大于压气机进气口外气体压力而不能进气，直到气缸内气体体积从 $V_3$ 膨胀到 $V_4$ 才开始进气。气缸实际进气容积 $V$ 称有效吸气容积，$V = V_1 - V_4$。可见，由于余隙容积的存在，余隙容积 $V_c$ 本身不起压气作用，而且使另一部分气缸容积也不起压缩作用。

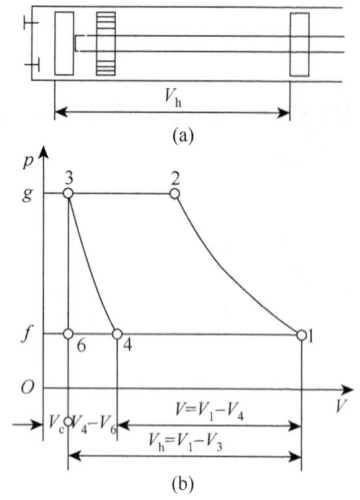

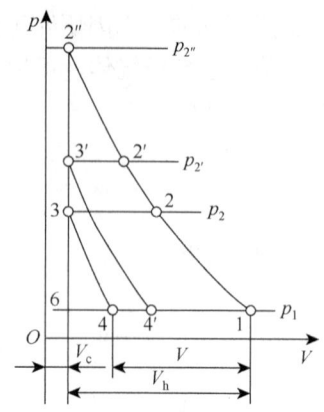

图 4.13 有余隙容积时的示意图及示功图　　图 4.14 余隙容积对生产量的影响

因此，有效吸气容积 $V$ 小于气缸排量 $V_h$，两者之比称为容积效率，以 $\eta_V$ 表示，即

$$\eta_V = \frac{V}{V_h}$$

如图 4.14 所示，在相同的余隙容积下，若增压比增大，则有效吸气容积减小，容积效率降低，达到某一极限时将完全不能进气。下面导出容积效率与增压比 $\pi$ 的关系：

$$\eta_V = \frac{V}{V_h} = \frac{V_1 - V_4}{V_1 - V_3} = \frac{(V_1 - V_3) - (V_4 - V_3)}{V_1 - V_3} = 1 - \frac{V_4 - V_3}{V_1 - V_3} = 1 - \frac{V_3}{V_1 - V_3}\left(\frac{V_4}{V_3} - 1\right)$$

式中，$\dfrac{V_3}{V_1 - V_3} = \dfrac{V_c}{V_h}$ 称为余隙容积百分比，简称余隙容积比、余隙比。假设压缩过程 1-2 和余隙容积中剩余气体的膨胀过程 3-4 都是多变过程，且多变指数相等，均为 $n$，则

$$\frac{V_4}{V_3} = \left(\frac{p_3}{p_4}\right)^{\frac{1}{n}} = \left(\frac{p_2}{p_1}\right)^{\frac{1}{n}}$$

故

$$\eta_V = 1 - \frac{V_c}{V_h}\left[\left(\frac{p_2}{p_1}\right)^{\frac{1}{n}} - 1\right] = 1 - \frac{V_c}{V_h}\left[\pi^{\frac{1}{n}} - 1\right] \tag{4.44}$$

由此可见，当余隙容积百分比 $V_c/V_h$ 和多变指数 $n$ 一定时，增压比 $\pi$ 越大，则容积效率越低，且当 $\pi$ 增加到某一值时容积效率为零；当增压比 $\pi$ 一定时，余隙容积百分比越大，容积效率越低。

**2. 理论耗功**

$$W_C = \text{面积}12gf1 - \text{面积}43gf4 = \frac{n}{n-1}p_1V_1\left[\left(\frac{p_2}{p_1}\right)^{\frac{n-1}{n}} - 1\right] - \frac{n}{n-1}p_4V_4\left[\left(\frac{p_3}{p_4}\right)^{\frac{n-1}{n}} - 1\right]$$

由于 $p_1 = p_4$、$p_3 = p_2$，所以

$$W_C = \frac{n}{n-1} p_1(V_1 - V_4)\left[\left(\frac{p_2}{p_1}\right)^{\frac{n-1}{n}} - 1\right]$$

$$= \frac{n}{n-1} p_1 V\left[\left(\frac{p_2}{p_1}\right)^{\frac{n-1}{n}} - 1\right] = \frac{n}{n-1} m R_g T_1\left[\pi^{\frac{n-1}{n}} - 1\right] \quad (4.45)$$

式中，$V$ 是有效吸气容积；$\pi$ 是增压比；$m$ 是压气机生产的压缩气体的质量。如生产 1kg 压缩气体，式（4.45）可写为

$$w_C = \frac{n}{n-1} R_g T_1\left(\pi^{\frac{n-1}{n}} - 1\right) \quad (4.46)$$

与式（4.42）比较，可见有余隙容积后，如生产增压比相同、质量相同的同种压缩气体，理论上所消耗的功与无余隙容积时相同。

综上所述，活塞式压气机余隙容积的存在，虽对压缩定量气体的理论耗功并无影响，但使容积效率降低。因此，在理论上若需压缩同样数量的气体，必须使用有较大气缸的机器，这显然是不利的，而且这一有害影响将随着增压比的增大而扩大。

### 4.7.4 多级压缩和级间冷却

前面已经得出气体压缩以等温压缩最有利，因此，采用放热压缩可以减少压缩耗功和降低压缩温度，是改进压缩过程的有效方法。可是，此方法在轴流式压气机中是难以实现的，对活塞式压气机虽是可行的，但在转速高、气缸尺寸大的情况下，要降低多变指数也是困难的。为避免单级压缩因增压比太高而影响容积效率，常采用多级压缩、级间冷却的方法。

分级压缩、级间冷却式压气机的基本工作原理是气体逐级在不同气缸中被压缩，每经过一次压缩以后就在中间冷却器中被定压冷却到压缩前的温度，然后进入下一级气缸继续被压缩。如图 4.15 给出了两级压缩、级间冷却的系统及其工作过程。图中 e-1 为低压气缸吸入气体；1-2 为低压气缸气体的压缩过程；2-f 为气体排出低压气缸；f-2 为压缩气体进入中间冷却器；2-2' 为气体在冷却器中的定压放热过程，$T_{2'} = T_1$；2'-f 为冷却后的气体排出冷却器；f-2' 为冷却后的气体进入高压气缸；2'-3 为高压气缸中气体的压缩过程；3-g 为压缩气体排出高压气缸，输入储气筒。这样分级压缩后所消耗的功等于两个气缸所需功的总和，

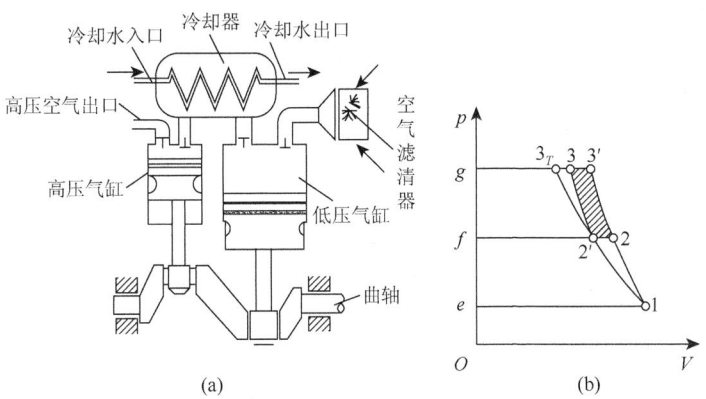

图 4.15 两级压缩、级间冷却压气机示意图

即等于面积 $e12fe$ +面积 $f2'3gf$ 。与不分级压缩时所需之功，即面积 $e13'ge$ 相比，采取分级压缩、级间冷却可节省图 4.15（b）中阴影部分所示的那一块面积。依次类推，分级越多，逐级采取中间冷却时理论上可节省更多的功。如增多到无数级，则可趋近定温压缩。实际上，分级不宜太多，否则机构复杂，机械摩擦损失和流动阻力等不可逆损失也将随之增大，一般视增压比之大小，分为两级、三级，最多四级。

采用两级压缩、级间冷却时，最有利的中间压力是使两个气缸中所消耗的功的总和为最小的压力，它可以从消耗功的公式中求得。因余隙容积对理论耗功无影响，故不计余隙容积。同时设中间冷却器能使气体得到最有效的冷却，气体的温度能达到 $T_{2'} = T_1$。再假定两级压缩指数 $n$ 相同，则

$$w_C = w_{C,L} + w_{C,H} = \frac{n}{n-1} R_g T_1 \left[\left(\frac{p_2}{p_1}\right)^{\frac{n-1}{n}} - 1\right] + \frac{n}{n-1} R_g T_{2'} \left[\left(\frac{p_3}{p_2}\right)^{\frac{n-1}{n}} - 1\right]$$

$$w_C = \frac{n}{n-1} R_g T_1 \left[\left(\frac{p_2}{p_1}\right)^{\frac{n-1}{n}} + \left(\frac{p_3}{p_2}\right)^{\frac{n-1}{n}} - 2\right]$$

式中，$w_{C,L}$ 表示低压缸耗功；$w_{C,H}$ 表示高压缸耗功。对 $p_2$ 求导并使之等于零，可得到最有利的中间压力为

$$p_2 = \sqrt{p_1 p_3} \ \text{或} \ \frac{p_2}{p_1} = \frac{p_3}{p_2}$$

如果采用 $m$ 级压缩，各级压力分别为 $p_1, p_2, \cdots, p_m, p_{m+1}$，每级中间冷却器都将气体冷却到初始温度，则使压气机消耗的总功最小的各中间压力满足

$$\frac{p_2}{p_1} = \frac{p_3}{p_2} = \cdots = \frac{p_m}{p_{m-1}} = \frac{p_{m+1}}{p_m}$$

这时，各级的增压比 $\pi_i$ 相同，各级压气机耗功相同，且

$$\pi = \pi_i = \sqrt[m]{\frac{p_{m+1}}{p_1}}, \quad i = 1, 2, \cdots, m \tag{4.47}$$

$$w_{C,1} = w_{C,2} = \cdots = w_{C,m} = \frac{n}{n-1} R_g T_1 \left(\pi^{\frac{n-1}{n}} - 1\right) \tag{4.48}$$

压气机所消耗的总功为

$$w_C = \sum_{i=1}^{m} w_{C,i} = m \frac{n}{n-1} R_g T_1 \left(\pi^{\frac{n-1}{n}} - 1\right) \tag{4.49}$$

按此原则选择中间压力还可得到以下一些其他有利结果。
（1）每级压气机所需的功相等，这样有利于压气机曲轴的平衡。
（2）每个气缸中气体压缩后所达到的最高温度相同，这样每个气缸的温度条件相同。
（3）每级向外排出的热量相等，而且每一级的中间冷却器向外排出的热量也相等。
（4）各级的气缸容积按增压比递减。
（5）分级压缩对容积效率的提高也有利。

综上所述，活塞式压气机无论单级压缩还是多级压缩都应尽可能采用冷却措施，力求接近定温压缩。工程上通常采用压气机的定温效率来作为活塞式压气机性能优劣的指标。当压

缩前气体的状态相同、压缩后气体的压力相同时，可逆定温压缩过程所消耗的功 $w_{C,T}$ 和实际压缩过程所消耗的功 $w'_C$ 之比，称为压气机的定温效率，用 $\eta_{C,T}$ 表示，即

$$\eta_{C,T} = \frac{w_{C,T}}{w'_C} \tag{4.50}$$

需要指出的是，至此上述有关活塞式压气机过程的讨论都是基于可逆过程。但实际运行为不可逆多变压缩过程。

## 思 考 题

**4-1** 分析气体的热力过程要解决哪些问题，用什么方法解决？试以理想气体的定温过程为例说明。

**4-2** 对于理想气体的任何一种过程，下列两组公式是否都适用：

$$\begin{cases} \Delta u = c_V(t_2 - t_1) \\ \Delta h = c_p(t_2 - t_1) \end{cases}, \quad \begin{cases} q = \Delta u = c_V(t_2 - t_1) \\ q = \Delta h = c_p(t_2 - t_1) \end{cases}$$

**4-3** 在定容过程和定压过程中，气体的热量可根据过程中气体的比热乘以温差来计算。定温过程气体的温度不变，在定温膨胀过程中是否需对气体加入热量？如果加入应如何计算？

**4-4** 过程热量 $q$ 和过程功 $w$ 都是过程量，都和过程的途径有关。由定温过程热量公式 $q = p_1 v_1 \ln \dfrac{v_2}{v_1}$ 可见，只要状态参数 $p_1$、$v_1$ 和 $v_2$ 确定，是否 $q$ 与途径无关？

**4-5** 在闭口热力系的定容过程中，外界对系统施以搅拌功 $\delta w$，问这时 $\delta Q = mc_V dT$ 是否成立？

**4-6** 绝热过程的过程功 $w$ 和技术功 $w_t$ 的计算式

$$w = u_1 - u_2, \quad w_t = h_1 - h_2$$

是否只限于理想气体？是否只限于可逆绝热过程？

**4-7** 试判断下列各种说法是否正确：
（1）定容过程即无膨胀（或压缩）功的过程；
（2）绝热过程即定熵过程；
（3）多变过程即任意过程。

**4-8** 参照思考题 4-8 图，试证明：$q_{1-2-3} \neq q_{1-4-3}$。图中 1-2、4-3 为定容过程，1-4、2-3 为定压过程。

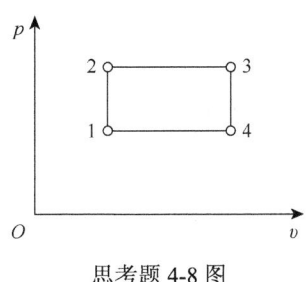

思考题 4-8 图

**4-9** 如思考题 4-9 图所示，有两个任意过程 a-b 及 a-c，b、c 在同一条绝热线上，试问 $\Delta u_{ab}$ 与 $\Delta u_{ac}$ 哪个大？若 b、c 在同一条定温线上，结果又如何？

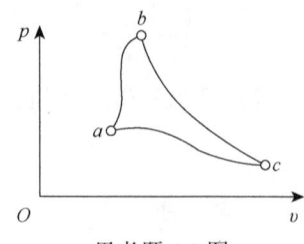

思考题 4-9 图

**4-10** 在 T-s 图上如何表示绝热过程的技术功 $w_t$ 和膨胀功 $w$？

**4-11** 在 p-v 图和 T-s 图上如何判断过程中 q、w、$\Delta u$、$\Delta h$ 的正负？

**4-12** 如果由于应用气缸冷却水套以及其他冷却方法，气体在压气机气缸中已经能够按定温过程进行压缩，这时是否还需要采用分级压缩？为什么？

**4-13** 压气机按定温压缩时气体对外放出热量，而按绝热压缩时不向外放热，为什么定温压缩反较绝热压缩更为经济？

**4-14** 压气机所需要的功也可以由热力学第一定律能量方程式导出，试导出定温、多变、绝热压缩压气机所需要的功，并用 T-s 图上面积表示其值。

**4-15** 绝热过程中气体与外界无热量交换，为什么还能对外做功？是否违反热力学第一定律？

**4-16** 试将满足以下要求的理想气体多变过程在 p-v 图和 T-s 图上表示出来。
（1）工质又膨胀又放热。
（2）工质又膨胀又升压。
（3）工质又受压缩、又升温、又吸热。
（4）工质又受压缩、又降温、又降压。
（5）工质又放热、又降温、又升压。

## 习 题

**4-1** 有 4.5kg 的 CO，初态时 $T_1$=537K、$p_1$=0.45MPa，经可逆定容加热，终温 $T_2$=625K。设 CO 为理想气体，求 $\Delta U$、$\Delta H$、$\Delta S$、过程功及过程热量。设：（1）比热为定值；（2）比热为变值，按气体性质表计算。

**4-2** 甲烷的初始状态为 $p_1$=0.58MPa、$T_1$=457K，经可逆定压冷却对外放出热量 4589J/mol，试确定其终温及 1mol 甲烷的热力学能变化量 $\Delta U_m$、焓变化量 $\Delta H_m$。设甲烷的比热 $c_p = 2.3298\,\text{kJ/(kg·K)}$。

**4-3** 试由 $w = \int_1^2 p dv$ 和 $w_t = -\int_1^2 v dp$ 导出理想气体进行可逆绝热过程时的过程功和技术功的计算式。

**4-4** 氧气由 $t_1$=55℃、$p_1$=0.3MPa 被压缩到 $p_2$=0.9MPa，试计算压缩 1kg 氧气消耗的技术功。（1）按定温压缩计算；（2）按绝热压缩计算，设比热为定值；（3）表示在同一 p-v 图和 T-s 图上，并比较两种情况技术功的大小。

**4-5** 同上题，若比热为变值，试按气体热力性质表计算绝热压缩时 1kg 氧气消耗的技术功。

**4-6** 4kg 空气，$p_1$=2MPa、$T_1$=1032K，绝热膨胀到 $p_2$=1.2MPa，设比热为定值，定熵指数 $\kappa$=1.6。求：（1）终态参数 $T_2$ 和 $v_2$；（2）过程功和技术功；（3）$\Delta U$ 和 $\Delta H$。

**4-7** 同上题，比热为变值，按空气热力性质表重新进行计算。

**4-8** 一体积为 $0.25 m^3$ 的储气罐，内装有 $p_1$=0.65MPa、$t_1$=45℃ 的氧气。对氧气加热，其温度、压力将升高。罐上装有压力控制阀，当压力超过 0.8MPa 时阀门自动打开，放走部分氧气，使罐中维持最大压力 0.8MPa。问当罐中氧气温度为 301℃ 时，对罐内氧气共加入了多少热量？设氧气的比热 $c_V = 0.677\ kJ/(kg·K)$，$c_p = 0.917\ kJ/(kg·K)$。

**4-9** 试证明理想气体在 $T$-$s$ 图（习题 4-9 图）上的任意两条定压线（或定容线）之间的水平距离相等，即求证 $\overline{14} = \overline{23}$。

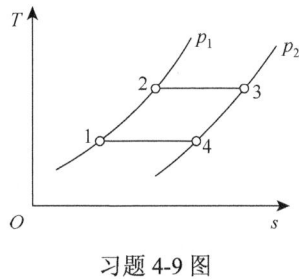

习题 4-9 图

**4-10** 1mol 理想气体从状态 1 经定压过程到达状态 2，再经定容过程到达状态 3；另一途径为经 1-3 直接到达状态 3（习题 4-10 图）。已知 $p_1$=0.2MPa，$T_1$=400K，$v_2$=4$v_1$，$p_3$=3$p_2$，试证明：（1）$Q_{12} + Q_{23} \neq Q_{13}$；（2）$\Delta s_{12} + \Delta s_{23} = \Delta s_{13}$。

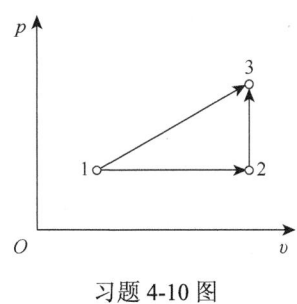

习题 4-10 图

**4-11** 某单级活塞式压气机每小时吸入的空气量 $V_1 = 125\ m^3/h$，吸入空气的状态参数为 $p_1 = 0.2\ MPa$、$t_1 = 25\ ℃$，输出空气的压力 $p_2 = 0.5\ MPa$。试按下列 3 种情况计算压气机需要的理论功率：（1）定温压缩；（2）绝热压缩（设 $\kappa=1.5$）；（3）多变压缩（$n=1.4$）。

**4-12** 某单级活塞式压气机吸入空气的状态参数为 $p_1 = 0.3\ MPa$、$t_1 = 75\ ℃$、$V_1 = 0.045\ m^3$，经多变压缩后 $p_2 = 0.46\ MPa$、$V_2 = 0.035\ m^3$。试求：（1）压缩过程的多变指数；（2）压缩终了的空气温度；（3）所需的压缩功；（4）压缩过程中传出的热量。

**4-13** 3 台压气机的余隙容积比均为 7%，进气状态均为 0.2 MPa、29℃，出口压力均为 0.78 MPa，但压缩过程的指数分别为 $n_1 = 1.25$、$n_2 = 1.22$、$n_3 = 1.5$。试求各压气机的容积效率（假设膨胀过程的指数和压缩过程相同）。

**4-14** 空气初态为 $p_1 = 0.4\,\text{MPa}$、$t_1 = 25\,°\text{C}$，经过三级活塞式压气机后，压力提高到 $11.6\,\text{MPa}$。假设各级压缩比相同，各级压缩过程的多变指数 $n = 1.5$，试求：（1）生产 1kg 压缩空气理论上应消耗的功；（2）各级气缸的出口温度；（3）不用中间冷却器时压气机消耗的功及各级的出口温度；（4）采用单级压缩时压气机消耗的功及出口温度。

**4-15** 某活塞式空气压气机的容积效率 $\eta_V = 0.97$，每分钟吸入 $20\,\text{m}^3$ 的 $p = 1\,\text{atm}$、$t = 25\,°\text{C}$ 的空气，压缩到 $0.49\,\text{MPa}$ 后输出。设压缩过程可视为等熵压缩，试求：（1）余隙容积比；（2）所需输入功率。

# 第5章 热力学第二定律

由热力学第一定律可知：如果发生了一个热力过程，其能量的传递和转换必然遵循热力学第一定律。热力学第一定律说明了能量在传递和转换时的数量关系。然而一个遵循热力学第一定律的热力过程是否能够发生？热力学第一定律并未提及。事实上，自然界中遵循热力学第一定律的热力过程未必一定能够发生。这是因为涉及热现象的热力过程具有方向性。揭示热力过程具有方向性这一普遍规律是独立于热力学第一定律之外的热力学第二定律。它阐明了能量不但有"数量"的多少问题，而且有品质的"高低"问题，在能量的传递和转换过程中能量的"量"守恒，但"质"却不守恒。

当热能和机械能相互转换时，两者数量相等，但未说明热转功和功转热是否都能自动进行。转换的条件？能否全部转换？即热力学第一定律未能表明能量传递或转换时的方向、条件和限度。热力学第二定律就是解决与热现象有关的过程进行的方向、条件和限度等问题的规律，其中最根本的是方向问题。热力学第一、第二定律是两个相互独立的基本定律，它们共同构成了热力学的理论基础。

本章将讨论热力学第二定律的实质及表述，建立第二定律各种形式的数学表达式，给出过程能否实现的数学判据，重点剖析作为过程不可逆程度的度量——孤立系的熵增、不可逆过程的熵产、做功能力损失的内在联系。

## 5.1 热力学第二定律的表述

热力学第二定律是热力过程方向性这一客观事实和客观规律的反映。由于工程实践中热现象普遍存在、热力过程方向性现象的多样性，所以反映这一客观规律的说法也就不止一种。这里只介绍两种最基本的、广泛应用的表述形式。

热力学第二定律的克劳修斯说法：不可能把热量从低温物体传向高温物体而不引起其他变化。

上述说法中，关键是"不引起其他变化"。通过热泵装置的逆向循环可以将热量自低温物体传向高温物体，却引起一个变化——外界消耗功，并不违反热力学第二定律。非自发的过程（热量自低温传向高温）的进行，必须同时伴随一个自发过程（机械能转变为热能）作为代价、补充条件，后者称为补偿过程。

热力学第二定律的开尔文说法：不可能制造出从单一热源吸热、使之全部转化为功而不留下其他任何变化的热力发动机。

上述说法中"不留下其他任何变化"包括对热机内部、外部环境及其他物体都不留下其他任何变化，当然热机必须是循环发动机。"全部"意味着用任何技术手段都不可能使取自热源的热全部转变为机械功，不可避免地有一部分要排给温度更低的低温热源。同样得出结论：非自发过程（热转变为功）的实现，必须有一个自发过程（部分热量由高温传向低温）作为补充条件。这种自发过程不限于一种形式。

理想气体进行定温膨胀时，从单一恒温热源吸入的热量等于对外做的功，但留下了变化，就是气体的压力降低、体积增大，状态发生了变化。

最后值得提出：在无摩擦损失的理想情况下，功可以全部转变为机械能，从这个意义上说功和机械能是等价的。开尔文说法正是从本质上反映了热能和机械能存在质的差别。

如果能从单一热源取热使之完全转变为功而不引起其他变化，那么人们就可以制造这样一种机器：以环境为单一热源，使机器从中吸热对外做功。由于环境中能量是无穷无尽的，所以这样的机器就可以永远工作下去。这种单一热源下做功的动力机称为第二类永动机。它虽不违反热力学第一定律的能量守恒原则，但是违背了热力学第二定律，因而热力学第二定律也可以表述为：第二类永动机是不存在的。

前已述及，耗散效应和有限势差作用下的非准平衡过程是造成过程不可逆的两大因素，实际过程不可避免地存在这样或那样的不可逆因素。因而，不可逆过程相互之间是关联的，反映在热力学第二定律的各种说法在表征过程方向上也是等效的。换言之，若违反说法 A，则总效果必然违反说法 B；反之亦然。

## 5.2　可逆循环分析及其热效率

单一热源的热机已被热力学第二定律所否定，最简单的热机必须至少有两个热源。那么，具有两个热源的热机热效率的最高极限是多少呢？卡诺循环和卡诺定理解决了这一问题，并且指出了改进循环提高热效率的途径和原则。同时，它们也是得到热力过程方向性判据的基础。

### 5.2.1　卡诺循环

卡诺循环是工作于恒温的温度分别为 $T_1$ 和 $T_2$ 的两个热源之间的理想可逆正向循环，由两个可逆定温过程和两个可逆绝热过程组成。工质为理想气体时的 $p$-$v$ 图和 $T$-$s$ 图如图 5.1 所示。图中：$d$-$a$ 为绝热压缩；$a$-$b$ 为定温吸热；$b$-$c$ 为绝热膨胀；$c$-$d$ 为定温放热。

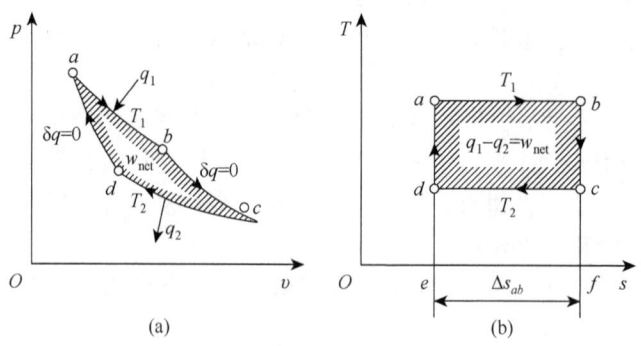

图 5.1　卡诺循环

根据定义，循环热效率为

$$\eta_\mathrm{t} = \frac{w_\mathrm{net}}{q_1} = 1 - \frac{q_2}{q_1} \tag{5.1}$$

理想气体可逆定温过程热量计算式用于 $a$-$b$、$c$-$d$ 过程得

$$q_1 = R_g T_1 \ln \frac{v_b}{v_a} \tag{5.2}$$

$$q_2 = R_g T_2 \ln \frac{v_c}{v_d} \tag{5.3}$$

利用绝热过程状态参数间的关系，对于 b-c、d-a 过程可写出

$$\frac{T_1}{T_2} = \frac{T_b}{T_c} = \left(\frac{v_c}{v_b}\right)^{\kappa-1}, \quad \frac{T_1}{T_2} = \frac{T_a}{T_d} = \left(\frac{v_d}{v_a}\right)^{\kappa-1}$$

故

$$\frac{v_c}{v_b} = \frac{v_d}{v_a} \tag{5.4}$$

将式（5.2）～式（5.4）代入式（5.1），经整理后得卡诺循环的热效率

$$\eta_c = 1 - \frac{T_1}{T_2} \tag{5.5}$$

分析卡诺循环热效率公式，可得出如下几点重要结论。

（1）卡诺循环的热效率只决定于高温热源和低温热源的温度 $T_1$、$T_2$，也就是工质吸热和放热时的温度。提高 $T_1$，降低 $T_2$，可以提高热效率，而与工质无关。

（2）卡诺循环的热效率只能小于 1，绝不能等于 1；因为 $T_1 = \infty$ 或 $T_2 = 0$ 都不可能实现。这就是说，在动力循环中即使在理想情况下，也不可能将热能全部转化为功。热效率当然更不可能大于 1。

（3）当 $T_1 = T_2$ 时，循环热效率 $\eta_c = 0$。它表明借助单一热源连续做功的机器是制造不出的，或第二类永动机是不存在的。要实现连续的热功转换，必须有两个或两个以上温度不等的热源。

卡诺循环及其热效率公式在热力学的发展上具有重大意义。首先，它奠定了热力学第二定律的理论基础。其次，卡诺循环的研究为提高各种热动力机的热效率指出了方向：尽可能提高工质的吸热温度和尽可能降低工质的放热温度，使放热在接近可自然得到的最低温度——大气环境温度时进行。热力学第二定律是研究热机性能不可缺少的准绳。

卡诺循环是实际热机选用循环时的最高理想，虽然至今为止未能造出严格按照卡诺循环工作的热力发动机，但原因是多方面的。首先，要提高卡诺循环的热效率，$T_1$、$T_2$ 相差要大，因而需要有很大的压力差和体积压缩比，结果造成 $p_a$ 很高，或者 $v_c$ 极大，这两点都给实际设备带来很大的困难。这时的卡诺循环在 p-v 图上的图形显得狭长，循环功不大，因而摩擦损失等各种不可逆损失所占的比例相对很大，根据动力机传到外界的轴功而计算的有效效率，实际上不高。其次，气体的定温过程不易实现，不易控制。

## 5.2.2 概括性卡诺循环

工作于两个恒温热源间的可逆循环，除了卡诺循环外还可以有其他可逆循环，即双热源间的极限回热循环，称为概括性卡诺循环。它由两个可逆定温过程 a-b 和 c-d，以及两个同类型的其他可逆过程 d-a 和 b-c 组成（工质是理想气体时，这个过程的多变指数 $n$ 相同），如图 5.2 所示。借助温度由 $T_1$ 到 $T_2$（或 $T_2$ 到 $T_1$）连续变化的蓄热器，可以满足 b-c 和 d-a 过

程按无温差传热。工质在可逆过程 *b-c* 中放给蓄热器的热量（面积 *bcmnb*），在可逆过程 *d-a* 中又从蓄热器收回（面积 *daghd*）。蓄热器不是热源，经过一个循环，蓄热器无所得失。该循环仍然只有两个温度分别为 $T_1$、$T_2$ 的热源。循环中工质的吸热量 $q_1 = T_1 \Delta s_{ab}$，放热量 $q_2 = T_2 \Delta s_{dc} = T_2 \Delta s_{ab}$（*T-s* 图上过程线 *b-c* 和 *d-a* 平行，*ab=ji=dc*），循环净功 $w_{net} = q_1 - q_2 = (T_1 - T_2)\Delta s_{ab}$，循环热效率

$$\eta_t = 1 - \frac{q_2}{q_1} = 1 - \frac{T_2 \Delta s_{ab}}{T_1 \Delta s_{ab}} = 1 - \frac{T_2}{T_1} = \eta_c$$

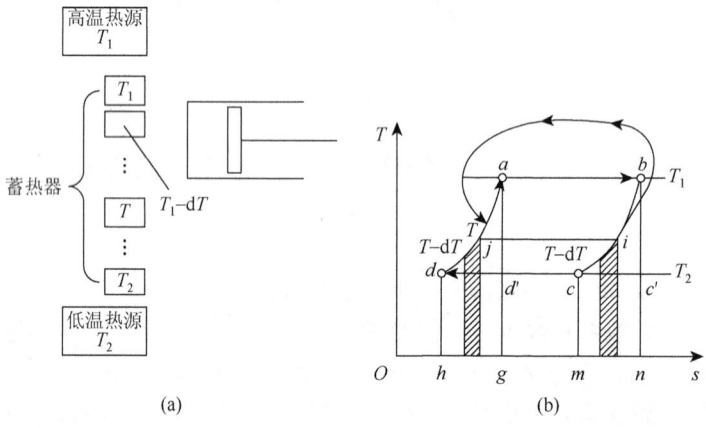

图 5.2 概括性卡诺循环

显然，概括性卡诺循环的热效率与卡诺循环相同。多变指数 *n* 可以为任何自然数，因而在 $T_1$ 和 $T_2$ 之间工作的可逆循环有无数个。这种利用工质排出的部分热量来加热工质本身的方法称为回热，即工质自己加热自己。采用回热的循环称为回热循环。回热是提高热效率的一种行之有效的方法，被广泛采用。

### 5.2.3 逆向卡诺循环

按与卡诺循环相同的路线而循反方向进行的循环称为逆向卡诺循环。如图 5.3 中的 *a-d-c-b-a*，它按逆时针方向进行。各过程中功和热量的计算式与正向卡诺循环相同，只是传递方向相反。

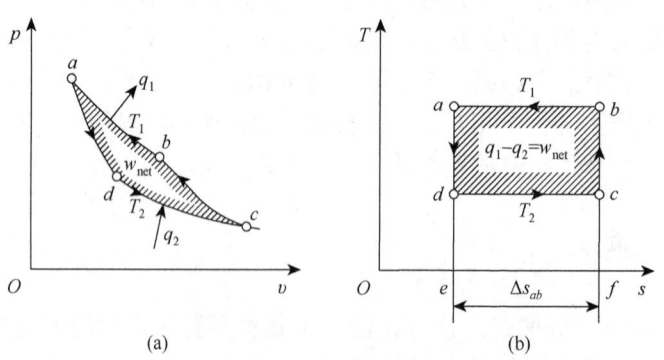

图 5.3 逆向卡诺循环

逆向卡诺制冷循环中，由低温热源吸取的热量与所耗的外功之比称为制冷系数，即

$$\varepsilon_{\mathrm{c}} = \frac{q_2}{w_{\mathrm{net}}} = \frac{q_2}{q_1 - q_2} = \frac{T_2}{T_1 - T_2} \tag{5.6}$$

逆向卡诺热泵循环中，传送至高温热源的热量与所耗的外功之比称为供暖系数，即

$$\varepsilon_{\mathrm{c}}' = \frac{q_2}{w_{\mathrm{net}}} = \frac{q_2}{q_1 - q_2} = \frac{T_1}{T_1 - T_2} \tag{5.7}$$

制冷循环和热泵循环的热力循环物性相同，只是二者工作温度范围有差别。制冷循环以环境大气作为高温热源向其放热，而热泵循环通常以环境大气作为低温热源从中吸热。对于制冷循环，环境温度 $T_1$ 低，冷库温度 $T_2$ 高，则制冷系数大；对于热泵循环，环境温度 $T_2$ 高，室内温度 $T_1$ 低，则供暖系数大，且 $\varepsilon'$ 总大于 1。

逆向卡诺循环是理想的、经济性最高的制冷循环和热泵循环。实际的制冷机和热泵难以按逆向卡诺循环工作，但逆向卡诺循环有着极为重要的理论价值，它为提高制冷机和热泵的经济性指出了方向。

### 5.2.4 多热源的可逆循环

实际循环中热源的温度常常并非恒温，而是变化的。例如，锅炉中烟气的温度在炉膛中、过热器和尾部烟道是不相同的。可以证明，热源多于两个的可逆循环，其热效率低于同温限间工作的卡诺循环。见图 5.4，在吸热过程 e-h-g 和放热过程 g-l-e 中工质的温度都在变化，要使循环过程可逆，必须有无穷多个热源和冷源，热源的温度依次自 $T_e$ 连续升高到 $T_h$，再降低到 $T_g$；冷源则从 $T_g$ 连续降低到 $T_l$，再升高到 $T_e$。任何时刻工质和热源间都保持无温差传热。例如，工质温度变化到 $T_i$ 时向温度 $T_i$ 的热源吸取热量 $\delta q = T_i \mathrm{d}s$，从而保证了循环 e-h-g-l-e 实现可逆。可逆循环的热效率

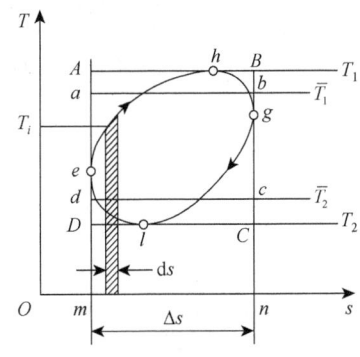

图 5.4 多热源可逆循环

$$\eta_{\mathrm{t}} = 1 - \frac{q_2'}{q_1'} = 1 - \frac{\text{面积} gnmelg}{\text{面积} ehgnme}$$

工作在 $T_1 = T_h$、$T_2 = T_l$ 下的卡诺循环 A-B-C-D-A 的热效率

$$\eta_{\mathrm{c}} = 1 - \frac{q_2}{q_1} = 1 - \frac{\text{面积} DCnmD}{\text{面积} ABnmA}$$

由于 $q_1' < q_1, q_2' > q_2$，所以 $\eta_{\mathrm{t}} < \eta_{\mathrm{c}}$。

为便于分析比较任意可逆循环的热效率，热力学中引入了平均温度的概念。所谓平均吸热温度（或平均放热温度）是工质在变温吸热（或放热）过程中温度变化的积分平均值，即 $T$-$s$ 图上的热量以当量矩形面积代替时矩形高度为平均温度 $\overline{T}$。图 5.4 中可逆循环 e-h-g-l-e 的平均吸热温度和平均放热温度分别为 $\overline{T_1}$ 和 $\overline{T_2}$，其热效率也可以表示为

$$\eta_{\mathrm{t}} = 1 - \frac{q_2'}{q_1'} = 1 - \frac{\overline{T_2} \Delta s}{\overline{T_1} \Delta s} = 1 - \frac{\overline{T_2}}{\overline{T_1}} \tag{5.8}$$

显然 $\overline{T_1} < T_1$，$\overline{T_2} > T_2$ 与卡诺循环 $\eta_{\mathrm{c}} = 1 - \frac{T_2}{T_1}$ 比较，可得到同样的结果 $\eta_{\mathrm{t}} < \eta_{\mathrm{c}}$。因此可得出结论：

工作于两个热源间的一切可逆循环（包括卡诺循环）的热效率高于相同温限间多热源的可逆循环。

## 5.3 卡诺定理

5.2 节已论述了以理想气体为工质的卡诺循环与概括性卡诺循环的热效率相同，同为 $\eta_c = 1 - \dfrac{T_2}{T_1}$。卡诺定理讨论的是可逆热机和不可逆热机的热效率问题。卡诺定理包括以下两个分定理。

定理一：在相同温度的高温热源和相同温度的低温热源之间工作的一切可逆循环，其热效率都相等，与可逆循环的种类无关，与采用哪一种工质也无关。

设有两台可逆机 A 和 B，A 是用理想气体作为工质的卡诺循环，B 是应用实际气体作为工质的其他可逆机。它们都在相同的高温热源 $T_1$ 和低温热源 $T_2$ 间工作。适当地调节两台机器的容量，使它们的吸热量同为 $Q_1$。当 A 和 B 都按正向循环工作时，见图 5.5（a），根据循环过程的热力学第一定律，它们各自的循环净功为 $W_A = Q_1 - Q_{2A}$，$W_B = Q_1 - Q_{2B}$，热效率分别为 $\eta_A = \dfrac{W_A}{Q_1}$，$\eta_B = \dfrac{W_B}{Q_1}$。比较其大小，有 3 种可能：①$\eta_A > \eta_B$；②$\eta_A < \eta_B$；③$\eta_A = \eta_B$。如果否定了其中两种，余下的另一种就是唯一可能成立的。下面采用反证法证明。

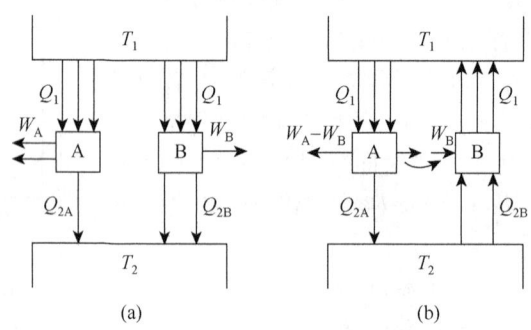

图 5.5 卡诺定理证明用图

先假定 $\eta_A > \eta_B$。因为 $Q_1$ 相同，可知 $W_A > W_B$ 及 $Q_{2A} < Q_{2B}$。既然 A 和 B 都是可逆机，现在令 B 循原路线按反向运行，见图 5.5（b），B 成为制冷机将从 $T_2$ 吸热 $Q_{2B}$，向 $T_1$ 排热 $Q_1$，消耗循环净功 $W_B$。$W_B$ 由热机 A 提供，它只占 $W_A$ 中的一部分。热机 A 与制冷机 B 联合运行一个循环后的总结果为：A 和 B 中的工质经过循环都恢复原状，高温热源无所得失，低温热源净失热量 ($Q_{2B} - Q_{2A}$)，复合系统对外输出净功 ($W_A - W_B$)，此外没有其他变化。根据能量守恒原则 $W_A - W_B = Q_{2B} - Q_{2A}$，因此，总效果相当于取出低温热源的热量 ($Q_{2B} - Q_{2A}$) 转化为功 ($W_A - W_B$)。这违反了热力学第二定律的开尔文说法，因此假定 $\eta_A > \eta_B$ 的条件是不成立的。

同理可证 $\eta_B > \eta_A$ 也不成立。

因而，唯一的可能是 $\eta_A = \eta_B$。A 是卡诺机，所以，在 $T_1$ 和 $T_2$ 之间工作的所有可逆机的热效率均为 $\eta_c = 1 - \dfrac{T_2}{T_1}$。

卡诺定理揭示出一个普遍规律：在热源条件相同时，对于各种不可逆循环，因其不可逆因素和不可逆程度可能各不相同，所以各个不可逆循环的热效率可能完全不相同；但对于各种可逆循环，既然都不存在任何不可逆损失，所以这时热能向机械能转化的规律，即它们的热效率只由热源的条件所决定。当只有两个热源$T_1$和$T_2$时，其间无论进行哪一种可逆循环，热效率自然都一样。

定理二：在温度同为$T_1$的热源和同为$T_2$的冷源间工作的一切不可逆循环，其热效率必小于可逆循环。

仍参见图 5.5，设 A 为不可逆机（参数右上角标以"'"以示区别），B 是可逆机。假定$\eta'_A \geq \eta_B$，令不可逆机按正向循环工作带动按逆向循环工作的可逆机 B。若$\eta'_A > \eta_B$，会得出冷源失去的热量转化为功而不留下其他变化的结果，违反了热力学第二定律；若$\eta'_A = \eta_B$，经过一个循环将得出 A 和 B 中的工质、热源、冷源及功源全部恢复原状而不留下其他变化的结果。该结果与 A 是不可逆机的假设相矛盾，因为系统中出现了不可逆过程，则系统与相关物体以及外界不可能全部复原而无任何改变。因而，这两种假定都不能成立。

唯一可能的只有$\eta'_A < \eta_B$。大量的工程实践也证实了这一结论。

从以上对卡诺循环和卡诺定理的讨论，可以得出关于热机热效率极限值的可能性，以及从原则上提高热效率的方法的几个重要结论。

（1）在两个热源间工作的一切可逆循环，它们的热效率都相同，与工质的性质无关，只决定于热源和冷源的温度，热效率都可以表示为$\eta_t = 1 - \dfrac{T_2}{T_1}$。

（2）温度界限相同，但具有两个以上热源的可逆循环，其热效率低于卡诺循环。

（3）不可逆循环的热效率必定小于同样条件下的可逆循环。尽量减少循环中的不可逆因素是提高循环热效率的重要方法。

【例 5.1】  设工质在$T_H = 1500K$的恒温热源和$T_L = 300K$的恒温冷源间按热力循环工作（图 5.6），已知吸热量为 200kJ，求热效率和循环净功。

（1）理想情况，无任何不可逆损失；
（2）吸热时有 100K 温差，放热时有 50K 温差。

**解**  （1）在两个热源间工作的可逆循环的热效率同卡诺循环：

$$\eta_c = 1 - \frac{T_L}{T_H} = 1 - \frac{300}{1500} = 80\%$$

又因

$$\eta_t = \frac{W_{net}}{Q_1}, \quad W_{net} = \eta_t Q$$

所以

$$W_{net} = 0.8 \times 200 = 160(kJ)$$

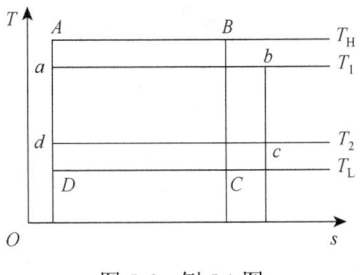

图 5.6  例 5.1 图

也是最大循环净功$W_{net,max}$。

（2）这时工质的吸热和放热温度分别为$T_1 = 1400K$、$T_2 = 350K$，与热源间存在传热温差。设想在热源和工质间插入中间热源，如热阻板，使与热源接触的一侧温度接近$T_H$，与工质接触的另一侧温度接近$T_1$，而将不可逆循环问题转化为工质与$T_1 = 1400K$、$T_2 = 350K$的两个中

间热源换热的可逆循环，因而热效率

$$\eta_\mathrm{t} = 1 - \frac{T_2}{T_1} = 1 - \frac{350}{1400} = 75\%$$

净功

$$W_\mathrm{net} = \eta_\mathrm{t} Q_1 = 0.75 \times 200 = 150 \text{ (kJ)}$$

借助中间热源是为了方便计算。计算结果 $\eta_\mathrm{t} < \eta_\mathrm{c}$，即在 $T_\mathrm{H}$ 和 $T_\mathrm{L}$ 下进行的不可逆循环的热效率低于可逆循环，验证了卡诺定理二。

## 5.4 状态参数熵及热过程方向的判据

### 5.4.1 状态参数熵的导出

熵是与热力学第二定律紧密相关的状态参数，是用于描述所有不可逆过程共同特性的热力学量。它是判别实际过程的方向，提供过程能否实现、是否可逆的判据，在过程不可逆程度的量度、热力学第二定律的量化等方面有至关重要的作用。

熵是在热力学第二定律的基础上导出的状态参数。本书从循环出发，利用卡诺循环及已被热力学第二定律证明的卡诺定理导出熵这个状态参数。

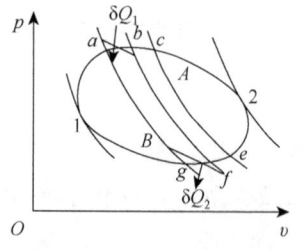

图 5.7 熵参数导出用图

分析任意工质进行的一个任意可逆循环，如图 5.7 中循环 1-$A$-2-$B$-1。为了保证循环可逆，需要与工质温度变化相对应的无穷多个热源。

用一组可逆绝热线将它分割成无穷多个微元循环，这些绝热线无限接近，可以认为微元过程 $a$-$b$, $b$-$c$, $\cdots$, $e$-$f$, $f$-$g$, $\cdots$ 接近定温过程。每一个小循环 $a$-$b$-$f$-$g$-$a$, $b$-$c$-$e$-$f$-$b$, $\cdots$ 都是微元卡诺循环，总和构成了循环 1-$A$-2-$B$-1。

对任一小循环，如 $a$-$b$-$f$-$g$-$a$，$a$-$b$ 是定温吸热过程，工质与热源温度相同都是 $T_\mathrm{r1}$，吸热量为 $\delta Q_1$；$f$-$g$ 是定温放热过程，工质与冷源温度相同都是 $T_\mathrm{r2}$，放热量为 $\delta Q_2$。热效率为

$$1 - \frac{\delta Q_2}{\delta Q_1} = 1 - \frac{T_\mathrm{r2}}{T_\mathrm{r1}}$$

即

$$\frac{\delta Q_1}{T_\mathrm{r1}} = \frac{\delta Q_2}{T_\mathrm{r2}}$$

式中，$\delta Q_2$ 为绝对值。若改用代数值，$\delta Q_2$ 为负值，上式要加"−"号，因而得

$$\frac{\delta Q_1}{T_\mathrm{r1}} + \frac{\delta Q_2}{T_\mathrm{r2}} = 0$$

对全部微元卡诺循环积分求和，即得出

$$\int_{1-A-2} \frac{\delta Q_1}{T_\mathrm{r1}} + \int_{2-B-1} \frac{\delta Q_2}{T_\mathrm{r2}} = 0$$

式中，$\delta Q_1$、$\delta Q_2$ 都是工质与热源间的换热量。既然采用了代数值，可以统一用 $\delta Q_\mathrm{rev}$ 表示；$T_\mathrm{r1}$、

$T_{r2}$ 是换热时的热源温度，统一用 $T_r$ 表示。上式改写为

$$\int_{1\text{-}A\text{-}2} \frac{\delta Q_{rev}}{T_r} + \int_{2\text{-}B\text{-}1} \frac{\delta Q_{rev}}{T_r} = 0 \tag{5.9}$$

即

$$\oint \frac{\delta Q_{rev}}{T_r} = 0 \text{ 或 } \oint \frac{\delta Q_{rev}}{T} = 0 \tag{5.10}$$

用文字表述为：任意工质经任一可逆循环，微小量 $\frac{\delta Q_{rev}}{T}$ 沿循环的积分为零。积分 $\oint \frac{\delta Q_{rev}}{T}$ 由克劳修斯首先提出，称克劳修斯积分式。式（5.10）称为克劳修斯积分等式。

根据态函数的数学特性，可以断定被积函数 $\frac{\delta Q_{rev}}{T_r}$ 是某个状态参数的全微分。1865 年，克劳修斯将这个新的状态参数定名为熵（entropy），以符号 $S$ 表示。即

$$dS = \frac{\delta Q_{rev}}{T_r} = \frac{\delta Q_{rev}}{T} \tag{5.11}$$

式中，$\delta Q_{rev}$ 为可逆过程的换热量；$T_r$ 为热源温度。因为此微元换热过程可逆，无传热温差，故热源温度 $T_r$ 也等于工质温度 $T$，这就是熵参数的定义式。1kg 工质的比熵变

$$ds = \frac{\delta q_{rev}}{T_r} = \frac{\delta q_{rev}}{T} \tag{5.12}$$

因为循环 1-$A$-2-$B$-1 是可逆的，过程 1-$B$-2 与 2-$B$-1 是在同一途径上正、反方向的两个可逆过程，对应微元段的 $\delta Q_{rev}$ 符号相反，故有

$$\int_{2\text{-}B\text{-}1} \frac{\delta Q_{rev}}{T_r} = -\int_{1\text{-}B\text{-}2} \frac{\delta Q_{rev}}{T_r}$$

代入式（5.9）得

$$\int_{1\text{-}A\text{-}2} \frac{\delta Q_{rev}}{T_r} = \int_{1\text{-}B\text{-}2} \frac{\delta Q_{rev}}{T_r} = \int_1^2 \frac{\delta Q_{rev}}{T_r} = \int_1^2 \frac{\delta Q_{rev}}{T} \tag{5.13}$$

1-$A$-2、1-$B$-2 是任意的两个可逆过程。上式表明：从状态 1 到状态 2，无论沿哪一条可逆路线，$\frac{\delta Q_{rev}}{T_r}$ 的积分值都相同，故可写为 $\int_1^2 \frac{\delta Q_{rev}}{T_r}$ 或 $\int_1^2 \frac{\delta Q_{rev}}{T}$，这正是状态参数的特征。将熵的定义式（5.11）代入式（5.10）和式（5.13），得

$$\oint dS = 0 \tag{5.14}$$

$$\Delta S = \int_1^2 dS = \int_1^2 \frac{\delta Q_{rev}}{T} \tag{5.15}$$

式（5.15）提供了计算过程熵变的途径。

熵和比体积、压力、温度一样，都是状态参数，所以熵也可作为描述工质状态的独立变数之一。但是，它不像温度、压力等可直接测量，也不像内能有时可以用实验来测定，它只能由可直接测量的物性量（温度、压力等）实验数据间接计算其改变量。

### 5.4.2 热力学第二定律的数学表达式

如上所述，克劳修斯积分等式 $\oint \dfrac{\delta Q_{rev}}{T} = 0$ 是循环可逆的一种判据，那么如何判断循环不可逆呢？

循环过程只是一种特殊的热力过程。自然界中有着大量的各种形式的热过程，实际热过程是不可逆过程，都有一定的方向性。而寻求更为一般的、适用于一切热过程进行方向的判据，或者说建立其热力学第二定律相应的数学判据是下面要解决的问题。

（1）克劳修斯积分不等式。如果循环中全部或部分是不可逆过程，则为不可逆循环。

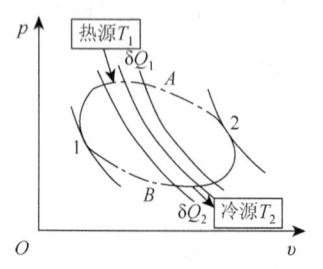

图 5.8 克劳修斯积分不等式导出用图

考察如图 5.8 所示中的不可逆循环 1-$A$-2-$B$-1，类似上述方法，令一组可逆绝热线将循环分割成无数多个小循环，其中部分为可逆的微元卡诺循环，求和则有 $\oint \dfrac{\delta Q_{rev}}{T} = 0$。余下那部分微元不可逆循环，根据卡诺定理二可知，其热效率小于微元卡诺循环的热效率，即 $\eta_t < \eta_c$，则

$$1 - \dfrac{\delta Q_2}{\delta Q_1} < 1 - \dfrac{T_{r2}}{T_{r1}}$$

从而有

$$\dfrac{\delta Q_1}{T_{r1}} < \dfrac{\delta Q_2}{T_{r2}}$$

同样考虑 $\delta Q_2$ 用代数值

$$\dfrac{\delta Q_1}{T_{r1}} + \dfrac{\delta Q_2}{T_{r2}} < 0$$

统一用 $\delta Q$ 表示热量，对所有的微元不可逆循环求和则

$$\sum \dfrac{\delta Q}{T_r} < 0$$

综合全部微元循环，包括可逆的和不可逆的，全部相加。令微元循环数目趋向无穷多，用积分代替求和，即得出

$$\oint \dfrac{\delta Q}{T_r} < 0 \tag{5.16}$$

上式表明：工质经过任意不可逆循环，微量 $\dfrac{\delta Q}{T_r}$ 沿整个循环的积分必小于零。该式即为著名的克劳修斯积分不等式。

（2）热力学第二定律的数学表达式。归并式（5.10）和式（5.16），得出

$$\oint \dfrac{\delta Q_{rev}}{T_r} \leqslant 0 \tag{5.17}$$

这就是用于判断循环过程是否可逆的热力学第二定律的数学表达式。克劳修斯积分 $\oint \dfrac{\delta Q_{rev}}{T_r}$ 等

于零为可逆循环，小于零为不可逆循环，而大于零的循环则不能实现。

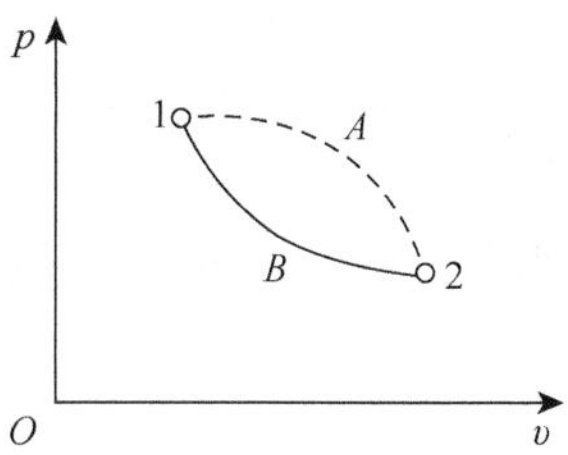

式（5.15）已经给出了可逆过程的熵变 $\Delta S_{1\text{-}2}$ 和积分 $\int_1^2 \frac{\delta Q}{T}$ 之间的等式关系，经过不可逆过程又如何呢？如图 5.9 所示，设工质由平衡的初态 1 分别经可逆过程 1-B-2 和不可逆过程 1-A-2 到达平衡状态 2。因 1-B-2 可逆，故有 $\int_{1\text{-}B\text{-}2} \frac{\delta Q}{T_r} = -\int_{2\text{-}B\text{-}1} \frac{\delta Q}{T_r}$。已知 1 和 2 是平衡态，$S_1$ 和 $S_2$ 各有一定的数值，对此可逆过程写出式（5.15）：

图 5.9　不可逆过程的熵变

$$\Delta S_{1\text{-}2} = S_2 - S_1 = \int_1^2 \frac{\delta Q}{T} = \int_{1\text{-}B\text{-}2} \frac{\delta Q}{T_r} = -\int_{2\text{-}B\text{-}1} \frac{\delta Q}{T_r} \tag{5.18}$$

1-A-2-B-1 为一不可逆循环，应用克劳修斯积分不等式 $\oint \frac{\delta Q}{T_r} < 0$，即

$$\int_{1\text{-}A\text{-}2} \frac{\delta Q}{T_r} + \int_{2\text{-}B\text{-}1} \frac{\delta Q}{T_r} < 0 \text{ 或 } -\int_{2\text{-}B\text{-}1} \frac{\delta Q}{T_r} > \int_{1\text{-}A\text{-}2} \frac{\delta Q}{T_r}$$

将式（5.18）代入，即得

$$S_2 - S_1 > \int_{1\text{-}A\text{-}2} \frac{\delta Q}{T_r}$$

或写为

$$S_2 - S_1 > \int_1^2 \frac{\delta Q}{T_r}\bigg|_{\text{不可逆}} \tag{5.19}$$

上式表明：初、终态是平衡态的不可逆过程，熵变量大于不可逆过程中对工质加入的热量与热源温度比值的积分。

式（5.19）、式（5.15）归并为一，即

$$S_2 - S_1 \geqslant \int_1^2 \frac{\delta Q}{T_r} \tag{5.20}$$

该式即为用于判断热力过程是否可逆的热力学第二定律数学表达式的积分形式。该式表明任何不可逆过程的熵变必然大于 $\int_1^2 \frac{\delta Q}{T_r}$，极限状况（可逆）时相等，不可能出现熵变小于 $\int_1^2 \frac{\delta Q}{T_r}$ 的过程。

对于 1kg 工质，则为

$$s_2 - s_1 \geqslant \int_1^2 \frac{\delta q}{T_r} \tag{5.21}$$

将式（5.20）写成微分形式即为 $\mathrm{d}S > \frac{\delta Q}{T_r}\bigg|_{\text{不可逆}}$，与熵的定义式 $\mathrm{d}S = \frac{\delta Q_{\text{rev}}}{T_r}$ 一起可归并为

$$\mathrm{d}S \geqslant \frac{\delta Q}{T_r} \tag{5.22}$$

对于 1kg 工质，则为

$$\mathrm{d}s \geqslant \frac{\delta q}{T_r} \tag{5.23}$$

式（5.22）、式（5.23）是用于判断微元过程是否可逆的热力学第二定律数学表达式。式（5.17）、式（5.20）和式（5.22）这三组热力学第二定律数学表达式中的 $\delta Q$，表示系统与外界间实际微元传热量；$T_r$ 为热源温度。式中等号适用于可逆过程，不等号适用于不可逆过程。

### 5.4.3 不可逆绝热过程分析

绝热过程，无论是否可逆，均有 $\delta Q = 0$。代入判别式（5.20）和式（5.22），可简化为

$$\Delta S_{ad} \geqslant 0 \tag{5.24}$$

或

$$dS_{ad} \geqslant 0 \tag{5.25}$$

可逆绝热过程，有

$$dS = 0,\ S_2 - S_1 = 0,\ S_2 = S_1$$

不可逆绝热过程，有

$$dS > 0,\ S_2 - S_1 > 0,\ S_2 > S_1$$

可见，可逆绝热过程中熵不变，故为定熵过程；不可逆绝热过程中，工质的熵必定增大。可以断定，从同一初始状态出发，经不可逆过程达到的终态与可逆时不一致，分别用"2"和"$2_s$"表示，则 $S_2 > S_{2_s}$。

闭口系中终压相同的 $p_2 = p_{2_s}$ 的绝热膨胀过程，如图 5.10 所示，$T$-$s$ 图上点 2 的位置在 $2_s$ 的右上方（因 $S_2 > S_{2_s}$）。由闭口系热力学第一定律可知，绝热过程的膨胀功等于内能降，即 $w_{2_s} = u_1 - u_{2_s}, w = u_1 - u_2$。又因不可逆过程存在功损失，其膨胀功 $w$ 小于可逆过程时的 $w_s$，因而 $u_2 > u_{2_s}$；对于理想气体，则 $t_2 > t_{2_s}$，所以不可逆过程终态的比体积大，即 $v_2 > v_{2_s}$，$p$-$v$ 图上点 2 的位置在 $2_s$ 的右侧。

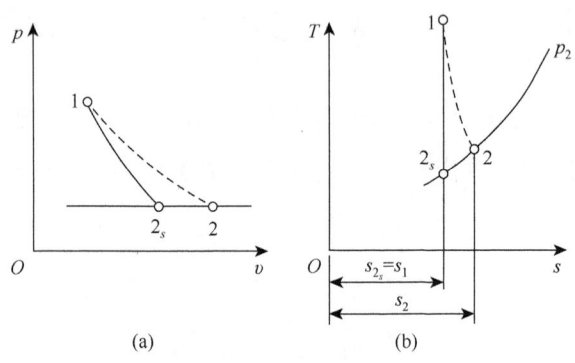

图 5.10　绝热膨胀过程

不可逆绝热过程中的熵之所以增大，是由于过程中存在不可逆因素引起的耗散效应，损失的机械功在工质内部重新转化为热能（耗散热）被工质吸收。这部分由不可逆因素引起的耗散热产生的熵增量，称为熵产，以 $S_g$ 表示。绝热闭口系通过边界与外界不交换热量，也不交换物质，但可以与外界交换功，不过可逆功不会引起系统熵的变化。因此，内部存在不可逆耗散效应是绝热闭口系熵增大的唯一原因，其熵变量等于熵产，即

$$dS_{ad} = \delta S_g \tag{5.26}$$

$$\Delta S_{ad} = S_g \qquad (5.27)$$

过程中不可逆损失越大，耗散热越大，熵产也越大。熵产是过程不可逆程度的量度，熵产只可能是正值，极限情况（可逆过程）为零。

### 5.4.4 熵变量计算

在通常的热力过程计算中，往往只需确定初、终态的熵差。熵是状态参数，只要系统的状态 1 和 2 是平衡状态，无论 1 到 2 经历的是何种过程，是否可逆，都可以由通过 1 和 2 的任何可逆过程，按式（5.15）$\Delta S_{1-2} = \int_1^2 \frac{\delta Q_{rev}}{T}$ 计算。这是计算熵变量的原则方法。两个状态之间可以设想出许多可逆途径，按各种可逆途径积分得出的熵变结果应该相同。

【例 5.2】 有人设计一台热泵装置，在 120~27℃工作，热泵消耗的功由一台热机装置供给。已知热机在温度为 1200K 和 300K 的两个恒温热源之间工作，吸热量 $Q_H = 1100$kJ，循环净功 $W_{net} = 742.5$kJ，见图 5.11，问：

（1）热机循环是否可行？是否可逆？
（2）若热泵设计供热量 $Q_1 = 2600$kJ，问该热泵循环是否可行？是否可逆？
（3）求热泵循环的理论最大供热量 $Q_{1,max}$。

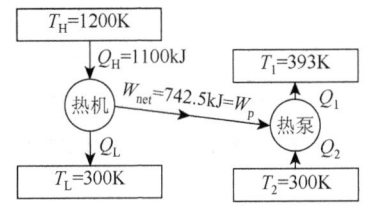

图 5.11 例 5.2 图

**解** （1）根据循环的能量守恒，确定热机循环的放热量
$$Q_L = Q_H - W_{net} = 1100 - 742.5 = 357.5(\text{kJ})$$

循环判据
$$\oint \frac{\delta Q}{T_r} = \frac{Q_H}{T_H} + \frac{Q_L}{T_L} = \frac{1100}{1200} + \frac{-357.5}{300} = -0.275(\text{kJ/K}) < 0$$

由此判断：该热机循环是不可逆循环。

（2）已知热泵循环
$$T_1 = 120 + 273 = 393(\text{K}), T_2 = 27 + 273 = 300(\text{K}), W_p = W_{net} = 742.5\text{kJ}, Q_1 = 2600\text{kJ}$$
$$Q_2 = Q_1 - W_p = 2600\text{kJ} - 742.5\text{kJ} = 1857.5\text{kJ}$$

循环判据
$$\oint \frac{\delta Q}{T_r} = \frac{Q_1}{T_1} + \frac{Q_2}{T_2} = \frac{-2600}{393} + \frac{1857.5}{300} = -0.424(\text{kJ/K}) < 0$$

由此判断：该热泵循环可以实现，不可逆。

（3）理想情况是按可逆循环工作。由克劳修斯积分等式 $\oint \frac{\delta Q}{T_r} = 0$ 确定 $Q_{1,max}$

$$-\frac{Q_{1,max}}{T_1} + \frac{Q_{1,max} - W_p}{T_2} = 0, \quad -\frac{Q_{1,max}}{393} + \frac{Q_{1,max} - 742.5}{300} = 0$$

求得
$$Q_{1,max} = 3137.66\text{kJ}$$

【例 5.3】 初态为 0.12MPa、20℃的空气在压缩机中被绝热压缩到 0.6MPa，终温为（1）150℃、（2）120℃，问过程是否可行？是否可逆？设空气的气体常数 $R_g = 287$J/(kg·K)，比热

$c_p = 1.005 \text{kJ/(kg·K)}$。

**解** 根据绝热过程的判据 $\Delta s_{ad} \geq 0$ 来判定。

（1）已知 $p_1 = 0.12\text{MPa}, T_1 = 20 + 273 = 293(\text{K}), p_2 = 0.6\text{MPa}, T_2 = 150 + 273 = 423(\text{K})$，则

$$\Delta s_{1-2} = \Delta s_{ad} = c_p \ln \frac{T_2}{T_1} - R_g \ln \frac{p_2}{p_1} = 1.005 \times \ln \frac{423}{293} - 0.287 \times \ln \frac{0.6}{0.12}$$
$$= 0.0929[\text{kJ/(kg·K)}] > 0$$

结论：该绝热过程可行，是不可逆绝热压缩过程。

（2）已知 $p_1 = 0.12\text{MPa}, T_1 = 20 + 273 = 293(\text{K}), p_2 = 0.6\text{MPa}, T_2 = 120 + 273 = 393(\text{K})$，则

$$\Delta s_{1-2} = \Delta s_{ad} = c_p \ln \frac{T_2}{T_1} - R_g \ln \frac{p_2}{p_1}$$
$$= 1.005 \times \ln \frac{393}{293} - 0.287 \times \ln \frac{0.6}{0.12} = -0.167[\text{kJ/(kg·K)}] < 0$$

结论：该绝热过程不可行。

**【例 5.4】** 有 1mol 的某种理想气体，从状态 1 经过一个不可逆过程变化到状态 2。已知状态 1 的压力、体积和温度分别为 $p_1$、$V_1$ 和 $T_1$，状态 2 的体积 $V_2 = 2V_1$、温度 $T_2 = T_1$。若设比热为定值，求熵差 $(S_2 - S_1)$。

**解** 因 $T_2 = T_1$，所以状态 1 和 2 一定在一条定温线上，借助一可逆的定温过程来计算。则

$$S_2 - S_1 = M\left(c_V \ln \frac{T_2}{T_1} + R_g \ln \frac{v_2}{v_1}\right) = R \ln \frac{V_2}{V_1}$$

已知 $\frac{V_2}{V_1} = 2$，所以

$$S_2 - S_1 = R \ln 2$$

**【例 5.5】** 求 1kg 水在 1.5 MPa 的压力下，由 0℃加热为 300℃的水蒸气时的熵变。已知对应于 1.5 MPa 时的汽化温度（饱和温度）$T_s = 471.4\text{K}$，汽化潜热 $\gamma = 1945.7\text{kJ/kg}$，水的比热 $c_w = 4.1868\text{kJ/(kg·K)}$，蒸汽的平均比热 $c_{p,v} = 2.0934\text{kJ/(kg·K)}$。

**解** 全部加热过程可以分为三段：273.15 K 的水加热到 471.4K 的水；471.4K 的水蒸气；471.4K 的水蒸气加热到 300℃（573.15K）的水蒸气。则

$$s_2 - s_1 = c_w \ln \frac{T_s}{T_1} + \frac{\gamma}{T_s} + c_{p,v} \ln \frac{T_2}{T_s}$$

将各已知值代入，有

$$s_2 - s_1 = 4.1868 \times \ln \frac{471.4}{273.15} + \frac{1945.7}{471.4} + 2.0934 \times \ln \frac{573.15}{471.4} = 6.8213[\text{kJ/(kg·K)}]$$

## 5.5 孤立系的熵增原理

### 5.5.1 孤立系熵增原理的基本概念

前已指出，绝热熵变 $\Delta S_{ad} \geq 0$，它揭示了绝热过程中闭口热力系的熵通常总是增大的，

极限情况（可逆绝热）时不变，绝对不可能减小的事实，这正是熵增原理的体现。绝热系的熵之所以增加，全由于热力系内部存在不可逆性导致熵产。不可逆程度越严重，绝热系的熵增越大。

根据熵的可加性，系统总熵变等于子系统熵变的代数和。任何一个热力系（闭口系、开口系、绝热系、非绝热系），总可以将它连同与其相互作用的一切物体组成一个复合系统，该复合系统不再与外界有任何形式的能量交换和质量交换，这样该复合系统即为孤立系统，参见图 5.12。孤立系统当然是闭口绝热系，沿用式（5.24）可以得出

$$\Delta S_{\text{iso}} \geqslant 0 \tag{5.28}$$

和

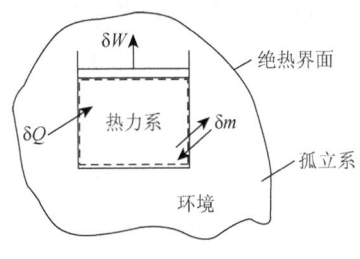

图 5.12 复合系统熵增

$$dS_{\text{iso}} \geqslant 0 \tag{5.29}$$

上式的含义为：孤立系内部发生不可逆变化时，孤立系的熵增大，$dS_{\text{iso}} > 0$；极限情况（发生可逆变化）时熵保持不变，$dS_{\text{iso}} = 0$；使孤立系熵减小的过程不可能出现。简言之，孤立系统的熵可以增大或保持不变，但不可能减小。这一结论即孤立系统熵增原理，简称熵增原理。下面举例说明。

示例一：单纯的传热过程。

孤立系中有物体 A 和 B，温度各为 $T_A$ 和 $T_B$，这时孤立系的熵增

$$dS_{\text{iso}} = dS_A + dS_B \tag{5.30}$$

若为有限温差传热，$T_A > T_B$，微元过程中 A 物体放热，熵变 $dS_A = -\dfrac{\delta Q}{T_A}$；B 物体吸热，熵变 $dS_B = \dfrac{\delta Q}{T_B}$。又因 $T_A > T_B$，有 $\dfrac{\delta Q}{T_A} < \dfrac{\delta Q}{T_B}$，将这些关系式代入式（5.30），得

$$dS_{\text{iso}} = -\frac{\delta Q}{T_A} + \frac{\delta Q}{T_B} > 0$$

若为无限小温差传热，$T_A = T_B$，有 $\dfrac{\delta Q}{T_A} = \dfrac{\delta Q}{T_B}$，故

$$dS_{\text{iso}} = 0$$

可见，有限温差传热，孤立系的总熵变 $dS_{\text{iso}} > 0$，因而热量由高温物体传向低温物体是不可逆过程；同温传热 $dS_{\text{iso}} = 0$，则为可逆过程。

示例二：热转化为功。

可以通过两个温度为 $T_1$、$T_2$ 的恒温热源间工作的热机实现热能转化为功。这时孤立系熵变包括热源、冷源的熵变和循环热机中工质的熵变，即

$$\Delta S_{\text{iso}} = \Delta S_{T_1} + \Delta S + \Delta S_{T_2} \tag{5.31}$$

热源放热，熵变 $\Delta S_{T_1} = \dfrac{-Q_1}{T_1}$；冷源吸热，熵变 $\Delta S_{T_2} = \dfrac{Q_2}{T_2}$（$Q_1$、$Q_2$ 均为绝对值）。工质在热机中完成一个循环，$\Delta S = \oint dS = 0$。将以上关系代入式（5.31），得

$$\Delta S_{\text{iso}} = -\frac{Q_1}{T_1} + 0 + \frac{Q_2}{T_2} = \frac{Q_2}{T_2} - \frac{Q_1}{T_1}$$

热机进行可逆循环时，$\dfrac{Q_1}{T_1} = \dfrac{Q_2}{T_2}$，所以 $\Delta S_{\text{iso}} = 0$；进行不可逆循环时，因热效率低于卡诺循环，$1-\dfrac{Q_2}{Q_1} < 1-\dfrac{T_2}{T_1}$，故 $\dfrac{Q_1}{T_1} < \dfrac{Q_2}{T_2}$，所以 $\mathrm{d}S_{\text{iso}} > 0$。这再次验证了孤立系统中进行可逆变化时总熵不变，进行不可逆变化时系统总熵必增大。

示例三：耗散功转化为热。

由摩擦等耗散效应而损失的机械功称耗散功，以 $W_1$ 表示。当孤立系统内部存在不可逆耗散效应时，耗散功转化为热量，称为耗散热，以 $Q_g$ 表示。此时 $\delta Q_g = \delta W_1$，它由孤立系内某个（或某些）物体吸收，引起物体的熵增大，称为熵产 $S_g$。设吸热时物体温度为 $T$，则

$$\mathrm{d}S = \dfrac{\delta Q_g}{T} = \dfrac{\delta W_1}{T} = \delta S_g > 0$$，这是孤立系统内部存在耗散损失而产生的后果。可逆过程因无耗散热，故熵产为零。因而，孤立系的熵增等于不可逆损失造成的熵产，且不可逆时恒大于零，即

$$\Delta S_{\text{iso}} = S_g > 0 \tag{5.32}$$

或

$$\mathrm{d}S_{\text{iso}} = \delta S_g \geqslant 0 \tag{5.33}$$

可见，孤立系统内只要有耗散功不可逆地转化为热能，系统的熵必定增大。

欲使非自发过程自动发生的过程，一定是使孤立系熵减少的过程，由于违背了孤立系的熵增原理，显然不可能发生。要使非自发过程能够发生，一定要有补偿，补偿的目的在于使孤立系的熵不减少。在理想情况下最低限度的补偿也要使孤立系的熵增为零，此时，热力过程为可逆过程。

必须指出：熵增原理只适用于孤立系统。至于非孤立系，或者孤立系中某个物体，它们在过程中可以吸热也可以放热，所以它们的熵既可能增大，可能不变，也可能减小。

### 5.5.2　熵增原理的实质

熵增原理指出：凡是使孤立系统总熵减小的过程都是不可能发生的，理想可逆情况也只能实现总熵不变。可逆实际上又是难以做到的，所以实际的热力过程总是朝着使系统总熵增大的方向进行，即 $\mathrm{d}S_{\text{iso}} > 0$。熵增原理阐明了过程进行的方向。

熵增原理给出了系统达到平衡状态的判据。孤立系统内部存在的不平衡势差是过程自动进行的推动力。随着过程进行，系统内部由不平衡向平衡发展，总熵增大，当孤立系统总熵达到最大值时过程停止进行，系统达到相应的平衡状态，这时 $\mathrm{d}S_{\text{iso}} = 0$，即为平衡判据。因而，熵增原理指出了热过程进行的限度。

熵增原理还指出，如果某一过程的进行会导致孤立系中各物体的熵同时减小，或者虽然各有增减但其总和使系统的熵减小，则这种过程不能单独进行，除非有熵增大的过程作为补偿，使孤立系总熵增大，至少保持不变。从而，熵增原理揭示了热过程进行的条件。

孤立系的熵增原理全面、透彻地揭示了热过程进行的方向，解决了由此引出的非自发过程的补偿条件和补偿限度问题，这些正是热力学第二定律的实质。因此孤立系熵增原理的表达式（5.33），即

$$\mathrm{d}S_{\text{iso}} \geqslant 0$$

是热力学第二定律数学表达式的一种最基本的形式。

**【例5.6】** 气体在气缸中被压缩,气体的内能和熵的变化分别为39kJ/kg和–0.278kJ/(kg·K),外界对气体做功158kJ/kg。过程中气体只与环境交换热量,环境温度为303K。问该过程是否能够实现?

**解** 气缸内气体与环境共同组成一个孤立系。计算孤立系的熵增
$$\Delta s_{iso} = \Delta s + \Delta s_{sur}$$
已知 $\Delta u = 39\text{kJ/kg}, w = -158\text{kJ/kg}, \Delta s = -0.278\text{kJ/(kg·K)}$,由能量守恒式
$$q = \Delta u + w = 39 - 158 = -119(\text{kJ/kg})$$
$q$ 为负值,表示工质放热,环境吸热,吸热量 $q_{sur} = -q = 119\text{kJ/kg}$,故
$$\Delta s_{sur} = \frac{q_{sur}}{T_{sur}} = \frac{119}{303} = 0.393[\text{kJ/(kg·K)}]$$
$$\Delta s_{iso} = -0.278 + 0.393 = 0.115[\text{kJ/(kg·K)}] > 0$$
该过程可以实现,是不可逆过程。

注意:应用孤立系熵增原理计算每一物体熵变时,必须以该对象为主体来定其熵变的正、负。

**【例5.7】** 利用稳定供应的0.69 MPa、26.8℃的空气源和–196℃的冷源生产0.138MPa、–162.1℃的空气流,质量流量 $q_m = 20\text{kg/s}$。装置示意图见图5.13。求:(1)冷却器每秒的放热量 $q_Q$;(2)整个系统的熵增,判断该方案能否实现。已知空气的气体常数 $R_g = 0.287\text{kJ/(kg·K)}$,比热 $c_p = 1.004\text{kJ/(kg·K)}$,定熵指数 $\kappa = 1.4$。

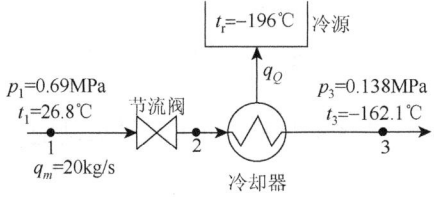

图5.13 例5.7图

**解** 由已知得
$$T_1 = 26.8 + 273.15 = 299.95(\text{K})$$
$$T_3 = -162.1 + 273.15 = 111.05(\text{K})$$
$$T_r = -196 + 273.15 = 77.15(\text{K})$$

(1)由热力学第一定律能量守恒式确定每秒的放热量 $q_Q$。

节流前后焓值相同,故 $h_2 = h_1$。又理想气体的焓取决于温度,所以 $T_2 = T_1 = 299.95\text{K}$。

冷却器不对外做功,放热量等于焓降,所以
$$q_Q = q_m(h_3 - h_2) = q_m c_p (T_3 - T_2) = 20 \times 1.004 \times (111.05 - 299.95) = -3793.11(\text{kJ/s})$$
负值表示放热。

(2)由控制体积、冷源、物质源组成一个孤立系,孤立系的熵变等于三者熵变的代数和,即
$$\Delta S_{iso} = \Delta S_r + \Delta S_{CV} + q_m(s_3 - s_2)$$

稳定流动控制体积的 $\Delta S_{CV} = 0$，而

$$\Delta S_r = \frac{-q_Q}{T_r} = \frac{3793.11}{77.15} = 49.165 [kJ/(K \cdot s)]$$

$$\Delta S_{1-3} = q_m(s_3 - s_1) = q_m \left( c_p \ln \frac{T_3}{T_1} - R_g \ln \frac{p_3}{p_1} \right)$$

$$= 20 \times \left( 1.004 \times \ln \frac{111.05}{299.95} - 0.287 \times \ln \frac{0.138}{0.69} \right) = -10.714 [kJ/(K \cdot s)]$$

$$\Delta S_{iso} = 49.165 - 10.714 = 38.45 [kJ/(K \cdot s)] > 0$$

该方案能够实现，是不可逆过程。

### 5.5.3 孤立系中熵增与做功能力损失

孤立系中出现了任何不可逆循环或不可逆过程，必然有机械能损失，体系的做功能力降低。不可逆程度越严重，做功能力降低越多，做功能力损失可以作为不可逆尺度的又一个度量。孤立系熵增原理表明：孤立系内发生任何不可逆变化时，孤立系的熵必增大。可见，孤立系的熵增和做功能力损失必然有其内在联系。

从卡诺定理可知，当低温热源温度为环境温度 $T_0$ 时，温度为 $T$ 的热源放出的热量 $Q$ 中能转变为机械功（有用功）的最大份额为 $Q$ 与卡诺因子 $\eta_c$ 的乘积，称为热量的做功能力，用 $E_{x,Q}$ 表示，则

$$E_{x,Q} = Q \left( 1 - \frac{T_0}{T} \right)$$

不能转变为有用功而排向大气的热量称为热量的非做功能，用 $E_{n,Q}$ 表示，则

$$E_{n,Q} = Q \frac{T_0}{T}$$

显然，当 $Q$ 值一定时，温度 $T$ 越高，热量的做功能力越大。考察物体 A 和 B（$T_A > T_B$）的温差传热过程，物体 A 放出的热量中热量做功能力为

$$E_{x,Q_A} = Q \left( 1 - \frac{T_0}{T_A} \right)$$

物体 B 得到的热量中热量做功能力为

$$E_{x,Q_B} = Q \left( 1 - \frac{T_0}{T_B} \right)$$

在这一传热过程中，虽然热量的"量"守恒，但由于 $T_A > T_B$，$E_{x,Q_A} > E_{x,Q_B}$，热量的做功能力不守恒。由于不等温的不可逆传热，有一部分做功能力转化成了非做功能，称为做功能力损失，用 $I$ 表示，则有

$$I = E_{x,Q_A} - E_{x,Q_B} = T_0 Q \left( \frac{1}{T_B} - \frac{1}{T_A} \right)$$

而不可逆传热引起的孤立系熵增为

$$\Delta S_{iso} = Q \left( \frac{1}{T_B} - \frac{1}{T_A} \right)$$

并且注意到，孤立系熵增等于熵产，所以

$$I = T_0 \Delta S_{iso} = T_0 S_g \tag{5.34}$$

上式是一个普适公式，适用于计算任何不可逆因素引起的做功能力损失，不只限于孤立系，也适用于开口系统和闭口系统。

**【例 5.8】** 求 $T_A = 180K$，$T_B = 240K$ 时由不可逆传热造成的做功能力损失，设 $Q = 150kJ$，环境温度 $T_0 = 303K$。

**解** 因 $T_A < T_B < T_0$，热量由 B 传向 A。A 和 B 的温度均低于环境温度 $T_0$，故

$$\Delta S_{iso} = \Delta S_A + \Delta S_B = \left( \frac{1}{T_A} - \frac{1}{T_B} \right) Q$$

$$I = T_0 \Delta S_{iso} = T_0 \left( \frac{1}{T_A} - \frac{1}{T_B} \right) Q = 303 \times \left( \frac{1}{180} - \frac{1}{240} \right) \times 150 = 63.125 (kJ)$$

## 思 考 题

**5-1** 热力学第二定律能否表达为："机械能可以全部变为热能，而热能不可能全部变为机械能。"这种说法有什么不妥当？

**5-2** 自发过程是不可逆过程，非自发过程必为可逆过程，这一说法是否正确？

**5-3** 请给"不可逆过程"一个恰当的定义。热力过程中有哪几种不可逆因素？

**5-4** 试证明热力学第二定律各种说法的等效性：若克劳修斯说法不成立，则开尔文说法也不成立。

**5-5** 下述说法是否有错误：

（1）循环净功 $W_{net}$ 越大则循环热效率越高；

（2）不可逆循环的热效率一定小于可逆循环的热效率；

（3）可逆循环的热效率都相等，$\eta_t = 1 - \dfrac{T_2}{T_1}$。

**5-6** 循环热效率公式 $\eta_t = \dfrac{q_2 - q_1}{q_1}$ 和 $\eta_t = \dfrac{T_2 - T_1}{T_1}$ 是否完全相同？各适用于哪些场合？

**5-7** 与大气温度相同的压缩空气可以膨胀做功，这一事实是否违反了热力学第二定律？

**5-8** 下述说法是否正确：

（1）熵增大的过程必为吸热过程；

（2）熵减小的过程必为放热过程；

（3）定熵过程必为可逆绝热过程。

**5-9** 下述说法是否有错误：

（1）熵增大的过程必为不可逆过程；

（2）使系统熵增大的过程必为不可逆过程；

（3）熵产 $S_g > 0$ 的过程必为不可逆过程；

（4）不可逆过程的熵变 $\Delta S$ 无法计算；

（5）如果从同一初始态到同一终态有两条途径，一为可逆，另一为不可逆，则 $\Delta S_{不可逆} > \Delta S_{可逆}$、$\Delta S_{f,不可逆} > \Delta S_{f,可逆}$、$\Delta S_{g,不可逆} > \Delta S_{g,可逆}$；

（6）不可逆绝热膨胀的终态熵大于初态熵，$S_2 > S_1$，不可逆绝热压缩的终态熵小于初态熵，$S_2 < S_1$；

（7）工质经过不可逆循环有 $\oint \mathrm{d}s > 0$，$\oint \dfrac{\delta q}{T_r} < 0$。

**5-10** 从点 $a$ 开始有两个可逆过程：定容过程 $a\text{-}b$ 和定压过程 $a\text{-}c$。$b$、$c$ 两点在同一条绝热线上（思考题 5-10 图），问 $q_{a-b}$ 和 $q_{a-c}$ 哪个大？并在 $T\text{-}s$ 图上表示过程 $a\text{-}b$、$a\text{-}c$ 及 $q_{a-b}$、$q_{a-c}$（提示：可根据循环 $a\text{-}b\text{-}c\text{-}a$ 考虑）。

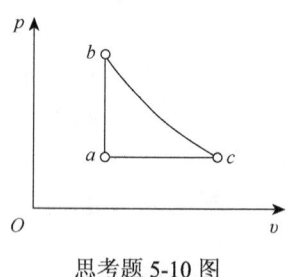

思考题 5-10 图

**5-11** 孤立系统中进行了（1）可逆过程、（2）不可逆过程，问孤立系统的总能、总熵各自如何变化？

**5-12** 是非题。

（1）在任何情况下，向气体加热，熵一定增加；气体放热熵总减小。

（2）熵增大的过程必为不可逆过程。

（3）熵减小的过程是不可能实现的。

（4）卡诺循环是理想循环，一切循环的热效率都比卡诺循环的热效率低。

（5）把热量全部变为功是不可能的。

（6）若从某一初态经可逆与不可逆两条途径到达终态，则不可逆途径的 $\Delta S$ 必大于可逆途径的 $\Delta S$。

## 习 题

**5-1** 利用逆向卡诺机作为热泵向房间供热，设室外温度为 $-10\,°\!\mathrm{C}$，室内温度保持 $25\,°\!\mathrm{C}$。要求每小时向室内供热 $3.2 \times 10^4\,\mathrm{kJ}$，试问：（1）每小时从室外吸收多少热量？（2）此循环的供暖系数多大？（3）热泵由电动机驱动，如电动机效率为 97%，电动机的功率多大？（4）如果直接用电炉取暖，每小时耗电多少（$\mathrm{kW\cdot h}$）？

**5-2** 设有一由两个定温过程和两个定压过程组成的热力循环,如习题 5-2 图所示。工质加热前的状态为 $p_1$=0.3MPa、$T_1$=259K,定压加热到 $T_2$=998K,再在定温下每千克工质吸热 580kJ。试分别计算不采用回热和采用极限回热循环的热效率,并比较它们的大小。工质的比热 $c_p$=1.123kJ/(kg·K)。

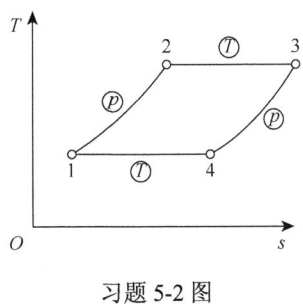

习题 5-2 图

**5-3** 试证明:同一种工质在参数坐标图(如 $p$-$v$ 图)上的两条绝热线不可能相交(提示:若相交,将违反热力学第二定律)。

**5-4** 设有 1kmol 的某种理想气体进行如习题 5-4 图所示的循环 1-2-3-1,已知 $T_1$=1870K、$T_2$=460K、$p_2$=0.2MPa。设比热为定值,绝热指数 $\kappa$=1.5。

(1)求初态压力;
(2)在 $T$-$s$ 图上画出该循环;
(3)求循环热效率;
(4)该循环的放热很理想,$T_1$ 也较高,但热效率不很高,问原因何在?(提示:算出平均温度)

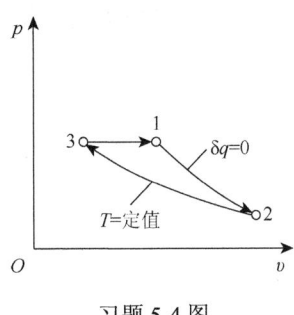

习题 5-4 图

**5-5** 如习题 5-5 图所示,一台在恒温热源 $T_1$ 和 $T_0$ 之间工作的热机 E,做出的循环净功 $W_{net}$,正好带动工作于 $T_H$ 和 $T_0$ 之间的热泵 P,热泵的供热量 $Q_H$ 用于谷物烘干。已知 $T_1$=990K,$T_H$=350K,$T_0$=278K,$Q_1$=250kJ。(1)若热机效率 $\eta_t$=56%,热泵供暖系数 $\varepsilon'$=3.1,求 $Q_H$;(2)设 E 和 P 都以可逆机代替,求此时的 $Q_H$;(3)计算结果 $Q_H>Q_1$,表示冷源中有部分热量传入温度为 $T_H$ 的热源,此复合系统并未消耗机械功而将热量由 $T_0$ 传给了 $T_H$,是否违背了热力学第二定律?为什么?

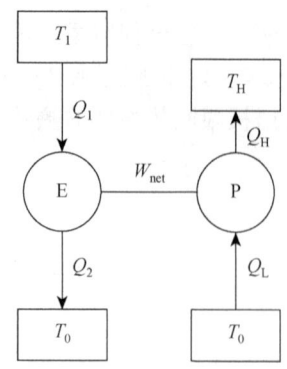

习题 5-5 图

**5-6** 某热机工作于 $T_1$=1980K、$T_2$=250K 的两个恒温热源之间，试问下列几种情况能否实现，是否是可逆循环：(1) $Q_1$=2kJ，$W_{net}$=1.8kJ；(2) $Q_1$=2kJ，$Q_2$=1.4kJ；(3) $Q_2$=1.2kJ，$W_{net}$=2.3kJ。

**5-7** 有人设计了一台热机，工质分别从温度为 $T_1$=900K、$T_2$=600K 的两个高温热源吸热 $Q_1$=2500kJ 和 $Q_2$=700kJ，以 $T_0$=298K 的环境为冷源，放热 $Q_3$，问：(1) 如要求热机做出循环净功 $W_{net}$=1600kJ，该循环能否实现？(2) 最大循环净功 $W_{net, max}$ 为多少？

**5-8** 试判别下列几种情况的熵变是（a）正、（b）负、（c）可正可负：

(1) 闭口系中理想气体经历一可逆过程，系统与外界交换功量 43kJ、热量 43kJ；

(2) 闭口系经历一不可逆过程，系统与外界交换功量 30kJ、热量–30kJ；

(3) 工质稳定流经开口系，经历一可逆过程，开口系做功 30kJ，换热–10kJ，工质流在进出口的熵变；

(4) 工质稳定流经开口系，按不可逆绝热变化，系统对外做功 20kJ，系统的熵变。

**5-9** 0.9kg 的 CO 在闭口系中由 $p_1$=0.35MPa，$t_1$=150℃膨胀到 $p_1$=0.258MPa，$t_1$=30℃，做出膨胀功 $W$=8.6kJ。已知环境温度 $t_0$=23℃，CO 的 $R_g$=0.297kJ/(kg·K)，$c_V$=0.747kJ/(kg·K)，试计算过程热量，并判断该过程是否可逆。

# 第6章 水蒸气和湿空气

众所周知，水蒸气是人类在热能间接利用中最早广泛应用的工质，由于水蒸气具有容易获得、有适宜的热力性质及不会污染环境等优点，至今仍是热力系统中应用的主要工质。在热力系统中作为工质的水蒸气距液态不远，微观粒子之间作用力大，分子本身也占据了相当的体积，工作过程中常有集态的变化，故不宜作为理想气体处理，它的物理性质较理想气体复杂得多。工程计算中，水和水蒸气的热力参数以前采用查取有关水蒸气的热力性质图表的方法，现在也可借助计算机对水蒸气的物性及过程进行高精度的计算。

目前蒸汽动力装置的主要工质是水蒸气，因此本章主要介绍水蒸气产生的一般原理、水和水蒸气状态参数的确定、水蒸气图表的结构和应用以及水蒸气热力过程中功和热量的计算。

湿空气是指含有水蒸气的空气，完全不含水蒸气的空气称为干空气。湿空气是干空气和水蒸气的混合物。烘干、采暖、空调、冷却塔等工程中通常都是采用环境大气，其水蒸气的分压力很低（0.003～0.004MPa），一般处于过热状态，因此大气中的水蒸气可作为理想气体计算。湿空气是理想气体混合物，理想气体遵循的规律及理想气体混合物的计算公式都可应用。

## 6.1 饱和状态及其参数

水由液态转变为气态的过程称为汽化，汽化又有蒸发和沸腾之分。在水表面进行的汽化过程称为蒸发；在水表面和内部同时进行的强烈汽化过程称为沸腾。水由气相转变为液相的过程称为凝结（又称冷凝），凝结是汽化的反过程。

液态水分子和气体分子一样，都处于杂乱的热运动中。液态水放置于一个能承受相当大的压力的容器内时，随时有液面附近的动能较大的水分子克服表面张力飞散到上面空间，同时也有液面上空间内的蒸汽分子碰撞回到液面，凝成液态水。液态水的温度越高，分子运动越剧烈，水面附近动能较大的分子挣脱水面变成水蒸气的分子数越多。容器空间中水蒸气分子逐渐增多，液面上蒸汽压力也将逐渐增大，水蒸气的压力越高，密度越大，水蒸气的分子与液面碰撞越频繁，变为水分子的水蒸气分子数也越多。到一定状态时，这两种方向相反的过程就会达到动态平衡。此时，两种过程仍在不断进行，但宏观结果是状态不再改变。这种液态水和蒸汽处于动态平衡的状态称为饱和状态。处于饱和状态的蒸汽称为饱和蒸汽，液态水称为饱和水。此时，汽、液的温度相同，称为饱和温度，用 $T_s$ 表示；蒸汽的压力称为饱和压力，用 $p_s$ 表示；饱和蒸汽的特点是在一定容积中不能再含有更多的蒸汽，即蒸汽压力与密度为对应温度下的最大值。

若温度升高并且维持一定值，则汽化速度加快，空间内蒸汽密度也将增加。当增加到某一确定数值时，在液态水和蒸汽间又建立起新的动态平衡，此时蒸汽压力对应于新的温度下的饱和压力。对一定温度的液态水减压，也可使水达到饱和状态。这时，汽化所需能量由液态水本身的内能供给，因此液态水的温度要降低，但仍满足饱和压力与饱和温度的对应关系。

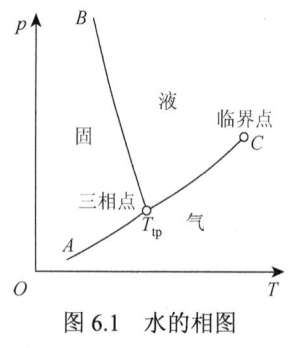

图 6.1 水的相图

水的 $p$-$T$ 图（相图）如图 6.1 所示。图中 $T_{tp}$ 为三相点，$C$ 为临界点。$T_{tp}A$、$T_{tp}B$ 和 $T_{tp}C$ 分别为气固、液固和气液相平衡曲线。

三条相平衡曲线的交点称为三相点。据相律，三相点的自由度为零。水的三相点的平衡压力和温度分别是

$$p_{tp} = 611.659 \text{ Pa}$$

$$T_{tp} = 273.16 \text{ K } (t_{tp} = 0.01℃)$$

## 6.2 水蒸气的定压发生过程

工业生产中所用的水蒸气通常是水在定压下（如锅炉中）产生的。为了说明方便起见，假设水是在气缸内进行定压加热，其原理如图 6.2 所示。定压下水蒸气的发生过程可分为 3 个阶段。

（1）预热阶段。设气缸内有 1kg、0.01℃的纯水，通过增减活塞上重物可使水处在指定压力下定压吸热。当水温低于饱和温度时称为过冷水，或称未饱和水，如图 6.2 中（1）所示。对未饱和水加热，水温逐渐升高，水的比体积稍有增大。当水温达到压力 $p$ 对应的饱和温度 $t_s$ 时，水成饱和水，如图 6.2 中（2）所示。水在定压下从未饱和状态加热到饱和状态称为预热阶段，所需的热量称为液体热，用 $q_l$ 表示。

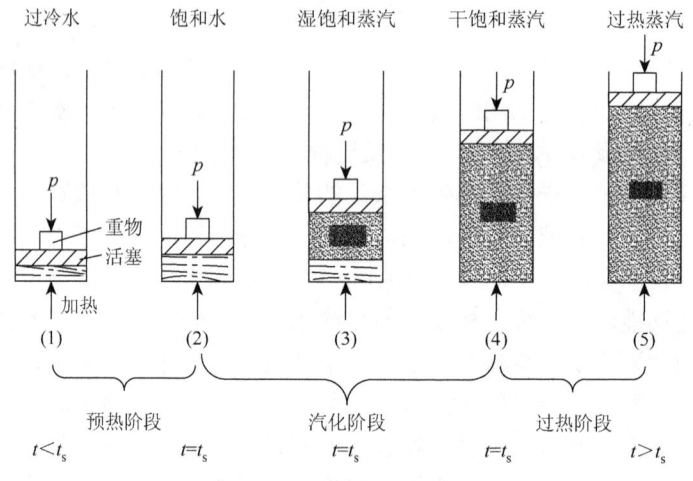

图 6.2 水的定压汽化原理

（2）汽化阶段。对达饱和温度的水继续加热，水开始沸腾汽化。这时，饱和压力不变，饱和温度也不变。这种蒸汽和水的混合物称为湿饱和蒸汽（简称湿蒸汽），如图 6.2 中（3）所示。随着加热过程的继续进行，水逐渐减少，蒸汽逐渐增多，直至水全部变成蒸汽，这时的蒸汽称为干饱和蒸汽（简称饱和蒸汽），如图 6.2 中（4）所示。在由饱和水定压加热为干饱和蒸汽的过程中，工质的比体积随蒸汽增多而迅速增大，但汽、液温度不变，所吸收的热量转变为蒸汽分子的内位能的增加及比体积的增加而对外做出的膨胀功。这一热量即汽化潜热 $\gamma$。

(3) 过热阶段。对饱和蒸汽继续定压加热，蒸汽温度将升高，比体积增大，这时的蒸汽称为过热蒸汽，如图6.2中（5）所示。其温度超过饱和温度之值称为过热度。过热过程中蒸汽吸收的热量称为过热热，用 $q_{sup}$ 表示。

上述由过冷水定压加热为过热蒸汽的过程在 $p$-$v$ 及 $T$-$s$ 图上可用 $1_0 1' 1'' 1$ 表示，如图6.3和图6.4所示。

改变压力 $p$ 可得类似上述的汽化过程 $2_0 2' 2'' 2$、$3_0 3' 3'' 3$ 等，如图6.3和图6.4中各相应线段所示。

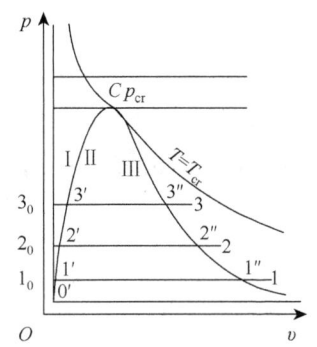 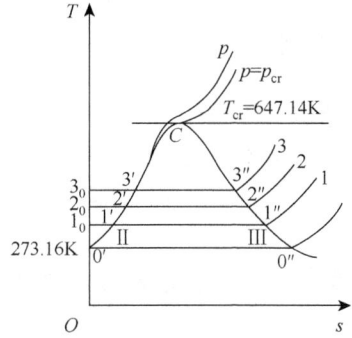

图 6.3 水定压汽化过程的 $p$-$v$ 图　　图 6.4 水定压汽化过程的 $T$-$s$ 图

液态水的体积随温度升高有明显的增大，但随压力增大，变化不显著。所以，在 $p$-$v$ 图上 0.01℃时各种压力下的水的状态点 $1_0$、$2_0$、$3_0$ 等几乎在一条垂直线上，而饱和水的状态点 $1'$、$2'$、$3''$ 等的比体积因其相应的饱和温度 $t_s$ 的增大而逐渐增大。点 $1''$、$2''$、$3''$ 等为干饱和蒸汽状态，压力对蒸汽体积的影响比温度大，所以虽然饱和温度随压力增大而升高，但 $v'$ 和 $v''$ 之间的差值随压力的增大而减少。$1'$-$1''$、$2'$-$2''$、$3'$-$3''$ 各状态点均为湿蒸汽，点 1、2、3 等为过热蒸汽。当压力升高到 22.064MPa 时，$t_s = 373.99℃$，$v' = v'' = 0.003\,106\,\mathrm{m^3/kg}$，如图6.3中点 $C$ 所示。此时饱和水和饱和蒸汽已不再有分别，此点称为水的临界点，其压力、温度和比体积分别称为临界压力、临界温度、临界比体积，分别用 $p_{cr}$、$t_{cr}$ 和 $v_{cr}$ 表示。因此，当 $t > t_{cr}$ 时，不论压力多大，再也不能使蒸汽液化。

连接不同压力下的饱和水的状态点 $1'$,$2'$,$3'$,…，得曲线 $C$-Ⅱ，称为饱和水线，或称下界限线。连接干饱和蒸汽的状态点 $1''$,$2''$,$3''$,…，得曲线 $C$-Ⅲ，称为饱和蒸汽线，或称上界限线。两曲线汇合于临界点 $C$，并将 $p$-$v$ 图分成 3 个区域：下界限线左侧为饱和水（或过冷水），上界限线右侧为过热蒸汽，而在两界限线之间则为水、汽共存的湿饱和蒸汽（湿蒸汽）。湿蒸汽的成分用干度 $x$ 表示，即在 1kg 湿蒸汽中含有 $x$kg 的饱和蒸汽，而余下的 $(1-x)$ kg 则为饱和水。

因此，水的加热汽化过程在 $p$-$v$ 图和 $T$-$s$ 图上可归纳为：3 个区，过冷水区、湿蒸汽区（简称湿区）和过热蒸汽区（简称过热区）；两条线，饱和水线和饱和蒸汽线；5 个状态，过冷水、饱和水、湿饱和蒸汽、干饱和蒸汽和过热蒸汽。

## 6.3　水和水蒸气的状态参数

水和水蒸气的状态参数 $p$、$v$、$t$、$h$、$s$ 等均能从水蒸气图、表中查得，而 $u$ 可按 $u = h - pv$ 计算得到。在焓熵图中还能查得干度 $x$ 值。以往，工程实际计算根据图或表确定水及水蒸气的各种状态参数。随着计算机日益普及，已有许多计算水及水蒸气的各种状态参数的软件流通，可以精确地通过计算软件求得水及水蒸气的各种状态参数。

### 6.3.1 零点的规定

水及水蒸气的 $h$、$s$、$u$ 在热工计算中不必求其绝对值，而仅需求其变化值，故可规定一任意起点。根据国际水和水蒸气性质会议的规定，选定水的三相点，即 273.16K 液相水作为基准点，规定在该点状态下的液相水的内能和熵为零。

### 6.3.2 过冷水

因忽略水的压缩性，认为水的比体积不变，所以 $v_0 \approx 0.001\,\text{m}^3/\text{kg}$，故在压缩过程中 $w \approx 0$。又因为温度不变,比体积不变,内能也不变,即 $u_0 = u_0' = 0$，所以 $q=0$，熵也未变, $s_0 \approx s_0' = 0$。而 $h_0 = u_0 + p_0 v_0$，当压力不高时，$h_0 \approx 0$。

### 6.3.3 温度为 $t$、压力为 $p$ 的饱和水

0.01℃的水在定压 $p$ 下加热至 $t_s$ 的饱和水，所加入的热量（液体热）$q_1$ 相当于图 6.4 中加热线 0'-1' 下面的面积。$q_1$ 随着压力的升高而增大：

$$q_1 = \int_{273.16\text{K}}^{T_s} c_p \mathrm{d}T$$

如果把水的 $c_p$ 当成定值，则 $q_1 \approx c_p t_s$。当水的温度小于 100℃时，它的平均比热 $c_p \approx 4.1868\,\text{kJ/(kg·K)}$。此时

$$h' = h_0' + q_1 \approx 4.1868 \{t_s\}_\text{℃} \,\text{kJ/kg} \tag{6.1}$$

$$s' = \int_{273.16\text{K}}^{T_s} c_p \frac{\mathrm{d}T}{T} = 4.1868 \ln \frac{\{T_s\}_\text{K}}{273.16} \,\text{kJ/(kg·K)} \tag{6.2}$$

在压力与温度较高时，水的 $c_p$ 变化较大，且 $h_0'$ 也不能再认为是零，故不能用上两式计算 $q_1$ 和 $s'$。

### 6.3.4 压力为 $p$ 的干饱和蒸汽

加热饱和水，全部汽化后成为压力为 $p$、温度为 $t_s$ 的干饱和蒸汽,其各参数用 $v''$、$h''$、$s''$、$u''$ 表示。汽化过程中加入的热量（汽化潜热）$\gamma$，即图 6.4 中过程线 1'-1″ 下面的面积为

$$\gamma = T_s(s'' - s') = h'' - h' = (u'' - u') + p(v'' - v')$$

式中，$(u'' - u')$ 表示用于增加内能的热量；$p(v'' - v')$ 表示汽化时比体积增大用以做膨胀功的热量。

干饱和蒸汽的比焓 $h''$ 为 $h'$ 和 $\gamma$ 之和，即 $h'' = h' + \gamma$。

干饱和蒸汽的比内能 $u'' = h'' - pv''$，因为汽化过程中温度保持不变，加入的热量为 $\gamma$，所以干饱和蒸汽的比熵 $s'' = s' + \dfrac{\gamma}{T_s}$。

## 6.3.5 压力为 $p$ 的湿饱和蒸汽

当汽化已经开始而尚未完毕时，部分为水，部分为蒸汽，此时温度 $t$ 为对应于 $p_s$ 的饱和温度，即 $t=t_s$。因 $p_s$ 和 $t_s$ 为互相对应的数值，不是相互独立的参数，故此时仅知 $p_s$ 及 $t_s$ 不能决定其状态，必须另有一个独立参数才能决定其状态，通常用干度 $x$，于是

$$v_x = xv'' + (1-x)v' \tag{6.3}$$

当 $p$ 不太大（$v' \ll v''$）、$x$ 不太小时，$(1-x)v' \ll xv''$，所以

$$v_x \approx xv'' \tag{6.4}$$

$$h_x = xh'' + (1-x)h' \text{ 或 } h_x = h' + x\gamma \tag{6.5}$$

$$s_x = xs'' + (1-x)s' \text{ 或 } s_x = s' + x\frac{\gamma}{T_s} \tag{6.6}$$

$$u_x = h_x - pv_x \tag{6.7}$$

湿蒸汽的 $p$ 与 $t$ 值均为饱和值已如前述，其 $h$、$s$、$u$、$v$ 之值均介于饱和水和饱和蒸汽各相应参数之间。如已知某一状态下蒸汽的上述参数大于带"'"的值而小于带"''"的值，即可断定此蒸汽为湿蒸汽，并根据上列公式可算出 $x$ 值。

## 6.3.6 压力为 $p$ 的过热蒸汽

当饱和蒸汽继续在定压下加热时，温度开始升高，超过 $t_s$ 而成为过热蒸汽。其超过 $t_s$ 之值称为过热度，即 $\Delta t = t - t_s$。过热热量 $q_{\sup} = \int_{T_s}^{T} c_p \mathrm{d}T$，因过热蒸汽的 $c_p$ 是 $p$、$t$ 的复杂函数，故此式不宜用于工程计算。

过热蒸汽的焓 $h = h'' + q_{\sup}$，其比熵

$$s' = \int_{273.16\mathrm{K}}^{T_s} c\frac{\mathrm{d}T}{T} + \frac{\gamma}{T_s} + \int_{T_s}^{T} c_p \frac{\mathrm{d}T}{T}$$

式中，$c$ 为水的比热；$c_p$ 为过热蒸汽的定压比热。同样，该式也不宜用于工程计算。

一定压力下的过热蒸汽，其 $t$、$v$、$h$、$s$、$u$ 均大于同压力下饱和蒸汽的相应参数 $t_s$、$v''$、$h''$、$s''$、$u''$。如已知某压力下蒸汽的上述任一参数大于同压力下带"''"的值，即可断定其为过热蒸汽。

## 6.4 水蒸气表和 $h$-$s$ 图

在分析计算蒸汽过程和循环时，必须知道蒸汽的状态参数。蒸汽的状态方程极为复杂，不适合工程计算，水蒸气的参数均用实验和分析方法求得，一般列成数据表以供工程计算用。由于各国在进行实验建立水蒸气状态方程式时所采用的理论与方法不同，测试技术有差异，其结果也不免有异。为此，通过国际会议的研究和协商制定了水蒸气热力性质的国际骨架表。1963 年召开的第六届国际水和水蒸气性质会议规定水的三相点的液相水的内能和熵值为零，并且以此为起点编制的骨架表的参数已达 100MPa 和 800℃。1985 年第十届国际水和

水蒸气性质会议公布了新的骨架表,规定了新的更严格的允差。此项研究还在继续进行,参数范围还在不断扩大。

由于计算技术的发展,为适应计算机的使用,在第六届国际水和水蒸气性质会议上成立了国际公式化委员会(简称 IFC),该委员会先后发表了"工业用 1967 年 IFC 公式"和"科学用 1968 年 IFC 公式"。现在各国使用的水和水蒸气图表就是根据这些公式计算而编制的。工程上目前还广泛使用图、表,因此本节介绍图、表的构成及使用。

### 6.4.1 水蒸气表

水蒸气表分"饱和水和饱和水蒸气表"、"未饱和水和过热蒸汽表"两种。前者又分两种:一种按温度排列(附表 7-a),依次列出各个不同温度下的 $p_s$、$v'$、$v''$、$h'$、$h''$、$\gamma$、$s'$、$s''$;另一种以压力 $p$ 为独立变数(附表 7-b),依次列出不同压力下的 $t_s$、$v'$、$v''$、$h'$、$h''$、$\gamma$、$s'$、$s''$。$u$ 则需依 $u = h - pv$ 计算而得。湿蒸汽的各个参数可根据 $x$ 依式(6.5)~式(6.7)算出。"未饱和水和过热蒸汽表"以压力和温度为独立变数,列出未饱和水和过热蒸汽的 $v$、$h$、$s$,参见附表 8,$u$ 依 $u = h - pv$ 计算而得。

【**例 6.1**】 利用水蒸气表,确定下列各点的状态和 $h$、$s$ 的值:

(1) $t = 70\ ℃, v = 0.001\,022\,76\ \mathrm{m^3/kg}$;

(2) $t = 350\ ℃, x = 0.82$;

(3) $p = 0.5\ \mathrm{MPa}, t = 162\ ℃$;

(4) $p = 0.5\ \mathrm{MPa}, v = 0.545\ \mathrm{m^3/kg}$。

**解** (1) 由已知温度,查得 $v' = 0.001\,022\,76\ \mathrm{m^3/kg} = v$,确定该状态为饱和水。由饱和水和饱和水蒸气表查得

$$p_s = 0.031\,178\ \mathrm{MPa}, \quad h = 293.01\ \mathrm{kJ/kg}, \quad s = 0.9550\ \mathrm{kJ/(kg \cdot K)}$$

(2) 该状态为湿蒸汽,查饱和水和饱和水蒸气表得

$h' = 1670.3\ \mathrm{kJ/kg}, \quad h'' = 2563.39\ \mathrm{kJ/kg}, \quad s' = 3.7773\ \mathrm{kJ/(kg \cdot K)}, \quad s'' = 5.2104\ \mathrm{kJ/(kg \cdot K)}$

$$h_x = xh'' + (1-x)h' = 0.82 \times 2563.39 + (1-0.82) \times 1670.3$$
$$= 2402.6(\mathrm{kJ/kg})$$
$$s_x = xs'' + (1-x)s'$$
$$= 0.82 \times 5.2104 + (1-0.82) \times 3.7773$$
$$= 4.9524[\mathrm{kJ/(kg \cdot K)}]$$

(3) $p = 0.5\ \mathrm{MPa}$ 时,$t_s = 151.867\ ℃$。现 $t > t_s$,所以为过热蒸汽状态。查未饱和水和过热蒸汽表得

$p = 0.5\ \mathrm{MPa}, \quad t = 160\ ℃, \quad h = 2767.2\ \mathrm{kJ/kg}, \quad s = 6.8647\ \mathrm{kJ/(kg \cdot K)}$

$p = 0.5\ \mathrm{MPa}, \quad t = 170\ ℃, \quad h = 2789.2\ \mathrm{kJ/kg}, \quad s = 6.9160\ \mathrm{kJ/(kg \cdot K)}$

题给 $t = 162\ ℃$,故 $h$ 和 $s$ 可从上面两者之间按线性插值求得

$$h = 2771.6\ \mathrm{kJ/kg}, \quad s = 6.8750\ \mathrm{kJ/(kg \cdot K)}$$

(4) $p = 0.5\ \mathrm{MPa}$ 时,饱和蒸汽的比体积 $v'' = 0.374\,90\ \mathrm{m^3/kg}$,因 $v > v''$,所以该状态为过热蒸汽状态。查未饱和水和过热蒸汽表得

$p = 0.5$ MPa、$t = 320$ ℃时， $v = 0.54164 \text{m}^3/\text{kg}, h = 3104.9 \text{kJ/kg}, s = 7.5297 \text{ kJ/(kg·K)}$

$p = 0.5$ MPa、$t = 330$ ℃时， $v = 0.55115 \text{m}^3/\text{kg}, h = 3125.6 \text{kJ/kg}, s = 7.5643 \text{ kJ/(kg·K)}$

按线性插值求得

$$t = 323.6℃, \quad h = 3112.4 \text{kJ/kg}, \quad s = 7.5422 \text{ kJ/(kg·K)}$$

### 6.4.2　*h-s* 图

工程中常要计算的做功量和加热量，一般均可用焓差表示，这使 *h-s* 图因可以用线段长度表示热量和功而得到广泛应用。据热力学第一定律，定压过程的热量等于焓差；绝热过程的技术功也等于焓差。由于水蒸气的产生过程可看成等压过程，而水蒸气在汽轮机内膨胀及水在水泵内加压均可作为绝热过程，所以计算水蒸气循环中的功、热量及热效率等利用 *h-s* 图将是方便的。

水蒸气的 *h-s* 图如图 6.5 所示，图中粗线为界限曲线，其上为过热蒸汽区，其下为湿蒸汽区。在湿区有定压线和定干度线，在过热区有定压线和定温线。定压线在湿区为倾斜直线，因斜率 $\left(\dfrac{\partial h}{\partial s}\right)_p = T$，湿区定压即定温，$T$ 不变，故斜率不变而为直线。进入过热区后，定压加热时温度将要升高，故其斜率也逐渐增加。在交界处平滑过渡，此处曲线与直线的斜率相等，直线恰为曲线之切线。定温线在接近饱和区处向右上倾斜，表明在定温下压力降低时 $h$ 将增加，这说明蒸汽的 $h$ 不仅是 $T$ 的函数，而且与 $p$ 或 $v$ 有关；当向右远离饱和区后，即过热度增加时逐渐平坦（上斜减少），最后接近水平线。这说明过热度高时，水蒸气的性质趋于理想气体，它的焓值决定于 $T$，而与 $p$ 的关系减小。

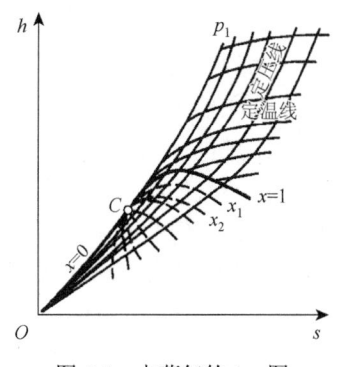

图 6.5　水蒸气的 *h-s* 图

工程计算用的详图中定容线用红线标出，以便识别。利用这种图能求得全部参数，比较方便，但缺点是不易读出精确数值。在要求高度精确的计算中，以查表为宜。图的优点是方便，表的优点是精确。蒸汽动力机中应用的水蒸气多为干度较高的湿蒸汽和过热蒸汽，因此对于水和 *x* 值较小的湿蒸汽，图中不载，需要时可查表。

## 6.5　水蒸气的基本过程

水蒸气的基本热力过程有定容、定压、定温和定熵 4 种，求解的过程与解理想气体的过程一样，要求：①初态和终态的参数；②过程中的热量和功。由 6.4 节论述可知，水蒸气的状态参数较难用解析的方法求得，又因蒸汽的 $c_p$、$c_V$ 以及 $h$、$u$ 都不是温度的单值函数，而是 $p$ 或 $v$ 和 $T$ 的复杂函数，所以宜查图、表或由专用方程用计算机计算得出。热力学第一定律和第二定律的基本原理和从其推得的一般关系式仍可利用，如

$$q = \Delta u + w, \quad q = \Delta h + w_t$$

$$q_V = u_2 - u_1, \quad q_p = h_2 - h_1$$

$$w = \int_1^2 p\mathrm{d}v, \quad w_t = -\int_1^2 v\mathrm{d}p, \quad q = \int_1^2 T\mathrm{d}s$$

其中最后三式仅适用于可逆过程。

利用图表分析计算水蒸气的状态变化过程，一般步骤如下。

（1）根据初态的两个已知参数，通常为 ($p, t$) 或 ($p, x$)、($t, x$)，从表或图中查得其他参数。

（2）根据过程特征及一个终态参数确定终态，再从表或图上查得其他参数。

（3）根据已求得的初、终态参数计算 $q$、$\Delta u$ 及 $w$。方法如下。

定容过程（$v$=定值）：
$$w = \int_1^2 p\mathrm{d}v = 0, \quad q = \Delta u = u_2 - u_1, \quad u = h - pv$$

定压过程（$p$=定值）：
$$w = \int_1^2 p\mathrm{d}v = p(v_2 - v_1), \quad q = \Delta h = h_2 - h_1$$
$$\Delta u = u_2 - u_1 \text{ 或 } \Delta u = q - w$$

定温过程（$T$=定值）：
$$q = \int_1^2 T\mathrm{d}s = T(s_2 - s_1), \quad \Delta u = u_2 - u_1, \quad w = q - \Delta u$$

定熵过程（可逆绝热过程，$s$=定值）：
$$q = \int_1^2 T\mathrm{d}s = 0, \quad w = -\Delta u = u_2 - u_1, \quad w_t = -\Delta h = h_1 - h_2$$

上列过程中以定压过程和绝热过程最为重要，因为水在锅炉中的加热、汽化和过热，乏汽在冷凝器中的凝结，给水在回热器中的预热，以及回热用抽汽在回热器中的冷却和凝结都是定压过程；蒸汽在汽轮机中的膨胀做功是绝热过程。这些过程在 $h$-$s$ 图上求解更为方便。

水蒸气的绝热过程不能用 $pv^\kappa$ =定值来表示，但有时为了便于分析起见，也写成 $pv^\kappa$ =定值的形式，但此时 $\kappa$ 不再具有 $c_p/c_V$ 的意义，而是一纯经验数字。它是根据实际的过程曲线测算而得的，且随着蒸汽状态的不同而有较大的变化。作为近似的估算，可以取过热蒸汽的 $\kappa$=1.3，干饱和蒸汽的 $\kappa$=1.135，而湿蒸汽的 $\kappa$=1.035+0.1$x$。用此法计算所得结果误差甚大，故不应用它来求蒸汽的状态参数值。

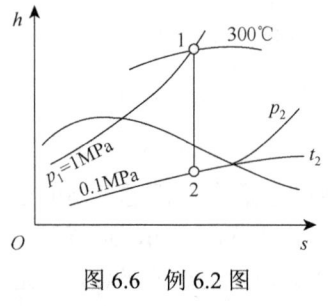

图 6.6　例 6.2 图

【例 6.2】　水蒸气从 $p_1$=1MPa、$t_1$=300℃ 的初态可逆绝热膨胀到 0.1MPa，求 1kg 水蒸气所做的膨胀功和技术功。

**解**　（1）用 $h$-$s$ 图（图 6.6）计算。

①初态参数：已知 $p_1$=1MPa，$t_1$=300℃，从 $h$-$s$ 图上找出 $p_1$=1MPa 的定压线和 $t_1$=300℃ 的定温线，两线的交点即为初始状态点 1，得
$$h_1 = 3052\,\mathrm{kJ/kg}, \quad v_1 = 0.26\,\mathrm{m^3/kg}$$
$$s_1 = 7.12\,\mathrm{kJ/(kg \cdot K)}$$

所以
$$u_1 = h_1 - p_1 v_1 = 3052 - 1\times 10^3 \times 0.26 = 2792\,(\mathrm{kJ/kg})$$

②终态参数：已知终压 $p_2$=0.1MPa，因是可逆绝热膨胀过程，故 $s_1 = s_2 = 7.12\,\mathrm{kJ/(kg \cdot K)}$。从点 1 作垂线交 $p_2$=0.1MPa 的定压线于点 2，即为终态点：

$$h_2 = 2592 \text{kJ/kg}, \quad v_2 = 1.62 \text{m}^3/\text{kg}, \quad x_2 = 0.97, \quad t_2 \approx 100℃$$

所以
$$u_2 = h_2 - p_2 v_2 = 2592 - 0.1 \times 10^3 \times 1.62 = 2430 \text{ (kJ/kg)}$$

③膨胀功和技术功
$$w = u_1 - u_2 = 2792 - 2430 = 362 \text{ (kJ/kg)}$$
$$w_t = h_1 - h_2 = 3052 - 2592 = 460 \text{ (kJ/kg)}$$

（2）用蒸汽表计算。

①初态参数：据 $p_1$=1MPa、$t_1$=300℃，查未饱和水和过热蒸汽表，得
$$h_1 = 3050.4 \text{kJ/kg}, \quad v_1 = 0.25793 \text{m}^3/\text{kg}, \quad s_1 = 7.1216 \text{ kJ/(kg·K)}$$

所以
$$u_1 = h_1 - p_1 v_1 = 3050.4 - 1 \times 10^3 \times 0.25793 = 2792.5 \text{ (kJ/kg)}$$

②终态参数：据终压 $p_2$=0.1MPa、$s_2 = s_1 = 7.1216 \text{ kJ/(kg·K)}$，查以压力为独立变数的饱和水和饱和水蒸气表，得
$$t_2 = 99.634 \text{ ℃}$$
$$h'' = 2675.14 \text{kJ/kg}, \quad h' = 417.52 \text{kJ/kg}, \quad v'' = 1.6943 \text{m}^3/\text{kg}$$
$$v' = 0.001\,043\,2 \text{m}^3/\text{kg}, \quad s'' = 7.3589 \text{kJ/(kg·K)}, \quad s' = 1.3028 \text{ kJ/(kg·K)}$$

因 $s'' > s_2 > s'$，所以状态 2 是湿蒸汽。先求 $x_2$，据 $s_2 = x_2 s'' + (1 - x_2)s'$，故
$$x_2 = \frac{s_2 - s'}{s'' - s'} = \frac{7.1216 - 1.3028}{7.3589 - 1.3028} = 0.96$$
$$h_2 = x_2 h'' + (1 - x_2)h' = 0.96 \times 2675.14 + (1 - 0.96) \times 417.52 = 2584.8 \text{(kJ/kg)}$$
$$v_2 = x_2 v'' + (1 - x_2)v' \approx x_2 v'' = 0.96 \times 1.6943 = 1.6265 \text{ (m}^3/\text{kg)}$$
$$u_2 = h_2 - p_2 v_2 = 2584.8 - 0.1 \times 10^3 \times 1.6265 = 2422.1 \text{ (kJ/kg)}$$

③膨胀功和技术功
$$w = u_1 - u_2 = 2792.5 - 2422.1 = 370.4 \text{ (kJ/kg)}$$
$$w_t = h_1 - h_2 = 3050.4 - 2584.8 = 465.6 \text{ (kJ/kg)}$$

## 6.6 湿空气的性质

自然界中江河湖海里的水要蒸发汽化，因此大气中总是含有一些水蒸气。一般情况下，大气中水蒸气的含量及变化都较小，可近似作为干空气来计算。但某些场合如烘干装置、采暖通风、室内调温调湿以及冷却塔等设备中作为工质的湿空气，其水蒸气含量的多少具有特殊作用，因此有必要对湿空气的热力性质、参数的确定、湿空气的工程应用计算等进行专门研究。

在湿空气分析计算中通常进行如下三点假设。

（1）湿空气是理想气体混合物。

（2）湿空气中水蒸气凝聚成的液相水或固相冰中，不含有空气。

（3）空气的存在不影响水蒸气与凝聚相的相平衡，相平衡温度为水蒸气分压力所对应的饱和温度。

为了描述方便，分别以下标"a"、"v"、"s"表示干空气、水蒸气和饱和水蒸气的参数，而无下标时则为湿空气参数。

## 6.6.1 未饱和空气和饱和空气

根据理想气体的分压力定律，湿空气总压力等于干空气分压力 $p_a$ 和水蒸气分压力 $p_v$ 之和，即 $p = p_a + p_v$。如果湿空气来自环境大气，其压力即为大气压力 $p_b$，这时

$$p_b = p_a + p_v \tag{6.8}$$

温度为 $t$ 的湿空气，当水蒸气的分压力 $p_v$ 低于对应于 $t$ 的饱和压力 $p_s$ 时，水蒸气处于过热状态，如图 6.7 中点 $A$ 所示，此时的湿空气处于未饱和状态，具有吸收水分的能力。这时，水蒸气的密度 $\rho_v$ 小于饱和蒸汽的密度 $\rho''[= f(t)]$，即

$$\rho_v < \rho'' \text{ 或 } v_v > v''$$

如果湿空气保持温度不变，而水蒸气含量增加，则水蒸气的分压力增大，其状态点将沿着定温线向左上方（$p$-$v$ 图），或水平向左（$T$-$s$ 图）变化。当分压力增大到 $p_s(t)$，如图 6.7 中点 $C$ 时，水蒸气达到饱和状态。这种由干空气和饱和水蒸气组成的湿空气称为饱和湿空气。饱和湿空气吸收水蒸气的能力已经达到极限，若再向它加入水蒸气，将凝结为水滴从中析出，这时水蒸气的分压力和密度是该温度下可能有的最大值。

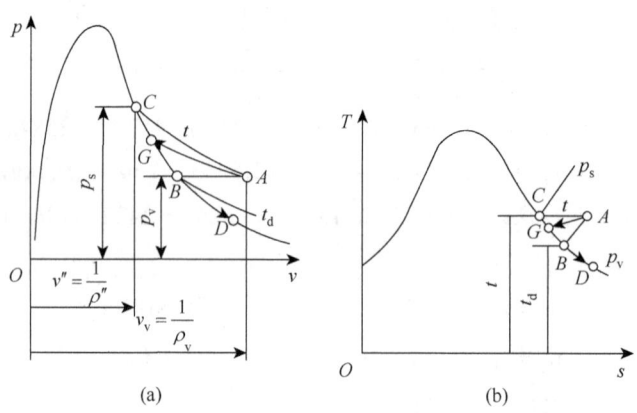

图 6.7 湿空气中水蒸气状态的 $p$-$v$ 图和 $T$-$s$ 图

## 6.6.2 露点

如果湿空气内水蒸气的含量保持一定，即分压力 $p_v$ 不变而温度逐渐降低，状态点将沿着定压冷却线 $A$-$B$ 与饱和蒸汽线相交于 $B$，也达到了饱和状态，继续冷却就会结露。$B$ 点温度即为对应于 $p_v$ 的饱和温度，称为露点，用 $t_d$ 表示。达到露点后继续冷却，部分水蒸气就会凝结成水滴析出，在湿空气中的水蒸气状态，将沿着饱和蒸汽线变化，如图 6.7 中的 $B$-$D$ 所示。显然 $t_d = f(p_v)$，可在饱和水和饱和水蒸气表（附表 7-b）或附表 9 中由 $p_s$ 值查得。

露点是在一定的 $p_v$ 下（指不与水和湿物料相接触的情况）未饱和湿空气冷却达到饱和湿空气，即将结露时的温度，可用湿度计或露点仪测量，测得 $t_d$ 相当于测定了 $p_v$。

## 6.6.3 湿空气的绝对湿度

每 1m³ 的湿空气中所含的水蒸气的质量（kg）称为湿空气的绝对湿度。因此，在数值上绝对湿度等于在湿空气的温度和水蒸气的分压力 $p_v$ 下水蒸气的密度 $\rho_v$，单位为 kg/m³。$\rho_v$ 值可由水蒸气表查得，或由下式计算：

$$\rho_v = \frac{m_v}{V} = \frac{p_v}{R_v T}$$

式中，$m_v$ 为水蒸气的质量，kg；$R_v$ 为水蒸气的气体常数。

## 6.6.4 湿空气的相对湿度

绝对湿度只表示湿空气中实际水蒸气含量的多少，而不能说明在该状态下湿空气饱和的程度或吸收水蒸气能力的大小。因此常用相对湿度来表示湿空气的潮湿程度。湿空气中水蒸气的分压力 $p_v$，与同一温度、同样总压力的饱和湿空气中水蒸气分压力 $p_s(t)$ 的比值，称为相对湿度，用 $\varphi$ 表示，则

$$\varphi = \frac{p_v}{p_s} \approx \frac{\rho_v}{\rho''} \quad (p_s \leqslant p \text{时}) \tag{6.9}$$

$\varphi$ 值介于 0 和 1 之间。$\varphi$ 越小表示湿空气离饱和湿空气越远，即空气越干燥，吸取水蒸气的能力越强，当 $\varphi=0$ 时即为干空气；反之，$\varphi$ 越大空气越潮湿，吸取水蒸气的能力也越差，当 $\varphi=1$ 时 $p_v=p_s$，即为饱和湿空气。所以，不论温度如何，$\varphi$ 的大小直接反映了湿空气的吸湿能力。计算 $\varphi$ 值时，式（6.9）中的饱和蒸汽压 $p_s$ 既可由水蒸气图表查出，也可由下述经验公式计算（误差不超过 $\pm 0.15\%$）：

$$\{p_s\}_{kPa} = \frac{2}{15} \exp\left[18.5916 - \frac{3991.11}{\{t\}_\text{℃} + 233.84}\right]$$

在某些场合，如作为干燥介质的湿空气，被加热到相当高的温度，这时的 $p_s(t)$ 可能大于总压力 $p$。实际上，湿空气中水蒸气的分压力至多等于总压力，所以这时 $\varphi$ 定义为

$$\varphi = \frac{p_v}{p} \quad (p_s > p \text{时}) \tag{6.10}$$

## 6.6.5 湿空气的含湿量

以湿空气为工作介质的某些过程，如干燥、吸湿等过程中，干空气的质量是不变的，发生变化的只是湿空气中水蒸气的质量。因此，湿空气的一些状态参数，如湿空气的含湿量、焓、气体常数、比体积、比热等，都是以单位质量干空气为基准的，这样可方便计算。定义 1kg 干空气所带有的水蒸气的质量为含湿量（又称比湿度），以 $d$ 表示，则

$$d = \frac{m_v}{m_a} = \frac{M_v n_v}{M_a n_a} \text{ kg(水蒸气)/kg(干空气)}$$

式中，$n_v$ 和 $n_a$ 分别为湿空气中水蒸气和干空气的物质的量，mol；$M_v$、$M_a$ 分别为水蒸气和干空气的摩尔质量，$M_v = 18.016 \times 10^{-3}$ kg/mol，$M_a = 28.97 \times 10^{-3}$ kg/mol。由分压力定律可知，理

想气体混合物中各组元的摩尔数之比等于分压力之比，且 $p_a = p - p_v$，所以

$$d = 0.622 \frac{p_v}{p_a} = 0.622 \frac{p_v}{p - p_v} \tag{6.11}$$

可见，总压力一定时，湿空气的含湿量 $d$ 只取决于水蒸气的分压力 $p_v$，并且随着 $p_v$ 的升降而增减，即

$$d = f(p_v) \quad (p = 常数)$$

若将式（6.9）$p_v = \varphi p_s$ 代入式（6.11），则

$$d = 0.622 \frac{\varphi p_s}{p - \varphi p_s} \tag{6.12}$$

因 $p_s = f(t)$，所以压力一定时含湿量取决于 $\varphi$ 和 $t$，即

$$d = F(\varphi, t)$$

式（6.11）、式（6.12）与 $p_s = f(t)$、$t_d = f(p_v)$ 一起，给出了在总压力和温度一定时，湿空气的状态参数 $p_v$、$t_d$、$\varphi$、$d$ 之间的关系。

### 6.6.6 湿空气的焓

湿空气的比焓是指含有 1kg 干空气的湿空气的焓值，它等于 1kg 干空气的焓和 $d$ kg 水蒸气的焓之总和，以 $h$ 表示，即

$$h = \frac{H}{m_a} = \frac{m_a h_a + m_v h_v}{m_a} = h_a + d h_v \tag{6.13}$$

湿空气的焓值以 0℃时的干空气和 0℃时的饱和水为基准点，单位是 kJ/kg（干空气）。

若温度变化的范围不大（通常不超过 100℃），干空气的定压比热 $\{c_{p,a}\}_{kJ/(kg\cdot K)} = 1.005\{t\}_℃$，则干空气的比焓

$$\{h_a\}_{kJ/kg(干空气)} = \{c_{p,a}\}_{kJ/(kg\cdot K)}\{t\}_℃ = 1.005\{t\}_℃$$

水蒸气的比焓也有足够精确的经验公式

$$\{h_v\}_{kJ/kg(水蒸气)} = 2501 + 1.86\{t\}_℃$$

式中，2501 是 0℃时饱和水蒸气的焓的数值，而常温低压下水蒸气的平均定压比热为 1.86kJ/(kg·K)。将 $h_a$ 和 $h_v$ 的计算式代入式（6.13），得

$$\{h\}_{kJ/kg(干空气)} = 1.005\{t\}_℃ + \{d\}_{kg/kg(干空气)}(2501 + 1.86\{t\}_℃) \tag{6.14}$$

式中，$d$ 的单位为 kg（水蒸气）/kg（干空气）。

水蒸气比焓 $h_v$ 的精确值，可由水蒸气图表查得。为了简便，通常以温度为 $t$ 的饱和水蒸气焓 $h''$ 代替，即取 $h_v \approx h''(t)$，温度不太高时误差很小。

### 6.6.7 湿空气的比体积

1kg 干空气和 $d$ kg 水蒸气组成的湿空气，其比体积为

$$v = (1 + d)\frac{R_g T}{p} \quad m^3/kg(干空气) \tag{6.15}$$

式中，$R_g$ 为湿空气的气体常数，并有

$$R_g = \sum w_i R_{g,i} = \frac{1}{1+d} R_{g,a} + \frac{d}{1+d} R_{g,v} = \frac{287 + 461d}{1+d} \text{ J/(kg·K)} \tag{6.16}$$

**【例 6.3】** 房间的容积为 30m³，室内空气温度为 25℃，相对湿度为 55%，大气压力 $p_b = 0.1013\text{MPa}$，求湿空气的露点温度 $t_d$、含湿量 $d$、干空气的质量 $m_a$、水蒸气的质量 $m_v$ 及湿空气的焓值 $H$。

**解** 由饱和水和饱和水蒸气表查得，$t=25℃$ 时，$p_s=3169\text{Pa}$，所以

$$p_v = \varphi p_s = 0.55 \times 3169 = 1743 \text{ (Pa)}$$

对应于此分压力 $p_v$ 时的饱和温度即为湿空气的露点温度，从上述表中可查得

$$t_d = 14.82 \text{ ℃}$$

含湿量

$$d = 0.622 \frac{p_v}{p - p_v} = 0.622 \times \frac{1743}{101\,300 - 1743}$$
$$= 0.0109[\text{kg(水蒸气)}/\text{kg(干空气)}]$$

干空气分压力

$$p_a = p - p_v = 101\,300 - 1743 = 99\,557 \text{ (Pa)}$$

干空气质量

$$m_a = \frac{p_a V}{R_{g,a} T} = \frac{99\,557 \times 30}{287 \times (25+273)} = 34.92 \text{(kg)}$$

水蒸气质量

$$m_v = d m_a = 0.0109 \times 34.92 = 0.38 \text{(kg)}$$

湿空气的比焓

$$\{h\}_{\text{kJ/kg(干空气)}} = 1.005\{t\}_℃ + d(2501 + 1.86\{t\}_℃)$$
$$= 1.005 \times 25 + 0.0109 \times (2501 + 1.86 \times 25) = 52.89[\text{kJ/kg(干空气)}]$$

湿空气的总焓

$$H = m_a h = 34.92 \times 52.89 = 1847.0 \text{(kJ)}$$

## 6.7 湿空气的焓湿图

在一定的总压力下，湿空气的状态可用 $T$、$\varphi$、$d$、$p_v$、$T_d$、$T_w$ 等不同参数表示，其中已知两个独立变量就可求得其他变量。解析法是根据两个独立参数确定其他参数，从而为湿空气的热力过程进行分析计算提供依据。

目前工程计算仍大量采用线图，即将这些参数的关系画于一个线算图上，不仅对湿空气的各种计算极为便利，免于数字运算之繁，而且也为研究和理解各种有关湿空气过程提供了非常有用的工具。线图法虽精度略差，但比解析法简捷方便。常用的线图有焓湿图（*h-d* 图）、温湿图（*t-d* 图）、焓温图（*h-t* 图）等，本书限于篇幅只介绍 *h-d* 图。

### 6.7.1 湿空气的 *h-d* 图

*h-d* 图是根据式（6.12）、式（6.14）绘制而成的，见附图 1。图中纵坐标是湿空气的焓 $h$，

单位为 kJ/kg（干空气）；横坐标是含湿量 $d$，单位为 kg（水蒸气）/kg（干空气）。为使各曲线簇不致拥挤，提高读数准确度，两坐标夹角为 135°，而不是 90°。图中水平轴标出的是含湿量值。

$h$-$d$ 图由下列 5 种线群组成。

1. 等湿线（等 $d$ 线）

等 $d$ 线是一组平行于纵坐标的直线群。

露点 $t_d$ 是湿空气冷却到 $\varphi=100\%$ 时的温度。因此，含湿量 $d$ 相同、状态不同的湿空气具有相同的露点。

2. 等焓线（等 $h$ 线）

等 $h$ 线是一组与横坐标轴成 135°的平行直线。

绝热增湿过程近似为等 $h$ 过程，湿空气的湿球温度 $t_w$ 是沿等 $h$ 线冷却到 $\varphi=100\%$ 时的温度。因此，焓值相同、状态不同的湿空气具有相同的湿球温度。

3. 等温线（等 $t$ 线）

由式（6.14）

$$\{h\}_{\text{kJ/kg(干空气)}} = 1.005\{t\}_{\text{℃}} + \{d\}_{\text{kg/kg(干空气)}}(2501 + 1.86\{t\}_{\text{℃}})$$

可见，当湿空气的干球温度 $t =$ 定值时，$h$ 和 $d$ 呈直线变化关系。$t$ 不同时斜率不同。因此，等 $t$ 线是一组互不平行的直线，$t$ 越高，则等 $t$ 线斜率越大。

4. 等相对湿度线（等 $\varphi$ 线）

等 $\varphi$ 线是一组上凸形的曲线。由式（6.12）$d = 0.622\dfrac{\varphi p_s}{p - \varphi p_s}$ 可知，总压力 $p$ 一定时，$\varphi = f(d,t)$。这表明利用式（6.12）可在 $h$-$d$ 图上绘出等 $\varphi$ 线。

$h$-$d$ 图都是在一定的总压力 $p$ 下绘制的，水蒸气的分压力最大也不可能超过 $p$。附图 1 的焓湿图中 $p = 0.101325\,\text{MPa}$，对应的水蒸气的饱和温度为 100℃。因此，当湿空气温度等于或高于 100℃时，$\varphi$ 定义为 $p_v/p$，即 $p_v = \varphi p$。式（6.12）将成为

$$d = 0.622\dfrac{\varphi p}{p - \varphi p} = 0.622\dfrac{\varphi}{1 - \varphi}$$

这时，等 $\varphi$ 线就是等 $d$ 线，所以各等 $\varphi$ 线与 $t = 100$ ℃的等温线相交后，向上折与等 $d$ 线重合。

$\varphi$ 等于 100%的等 $\varphi$ 线称为临界线。它将 $h$-$d$ 图分成两部分。上部是未饱和湿空气，$\varphi<1$；$\varphi=100\%$ 曲线上的各点是饱和湿空气。下部没有实际意义。因为达到 $\varphi=100\%$ 时已经饱和，再冷却则水蒸气凝结为水析出，湿空气本身仍保持 $\varphi=100\%$。

$\varphi=0$，即干空气状态，这时 $d=0$，所以它和纵坐标线重合。

5. 水蒸气分压力线

重新整理式（6.12）后可得

$$p_v = \dfrac{pd}{0.622 + d}$$

据此可绘制 $p_v$-$d$ 的关系曲线。当 $d \ll 0.622$ 时，$p_v$ 与 $d$ 近似呈直线关系，所以图中 $d$ 很小的那段的 $p_v$ 为直线。该曲线画在 $\varphi=100\%$ 等湿线下方，$p_v$ 的单位为 kPa。

最后还应指出，$h$-$d$ 图都是在一总压力 $p$ 下制作的，不同的总压力线图不同。实际总压力与其相差不大时仍可用该图计算。若总压差别较大，则需对 $h$-$d$ 图上查得的参数进行修正，具体方法可查阅有关资料。

### 6.7.2　$h$-$d$ 图的应用

根据湿空气的两个独立状态参数，可在 $h$-$d$ 图上确定其他参数。并非所有参数都是独立的，例如，$t_d$ 与 $d$、$p_v$ 和 $d$、$t_d$ 与 $p_v$ 或 $t_w$ 与 $h$ 都不是彼此独立的，它们在同一等 $d$ 线或等 $h$ 线上，因此在 $h$-$d$ 图上无法用它们确定湿空气的状态。

可以确定状态的两个独立参数通常有：干球温度 $t$ 和相对湿度 $\varphi$；干球温度 $t$ 和含湿量 $d$；干球温度 $t$ 和湿球温度 $t_w$；露点 $t_d$ 和焓 $h$ 等。在 $h$-$d$ 图上由此确定了状态点后，其他状态参数也可读出。

**【例 6.4】**　已知条件与例 6.3 相同：室内空气温度为 30℃，相对湿度为 60%，大气压力 $p_b = 0.1013$ MPa，求 $d$、$t_d$、$h$、$p_v$、$p_a$。

**解**　因 $p = 0.1013$ MPa，利用 $h$-$d$ 图，根据 $t = 30$ ℃ 的等温线和 $\varphi = 60\%$ 的等 $\varphi$ 线的交点确定状态 $A$，直接读出 $d = 0.016$ kg（水蒸气）/kg（干空气），$h = 71$ kJ/kg（干空气）。由通过 $A$ 的等 $d$ 线与 $\varphi = 100\%$ 的等 $\varphi$ 线的交点 $B$，读出 $t_d = 21.5$ ℃；再向下由与空气分压力线的交点 $C$ 读得 $p_v = 2.5$ kPa（图 6.8）。于是

$$p_a = p - p_v = 101300 - 2500 = 98\,800 \text{(Pa)}$$

**【例 6.5】**　同例 6.4，已知 $t = 15$ ℃、$t_w = 12$ ℃、$p = 0.1$ MPa，求 $d$、$\varphi$、$p_v$、$p_a$。

**解**　因 $p = 0.1$ MPa，利用 $h$-$d$ 图，根据 $t_w = 12$ ℃ 的等温线与 $\varphi = 100\%$ 的等 $\varphi$ 线的交点 $A$，得 $h = 34.0$ kJ/kg（干空气）。该等焓线与 $t = 15$ ℃ 的等温线相交于 $B$，$B$ 点即为要求确定的湿空气状态点，得 $d = 0.007$ kg（水蒸气）/kg（干空气），$\varphi = 0.71$，见图 6.9。

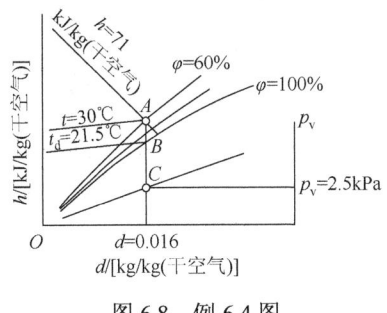

图 6.8　例 6.4 图

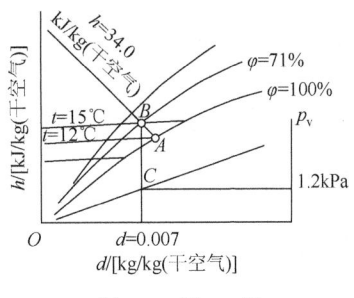

图 6.9　例 6.5 图

## 6.8　湿空气的基本过程

湿空气过程的计算主要是研究过程中湿空气焓值及含湿量与温度、相对湿度之间的变化关系。在湿空气的热力过程中，由于湿空气中的水蒸气常发生集态变化致使湿空气的质量发生变化，所以计算分析中除要利用稳定流动能量方程（通常不计动能差和位能差）外，还要

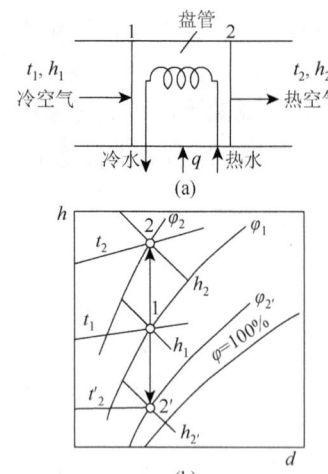

图 6.10 加热（或冷却）过程

用到质量守恒方程，并依据湿空气的 h-d 图。本书简要介绍几种典型过程及其工程应用。

### 6.8.1 加热（或冷却）过程

湿空气单纯地加热或冷却时，压力（$p_v$ 和 $p_a$）与含湿量均保持不变。在 h-d 图上过程沿等 d 线方向，加热过程中湿空气温度升高，焓增大，含湿量减小，如图 6.10 中 1-2。冷却过程反之，为图中 1-2′。

根据稳定流动能量方程，过程中吸热量（或放热量）等于焓差，即

$$q = \Delta h = h_2 - h_1 \tag{6.17}$$

式中，$h_1$、$h_2$ 分别为初、终态湿空气的焓值。

### 6.8.2 绝热加湿过程

**1. 喷水加湿**

在绝热的条件下向湿空气喷水，增加其含湿量。水分蒸发需要热量，外界不对其供热的情况下汽化热量将由空气本身供给，因而加湿后空气的温度降低。

据质量守恒，喷水量等于湿空气流含湿量的增加，即

$$q_{m,l} = q_{m,a}(d_2 - d_1) \text{ 或 } \frac{q_{m,l}}{q_{m,a}} = d_2 - d_1 \tag{6.18}$$

据能量守恒，稳定流动，且绝热不做外功，$q=0$、$w=0$，故

$$q_{m,a}h_1 + (d_2 - d_1)q_{m,a}h_l = q_{m,a}h_2$$

$$h_1 + (d_2 - d_1)h_l = h_2$$

水的焓值 $h_l$ 相对来说要小得多，含湿量差 $d_2 - d_1$ 也较小，所以喷水带入的焓值可忽略不计，即 $(d_2 - d_1)h_l \approx 0$，因此

$$h_1 \approx h_2$$

如图 6.11 所示，绝热喷水过程 1-2 沿着等焓线向 d、φ 增大、t 减小的方向进行。

**2. 喷蒸汽加湿**

据质量守恒

$$\frac{q_{m,v}}{q_{m,a}} = d_{2'} - d_1 \tag{6.19}$$

据能量守恒

$$h_{2'} - h_1 = (d_{2'} - d_1)h_v \tag{6.20}$$

喷入水蒸气后，湿空气的焓、含湿量、相对湿度均增大，如图 6.11 中过程 1-2′ 所示。

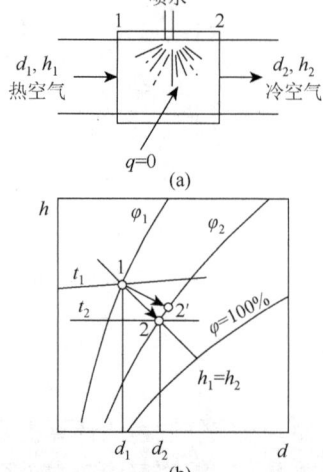

图 6.11 绝热加湿过程

## 6.8.3 冷却去湿过程

湿空气被冷却到露点温度，空气为饱和状态，若继续冷却，将有水蒸气凝结析出，达到冷却除湿的目的。如图 6.12 所示，过程沿 1-A-2 方向进行，温度降到露点 A 后，沿 $\varphi=100\%$ 的等 $\varphi$ 线向 $d$、$t$ 减小的方向一直保持饱和湿空气状态。1kg 干空气的凝水量为

$$\frac{q_{m,1}}{q_{m,a}} = d_2 - d_1 \quad (6.21)$$

冷却水带走的热量为

$$q = (h_1 - h_2) - (d_1 - d_2)h_1 \quad (6.22)$$

式中，$h_1$ 为凝结水的比焓；$(d_1-d_2)h_1$ 为凝结水带走的能量。

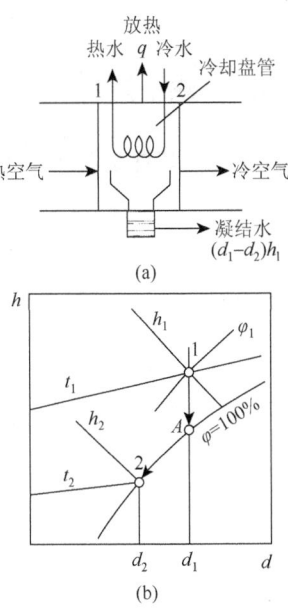

图 6.12 冷却去湿过程

## 6.8.4 绝热混合过程

几股不同状态的湿空气流绝热混合，混合后的湿空气状态取决于混合前各股湿空气的状态及各流量比。

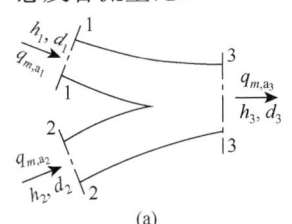

如图 6.13 所示，两股湿空气 1 和 2，绝热混合后状态为 3。据干空气质量守恒

$$q_{m,a_3} = q_{m,a_1} + q_{m,a_2}$$

据湿空气中水蒸气质量守恒

$$q_{m,v_3} = q_{m,v_1} + q_{m,v_2} \quad 或 \quad q_{m,a_3}d_3 = q_{m,a_1}d_1 + q_{m,a_2}d_2$$

据能量守恒

$$q_{m,a_3}h_3 = q_{m,a_1}h_1 + q_{m,a_2}h_2$$

上三式联立求解，整理后得

$$\frac{h_3 - h_1}{d_3 - d_1} = \frac{h_2 - h_3}{d_2 - d_3}$$

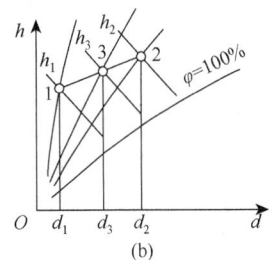

图 6.13 绝热混合过程

上式左侧代表 h-d 图上过程 1-3 线的斜率，右侧代表过程 3-2 线的斜率。过程 1-3 和过程 3-2 斜率相同，因此可以判定状态 3 在 1-2 过程线上。上式还可写为

$$\frac{q_{m,a_1}}{q_{m,a_2}} = \frac{d_2 - d_3}{d_3 - d_1} = \frac{h_2 - h_3}{h_3 - h_1} = \frac{\overline{23}}{\overline{31}}$$

由上式可见，状态 3 在 1-2 连线上，$\overline{23}:\overline{31} = q_{m,a_1}:q_{m,a_2}$，点 3 将 $\overline{12}$ 分割时与干空气质量流量成反比。

### 6.8.5 烘干过程

烘干装置是利用未饱和空气流经湿物体，吸收其中水分的设备。为提高湿空气的吸湿能力，一般吸湿前先对湿空气加热，所以烘干的全过程包括湿空气的加热过程和绝热吸湿过程，如图 6.14 所示。

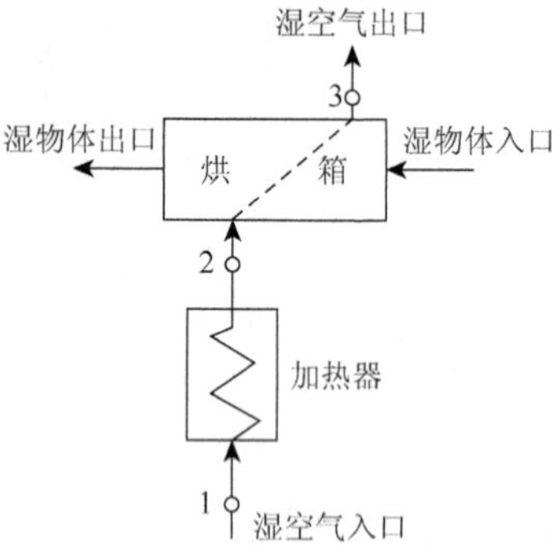

**【例 6.6】** 将压力为 100kPa，温度为 25℃和相对湿度 60%的湿空气在加热器中加热到 50℃，然后送进干燥箱用以烘干物体。从干燥箱里出来的空气温度为 40℃，试求在该加热及烘干过程中，每蒸发 1kg 水分所消耗的热量。

**解** 根据题意，由 $t_1 = 25$ ℃，$\varphi_1$=60%在附图 1 的 $h$-$d$ 图上查得

$$h_1 = 56 \text{ kJ/kg}(干空气), \quad d_1 = 0.012 \text{ kJ/kg}(干空气)$$

加热过程含湿量不变，$d_2 = d_1$，由 $d_2$ 及 $t_2 = 50$ ℃查得

$$h_2 = 82 \text{ kJ/kg}(干空气)$$

图 6.14 烘干装置示意图

空气在干燥箱内经历的是绝热加湿过程，有 $h_3 = h_2$，由 $h_3$ 及 $t_3 = 40$ ℃查得

$$d_3 = 0.016 \text{ kg/kg}(干空气)$$

根据上述各状态点参数，可计算得每千克空气吸收的水分和所耗热量

$$\Delta d = d_3 - d_2 = d_3 - d_1 = 0.016 - 0.012 = 0.004 [\text{kg/kg}(干空气)]$$

$$q = h_2 - h_1 = 82 - 56 = 26 [\text{kJ/kg}(干空气)]$$

蒸发 1kg 水蒸气所需干空气量

$$m_a = \frac{1}{\Delta d} = \frac{1}{0.004} \text{kg}(干空气) = 250 \text{kg}(干空气)$$

$$Q = m_a q = 250 \times 26 = 6.5 \times 10^3 (\text{kJ})$$

## 思 考 题

**6-1** 理想气体的内能只是温度的函数，而实际气体的内能则和温度及比体积都有关。试根据水蒸气图表中的数据计算过热蒸汽的内能以验证上述结论。

**6-2** 刚性绝热的密闭容器内水的压力为 4MPa，测得容器内温度为 200℃，试问容器内的水是什么集态？因意外事故容器上产生了一个不大的裂缝，试分析其后果。

**6-3** 水在定压汽化过程中温度维持不变，因此有人认为过程中热量等于膨胀功，即 $q = w$，对不对？为什么？

**6-4** 为何阴雨天晒衣服不易干，而晴天则容易干？

**6-5** 为何冬季人在室外呼出的气是白色雾状？冬季室内有供暖装置时，为什么会感到空气干燥？用火炉取暖时经常在火炉上放一壶水，目的何在？

**6-6** 何谓湿空气的露点温度？解释降雾、结露、结霜现象，并说明它们发生的条件。

**6-7** 对于未饱和空气，湿球温度、干球温度以及露点三者哪个大？对于饱和空气，三者的大小又将如何？

**6-8** 湿空气与湿蒸汽以及饱和空气与饱和蒸汽有什么区别？

**6-9** 为什么浴室在夏天不像冬天那样雾气腾腾？

**6-10** 若封闭气缸内的湿空气定压升温，问湿空气的 $\varphi$、$d$、$h$ 如何变化？

## 习 题

**6-1** 过热蒸汽的 $p=2\,\text{MPa}$、$t=350\,℃$，试根据水蒸气表求 $v$、$h$、$s$、$u$ 和过热度，再用 $h$-$s$ 图求上述参数。

**6-2** 已知水蒸气的压力 $p=0.4\,\text{MPa}$、比体积 $v=0.29\,\text{m}^3/\text{kg}$，问这是不是过热蒸汽？如果不是，那么是饱和蒸汽还是湿蒸汽？用水蒸气表求出其他参数。

**6-3** $m_1=2\,\text{kg}$、$p_1=4\,\text{MPa}$、$t_1=510\,℃$ 的蒸汽，可逆绝热膨胀至 $p_2=0.005\,\text{MPa}$，试用 $h$-$s$ 图求终点状态参数 $v_2$、$h_2$、$s_2$、$t_2$，并求膨胀功和技术功。

**6-4** $m_1=1.5\,\text{kg}$、$p_1=3\,\text{MPa}$、$x_1=1$ 的蒸汽，定温膨胀至 $p_2=2\,\text{MPa}$，求终点状态参数 $v_2$、$h_2$、$s_2$、$t_2$，并求过程中对蒸汽所加入的热量和过程中蒸汽对外界所做的膨胀功。

**6-5** 给水在温度 $t_1=75\,℃$、压力 $p=4\,\text{MPa}$ 下进入蒸汽锅炉的省煤器，并在锅炉中加热成 $t_2=400\,℃$ 的过热蒸汽。试把该过程表示在 $T$-$s$ 图上，并求加热过程中水的平均吸热温度。

**6-6** 一热交换器用干饱和蒸汽加热空气。已知蒸汽压力为 0.3MPa，空气出、入口温度分别为 55℃、32℃，环境温度 $t_0=25\,℃$。若热交换器与外界完全绝热，求稳流状态下每千克蒸汽凝结时：（1）流过的空气质量；（2）整个系统的熵变及做功能力的不可逆损失。

**6-7** 设大气压力 $p_b=0.2\,\text{MPa}$，温度 $t=25\,℃$，相对湿度 $\varphi=0.69$，试用饱和空气状态参数表确定湿空气的 $t_d$、$d$、$p_v$、$h$。

**6-8** 湿空气的 $t=40\,℃$、$t_d=30\,℃$，总压力 $p=0.201\,356\,\text{MPa}$，试求：（1）$\varphi$、$d$；（2）在海拔 2200 m 处大气压力 $p=0.095\,\text{MPa}$ 时的 $\varphi$、$d$。

**6-9** 已知室内空气 $t_1=25\,℃$、$\varphi_1=55\%$，与室外 $t_2=-21\,℃$、$\varphi_2=79\%$ 的空气相混合，$q_{m,a_1}=45\,\text{kg/s}$、$q_{m,a_2}=35\,\text{kg/s}$。求混合后湿空气的 $\varphi_3$、$t_3$、$h_3$。

**6-10** 体积流量 $q_{V,1}=20\,\text{m}^3/\text{s}$、$t_1=9\,℃$、$\varphi_1=70\%$、总压力 $p=0.2\,\text{MPa}$ 的湿空气进入加热装置，（1）求加热到 $t_2=25\,℃$ 时的 $\varphi_2$ 和加热量 $Q$；（2）再经绝热喷湿装置，使其相对湿度提高到 $\varphi_3=75\%$，喷水温度 $t_{w,i}=31\,℃$，求喷水量（可忽略不计喷水带入的焓值，按等焓过程计算）。

**6-11** $p=0.2\,\text{MPa}$、$\varphi_1=75\%$、$t_1=29\,℃$ 的湿空气，以 $q_{m,a}=3\,\text{kg/s}$ 的质量流量进入制冷设备的蒸发盘管，被冷却去湿后以 20℃ 的饱和湿空气离开。求每秒的凝水量 $q_{m,w}$ 及每秒放热量 $q_Q$。

**6-12** 烘干装置入口处湿空气的 $t_1=31\,℃$、$\varphi_1=45\%$、$p=0.1256\,\text{MPa}$，加热到 $t_2=90\,℃$ 后送入烘房，烘房出口温度 $t_3=40\,℃$，试计算从湿物体中吸收 1kg 水分的干空气的质量和加热量。

# 第 7 章　气体与蒸汽的流动

工质在流动过程中能量发生转换这一现象，已被广泛应用于生产实践中。例如，蒸汽轮机、燃气轮机等动力设备中，高温高压的气体通过喷管，产生高速流动，然后利用高速气流冲击叶轮旋转而输出机械功；火箭尾喷管、喷射式抽气器及扩压管等是工程上常见的另一些实例；此外，热力工程上还常遇到气体或蒸汽流经阀门、孔板等狭窄通道时产生节流现象；再如，在测量管道内流体的流量与高速流体的热力参数时，都会涉及能量转换。诸如此类的问题，工程上遇到很多，因此有必要用已学过的热力学基本知识，探讨工质在流动过程中状态参数变化和管道截面变化之间的关系，建立气体和蒸汽流动的一般理论，从而指导生产实践。本章主要讨论气体在流经喷管等设备时气流参数变化与流道截面积的关系及流动过程中气体能量传递和转化等问题。此外，还将简要地讨论绝热节流过程。

为研究问题简便起见，常取同一截面上某参数的平均值作为该截面上各点该参数的值，这样问题就可简化为沿流动方向上的一维问题。实际流动问题都是不可逆的，而且流动过程中工质可能与外界有热量交换。但是，一般热力管道外都包有隔热保温材料，而且流体流过如喷管这样的设备的时间很短，与外界的换热也很小，为简便起见，把问题看成可逆绝热过程，由此而造成的误差利用实验系数修正。为了突出能量转换的主要矛盾，本章主要讨论比热为定值的理想气体的可逆过程。因此，本章主要讨论可逆绝热的一维稳定流动。

## 7.1　稳定流动的基本特性和基本方程

### 7.1.1　喷管和扩压管

在叶轮式动力机中，热能向机械能的转换是在喷管中实现的。喷管就是用于增加气体或蒸汽流速的变截面短管。气体或蒸汽在喷管中绝热膨胀，压力降低，流速增加。

与喷管中的热力过程相反，在工程实际中还有另一种转换，即高速气流进入变截面短管中时，气流的速度降低，而压力升高。这种能使气流压力升高而速度降低的变截面短管称为扩压管。扩压管在叶轮式压气机中得到应用。

### 7.1.2　连续性方程

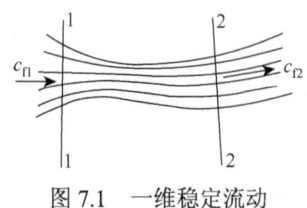

图 7.1　一维稳定流动

根据质量守恒原理，稳定流动中，任一截面的一切参数均不随时间而变，故流经一定截面的质量流量应为定值，不随时间而变。设图 7.1 中流经截面 1-1 和 2-2 的质量流量分别为 $q_{m1}$、$q_{m2}$，流速为 $c_{f1}$、$c_{f2}$，比体积为 $v_1$ 和 $v_2$，流道截面面积为 $A_1$、$A_2$。若在此两截面间没有引进或排出流体，则有

$$q_{m1} = q_{m2} = q_m = \frac{A_1 c_{f1}}{v_1} = \frac{A_2 c_{f2}}{v_2} = \cdots = \frac{A c_f}{v} = 常数 \tag{7.1}$$

将上式微分，并整理得

$$\frac{dA}{A} + \frac{dc_f}{c_f} - \frac{dv}{v} = 0 \tag{7.2}$$

式（7.2）称为稳定流动的连续性方程式。它描述了流道内流体的流速、比体积和截面面积之间必须遵循且相互制约的关系，表明：流道的截面面积增加率，等于比体积增加率与流速增加率之差。对于不可压缩流体（如水、机油等）$dv=0$，故截面面积 $A$ 与流速 $c_f$ 成反比，流速增大时管截面收缩，流速减小时则要求流道截面扩张。而对于气体和蒸汽，喷管截面的变化规律不仅取决于流速的变化，而且与工质的比体积变化有关。连续性方程式普遍适用于稳定流动过程，而不论流体的性质如何和过程是否可逆。

### 7.1.3 稳定流动能量方程式

在任一流道内做稳定流动的气体或蒸汽，服从稳定流动能量方程式，即

$$q = (h_2 - h_1) + \frac{c_{f2}^2 - c_{f1}^2}{2} + g(z_2 - z_1) + w_i$$

一般情况下，流道的位置改变不大，气体工质的密度也较小，因此气体的位能改变极小，位能差可以忽略不计。在喷管和扩压管的流动中，由于流道较短，工质流速较高，故工质与外界几乎无热交换，又不对外做轴功，则上式可简化为

$$h_2 + \frac{c_{f2}^2}{2} = h_1 + \frac{c_{f1}^2}{2} = h + \frac{c_f^2}{2} = 常数 \tag{7.3}$$

对于微元过程，式（7.3）可写为

$$dh + d\left(\frac{c_f^2}{2}\right) = 0$$

式（7.3）指出，工质在绝热不做外功的稳定流动过程中，任一截面上工质的焓与其动能之和保持定值，因而气体动能的增加等于气流的焓降。式（7.3）是研究喷管内流动的能量变化的基本关系式，它适用于任何过程。

对于任意速度不为零的气体，被固体壁面所阻滞或经扩压管后其速度降低为零的过程称为滞止过程。滞止过程与外界无热交换，故为绝热滞止。

据能量方程式（7.3），任一截面上气体的焓和气体流动动能的和恒为常数。当气体绝热滞止时速度为零，故滞止时气体的焓 $h_0$ 为

$$h_0 = h_1 + \frac{c_{f1}^2}{2} = h_2 + \frac{c_{f2}^2}{2} = h + \frac{c_f^2}{2} \tag{7.4}$$

式中，$h_0$ 称为总焓或滞止焓，它等于任一截面上气流的焓和其动能的总和。气流滞止时的温度和压力分别称为滞止温度和滞止压力，用 $T_0$ 和 $p_0$ 表示。

绝热滞止对气流所起的作用与绝热压缩相同，若过程可逆，则过程中熵不变，也可按可逆绝热过程的方法计算其他滞止参数。对于理想气体，若把比热近似当成定值，由式（7.4）可得

$$c_p T_0 = c_p T_1 + \frac{c_{f1}^2}{2} = c_p T_2 + \frac{c_{f2}^2}{2} = c_p T + \frac{c_f^2}{2}$$

所以
$$T_0 = T + \frac{c_f^2}{2c_p} \tag{7.5}$$

式中，$T$ 和 $c_f$ 分别是任一截面上气流的热力学温度和流速。据绝热过程方程式，理想气体比热近似当成定值时的滞止压力为

$$p_0 = p\left(\frac{T_0}{T}\right)^{\frac{\kappa}{\kappa-1}} \tag{7.6}$$

式中，$p$ 和 $T$ 分别是任一截面上气流的压力和温度。

对于水蒸气，据式（7.4）计算出 $h_0$ 后其他滞止参数可从 $h$-$s$ 图上读得。如图 7.2 所示，点 1 代表工质在截面 1-1 的状态。从点 1 向上作垂线，取线段 $\overline{01}$，使其长度

$$\overline{01} = h_0 - h_1 = \frac{1}{2}c_{f1}^2$$

图中点 0 即为滞止状态的状态点，可以从它读出滞止温度、滞止压力等其他滞止参数。

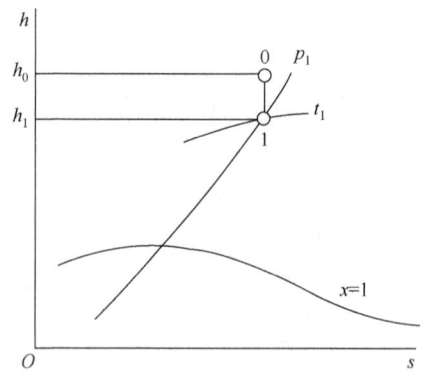

图 7.2　水蒸气的滞止状态

式（7.5）、式（7.6）表明滞止温度高于气流温度，滞止压力高于气流压力，且气流速度越大，这种差别也越大。如双原子气体，当流速达声速时，滞止温度 $T_0$ 可比气流温度 $T$ 大 20%；流速是声速 3 倍时，$T_0$ 几乎可达 $T$ 的 2.8 倍。因此，在处理高速气流问题时，滞止参数的计算具有重要地位。

### 7.1.4　过程方程式

气体在稳定流动过程中若与外界没有热量交换，且气体流经相邻两截面时各参数是连续变化的，同时又无摩擦和扰动，则过程是可逆绝热过程。由于稳定流动中任一截面上的参数均不随时间而变化，所以任意两截面上气体的压力和比体积的关系可用可逆绝热过程方程式描述，对理想气体取定比热时则有

$$p_1 v_1^\kappa = p_2 v_2^\kappa = p v^\kappa$$

对上式微分得

$$\frac{\mathrm{d}p}{p} + \kappa \frac{\mathrm{d}v}{v} = 0 \tag{7.7}$$

上式原则只适用于理想气体定比热可逆绝热流动过程,但也用于表示变比热的理想气体绝热过程,此时 $\kappa$ 是过程范围内的平均值。对水蒸气一类的实际气体在喷管内进行可逆绝热流动分析时也近似采用上述关系式,不过式中 $\kappa$ 是纯粹经验值,不具有比热比的含义。

### 7.1.5 声速方程

由物理学已经知道,声速是微弱扰动在连续介质中所产生的压力波传播的速度。在气体介质中,压力波的传播过程可近似看成定熵过程,拉普拉斯声速方程为

$$c = \sqrt{\left(\frac{\partial p}{\partial \rho}\right)_s} = \sqrt{-v^2\left(\frac{\partial p}{\partial v}\right)_s}$$

据式 (7.7),对于理想气体定熵过程有

$$\left(\frac{\partial p}{\partial v}\right)_s = -\kappa \frac{p}{v}$$

所以

$$c = \sqrt{\kappa p v} = \sqrt{\kappa R_g T} \tag{7.8}$$

因此,声速不是一个固定不变的常数,它与气体的性质及其状态有关,也是状态参数。在流动过程中,流道各个截面上气体的状态在不断地变化着,所以各个截面上的声速也在不断地变化。为了区分不同状态下气体的声速,引入"当地声速"的概念。所谓当地声速,就是当地(某截面处)热力状态下的声速。

在研究气体流动时,通常把气体的流速与当地声速的比值称为马赫数,用符号 $Ma$ 表示:

$$Ma = \frac{c_f}{c} \tag{7.9}$$

马赫数是研究气体流动特性的一个很重要的数值。当 $Ma<1$,即气流速度小于当地声速时,称为亚声速;当 $Ma=1$ 时,气流速度等于当地声速;当 $Ma>1$ 时,气流速度大于当地声速,气流为超声速。亚声速流动与超声速流动的特性有原则的区别,将在后面进行进一步讨论。

连续性方程式、可逆绝热过程方程式、稳定流动能量方程式和声速方程式是分析流体一维、稳定、不做功的可逆绝热流动过程的基本方程组。

## 7.2 促使流速改变的条件

从力学的观点来说,要使工质流速改变必须有压力差。下面讨论喷管截面上的压力变化、喷管截面面积变化与气流速度变化之间的关系,建立气体流速 $c_f$ 与压力 $p$ 及流道截面面积 $A$ 之间的单值关系,导出促使流速改变的力学条件和几何条件。

### 7.2.1 力学条件

比较流动能量方程式

$$q = (h_2 - h_1) + \frac{1}{2}(c_{f2}^2 - c_{f1}^2)$$

和热力学第一定律解析式

$$q = (h_2 - h_1) - \int_1^2 v \mathrm{d}p$$

可得

$$\frac{1}{2}(c_{f2}^2 - c_{f1}^2) = -\int_1^2 v \mathrm{d}p$$

上式表明气流的动能增加是和技术功相当的。因工质在管道内流动膨胀时并不对机器做功，工质在膨胀中产生的机械能和流进流出的推动功之差的代数和，即技术功，均未向机器设备传出，而是全部变成气流的动能。

将上式写成微分形式

$$c_f \mathrm{d}c_f = -v \mathrm{d}p$$

上式两端各乘以 $1/c_f^2$，右端分子分母各乘以 $\kappa$、$p$，得

$$\frac{\mathrm{d}c_f}{c_f} = -\frac{\kappa p v}{\kappa c_f^2} \frac{\mathrm{d}p}{p}$$

将声速方程式（7.8）代入上式，并用马赫数来表示，得

$$\frac{\mathrm{d}p}{p} = -\kappa Ma^2 \frac{\mathrm{d}c_f}{c_f} \tag{7.10}$$

式（7.10）即为促使流速变化的力学条件。可见，$\mathrm{d}c_f$ 和 $\mathrm{d}p$ 的符号是始终相反的。这说明，气体在流动中若流速增加，则压力必然降低；若压力升高，则流速必降低。上述结论是易于理解的，因压力降低时技术功为正，故气流动能增加，流速增加；压力升高时技术功是负的，故气流动能减少，流速降低。

反过来说，如要使气流的速度增加，必须使气流有机会在适当条件下膨胀以减低其压力，火箭的尾喷管、汽轮机的喷管就是使气流膨胀以获得高速流动的设备。反之，如要获得高压气流，则必须使高速气流在适当条件下降低其流速。

### 7.2.2 几何条件

现在讨论流速变化时气流截面的变化规律，以揭示有利于流速变化的几何条件。

将绝热过程方程式的微分式（7.7）代入式（7.10），可得

$$\frac{\mathrm{d}v}{v} = Ma^2 \frac{\mathrm{d}c_f}{c_f} \tag{7.11}$$

式（7.11）揭示了定熵流动中气体比体积的变化率与流速变化率和气流马赫数有关。在亚声速流动范围内，因 $Ma < 1$，所以 $\mathrm{d}v/v < \mathrm{d}c_f/c_f$，即比体积的变化率小于流速变化率；在超声速流动范围内，由于 $Ma > 1$，$\mathrm{d}v/v > \mathrm{d}c_f/c_f$，即比体积的变化率大于流速变化率。可见，亚声速流动和超声速流动的特性是不同的。

将式（7.11）代入连续性方程式（7.2），移项、整理可得

$$\frac{\mathrm{d}A}{A} = (Ma^2 - 1) \frac{\mathrm{d}c_f}{c_f} \tag{7.12}$$

该式称为管内流动的特征方程。它给出了马赫数、截面面积变化率与流速变化率之间的关系。

对于喷管而言,增加气体流速是其主要目的。根据特征方程,当气流的$Ma<1$时,要使$dc>0$,则必须使$dA<0$,沿流动方向上流道截面逐渐减小($dA<0$)的喷管称为渐缩喷管;当气流的$Ma>1$时,要使$dc>0$,则必须使$dA>0$,这种喷管称为渐扩喷管。

工程上许多场合要求气体从$Ma<1$加速到$Ma>1$,那么如何才能实现呢?为使气体流速增加,压力是不断下降的;气体在喷管内的绝热流动中,压力下降,温度下降,声速也将不断下降。这样,无论在$Ma<1$还是在$Ma>1$的流动状况下,流速的不断增加和声速的不断降低使得马赫数$Ma$总是不断增加;在$Ma<1$的渐缩喷管内,$Ma$可增加到极限值$Ma=1$;在$Ma>1$的渐扩喷管内,$Ma$可从极限值$Ma=1$开始增加;因而为使$Ma$从$Ma<1$连续增加到$Ma>1$,在压差足够大的条件下,应采用由渐缩喷管和渐扩喷管组合而成的缩放喷管,又称拉瓦尔喷管。

喷管截面形状与气流截面形状相符合,才能保证气流在喷管中充分膨胀,达到理想加速的效果。拉瓦尔喷管的最小截面处称为喉部,喉部处气流速度即声速。各种喷管的形状如图7.3所示。

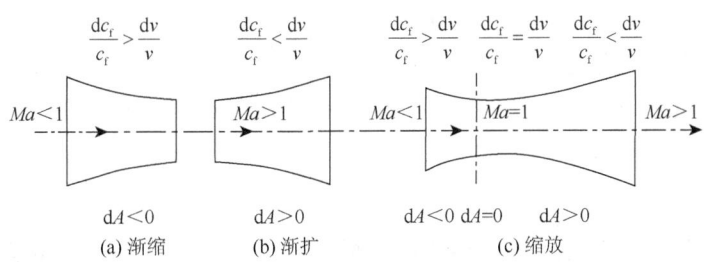

图7.3 喷管($dp<0$,$dv>0$,$dc_f>0$)

缩放喷管的喉部截面是气流从$Ma<1$向$Ma>1$的转换面,所以喉部截面也称临界截面,截面上各参数均称临界参数,临界参数用相应参数加下标cr表示,如临界压力$p_{cr}$、临界温度$T_{cr}$、临界比体积$v_{cr}$和临界流速$c_{f,cr}$等。临界截面上$c_{f,cr}=c$,即$Ma=1$,所以

$$c_{f,cr}=\sqrt{\kappa p_{cr}v_{cr}} \qquad (7.13)$$

从上面的分析可以看出:喷管进出口截面的压力差恰当时,在渐缩喷管中气体流速的最大值只能达到当地声速,而且只可能出现在出口截面上;要使气体流速由亚声速转变到超声速,必须采用缩放喷管,缩放喷管的喉部截面是临界截面,其上速度达到当地声速。

气体流经喷管充分膨胀时,各参数的变化关系如图7.4所示。

若气流通过扩压管,此时气体因绝热压缩,压力升高、流速降低,气流截面的变化规律:$Ma>1$,超声速流动,$dA>0$,气流截面收缩;$Ma=1$,声速流动,$dA=0$,气流截面缩至最小;$Ma<1$,亚声速流动,$dA<0$,气流截面扩张。

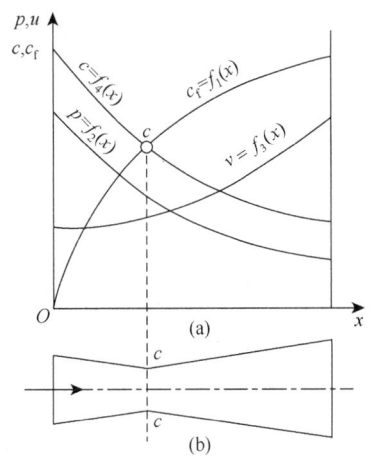

图7.4 喷管内参数变化示意图

同样，对扩压管的要求：对超声速气流要制成渐缩形；对亚声速气流要制成渐扩形，当气流由超声速连续降至亚声速时，要做成渐缩渐扩形扩压管。

## 7.3 喷管的计算

有时需对已有的喷管进行校核计算，此时喷管的外形和尺寸已定，需计算在不同条件下喷管的出口流速及流量。

### 7.3.1 流速计算

据式（7.4）

$$h_0 = h_1 + \frac{c_{f1}^2}{2} = h_2 + \frac{c_{f2}^2}{2} = h + \frac{c_f^2}{2}$$

气体在喷管中绝热流动时任一截面上的流速可由下式计算：

$$c_f = \sqrt{2(h_0 - h)}$$

因此，出口截面上流速

$$c_{f2} = \sqrt{2(h_0 - h_2)} = \sqrt{2(h_1 - h_2) + c_{f1}^2} \tag{7.14}$$

式中，$c_{f1}$ 和 $c_{f2}$ 分别为喷管进、出口截面上的气流速度，m/s；$h_1$、$h_2$、$h_0$ 分别为喷管进、出口截面上气流的焓值和滞止焓，J/kg；$(h_1 - h_2)$ 称为绝热焓降，又称可用焓差。入口速度 $c_{f1}$ 较小时，上式中的 $c_{f1}^2$ 可忽略不计，于是

$$c_{f2} \approx \sqrt{2(h_1 - h_2)} \tag{7.15}$$

上两式对理想气体和实际气体均适用，而与过程是否可逆无关。如果理想气体可逆绝热流经喷管，可据初态参数 $p_1$、$T_1$ 及速度 $c_{f1}$ 求取滞止参数 $p_0$、$T_0$。然后结合出口截面参数如 $p_2$，按要求精度不同采用变比热或定比热求出 $T_2$，从而计算 $h_2$ 再求得 $c_{f2}$。水蒸气可逆绝热流经喷管时，可以利用 h-s 图或借助专用程序求出 $h_1$ 和 $h_2$，代入式（7.14）即可求出出口流速。

据式（7.14）

$$c_{f2} = \sqrt{2(h_0 - h_2)} = \sqrt{2c_p(T_0 - T_2)}$$

$$= \sqrt{2\frac{\kappa R_g}{\kappa - 1}(T_0 - T_2)} = \sqrt{2\frac{\kappa R_g T_0}{\kappa - 1}\left[1 - \left(\frac{p_2}{p_0}\right)^{\frac{\kappa-1}{\kappa}}\right]} \tag{7.16}$$

或

$$c_{f2} = \sqrt{2\frac{\kappa p_0 v_0}{\kappa - 1}\left[1 - \left(\frac{p_2}{p_0}\right)^{\frac{\kappa-1}{\kappa}}\right]} \tag{7.17}$$

### 7.3.2 临界压力比

临界截面上的流速 $c_{f,cr}$ 可由式（7.17）计算如下：

$$c_{f,cr} = \sqrt{2\frac{\kappa p_0 v_0}{\kappa-1}\left[1-\left(\frac{p_{cr}}{p_0}\right)^{\frac{\kappa-1}{\kappa}}\right]}$$

但在此处流速应等于当地声速

$$c_{f,cr} = \sqrt{\kappa p_{cr} v_{cr}}$$

故可得

$$2\frac{\kappa}{\kappa-1}p_0 v_0\left[1-\left(\frac{p_{cr}}{p_0}\right)^{\frac{\kappa-1}{\kappa}}\right] = \kappa p_{cr} v_{cr}$$

将 $v_{cr} = v_0\left(\dfrac{p_0}{p_{cr}}\right)^{\frac{1}{\kappa}}$ 代入上式,得

$$2\frac{\kappa}{\kappa-1}p_0 v_0\left[1-\left(\frac{p_{cr}}{p_0}\right)^{\frac{\kappa-1}{\kappa}}\right] = \kappa p_0 v_0\left(\frac{p_{cr}}{p_0}\right)^{\frac{\kappa-1}{\kappa}}$$

式中,$p_{cr}/p_0$ 称为临界压力比,常用 $\nu_{cr}$ 表示,是流速达到当地声速时工质的压力与滞止压力之比。从上式可得

$$\frac{2}{\kappa-1}\left[1-\nu_{cr}^{\frac{\kappa-1}{\kappa}}\right] = \nu_{cr}^{\frac{\kappa-1}{\kappa}}$$

移项简化,最后可得

$$\frac{p_{cr}}{p_0} = \nu_{cr} = \left(\frac{2}{\kappa+1}\right)^{\frac{\kappa}{\kappa-1}} \tag{7.18}$$

临界压力比是分析管内流动的一个非常重要的数值,截面上工质的压力与滞止压力之比等于临界压力比,是气流速度从亚声速到超声速的转折点。从式(7.18)可知,临界压力比仅与工质性质有关。对于理想气体,如取定值比热,则双原子气体的 $\kappa=1.4, \nu_{cr}=0.528$。对于水蒸气,如取过热蒸汽的 $\kappa=1.3$,则 $\nu_{cr}=0.546$;对于干饱和蒸汽,如取 $\kappa=1.135$,则 $\nu_{cr}=0.577$。

上面这些分析,原则上只适用于定比热理想气体的可逆绝热流动,因推导中曾利用 $pv=R_g T$ 和 $pv^\kappa=$定值等这类仅适用于理想气体的关系式;但也可用于分析理想气体变比热的情况,只是其中 $\kappa$ 值应按在过程变化的温度范围内取平均值;有时也可用于分析水蒸气的可逆绝热流动,不过此时式中 $\kappa$ 值不再具有 $c_p/c_V$ 的意义,而为一纯经验数据。

将临界压力比公式(7.18)代入式(7.16),得

$$c_{f,cr} = \sqrt{2\frac{\kappa}{\kappa+1}p_0 v_0} \tag{7.19}$$

对于理想气体

$$c_{f,cr} = \sqrt{2\frac{\kappa}{\kappa+1}R_g T_0} \tag{7.20}$$

由于滞止参数由初态参数确定,故临界流速只决定于进口截面上的初态参数,对于理想气体则仅决定于滞止温度。

### 7.3.3 流量计算

根据气体稳定流动的连续性方程，气体通过喷管任何截面的质量流量都是相同的。因此，无论按哪一个截面计算流量，所得的结果都应该一样。但是，各种形式喷管的流量大小都受其最小截面控制，所以常常按最小截面（即收缩喷管的出口截面、缩放喷管的喉部截面）来计算流量，据式（7.1）

$$q_m = \frac{A_2 c_{f2}}{v_2} \text{ 或 } q_m = \frac{A_{cr} c_{f,cr}}{v_{cr}}$$

式中，$A_2$、$A_{cr}$ 分别为收缩喷管出口截面面积和缩放喷管喉部截面面积，$m^2$；$c_{f2}$、$c_{f,cr}$ 分别为收缩喷管出口截面上的速度和缩放喷管喉部截面上的速度，m/s；$v_2$、$v_{cr}$ 分别为收缩喷管出口截面上气体的比体积和缩放喷管喉部截面上气体的比体积，$m^3/kg$。

为了导出流量的计算公式，假定工质为理想气体并取定值比热而进行进一步推导。将式（7.17）和 $p_2 v_2^\kappa = p_0 v_0^\kappa$ 代入式（7.1），化简整理后得

$$q_m = A_2 \sqrt{2 \frac{\kappa}{\kappa-1} p_0 v_0 \left[ 1 - \left(\frac{p_2}{p_0}\right)^{\frac{\kappa-1}{\kappa}} \right]} \tag{7.21}$$

由上式可知，当 $A_2$ 及 $p_0$、$v_0$ 保持不变，也即 $A_2$ 和进口截面参数保持不变时，流量仅随出口截面压力与滞止压力之比而变。

**【例 7.1】** 空气由输气管送来，管端接一出口截面面积 $A_2 = 12 \text{ cm}^2$ 的渐缩喷管，进入喷管前空气的压力 $p_1 = 2.8$ MPa，温度 $T_1 = 371$ K，速度 $c_{f,1} = 28$ m/s。已知喷管出口处背压 $p_b = 1.6$ MPa。若空气可作为理想气体，比热取定值，且 $c_p = 1.004$ kJ/(kg·K)，试确定空气经喷管射出的速度、流量以及出口截面上空气的比体积 $v_2$ 和温度 $T_2$。

**解** 先求滞止参数。因空气作为理想气体且比热为定值，则

$$T_0 = T_1 + \frac{c_{f,1}^2}{2c_p} = 371 + \frac{28^2}{2 \times 1004} = 371.4 \text{ (K)}$$

$$p_0 = p_1 \left(\frac{T_0}{T_1}\right)^{\kappa/(\kappa-1)} = 2.8 \times 10^6 \times \left(\frac{371.4}{371}\right)^{1.4/(1.4-1)} = 2.811 \times 10^6 \text{ (Pa)}$$

$$v_0 = \frac{R_g T_0}{p_0} = \frac{287 \times 371.4}{2.811 \times 10^6} = 0.0379 \text{ (m}^3/\text{kg)}$$

计算临界压力：

$$p_{cr} = v_{cr} p_0 = 0.528 \times 2.811 \times 10^6 = 1.484 \times 10^6 \text{ (Pa)}$$

因为 $p_{cr} < p_b$，所以空气在喷管内只能膨胀到 $p_2 = p_b$，即 $p_2 = 1.6$ MPa。

计算出口截面状态参数：

$$v_2 = v_0 \left(\frac{p_0}{p_2}\right)^{1/\kappa} = 0.0379 \times \left(\frac{2.811}{1.6}\right)^{1/1.4} = 0.0567 \text{ (m}^3/\text{kg)}$$

$$T_2 = \frac{p_2 v_2}{R_g} = \frac{1.6 \times 10^6 \times 0.0567}{287} = 316.1 \text{ (K)}$$

计算出口截面上的流速和喷管流量：

$$c_{f2} = \sqrt{2(h_0 - h_2)} = \sqrt{2c_p(T_0 - T_2)}$$
$$= \sqrt{2 \times 1004 \times (371.4 - 316.1)} = 333.2 (\text{m/s})$$
$$q_m = \frac{A_2 c_{f2}}{v_2} = \frac{12 \times 10^{-4} \times 333.2}{0.0567} = 7.05 (\text{kg/s})$$

## 7.4 绝热节流

阀门、流量孔板等是工程中常用的部件，流体流经这些部件时，流体通过的截面突然缩小，称为节流。在节流过程中，工质与外界交换的热量可以忽略不计，故节流又称为绝热节流，也简称节流。

节流过程是典型的不可逆过程。节流中缩孔附近的工质由于摩擦和涡流，流动不但是不可逆过程，而且状态不稳定，处于极度不平衡状态，如图 7.5 所示，故不能用平衡状态热力学方法分析孔口附近的状况。但在距孔口较远的地方，如图 7.5 中截面 1-1 和 2-2，流体仍处于平衡状态。若取管段 1-2 为控制容积，引用绝热流动的能量方程式，并稍作整理即可得

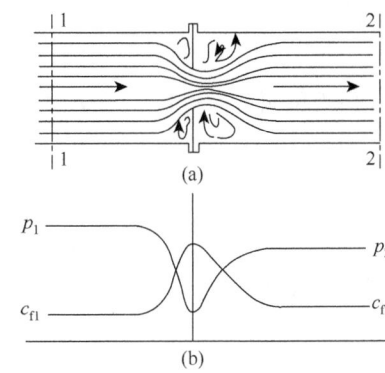

图 7.5 绝热节流

$$h_1 = h_2 + \frac{1}{2}(c_{f2}^2 - c_{f1}^2)$$

在通常情况下，节流前后流速 $c_{f1}$ 和 $c_{f2}$ 的差别不大，流体动能差与 $h_1$ 及 $h_2$ 相比极小，可忽略不计，故得

$$h_1 = h_2 \tag{7.22}$$

该式表明，经节流后流体焓值仍恢复到原值。事实上，工质在缩口处速度变化很大，因而焓值在截面 1-1 和截面 2-2 之间并不处处都相等，且工质内部扰动是不可逆过程，因而不能确定各截面的焓值。因此，尽管 $h_1 = h_2$，但不能把节流过程看成定焓过程。

节流过程是不可逆绝热过程，过程中有熵产，故其熵增大，即

$$s_2 > s_1 \tag{7.23}$$

对于理想气体，$h = f(T)$，焓值不变，则温度也不变，即 $T_2 = T_1$。节流后的其他状态参数可依据 $p_2$ 及 $T_2$ 求得。实际气体节流过程的温度变化比较复杂，节流后温度可以降低，可以升高，也可以不变，视节流时气体所处的状态及压降的大小而定。

节流后温度不变的气流温度称为转回温度，用 $T_i$ 表示。在 $T$-$p$ 图上把不同压力下的转回温度连接起来，就得到一条连续曲线，称为转回曲线，如图 7.6 所示。

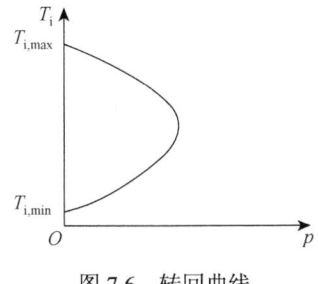

图 7.6 转回曲线

## 思 考 题

**7-1** 改变气流速度起主要作用的是通道的形状，还是气流本身的状态变化？

**7-2** 当有摩擦损耗时，喷管的流出速度同样可用 $c_{f2}=\sqrt{2(h_0-h_2)}$ 计算，似乎与无摩擦损耗时相同，那么，摩擦损耗表现在哪里？

**7-3** 有两个喷管，一个是渐缩喷管，一个是缩放喷管。设两喷管的工作背压均为 0.1MPa，进口截面压力均为 1MPa，进口流速 $c_{f1}$ 可忽略不计。若两喷管的最小截面面积相等，问两喷管的流量、出口截面流速和压力是否相同？

**7-4** 在给定的定熵流动中，流道各截面的滞止参数是否相同？为什么？

**7-5** 渐缩喷管内的流动情况，在什么条件下不受背压变化的影响？若进口压力有所变化（其余不变），则流动情况又将如何？

**7-6** 气体在喷管中流动加速时，为什么会出现喷管截面积逐渐扩大的情况？常见的河流和小溪，遇到流道狭窄处，水流速度会明显上升，很少见到水流速度加快处，会是流道截面积加大的地方，这是为什么？

**7-7** 气体在喷管中绝热流动，不管其过程是否可逆，都可以用 $c_{f2}=\sqrt{2(h_0-h_2)}$ 进行计算。这是否说明可逆过程和不可逆过程所得到的效果相同？

## 习　题

**7-1** 空气以 $c_f=210\,\text{m/s}$ 的速度在风洞中流动，用水银温度计测量空气的温度，温度计的读数是 82℃。假设空气在温度计周围得到完全滞止，求空气的实际温度（即所谓热力学温度）。

**7-2** 进入出口截面面积 $A_2=21\,\text{cm}^2$ 的渐缩喷管的空气初参数为 $p_1=9\times10^5\,\text{Pa}$、$t_1=31℃$，初速度很小，可以忽略不计。求空气经喷管射出时的速度、流量以及出口截面处空气的状态参数 $v_2$、$t_2$。设喷管背压力分别为 2.1MPa、0.99 MPa。空气的比热 $c_p=1.213\,\text{kJ/(kg·K)}$，$\kappa=1.8$。

**7-3** 滞止压力为 0.73MPa、滞止温度为 420K 的空气可逆绝热流经一收缩喷管，在截面面积为 $3.8\times10^{-4}\,\text{m}^2$ 处气流的马赫数为 0.9。若喷管背压为 0.31MPa，试求喷管出口的截面面积。

**7-4** 一玩具火箭内充满空气，其参数为 $p=12.96\,\text{MPa}$、$t=39.96℃$，空气经一缩放喷管排向大气产生推力。已知喷管喉部截面面积为 $2.1\,\text{mm}^2$，出口截面压力与喉部压力之比为 1∶9，试求启动初始火箭的净推力。$p_0=0.23\,\text{MPa}$。

**7-5** 压力为 0.21MPa、温度为 25℃ 的空气流经扩压管，压力升高到 0.23 MPa，试求空气进入扩压管时的初速至少有多大？

**7-6** 压力为 5.89 MPa、温度为 590℃ 的蒸汽，经节流后压力下降为 3.12 MPa，然后定熵膨胀到 0.13MPa。（1）求绝热节流后蒸汽温度及节流过程中蒸汽的熵增；（2）若节流前蒸汽膨胀到相同的终压，求由节流而造成的技术功减少量和做功能力损失。$T_0=321\,\text{K}$。

**7-7** 用管子输送压力为 2.1MPa、温度为 291℃ 的水蒸气，若管中允许的最大流速为 162 m/s，问水蒸气的质量流量为 1163 kg/h 时管子直径最小要多大？

**7-8** 渐缩喷嘴射出的空气压力为 0.28 MPa，温度为 174℃，流速为 298m/s，求空气的定熵滞止温度和压力。

# 第8章 动 力 循 环

蒸汽动力装置是以水蒸气作为工质的热动力装置。工业上最早使用的动力机是用水蒸气作为工质的蒸汽机。由于水容易获得，无污染并具有良好的热力学性能等许多优点，蒸汽轮机动力装置仍然是现代电力生产最主要的热动力装置，也是大型船舶的主要动力装置之一。

与内燃机比较而言，蒸汽动力装置又可称为"外燃动力装置"。蒸汽动力装置便于使用液体、气体、固体及核燃料等任何燃料，便于利用劣质煤资源，还可以利用地热能和太阳能，这是蒸汽动力装置的优点。本章将对蒸汽动力装置的循环进行讨论。

活塞式内燃机和燃气轮机装置可以简化成以理想气体为工质的动力机。本章也将讨论气体动力循环中的内燃机循环。分析动力循环的目的是在热力学基本定律的基础上分析各种动力循环的特性、能量转换的经济性，寻求提高经济性的方向、路径。

## 8.1 朗 肯 循 环

### 8.1.1 工质为水蒸气的卡诺循环

热力学第二定律已证明，在相同温限内卡诺循环的热效率最高。在采用气体作为工质的循环中，因定温加热和放热难以进行，而且气体的定温线和绝热线在 $p$-$v$ 图上的斜率相差不多，以致卡诺循环所做的功并不大，故在实际上难以采用。

在采用蒸汽作为工质时，由于水的汽化和蒸汽的凝结，当压力不变时温度也不变，因而实际上也就有了定温加热和放热的可能。更因这时定温过程也即定压过程，在 $p$-$v$ 图上其与绝热线之间的斜率相差也大，故所做的功也较大。所以，以蒸汽为工质时原则上可以采用卡诺循环，如图 8.1 中循环 6-7-8-5-6 所示。然而在实际的蒸汽动力装置中不采用卡诺循环，其主要原因：首先，在压缩机中绝热压缩过程 8-5 难以实现，因状态 8 是水和蒸汽的混合物，压缩过程中压缩机工作不稳定，同时状态 8 的比体积比水的比体积大得多，需用比水泵大得多的压缩机；其次，循环局限于饱和区，上限温度受制于临界温度，故即使实现卡诺

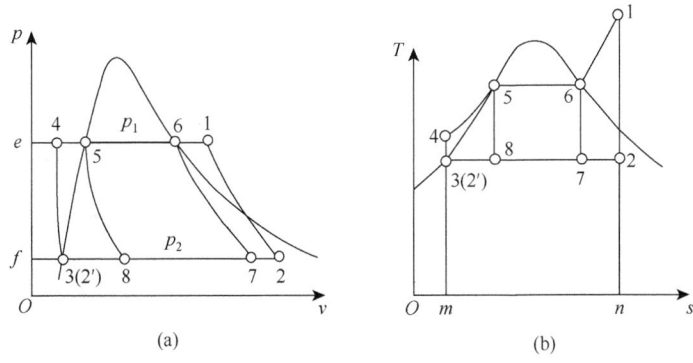

图 8.1　水蒸气的朗肯循环

循环，其热效率也不高；再次，膨胀末期，湿蒸汽干度过小，即含水分甚多，不利于动力机安全。实际蒸汽动力循环均以朗肯循环为基础。

## 8.1.2 朗肯循环及其热效率

蒸汽动力循环中的锅炉、汽轮机、冷凝器和水泵是循环中的基本设备。简单蒸汽动力装置流程示意图如图 8.2 所示，其理想循环——朗肯循环的 $p$-$v$ 图和 $T$-$s$ 图见图 8.1。

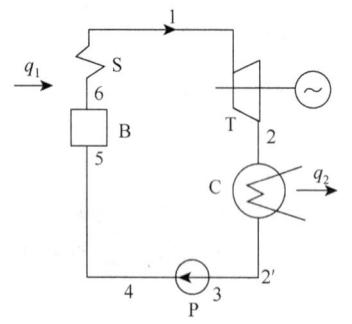

图 8.2　简单蒸汽动力装置流程示意图

图 8.2 中 B 为锅炉，燃料在炉中燃烧，放出热量；水在汽锅中定压吸热，汽化成饱和蒸汽；饱和蒸汽在蒸汽过热器 S 中定压吸热成过热蒸汽，如过程 4-5-6-1。高温高压的新蒸汽在汽轮机 T 内绝热膨胀做功，如过程 1-2。从汽轮机排出的做过功的乏汽在冷凝器 C 内等压冷凝，向冷却水放热，相应于过程 2-3，这是定压过程同时也是定温过程。冷凝器内的压力通常很低，现代蒸汽电厂冷器内压力为 4～5kPa，其相应的饱和温度为 28.95～32.88℃，仅稍高于环境温度。3-4 为凝结水在给水泵 P 内的绝热压缩过程，压力升高后的水再次进入锅炉 B 完成循环。

朗肯循环与水蒸气的卡诺循环主要不同之处在于乏汽的凝结是完全的，即乏汽完全液化，而不是止于点 8（图 8.1）。此外，采用了过热蒸汽，蒸汽在过热区的加热是定压加热但并不是定温加热（图 8.1 中过程 6-1）。完全凝结使循环中多一段水的加热过程 4-5，减小了循环平均温差，对热效率是不利的。但是对简化设备却是有利的，因压缩水比压缩比体积为 $v_8$ 的水汽混合物方便得多。采用过热蒸汽则增大了循环的平均温差，并使乏汽的干度也提高，这些都是有利的。现今各种较复杂的蒸汽动力循环都是在朗肯循环的基础上予以改进而得到的。

下面分析朗肯循环的热效率。

每千克新蒸汽在汽轮机内可逆绝热膨胀做出的技术功为

$$w_t = h_1 - h_2 = p\text{-}v \text{ 图上面积 } e12fe$$

乏汽在冷凝器中向冷却水放出的热量为

$$q_2 = h_2 - h_3 = T\text{-}s \text{ 图上面积 } m32nm$$

凝结水流经水泵，水泵消耗的功为

$$w_p = h_4 - h_3 = p\text{-}v \text{ 图上面积 } e43fe$$

新蒸汽从热源吸热量为

$$q_1 = h_1 - h_4 = T\text{-}s \text{ 图上面积 } m4561nm$$

循环净功为

$$w_{net} = w_t - w_p = (h_1 - h_2) - (h_4 - h_3) = p\text{-}v \text{ 图上面积 } 1234561$$

循环净热量为

$$q_{net} = q_1 - q_2 = (h_1 - h_4) - (h_2 - h_3) = (h_1 - h_2) - (h_4 - h_3)$$
$$= T\text{-}s \text{ 图上面积} 1234561$$

所以循环热效率为

$$\eta_{t}=\frac{w_{\text{net}}}{q_{1}}=\frac{q_{1}-q_{2}}{q_{1}}=\frac{w_{t}-w_{p}}{q_{1}}=\frac{(h_{1}-h_{2})-(h_{4}-h_{3})}{h_{1}-h_{4}} \tag{8.1}$$

式中，$h_1$ 是新蒸汽的焓；$h_2$ 是乏汽的焓；$h_3(=h_{2'})$ 和 $h_4$ 分别是压力为 $p_2$ 的凝结水和压力为 $p_1$ 的过冷水的焓，利用水和水蒸气的热力性质图表或计算程序确定。

由于水的压缩性很小，所以水流经水泵消耗的压缩功 $w\approx 0$，又因可以认为 $q=0$，所以 $\Delta u=u_4-u_3\approx 0$。这样，水泵功 $w_p$ 的近似值为

$$w_{p}=h_{4}-h_{3}=u_{4}+p_{4}v_{4}-(u_{3}+p_{3}v_{3})\approx(p_{4}-p_{3})v_{3}=(p_{1}-p_{2})v_{2'}$$

式中，$v_{2'}$ 为乏汽压力下饱和水的比体积。将 $w_p$ 的近似值代入式（8.1）可得热效率的近似式：

$$\eta_{t}=\frac{h_{1}-h_{2}-(p_{1}-p_{2})v_{2'}}{h_{1}-h_{3}-(p_{1}-p_{2})v_{2'}}=\frac{h_{1}-h_{2}-(p_{1}-p_{2})v_{2'}}{h_{1}-h_{2'}-(p_{1}-p_{2})v_{2'}} \tag{8.2}$$

因为 $w_p$ 通常比式中（$h_1-h_2$）或（$h_1-h_{2'}$）小得多，所以略去 $w_p$ 对计算准确度的影响，而对分析计算循环热效率变化的大致趋势更方便。这样，式（8.2）可进一步简化为

$$\eta_{t}=\frac{h_{1}-h_{2}}{h_{1}-h_{2'}} \tag{8.3}$$

当循环的初压力 $p_1$ 很高时，水泵功 $w_p$ 约占汽轮机做功的 2%。在较粗略的计算中，仍可将水泵功忽略不计，但在较精确的计算时，即使初压力不高，也不应忽略水泵功。

计算循环热效率时，各状态点的焓值可由水蒸气的焓熵图或热力性质表查得。

### 8.1.3 蒸汽参数对朗肯循环热效率的影响

1. 初温 $t_1$ 对热效率的影响

在相同的初压及背压下，提高新蒸汽的温度可使热效率增大。因为，初温从 $t_1$ 提高到 $t_{1_a}$（图 8.3），使朗肯循环的平均吸热温度有所提高，而平均放热温度不变，使循环温差增大，所以热效率提高。

另外，提高初温 $t_1$ 还可使终态 2 的干度 $x_2$ 增大，这对提高汽轮机相对内效率和延长汽轮机的使用寿命都有利。

新蒸汽的温度受材料耐热性能的限制。蒸汽过热器外面是高温燃气，里面是蒸汽，所以过热器壁面的温度必定高于蒸汽温度。这点与燃气轮机装置和内燃机均不同。内燃机的气缸壁因为有冷却水和进入气缸的空气冷却，燃气轮机的燃烧室和叶片也都可以冷却，其材料就可以承受较高的燃气温度，如内燃机中燃气温度可高达 2000℃。与此相对照，蒸汽循环的最高蒸汽温度很少超过 600℃。

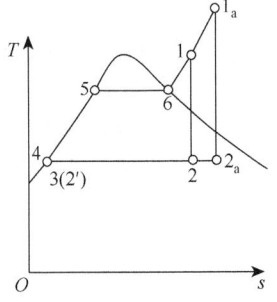

图 8.3 初温 $t_1$ 对 $\eta_t$ 的影响

2. 初压 $p_1$ 对热效率的影响

在相同的初温和背压下，提高初压也可使热效率增大。由图 8.4 显见，当初压提高时，也可使朗肯循环的平均吸热温度有所提高，而平均放热温度不变，循环的平均温差增大，所以循环的热效率提高。

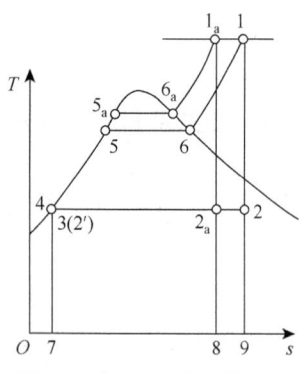

图 8.4 初压 $p_1$ 对 $\eta_t$ 的影响

提高初压同时也产生了一些新问题，如设备的强度问题。在热力学上注意到的是随着初压的增加而引起乏汽干度的迅速降低，乏汽中所含的水分增加，这将引起汽轮机内部效率降低。此外，水分超过某一限度时，将引起汽轮机最后几级叶片的侵蚀，缩短汽轮机的使用寿命，并能引起汽轮机的危险震动，故乏汽干度不宜太低，通常不使其低于88%。在提高 $p_1$ 的同时提高 $t_1$，可以抵消因提高初压而引起的乏汽干度的降低。

3. 背压 $p_2$ 对热效率的影响

在相同的 $p_1$、$t_1$ 下降低背压 $p_2$ 也能使热效率提高，这是因为循环温差加大的缘故。从图 8.5 可见，背压较低的循环净功 $12_a3_a561$ 比背压较高的循环净功 123561 大出相当于面积 $22_a3_a32$ 的数值。

$p_2$ 的降低意味着冷凝器内饱和温度 $t_2$ 降低，而 $t_2$ 必定高于外界环境温度，故其降低受环境温度的限制。即使是同一设备，由于冬、夏季节气温的变化，$t_2$ 也会随之变化，即 $p_2$ 也会有改变。

此外，降低 $p_2$ 若不提高 $t_1$，也会引起乏汽干度 $x_2$ 降低，其后果与单独提高 $p_1$ 类似。

综上所述，提高初参数 $p_1$、$t_1$，降低乏汽压力 $p_2$ 均可提高循环热效率，但提高初参数受到金属性能和乏汽干度等的限制。降低背压 $p_2$ 受到环境温度的限制，充其量也只能降低到和天然冷源（大气、海水等）的温度相等，因而改进的潜力不大。由于平均吸热温度和平均放热温度相差很大，提高平均吸热温度几乎不受什么限

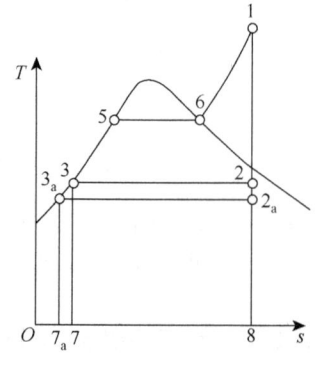

图 8.5 背压 $p_2$ 对 $\eta_t$ 的影响

制，所以提高平均吸热温度是提高热效率的重要途径，也是蒸汽动力装置的重要发展方向。

## 8.1.4 有摩阻的实际循环

以上讨论的是理想的可逆循环。实际上，蒸汽动力装置中的全部过程都是不可逆过程，尤其是蒸汽经过汽轮机的绝热膨胀与理想可逆过程的差别较为显著。由于蒸汽在汽轮机中流速很高，气流内部的摩擦损失及气流与喷嘴内壁的摩擦损失不能忽略，叶片对气流的阻力也相当大，这些都使理想的可逆循环与实际循环有较大的差别。以下讨论仅考虑汽轮机中有摩阻损耗的实际循环。

如果考虑到汽轮机中的不可逆损失，则理想循环中的可逆绝热过程 1-2 将代之以不可逆绝热过程 1-$2_{act}$。这样，在循环中 $q_1$ 不变，而 $q_2$ 增大。如图 8.6（a）所示，$q_2$ 的增大部分为面积 $822_{act}78$。

蒸汽经过汽轮机时实际所做的技术功为

$$w_{t,act} = h_1 - h_{2_{act}} = (h_1 - h_2) - (h_{2_{act}} - h_2)$$

所少做的功等于在冷凝器中多排出的热量 $(h_{2_{act}} - h_2)$，见图 8.6（b）。值得指出的是，由于 $2_{act}$ 与 2 状态不同，故少做的功并不就是不可逆膨胀过程的做功能力损失。做功能力损失仍应由 $T_0 S_g$ 计算。

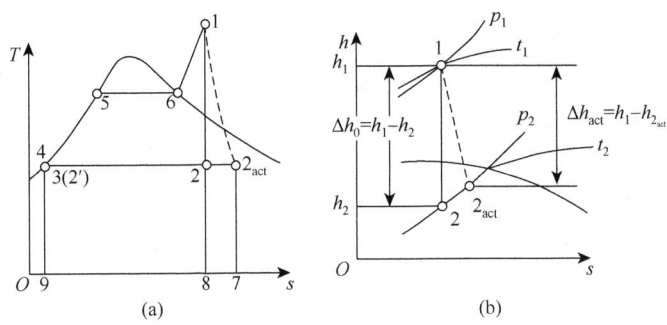

图 8.6 汽轮机中的不可逆过程

汽轮机内蒸汽实际做功 $w_{\text{t,act}}$ 与理论功 $w_\text{t}$ 的比值称为汽轮机的相对内效率,简称汽轮机效率,以 $\eta_\text{T}$ 表示,即

$$\eta_\text{T} = \frac{w_{\text{t,act}}}{w_\text{t}} = \frac{h_1 - h_{2_{\text{act}}}}{h_1 - h_2} \tag{8.4}$$

这样

$$h_{2_{\text{act}}} = h_2 + (1-\eta_\text{T})(h_1 - h_2) = h_2 + (1-\eta_\text{T})h_0 \tag{8.5}$$

式中,$h_0 = h_1 - h_2$ 称为理想绝热焓降。汽轮机相对内效率 $\eta_\text{T}$ 由生产厂据大量试验结果提供,近代大功率汽轮机的 $\eta_\text{T}$ 在 0.85~0.92。

每千克蒸汽在实际工作循环中做出的循环净功称为实际循环内部功,用 $w_{\text{net,act}}$ 表示,$w_{\text{net,act}} = w_{\text{t,act}} - w_{\text{p,act}}$。忽略水泵功

$$w_{\text{net,act}} \approx w_{\text{t,act}} = h_1 - h_{2_{\text{act}}}$$

则循环内部热效率 $\eta_\text{i}$——蒸汽在实际循环中所做的循环净功与循环中热源所供给的热量的比值为

$$\eta_\text{i} = \frac{w_{\text{net,act}}}{q_1} = \frac{h_1 - h_{2_{\text{act}}}}{h_1 - h_{2'}} = \frac{\eta_\text{T}(h_1 - h_2)}{h_1 - h_{2'}} = \eta_\text{T}\eta_\text{t} \tag{8.6}$$

若再考虑轴承等处的机械损失,则汽轮机输出的有效功,即轴功为

$$w_\text{s} = \eta_\text{m} w_{\text{t,act}}$$

式中,$\eta_\text{m}$ 为机械效率。据式(8.4)

$$w_\text{s} = \eta_\text{m}\eta_\text{T} w_\text{t} \tag{8.7}$$

或用轴功率表示:

$$P_\text{s} = \eta_\text{m}\eta_\text{T} P_0 = \eta_\text{m}\eta_\text{T} D(h_1 - h_2) \tag{8.8}$$

上式是忽略水泵功时循环输出净功率的表达式。式中,$P_0 = D(h_1 - h_2)$ 是汽轮机理想输出功率,kW;$D$ 为蒸汽耗量,kg/s。

在蒸汽循环设计计算时,常需要计算耗汽率,即装置每输出单位功量所消耗的蒸汽量。通常耗汽率用 $d$ 表示,则理想耗汽率 $d_0$(单位为 kg/J)为

$$d_0 = \frac{D}{P_0} = \frac{1}{h_1 - h_2} \tag{8.9}$$

若以实际内部功率 $P_\text{i}$ 为基准,则内部功耗汽率为

$$d_\mathrm{i} = \frac{D}{P_\mathrm{i}} = \frac{1}{h_1 - h_{2_\mathrm{act}}} = \frac{1}{\eta_\mathrm{T}(h_1 - h_2)} = \frac{d_0}{\eta_\mathrm{T}} \tag{8.10}$$

若考虑有效功，则有效功耗汽率

$$d_\mathrm{e} = \frac{D}{P_\mathrm{s}} = \frac{1}{P_0 \eta_\mathrm{T} \eta_\mathrm{m}} = \frac{d_0}{\eta_\mathrm{T} \eta_\mathrm{m}} \tag{8.11}$$

**【例 8.1】** 我国生产的 300MW 汽轮发电机组，其新蒸汽压力和温度分别为 $p_1 = 17\,\mathrm{MPa}$、$t_1 = 550\,\mathrm{℃}$，汽轮机排汽压力 $p_2 = 5\,\mathrm{kPa}$。若按朗肯循环运行，求：(1) 汽轮机所产生的功 $w_\mathrm{T}$；(2) 水泵功 $w_\mathrm{p}$；(3) 循环热效率 $\eta_\mathrm{t}$ 和理论耗汽率 $d_0$。

**解** 根据 $p_1 = 17\,\mathrm{MPa}$、$t_1 = 550\,\mathrm{℃}$，在 $h\text{-}s$ 图（图8.7）上定出新蒸汽状态点 1，得 $h_1 = 3426\,\mathrm{kJ/kg}$。理想情况下蒸汽在汽轮机中进行可逆绝热膨胀，过程 1-2 为定熵过程。在 $h\text{-}s$ 图上从点 1 作定熵线与 $p_2 = 5\,\mathrm{kPa}$ 的等压线相交，得状态点 2，$h_2 = 1963.5\,\mathrm{kJ/kg}$。查饱和水和饱和水蒸气表得

$$p_2 = 5\,\mathrm{kPa}\ \text{时}, \quad v' = 0.001\,005\,3\,\mathrm{m^3/kg}, \quad h' = 137.72\,\mathrm{kJ/kg}$$

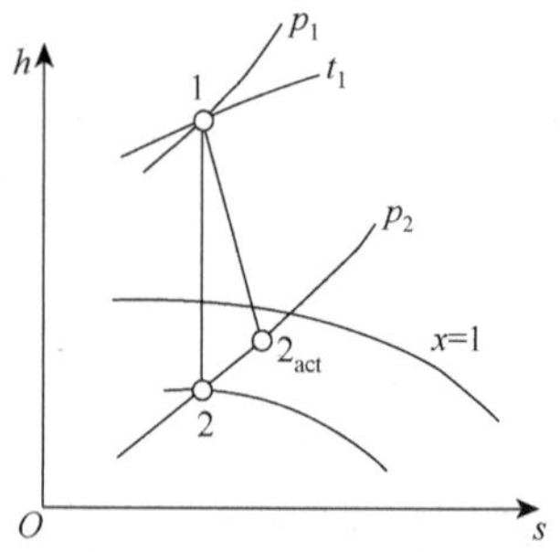

于是求得

$$w_\mathrm{T} = h_1 - h_2 = 3426 - 1963.5 = 1462.5\,(\mathrm{kJ/kg})$$

$$w_\mathrm{p} = h_4 - h_3 \approx (p_4 - p_3)v' = (p_1 - p_2)v'$$

$$= (17 \times 10^6 - 5 \times 10^3) \times 0.001\,005\,3 = 17.09 \times 10^3\,(\mathrm{J/kg})$$

$$h_4 = h_3 + w_\mathrm{p} = h' + w_\mathrm{p} = 137.72 + 17.09 = 154.81\,(\mathrm{kJ/kg})$$

$$q_1 = h_1 - h_4 = 3426 - 154.81 = 3271.19\,(\mathrm{kJ/kg})$$

$$\eta_\mathrm{t} = \frac{w_\mathrm{net}}{q_1} = \frac{h_1 - h_2 - w_\mathrm{p}}{q_1}$$

$$= \frac{3426 - 1963.5 - 17.09}{3271.19} = 0.4418$$

图 8.7 例 8.1 图

若略去水泵功，则

$$\eta_\mathrm{t} = \frac{w_\mathrm{net}}{q_1} = \frac{h_1 - h_2}{h_1 - h'} = \frac{3426 - 1963.5}{3426 - 137.72} = 0.4448$$

$$d_0 = \frac{1}{h_1 - h_2} = \frac{1}{(3426 - 1963.5) \times 10^3}$$

$$= 6.84 \times 10^{-7}\,(\mathrm{kg/J})$$

## 8.2 再热循环

为了在提高蒸汽初压的同时，不使排汽干度下降，以致危及汽轮机的安全运行，将朗肯循环进行适当改进。新汽膨胀到某一中间压力后撤出汽轮机，导入锅炉中特设的再热器 R 或其他换热机设备中，使之再加热，然后再导入汽轮机继续膨胀到背压 $p_2$。如此在蒸汽动力循环中采用"再热"措施的循环称为再热循环，其设备简图如图8.8所示，图8.9为再热循环的 $T\text{-}s$ 图。

从图 8.9 上可以看出，若不用再热，则膨胀到背压 $p_2$ 时的状态为 $c$；而再热后膨胀到相同的背压时的状态却为点 2，汽轮机排汽的干度得到提高，这样就避免了由提高 $p_1$ 而带来的不利影响。

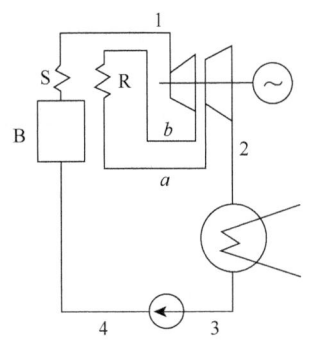
图 8.8 再热循环设备简图

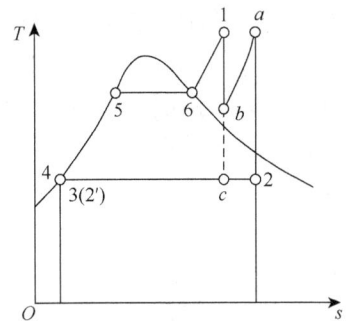
图 8.9 再热循环的 T-s 图

下面讨论再热对循环热效率的影响。

循环所做的功（忽略水泵功）为
$$w_{net} = (h_1 - h_b) + (h_a - h_2)$$

加入的热量为
$$q_1 = (h_1 - h_{2'}) + (h_a - h_b)$$

热效率为
$$\eta_t = \frac{w_{net}}{q_1} = \frac{(h_1 - h_b) + (h_a - h_2)}{(h_1 - h_{2'}) + (h_a - h_b)} \tag{8.12}$$

由式（8.12）不能看出再热循环的热效率较基本循环的热效率是提高还是降低，但由 T-s 图（图 8.9）上可以看到，基本循环为 1-c-2'-5-6-1，因再热而附加的部分为 b-a-2-c-b。如果附加部分较基本循环效率高，则能够使循环的总效率提高，反之则降低。可见，若所取中间压力较高，则能使 $\eta_t$ 提高；若中间压力过低，则会使 $\eta_t$ 降低。但中间压力取得高对 $x_2$ 的改善较小，且若中间压力过高，则附加部分与基本循环相比所占比例甚小，即使其本身效率高，对整个循环作用也不大。根据已有的经验，中间压力在（20%~30%）$p_1$ 范围内时对提高 $\eta_t$ 的作用最大。但选取中间压力时必须注意使进入冷凝器的乏汽干度在允许范围内，此为再热之根本目的。

现代大型电站的蒸汽动力循环几乎无一例外地采用了再热循环。在采用再热循环后，因为每千克蒸汽所做的功增加了，故耗汽率可降低，通过设备的水和蒸汽的质量减少，可减轻水泵和冷凝器的负荷。此外，因管道、阀门及换热面增多，增加了投资费用，且使管理运行复杂化。

## 8.3 回热循环

在朗肯循环中，平均吸热温度不高的主要原因是从未饱和水至饱和水的吸热过程温度较低，造成加热过程的平均温度不高，致使热效率低下，传热不可逆损失极大。如能设法使工质在热源中的吸热不包括这一段，那么循环的平均吸热温度就会提高，使循环的热效率得到提高。回热循环就是利用蒸汽回热对水进行加热，消除朗肯循环中水在较低温度下吸热的不利影响，以提高热效率。

### 8.3.1 抽汽回热

目前工程上采用的回热方式是从汽轮机的适当部位抽出尚未完全膨胀的压力、温度相对较高的少量蒸汽,去加热低温凝结水。这部分抽汽并未经过冷凝器,因而没有向冷源放热,但是加热了冷凝水,达到了回热的目的。这种循环称为抽汽回热循环。现代大中型蒸汽动力装置毫无例外地均采用回热循环,抽汽的级数从 2、3 级最多达 7、8 级,参数越高、容量越大的机组,回热级数越多。

为了分析方便,以一级抽汽回热循环为例进行讨论。其计算原则同样适用于多级回热循环。

一级抽汽回热循环装置示意图如图 8.10 所示,循环的 $T$-$s$ 图如图 8.11 所示。每千克状态为 1 的新蒸汽进入汽轮机,绝热膨胀到状态 $0_1(p_{0_1}, t_{0_1})$ 后,即从汽轮机中抽出 $\alpha_1$ kg,将之引入回热器。剩下的 $(1-\alpha_1)$ kg 蒸汽在汽轮机内继续膨胀到状态 2,然后进入冷凝器,被冷却凝结成冷凝水 $(2')$,再经给水泵加压到 $p_{0_1}$ 进入回热器。在其中被 $\alpha_1$ kg 的抽汽加热成饱和水,并与 $\alpha_1$ kg 蒸汽凝结的水汇成 1 kg 状态为 $0_1'$ 的饱和水。然后被水泵加压泵入锅炉,加热、汽化、过热成新蒸汽,完成循环。

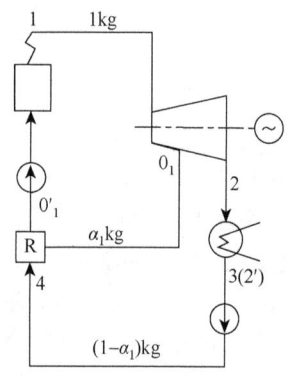

图 8.10 一级抽汽回热循环装置示意图

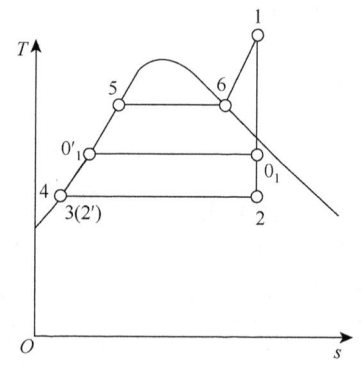

图 8.11 一级抽汽回热循环的 $T$-$s$ 图

从上面描述可知,回热循环中,工质经历不同过程时有质量的变化,因此 $T$-$s$ 图上的面积不能直接代表热量。尽管如此,$T$-$s$ 图对分析回热循环仍是十分有用的工具。

### 8.3.2 回热循环计算

回热循环的计算,首先要确定抽汽量 $\alpha_1$,它可以从回热器的热平衡方程式及质量守恒式确定。图 8.12 是混合式回热器的示意图,其热平衡方程为 $(1-\alpha_1)(h_{0_1'} - h_4) = \alpha_1(h_{0_1} - h_{0_1'})$,若忽略水泵功,则 $h_4 = h_{2'}$,可得

$$\alpha_1 = \frac{h_{0_1'} - h_{2'}}{h_{0_1} - h_{2'}} \tag{8.13}$$

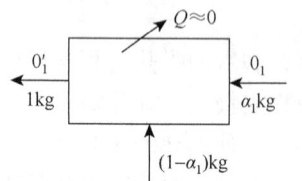

图 8.12 混合式回热器示意图

循环净功为

$$w_{\text{net}} = (h_1 - h_{0_1}) + (1-\alpha_1)(h_{0_1} - h_2)$$
$$= (1-\alpha_1)(h_1 - h_2) + \alpha_1(h_1 - h_{0_1})$$

从热源吸入的热量为

$$q_1 = h_1 - h_{0_1'}$$

循环热效率

$$\eta_{t,R} = \frac{w_{net}}{q_1} = \frac{(h_1 - h_{0_1}) + (1-\alpha_1)(h_{0_1} - h_2)}{h_1 - h_{0_1'}} \tag{8.14}$$

由式（8.13）可以得出

$$h_{0_1'} = h_{2'} + \alpha_1(h_{0_1} - h_{2'})$$

将之代入式（8.14），整理后可得

$$\begin{aligned}\eta_{t,R} &= \frac{(1-\alpha_1)(h_1-h_2)+\alpha_1(h_1-h_{0_1})}{(1-\alpha_1)(h_1-h_{2'})+\alpha_1(h_1-h_{0_1})} > \frac{(1-\alpha_1)(h_1-h_2)}{(1-\alpha_1)(h_1-h_{2'})} \\ &= \frac{h_1-h_2}{h_1-h_{2'}}\end{aligned} \tag{8.15}$$

由上式可见，回热循环的热效率一定大于单纯朗肯循环的热效率。

一级抽汽回热循环与郎肯循环1-2-2'-5-6-1的不同之处在于，水的起始加热温度自2'提高到$0_1'$，而且$\alpha_1$ kg的蒸汽在做了一部分功后不再向外热源放热，向外热源放热的只是$(1-\alpha_1)$ kg蒸汽。因此，循环中工质自热源吸热量$q_1$、向冷源放热量$q_2$及循环净功$w_{net}$都比原朗肯循环的对应量小。但由于工质平均吸热温度提高，平均放热温度不变，故循环热效率提高。

采用抽汽回热，能显著提高循环热效率，但由于增加了回热器、管道、阀门及水泵等设备，系统更加复杂，而且增加了投资。但这方面的耗费可因下列优点而得到部分补偿。

（1）由于工质吸热量减少，锅炉热负荷减低，所以可减少受热面，节省金属材料。

（2）由于汽耗率增大，汽轮机高压端的蒸汽流量增加，而低压端因抽汽而流量减小，这样有利于汽轮机设计中解决第一级叶片太短和最末级叶片太长的矛盾，提高单机效率。

（3）由于进入冷凝器的乏汽量减少，可减少冷凝器的换热面积，节省铜材。

综上所述，采用回热利大于弊，故现代大中型蒸汽动力装置都采用回热循环。当然抽汽级数过多会使系统过于复杂，因而很少超过8级。在采用大型机组的现代蒸汽电厂中，广泛采用一次再热与多级抽汽回热的循环。

**【例8.2】** 按例8.1各参数，假设锅炉中的传热过程是从831.45K的热源向水传热，冷凝器中乏汽向298K的环境介质放热，且汽轮机相对内效率$\eta_T = 0.90$，若采用二级抽汽回热，抽汽压力为4MPa和0.4MPa，试求：（1）抽汽量$\alpha_1$和$\alpha_2$；（2）汽轮机做功$w_{t,act}$、水泵耗功$w_p$及循环净功$w_{net,act}$；（3）循环内部热效率$\eta_i$和实际耗汽率$d_i$。

**解** 本题装置示意图如图8.13所示，$T$-$s$图如图8.14所示。

（1）分别对回热器$R_1$及$R_2$列热平衡方程式，得

$$(1-\alpha_1)(h_{0_1'} - h_{0_2'}) = \alpha_1(h_{0_1} - h_{0_1'})$$

$$(1-\alpha_1-\alpha_2)(h_{0_2'} - h_{2'}) = \alpha_2(h_{0_2} - h_{0_2'})$$

所以

$$\alpha_1 = \frac{h_{0_1'} - h_{0_2'}}{h_{0_1} - h_{0_2'}}, \quad \alpha_2 = \frac{(1-\alpha_1)(h_{0_2'} - h_{2'})}{h_{0_2} - h_{2'}}$$

由状态点 1 及 $p_{0_1}=4\text{MPa}$、$p_{0_2}=0.4\text{MPa}$，在 $h$-$s$ 图上查得 $h_a$=3010kJ/kg、$h_b$=2552kJ/kg。由式（8.5）

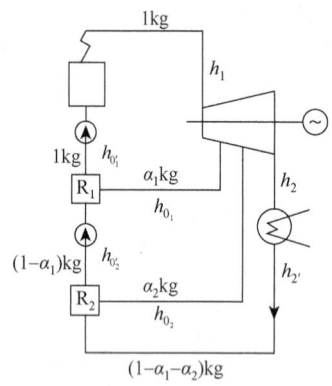

图 8.13 两级抽汽回热循环装置示意图

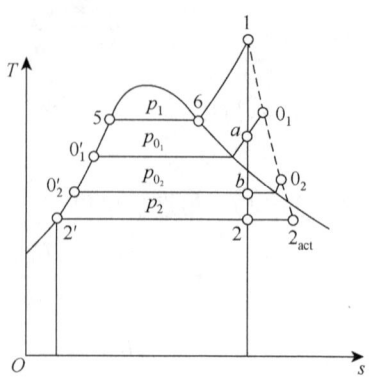

图 8.14 两级抽汽回热循环的 $T$-$s$ 图

$$h_{0_1}=h_a+(1-\eta_T)(h_1-h_a)$$
$$=3010+(1-0.9)\times(3426-3010)$$
$$=3051.6(\text{kJ/kg})$$

同理可得
$$h_{0_2}=2639.4\text{kJ/kg}$$

查饱和水和饱和水蒸气表得
$$h_{0'_1}=1087.2\text{kJ/kg},\quad h_{0'_2}=604.87\text{kJ/kg}$$
$$h_{2'}=137.72\text{kJ/kg}$$

所以
$$\alpha_1=\frac{h_{0'_1}-h_{0'_2}}{h_{0_2}-h_{0'_2}}=\frac{1087.2-604.87}{3051.6-604.87}$$
$$=0.1971(\text{kg})$$
$$\alpha_2=\frac{(1-\alpha_1)(h_{0'_2}-h_{2'})}{h_{0_2}-h_{2'}}$$
$$=\frac{(1-0.1971)\times(604.87-137.72)}{2639.4-137.72}$$
$$=0.1499(\text{kg})$$

（2）$W_{t,act}=(h_1-h_{0_1})+(1-\alpha_1)(h_{0_1}-h_{0_2})+(1-\alpha_1-\alpha_2)(h_{0_2}-h_{2_{act}})$，由例 8.1，$h_1=3426\text{kJ/kg}$，$h_{2_{act}}=h_1-\eta_T(h_1-h_2)=3426\text{kJ/kg}-0.9\times(3426-1963.5)\text{kJ/kg}=2109.8\text{kJ/kg}$，所以
$$W_{t,act}=(3426-3051.6)+(1-0.1971)\times(3051.6-2639.4)$$
$$+(1-0.1971-0.1499)\times(2639.4-2109.8)=1051.18(\text{kJ})$$
$$W_p=(1-\alpha_1-\alpha_2)(p_{0_2}-p_2)v_{2'}+(1-\alpha_1)(p_{0_1}-p_{0_2})v_{0'_2}+(p_1-p_{0_1})v_{0'_1}$$

查饱和水和饱和水蒸气表，得
$$v_{0'_1}=0.0012524\text{m}^3/\text{kg},\quad v_{0'_2}=0.0010835\text{m}^3/\text{kg},\quad v_{2'}=0.0010053\text{m}^3/\text{kg}$$

所以
$$W_p = (1-0.1971-0.1499) \times (0.4 \times 10^3 - 5)$$
$$\times 0.001\,005\,3 + (1-0.1971) \times (4 \times 10^3 - 0.4 \times 10^3)$$
$$\times 0.001\,083\,5 + 1 \times (17 \times 10^3 - 4 \times 10^3) \times 0.001\,252\,4 = 19.67\,(\text{kJ})$$
$$W_{\text{net,act}} = W_{\text{t,act}} - W_p$$
$$= 1051.18 - 19.67 = 1031.51\,(\text{kJ})$$

（3）由题意知
$$Q_1 = m(h_1 - h_{0_1'}) = 1 \times (3426 - 1087.2) = 2338.8\,(\text{kJ})$$
$$Q_2 = (1 - \alpha_1 - \alpha_2)(h_{2_{\text{act}}} - h_{2'})$$
$$= (1 - 0.1971 - 0.1499) \times (2109.8 - 137.72)$$
$$= 1287.77\,(\text{kJ})$$
$$\eta_i = \frac{W_{\text{net,act}}}{Q_1} = 1 - \frac{Q_2}{Q_1} = \frac{1031.51}{2338.8} = 0.449$$

若忽略水泵功
$$d_i = \frac{1}{W_{\text{net,act}}} = \frac{1}{1031.51 \times 10^3\,\text{J/kg}} = 9.695 \times 10^{-7}\,(\text{kg/J})$$

与例 8.1 的计算结果相比较可知，采用抽汽回热后实际耗汽率增大，进入汽轮机的每千克蒸汽做功减小，水泵总耗功增大，但是工质自外热源吸热量减少，平均吸热温度提高，故而热效率提高。虽然回热器内不等温传热，造成了做功能力损失，但由于减小了锅炉内传热温差，锅炉内过程的做功能力损失显著下降，从而使循环总的不可逆损失有较大的下降。

## 8.4 热电循环

蒸汽动力装置即使采用了高参数蒸汽和回热、再热等措施，热效率仍很少超过 50%。其主要原因有下述三方面。

（1）在由热变功的过程中，不可避免地要放给低温热源热量。

（2）高温热源与水和汽间、排汽与冷却水（低温热源）间温差传热的外不可逆性，导致做功能力的损失，增加无用能。

（3）膨胀过程的内不可逆性，形成熵增，增加了废热。

燃料发出的热量中有 50%左右散发到环境中，其中绝大部分是乏汽在冷凝器中排出，通常由冷却水带入电厂附近的水体。大量热量排入自然环境会加剧城市"热岛效应"，并使电厂下游水体变暖，造成水系的热污染。这种热污染在大型电厂群及核电厂附近特别明显，它能破坏水系的生态平衡，从而对自然的生命形态构成威胁。热电合供循环是提高热量利用率的一种有效措施，目前已受到工业界和环保界的推崇。

若将吸了热的冷却水用于工业、农业和生活，则理论上蒸汽所排出的热量可全部被利用，但由于冷却水温太低，用处不大。但若把乏汽的压力提高到 0.3MPa，则其饱和温度可达 133.56℃。这样温度的热能可在印染工业、造纸工业以及一些化学工业和宾馆、居住区等得到应用。这样，不仅提高了热能利用率，而且可消除这些单位小锅炉带来的污染。所谓热化（即热电合供循环，简称热电循环）就是考虑到这两种需要，使蒸汽在电厂中膨胀做功到某一压力，再以此乏汽或乏汽的热量供给生活或工业之用的方案。同时供热和供电的工厂称为热电厂，图 8.15 表示热电循环 1-$2_a$-$3_a$-5-6-1，图 8.16 则是热电循环的设备示意图。其中 A 为热用户，这时汽轮机的背压（即汽轮机设计排汽压力）通常大于 0.1MPa，这种汽轮机称为背压式汽轮机。

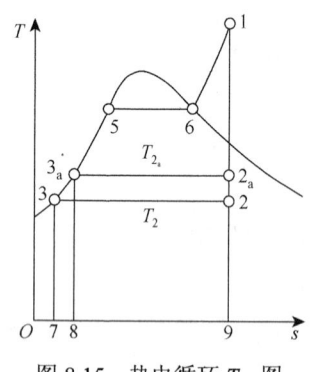

图 8.15　热电循环 T-s 图

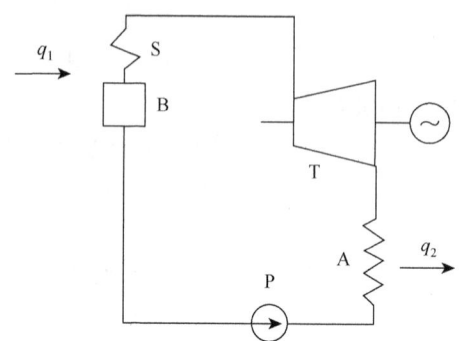

图 8.16　热电循环的设备示意图

据图 8.15 表示热电循环 1-$2_a$-$3_a$-5-6-1 的热效率较原循环 1-2-3-5-6-1 低，这从热能转变成机械功的角度来看是不利的。但因为热电循环除了输出机械功 $w_{net}$ 外同时提供了可利用的热量 $q_2$，故衡量其经济性除了热效率外同时需考虑热量利用系数 $\xi$。热量利用系数 $\xi$ 定义为

$$\xi = \frac{已利用的热量}{工质从热源所吸收的热量}$$

在理想情况下 $\xi$ 可以等于 1，实际上，由于各种损失和热电负荷之间的不协调，$\xi$ 值一般在 70% 左右。热电循环中热效率 $\eta_t$ 仍是一个重要指标，因为机械能（电能）和热能是有实质区别的。$\eta_t$ 中未考虑低温热能的利用，而 $\xi$ 中又未能区分电能和热能间的差异，二者各有侧重又各有其片面性。

热电厂的热量利用系数则以燃料的总释热量为计算基准，若以 $\xi'$ 表示热电厂的热量利用系数，则

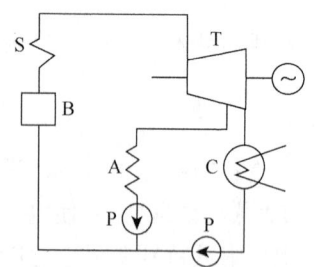

图 8.17　撤汽式汽轮机组示意图

$$\xi' = \frac{利用的热量}{燃料的总释热量}$$

采用背压式汽轮机组的热电厂，其电能生产随热用户对热量需求的变动而变动，且其热效率也较低。为避免这一缺点，热电厂多应用分汽供热冷凝式汽轮机组（也称为撤汽式汽轮机组），这种热电厂的示意图如图 8.17 所示。在这样的装置中，热用户负荷的变动对电能生产量的变动影响较小，且其热效率较背压式汽轮机组热电循环为高。

## 8.5　活塞式内燃机实际循环的简化

内燃机是一种将燃料燃烧产生的热能转变为机械能的热力发动机。燃料燃烧产生热能及热能转变为机械能的过程都是在气缸内进行，故称为内燃机。

内燃机按所用的燃料分为煤气机、汽油机和柴油机；按点火方式分为点燃式和压燃式两大类。点燃式内燃机吸入燃料和空气的混合物，经压缩后由电火花点燃；而压燃式内燃机吸入的仅仅是空气，经压缩后使空气的温度上升到燃料自燃的温度，再喷入燃料燃烧。煤气机、汽油机一般是点燃式内燃机，而柴油机则是压燃式内燃机。按完成一个循环所需要的冲程又分为四冲程内燃机和二冲程内燃机。所谓冲程是指活塞在气缸中从一个止点位置移动到另一个止点位置。四冲程是由进气、压缩、燃烧膨胀和排气 4 个冲程完成一次工作循环；而二冲程是进气和压缩用一个冲程，膨胀和排气用一个冲程，完成一个工作循环只用两个冲程。

现有的内燃机循环都是开式的，吸入空气后经过和燃料的混合、燃烧，燃气膨胀做功后以废气的形式排入大气，下一循环要另行吸入新鲜空气。燃烧、排气都是不可逆过程，而且燃气的质量和成分与空气都不同。工程热力学中引用"空气标准假设"来简化气体动力循环。所谓"空气标准假设"是指：假定工作流体是一种理想气体；假设它具有与空气相同的热力性质；将排气过程和燃烧过程用向低温热源的放热过程和自高温热源的吸热过程取代。于是把实际开式循环抽象成闭式的以空气为工质的理想循环，并按不同燃烧方式归纳成三类理想循环：定容加热理想循环、定压加热理想循环和混合加热理想循环。

下面以四冲程柴油机为例，讨论如何从实际循环抽象、概括得出理论循环。图 8.18 中所示的图形，是用示功仪直接测自四冲程柴油机的工质压力和气缸容积的变化关系图。0-1 是活塞右行的吸气过程，柴油机在吸气过程中吸入的是空气，在气缸盖上安装的是喷油嘴。由于进气阀的节流作用，进入气缸的气体压力略低于大气压力。活塞右行到下止（死）点 1，进气阀关闭。然后活塞回行，进行压缩过程 1-2，由于缸壁夹层中有水冷却，所以压缩过程并不完全绝热。

在活塞左行到上止点之前的 2′ 点时，柴油被高压油泵喷入气缸，此时被压缩的空气压力可达 3.5~5.0MPa，温度也达到 600~800℃，超过了柴油的自燃温度（约 335℃）。这时柴油经高压油泵从喷油嘴以雾状形式喷入气缸，遇高温空气即自行燃烧。但喷入的柴油需有一个滞燃期才会燃烧，

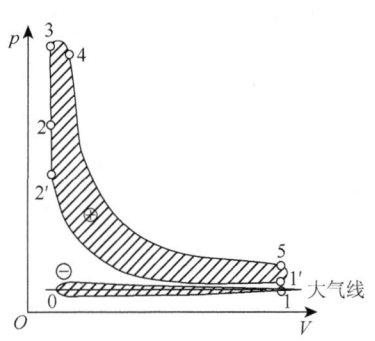

图 8.18 四冲程柴油机的示功图

加上现代柴油机的转速较高，因此要到活塞运行到接近上止点 2 时才燃烧起来。由于燃烧过程十分迅猛，压力迅速上升到 5.0~9.0MPa，而活塞移动并不显著，燃料的燃烧过程接近于定容过程，如图 8.18 中的过程 2-3。活塞到达上止点 3 后，又开始右行，此时燃烧继续进行，气缸内气体的压力变化很小，所以过程 3-4 接近于定压过程。到点 4 时缸内气体的温度可高达 1700~1800℃。活塞继续右行，气缸内高温高压气体实现膨胀做功过程 4-5，同时向冷却水放热，所以不完全是绝热过程。到点 5 时气体的压力一般降为 0.3~0.5MPa，温度约为 500℃。这时排气阀打开，部分废气排入大气，气缸中压力突然下降，接近于定容降压过程，如图 8.18 中的过程 5-1′。随着活塞左行，废气在压力稍高于大气压下排出气缸，实现排气过程 1′-0，完成一个循环。这个循环是开式的不可逆循环，循环中工质的成分、质量也在改变。但为了便于理论分析，必须忽略一些次要因素，引用空气标准假设对实际循环加以合理的抽象和概括。

（1）把燃料定容及定压燃烧加热燃气的过程简化成工质从高温热源可逆定容及定压吸热的过程，把排气过程简化成向低温热源可逆定容放热过程。

(2) 把循环工质简化为空气,且作为理想气体处理,比热取定值。

(3) 忽略实际过程中的摩擦阻力及进、排气阀的节流损失,认为进、排气压力相同,进、排气推动功相抵消,即图 8.18 中 0-1 和 1-0 重合,把燃烧改成加热后不必考虑燃烧耗氧问题,因而开式循环就可以抽象为闭式循环。

(4) 在膨胀和压缩过程中忽略气体与气缸壁之间的热交换,简化为可逆绝热过程。

通过上述简化,整个循环理想化为以空气为工质的混合加热理想可逆循环。这种抽象和概括的方法同样适用于其他以气体为工质的热机循环。

近年来,有些高增压柴油机及船用柴油机的燃烧过程主要在活塞离开上止点后的一段行程中进行。这时,一边燃烧一边膨胀,整个燃烧过程中气体的压力基本保持不变,接近定压燃烧过程。引用空气标准假设可把定压燃烧实际循环理想化为以空气为工质的定压加热理想可逆循环。

由于煤气机、汽油机与柴油机燃料性质不同,机器的构造也不同,其燃烧过程接近于定容过程,不再有边燃烧边膨胀接近于定压的过程。引用空气标准假设可把定容燃烧实际循环理想化为以空气为工质的定容加热理想循环。

在活塞式内燃机的压缩、膨胀过程中压力是变化的,由于假定理想循环经历一系列内部可逆过程,所以其净功可由 $pdv$ 积分求得。为简化计算并提供一种往复式发动机的比较手段,工程界引进平均有效压力的概念。用 MEP 表示,定义为

$$\text{MEP} = \frac{\text{循环净功}}{\text{活塞排量}} = \frac{\text{循环净功}}{\text{活塞面积} \times \text{冲程}} \tag{8.16}$$

所谓活塞排量,是指上止点和下止点之间气缸容积之差。当两个相同尺寸的发动机进行性能比较时,MEP 值较大的机器比 MEP 值小的机器产生的净输出功多。

## 8.6 活塞式内燃机的理想循环

### 8.6.1 混合加热理想循环

混合加热柴油机的实际循环经 8.5 节所述的抽象和概括,被理想化为混合加热理想可逆循环,又称萨巴德循环,其 $p$-$v$ 图和 $T$-$s$ 图如图 8.19 所示。

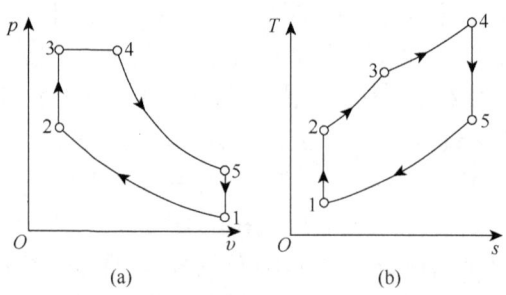

图 8.19 混合加热理想循环的 $p$-$v$ 图和 $T$-$s$ 图

现行的柴油机大都是在这种循环的基础上设计制造的。循环构成如下:1-2 为定熵压缩过程;2-3 为定容加热过程;3-4 为定压加热过程;4-5 为定熵膨胀过程;5-1 为定容

放热过程。表示混合加热循环特征的参数有压缩比 $\varepsilon = \dfrac{v_1}{v_2}$、定容增压比 $\lambda = \dfrac{p_3}{p_2}$ 和定压预胀比 $\rho = \dfrac{v_4}{v_3}$。

下面研究混合加热循环的热效率。循环中工质从高温热源吸收热量 $q_1$ 为

$$q_1 = q_{2\text{-}3} + q_{3\text{-}4} = c_V(T_3 - T_2) + c_p(T_4 - T_3)$$

向低温热源放出的热量 $q_2$ 为

$$q_2 = q_{5\text{-}1} = c_V(T_5 - T_1)$$

循环净功 $w_{\text{net}}$ 为

$$w_{\text{net}} = q_1 - q_2$$

据循环热效率定义有

$$\begin{aligned}\eta_{\text{t}} &= \dfrac{w_{\text{net}}}{q_1} = 1 - \dfrac{q_2}{q_1} = 1 - \dfrac{c_V(T_5 - T_1)}{c_V(T_3 - T_2) + c_p(T_4 - T_3)} \\ &= 1 - \dfrac{T_5 - T_1}{(T_3 - T_2) + \kappa(T_4 - T_3)}\end{aligned} \qquad (8.17)$$

通常把活塞式内燃机循环的热效率表示为循环特性参数的函数。因为 1-2 与 4-5 是定熵过程，故有

$$p_1 v_1^\kappa = p_2 v_2^\kappa, \quad p_4 v_4^\kappa = p_5 v_5^\kappa$$

注意到 $p_4 = p_3$、$v_1 = v_5$、$v_2 = v_3$，将上两式相除得

$$\dfrac{p_5}{p_1} = \dfrac{p_4}{p_2}\left(\dfrac{v_4}{v_2}\right)^\kappa = \dfrac{p_3}{p_2}\left(\dfrac{v_4}{v_2}\right)^\kappa = \lambda \rho^\kappa$$

由于 5-1 是定容过程，所以

$$T_5 = T_1 \dfrac{p_5}{p_1} = T_1 \lambda \rho^\kappa$$

1-2 是定熵过程，有

$$T_2 = T_1 \left(\dfrac{v_1}{v_2}\right)^{\kappa-1} = T_1 \varepsilon^{\kappa-1}$$

2-3 是定容过程，有

$$T_3 = T_2 \dfrac{p_3}{p_2} = \lambda T_2 = \lambda T_1 \varepsilon^{\kappa-1}$$

3-4 是定压过程，有

$$T_4 = T_3 \dfrac{v_4}{v_3} = \rho T_3 = \rho \lambda T_1 \varepsilon^{\kappa-1}$$

把以上各温度代入式（8.17）可得

$$\eta_{\text{t}} = 1 - \dfrac{\lambda \rho^\kappa - 1}{\varepsilon^{\kappa-1}[(\lambda - 1) + \kappa\lambda(\rho - 1)]} \qquad (8.18)$$

分析上式可知，混合加热理想循环的热效率随着压缩比和定容增压比的增加而提高，随着定压预胀比的增加而降低。

## 8.6.2 定压加热理想循环

定压加热的理想循环又称狄塞尔循环，其 p-v 图和 T-s 图如图 8.20 所示。其中 1-2 是定熵压缩过程，2-3 是定压加热过程，3-4 是定熵膨胀过程，4-1 是定容放热过程。

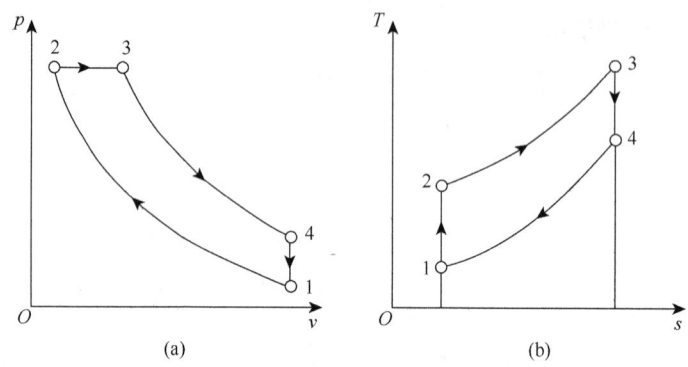

图 8.20　定压加热理想循环的 p-v 图和 T-s 图

把定压加热理想循环看成混合加热理想循环的特例，即没有定容加热过程的混合加热理想循环，故只需把 λ=1 代入式（8.18），即可得到

$$\eta_t = 1 - \frac{\rho^\kappa - 1}{\varepsilon^{\kappa-1}\kappa(\rho-1)} \tag{8.19}$$

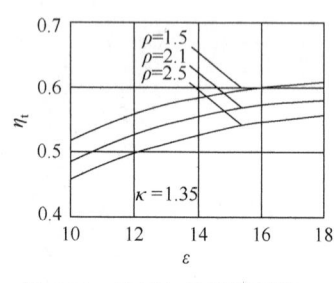

图 8.21　定压加热理想循环 $\eta_t$

上式说明，定压加热理想循环的热效率随压缩比 ε 的增大而提高，随预胀比 ρ 的增大而降低。图 8.21 表示 κ=1.35 时各种 ε 值和 ρ 值与热效率的关系。压缩比 ε 不变时，预胀比 ρ 越小，热效率越高；反之热效率越低。ρ 不变时，压缩比 ε 越大，热效率越高。

柴油机压缩比的提高也受到机械强度等方面的限制，否则会使运行粗暴，机件受力情况恶化，机器重量增加，且压缩比增大时虽然热效率增大，但机械效率减小，因此要选择适当的压缩比，以使机器有效效率达最大值。

## 8.6.3 定容加热理想循环

由于汽油机和柴油机的燃料性质不同，机器的构造也不同，其燃烧过程接近于定容过程，不再有边燃烧边膨胀接近于定压的过程，故而在热力学分析中，把汽油机的实际工作循环简化为定容加热的理想闭合循环，又称奥托循环。奥托循环可以看成不存在定压加热过程的混合加热理想循环。图 8.22 是定容加热理想循环的 p-v 图和 T-s 图。图中 1-2 是定熵压缩过程，2-3 是定容加热过程，3-4 是定熵膨胀过程，4-1 是定容放热过程。

将 ρ=1 代入式（8.18），即可得到用特性参数表达的热效率计算式：

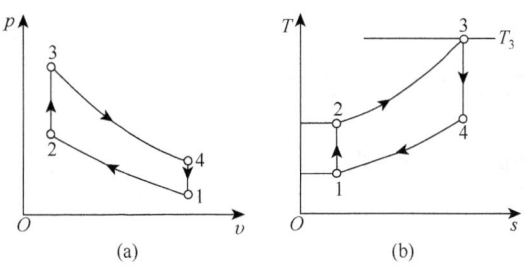

图 8.22 定容加热理想循环的 $p$-$v$ 图和 $T$-$s$ 图

$$\eta_t = 1 - \frac{1}{\varepsilon^{\kappa-1}} \tag{8.20}$$

上式表明,定容加热理想循环的热效率随着压缩比 $\varepsilon$ 的增大而提高。从图 8.23 中可以看出:当提高压缩比而循环的最高温度不变时,即从循环 1-2-3-4-1 变为循环 1-2'-3'-4'-1 时,循环的平均吸热温度增高,平均放热温度降低,循环热效率相应提高。循环热效率也与指数 $\kappa$ 有关,而 $\kappa$ 值随气体温度增大而减小,使 $\eta_t$ 减小。

从图 8.24 可以看出,随着负荷增加(表现为 $q_1$ 增大),因为压缩比 $\varepsilon$ 不变,循环热效率仍可按式(8.20)计算,故理论上热效率并不变化。但是,因循环净功增大,所以输出功率增大。实际上,由于压缩比的增大及吸热量的增加,气体加热过程终了时温度上升,造成 $\kappa$ 值有所减小,而使循环热效率稍稍下降。

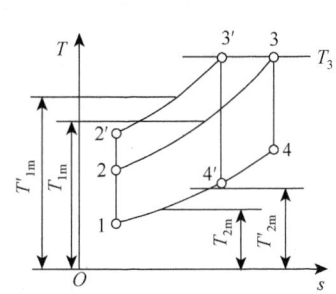

图 8.23 定容加热理想循环最高温度相同时的比较

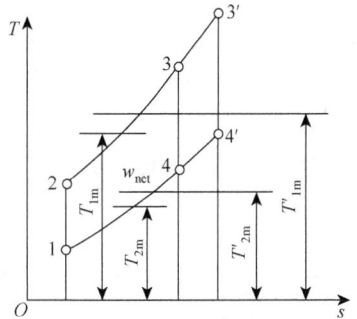

图 8.24 定容加热理想循环的 $w_{net}$

理论上,压缩比越大越好,但由于气缸中被压缩的是含燃料的气体,要受混合气体自燃温度的限制,不能采用大压缩比,否则混合气体就会"爆燃",使发动机不能正常工作。实际汽油机压缩比大多在 5～12 的范围内。而柴油机因压缩的仅仅是空气,不存在提高压缩比引起爆燃的问题,所以压缩比可以较高,一般柴油机的压缩比在 14～20 范围内。柴油机主要用于装备重型机械,如推土机、重型卡车、船舶主机等。汽油机主要应用于轻型设备,如轿车、摩托车、园艺机械、螺旋桨直升机等。

归纳对活塞式内燃机理论循环的分析可知,增大压缩比 $\varepsilon$ 可使循环热效率提高。实际发动机的内部热效率虽然由于气体的比热不是常数、$\kappa$ 值随气体温度而变以及燃烧不完全等,总是小于理想循环的热效率,但实际发动机的内部热效率在一定范围内仍然主要取决于压缩比,因此理想循环的分析结果对实际循环仍有指导意义。

## 8.6.4 活塞式内燃机各种理想循环的热力学比较

内燃机各种理想循环的热力性能取决于实施循环时的条件，因此在进行各种理想循环的比较时，必须在一定参数条件下进行。通常有以下两种情况。

**1. 压缩比相同、吸热量相同时的比较**

图 8.25 所示为 3 种理想循环的 $T\text{-}s$ 图。图中 1-2-3-4-1 为定容加热理想循环；1-2-2′-3′-4′-1 为混合加热理想循环；1-2-3″-4″-1 为定压加热理想循环。在所给的条件下，3 种循环的等熵压缩线 1-2 重合，同时定容放热过程都在通过点 1 的定容线上。因为工质在加热过程中吸热量 $q_1$ 相同，所以图上：

面积 23562＝面积 22′3′5′62＝面积 23″5″62

各循环放热量各不相同：

面积 14561＜面积 14′5′61＜面积 14″5″61

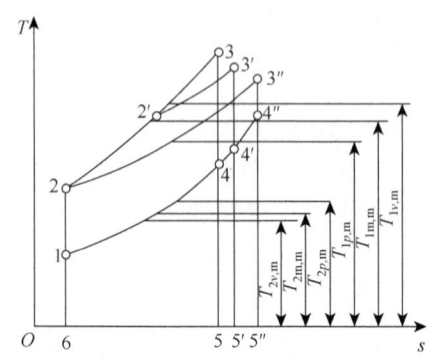

图 8.25 $\varepsilon$ 相同、$q_1$ 相同时理想循环的比较

即定容加热循环的放热量 $q_{1v}$ 最小，混合加热循环 $q_{1m}$ 次之，定压加热循环的 $q_{1p}$ 最大。根据循环热效率公式，3 种理想循环热效率之间有如下关系：

$$\eta_{tv} > \eta_{tm} > \eta_{tp}$$

由各种理想加热循环的平均吸热温度和平均放热温度来比较，可得出相同的结论。但需说明对于柴油机等压燃式内燃机，在压缩比确定之后，按混合加热循环工作比按等压加热循环工作有利，若按接近于等容加热循环工作，则可达更高的热效率。但是对于不同机型可有不同的压缩比，这时上述结论并不完全符合内燃机的实际情况。

**2. 循环最高压力和最高温度相同时的比较**

这种比较实际上是热力强度和机械强度相同情况下的比较。图 8.26 中 1-2-3-4-1 为定容加热理想循环；1-2′-3′-3-4-1 为混合加热理想循环；1-2″-3-4-1 为定压加热理想循环。在所给的条件下，3 种循环的最高压力和最高温度重合在点 3，压缩的初始状态都重合在点 1。从 $T\text{-}s$ 图上可以看出，3 种循环排出的热量 $q_2$ 相同，都等于面积 14651，而所吸收的热量 $q_1$ 则不同，面积 2″3652″＞面积 2′3′3652′＞面积 23652，即 $q_{1p} > q_{1m} > q_{1v}$，所以循环的热效率

$$\eta_{tp} > \eta_{tm} > \eta_{tv}$$

从循环的平均吸热温度和平均放热温度来比较同样可得出上述结果。可见，在进气状态相同、循环的最高压力和最高温度相同的条件下，定压加热理想循环的热效率最高，混合加热理想循环次之，而定容加热理想循环最低。因此，在内燃机的热强度和机械

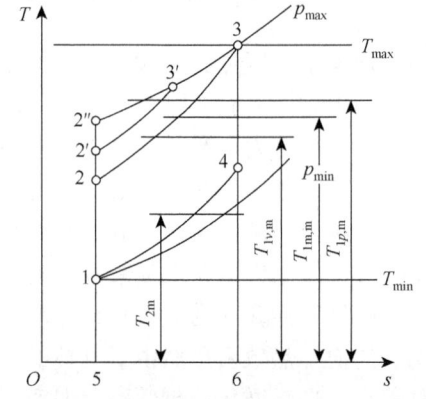

图 8.26 $T_{max}$、$p_{max}$ 相同时理想循环的比较

强度受到限制的情况下，采用定压加热循环可获得较高的热效率，这是符合实际情况的。事实上，柴油机的热效率通常高于汽油机的热效率。

## 8.7 燃气轮机装置及循环

### 8.7.1 燃气轮机装置简介

燃气轮机装置也是一种以空气和燃气为工质的热动力设备。简单的定压燃烧燃气轮机装置由压气机、燃烧室和燃气轮机3个基本部分组成，如图 8.27 所示，图 8.28 则为其简化的流程示意图。

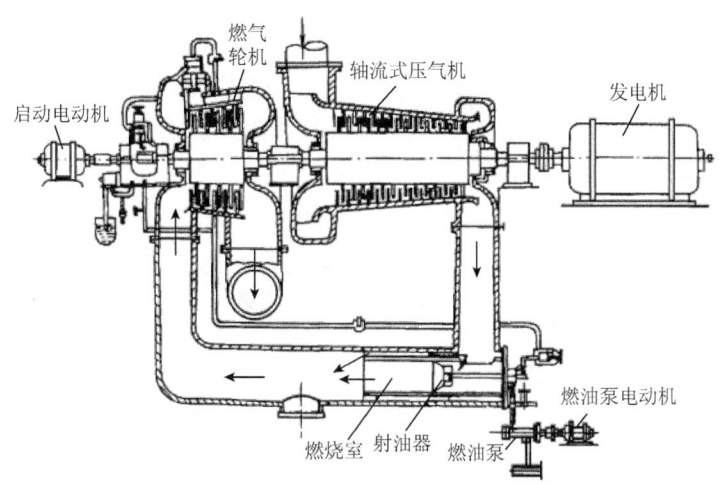

图 8.27 定压燃烧燃气轮机装置简图

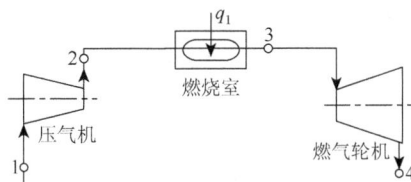

图 8.28 定压燃烧燃气轮机装置流程图

空气首先进入轴流式压气机，压缩到一定压力后送入燃烧室。同时由电动机带动燃油泵将燃油经射油器，喷入燃烧室中与压缩空气混合燃烧，产生的燃气温度可高达 1800～2300K，这时二次冷却空气（占总空气量的 60%～80%）经由通道壁面渗入与高温燃气混合，使混合气体降低到适当温度，然后进入燃气轮机。在燃气轮机中混合气体先在由静叶片组成的喷管中膨胀，把热能部分地转变为动能，形成高速气流，然后冲入固定在转子上的动叶片组成的通道，形成推力推动叶片，使转子转动而输出机械功。燃气轮机做出的功一部分带动压气机，剩余部分（净功量）对外输出。从燃气轮机排出的废气进入大气环境，放热后完成循环。因此，燃气轮机实际循环是开式的、不可逆的。

此外，还有一种闭式燃气轮机装置，一般以氦气为工质。工作时氦气在压气机中压缩升压后，送至加热器定压加热，接着高温高压氦气在汽轮机内膨胀做功，用以驱动压气机并输出有效功。由于闭式燃气轮机装置采用外部加热，所以可用劣质的固体燃料或应用核反应产生的热量来加热工质。两类装置工质的状态变化过程相似，故可采用同一分析方法。

燃气轮机是一种旋转式热力发动机，没有往复运动部件以及由此引起的不平衡惯性力，故可以设计成很高的转速，并且工作过程是连续的。因此，它可以在重量和尺寸都很小的情况下发出很大的功率。目前，燃气轮机装置在航空器、舰船、机车、电站等得到广泛应用。

### 8.7.2 燃气轮机装置的定压加热理想循环

燃气在燃气轮机中的膨胀过程可以认为是绝热的，因为燃气很快通过燃气轮机，散失到周围空气中的热量很少。另外，燃气轮机进口和出口气流的动能都不大，它们的差值更可略去不计；气流重力位能的变化也可以忽略。因此燃气轮机装置工作循环可以简化成由 4 个可逆过程组成的理想循环，如图 8.29 所示。其中 1-2 为绝热压缩过程；2-3 是定压加热过程；3-4 是绝热膨胀过程；4-1 是定压放热过程。这个循环称为定压加热理想循环，又称布雷敦循环。

下面分析布雷敦循环的热效率。

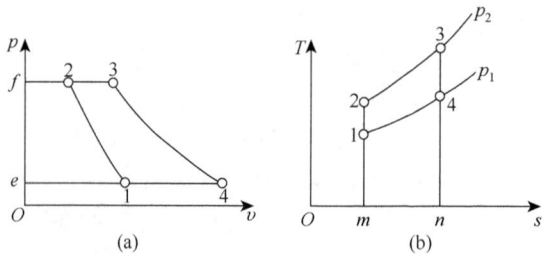

图 8.29 定压加热理想循环

空气在压气机内消耗的功为

$$w_C = 面积\, f21\,ef = h_2 - h_1$$

燃气轮机输出的功为

$$w_T = 面积\, f34\,ef = h_3 - h_4$$

装置的循环净功等于燃气轮机做出的功与压气机耗功之差：

$$w_{net} = w_T - w_C = 面积\, 12341 = (h_3 - h_4) - (h_2 - h_1)$$

设比热为定值，则据各过程特性可得出循环吸热量 $q_1$ 和放热量 $q_2$ 分别为

$$q_1 = h_3 - h_2 = c_{pm}\Big|_{t_2}^{t_3}(T_3 - T_2) = c_p(T_3 - T_2)$$

$$q_2 = h_4 - h_1 = c_{pm}\Big|_{t_1}^{t_4}(T_4 - T_1) = c_p(T_4 - T_1)$$

若循环最高压力与最低压力之比即循环增压比，用 $\pi$ 表示；循环最高温度与最低温度之比即循环增温比，用 $\tau$ 表示，即

$$\tau = \frac{T_3}{T_2}, \quad \pi = \frac{p_2}{p_1}$$

考虑到

$$T_4 = T_3 \left(\frac{p_4}{p_3}\right)^{\frac{\kappa-1}{\kappa}}$$

$$T_1 = T_2 \left(\frac{p_1}{p_2}\right)^{\frac{\kappa-1}{\kappa}}$$

于是循环热效率:

$$\eta_t = 1 - \frac{T_1}{T_2} = 1 - \frac{1}{\pi^{\frac{\kappa-1}{\kappa}}}$$

上式表明，定压加热理想循环的热效率取决于压气机中绝热压缩的初态温度和终态温度，或者说主要取决于循环增压比 $\pi$，且随 $\pi$ 值的增大而提高。此外，也和工质的绝热指数 $\kappa$ 的数值有关，而与循环增温比 $\tau$ 无关。

对于热能动力装置，除了要求热效率高外，还希望单位质量的工质在循环中所做的净功（也称比循环功）$w_{net}$ 越大越好，对于某些场合，如航空、舰船等，后一指标尤为重要。

在定压加热理想循环中当循环增温比 $\tau$ 一定时，随着循环增压比 $\pi$ 的提高，单位质量的工质在循环中输出的净功 $w_{net}$ 并不是越来越大，而是存在一个最佳增压比，使循环的净功输出为最大。

$$w'_{t,T} = \eta_T (h_3 - h_{4_s}), \quad w'_C = \frac{1}{\eta_{C,s}}(h_{2_s} - h_1), \quad \eta_T = \frac{w'_{t,T}}{w_{t,T}} = \frac{h_3 - h_4}{h_3 - h_{4_s}}$$

$$w'_{net} = w'_{t,T} - w'_C = \eta_T (h_3 - h_{4_s}) - \frac{1}{\eta_{C,s}}(h_{2_s} - h_1)$$

### 8.7.3 燃气轮机装置的定压加热实际循环

燃气轮机装置实际循环的各个过程都存在着不可逆因素，这里主要考虑压缩过程和膨胀过程存在的不可逆性。因为流经叶轮式压气机和燃气轮机的工质通常在很高的流速下实现能量之间的转换，这时流体之间、流体与流道之间的摩擦不能忽略不计。因此，尽管工质流经压气机和燃气轮机时向外散热可忽略不计，但其压缩过程和膨胀过程都是不可逆的绝热过程，如图 8.30 所示。图中虚线 1-2′ 为压气机中不可逆绝热压缩过程，过程 3-4′ 为燃气轮机不可逆绝热膨胀过程。

压气机绝热效率

$$\eta_{C,s} = \frac{w_{C,s}}{w'_C}$$

所以，实际压气机耗功为

$$w'_C = h_{2'} - h_1 = \frac{1}{\eta_{C,s}}(h_2 - h_1)$$

燃气轮机的内部损耗通常以相对内效率 $\eta_T$ 来衡量:

$$\eta_T = \frac{w'_T}{w_T}$$

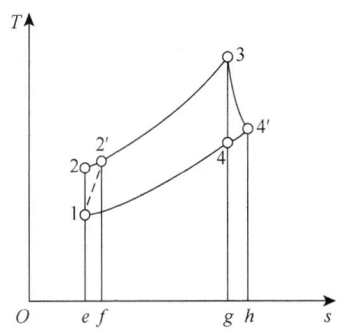

图 8.30 燃气轮机装置实际循环

所以，燃气流经燃气轮机时实际做功：
$$w'_T = h_3 - h'_4 = \eta_T(h_3 - h_4)$$
$$h'_4 = h_3 - \eta_T(h_3 - h_4)$$

因此，若仅考虑该两项损失，实际循环的内部净功，或简称循环的内部功，以 $w'_{net}$ 表示为
$$w'_{net} = w'_T - w'_C = \eta_T(h_3 - h_4) - \frac{1}{\eta_{C,s}}(h_2 - h_1)$$

循环中气体实际吸热量为
$$q'_1 = h_3 - h_2 = h_3 - h_1 - \frac{1}{\eta_{C,s}}(h_{2_s} - h_1)$$

因而循环内部热效率为
$$\eta_i = \frac{\eta_T(h_3 - h_{4_s}) - \frac{1}{\eta_{C,s}}(h_{2_s} - h_1)}{h_3 - h_1 - \frac{1}{\eta_{C,s}}(h_{2_s} - h_1)} = \frac{\eta_T \dfrac{\tau}{\pi^{\frac{\kappa-1}{\kappa}}} - \dfrac{1}{\eta_{C,s}}}{\dfrac{\tau - 1}{\pi^{\frac{\kappa-1}{\kappa}} - 1} - \dfrac{1}{\eta_{C,s}}}$$

由上述分析可知，燃气轮机的摩擦损失使循环功量减少，循环热效率降低；压气机的摩擦损失使循环功量与吸热量减少相同数量，总的效果也使循环热效率降低，但影响程度次于燃气轮机内的摩擦损失。

从热力学角度探讨提高定压加热理想循环的热效率，除通过改变循环特性参数外，还可以从改进循环着手，如采用回热、在回热基础上采用分级压缩中间冷却和在回热基础上采用分级膨胀中间再热等方法。

## 思 考 题

**8-1** 饱和蒸汽朗肯循环与同样初压力下的过热蒸汽朗肯循环相比较，前者更接近卡诺循环，但热效率却比后者低，为什么？

**8-2** 各种实际循环的热效率，无论内燃机循环还是蒸汽循环肯定与工质性质有关，这些事实是否与卡诺定理相矛盾？

**8-3** 蒸汽动力循环中，在动力机中膨胀做功后乏汽被排入冷凝器中，向冷却水放出大量的热量 $q_2$，如果将乏汽直接送入汽锅中使其再吸热变为新蒸汽，不是可以避免在冷凝器中放走大量热量，从而减少对新汽的加热量 $q_1$，大大提高热效率吗？这样的想法对不对？为什么？

**8-4** 应用热泵来供给中等温度（如100℃上下）的热量比直接利用高温热源的热量来得经济，因此有人设想将乏汽在冷凝器中放出的热量的一部分用热泵提高温度，用以加热低温段（100℃以下）的锅炉给水。这样虽然需要增加热泵设备，但可以取消低温段的抽汽回热，使抽汽回热设备得以简化，而对循环热效率也能有所补益。这样的想法在理论上是否正确？

**8-5** 热量利用系数 $\xi$ 说明了全部热量的利用程度，为什么又说它不能完善地衡量循环的经济性？

**8-6** 活塞式内燃机循环理论上能否利用回热来提高热效率？实际中是否采用？为什么？

## 习　题

**8-1** 设有两个蒸汽再热动力装置循环，蒸汽的初参数都为 $p_1 = 11.6\,\text{MPa}$、$t_1 = 600\,°\text{C}$，终压都为 $p_2 = 0.225\,\text{MPa}$。第一个再热循环再热时压力为 $3.6\,\text{MPa}$，另一个再热时压力为 $1.6\,\text{MPa}$，两个循环再热后蒸汽的温度都为 $510\,°\text{C}$。试确定这两个再热循环的热效率和终湿度，将所得的热效率、终湿度和朗肯循环进行比较，以说明再热时压力的选择对循环的热效率和终湿度的影响。湿度是指每千克蒸汽中所含饱和水的质量。

**8-2** 具有两次抽汽加热给水的蒸汽动力装置回热循环，已知第一次抽汽压力 $p_{01} = 0.4\,\text{MPa}$，第二次抽汽压力 $p_{02} = 0.25\,\text{MPa}$，蒸汽初温 $t_1 = 355\,°\text{C}$，初压 $p_1 = 4.5\,\text{MPa}$。冷凝器中压力 $p_2 = 0.032\,\text{MPa}$。试求：（1）抽汽量 $\alpha_1$、$\alpha_2$；（2）循环热效率；（3）耗汽率 $d$；（4）平均吸热温度。

**8-3** 某简单朗肯循环，蒸汽的初压 $p_1 = 5\,\text{MPa}$、初温 $t_1 = 532\,°\text{C}$，冷凝器内维持压力 $25\,\text{kPa}$，蒸汽质量流量为 $95\,\text{kg/s}$。假定锅炉内传热过程是在 $1325\,\text{K}$ 的热源和水之间进行，冷凝器内冷却水的平均温度为 $31\,°\text{C}$。试求：（1）水泵功；（2）锅炉内烟气对水的加热率；（3）汽轮机做功；（4）冷凝器内乏汽的放热率；（5）循环热效率；（6）各过程及循环做功能力的不可逆损失。已知 $T_0 = 289.15\,\text{K}$。

**8-4** 上题中的循环改为再热循环，从高压汽轮机排出的蒸汽压力为 $1.2\,\text{MPa}$，加热到 $653\,°\text{C}$ 后再进入低压汽轮机。若所有其他条件均不变，假定循环内锅炉加热量（即上题中锅炉内的加热量）也不变，试求：（1）低压汽轮机末端蒸汽的干度；（2）锅炉及再热器内单位质量工质的总加热量；（3）高压汽轮机和低压汽轮机产生的总功率；（4）循环热效率。

**8-5** 如把上题中的循环改成一级抽汽回热循环，抽汽压力为 $0.9\,\text{MPa}$。若所有其他条件均不变，试求：（1）两台水泵的总耗功；（2）锅炉内水的质量流量；（3）汽轮机做功；（4）冷凝器内的放热量；（5）循环热效率。

**8-6** 某活塞式内燃机定容加热理想循环，压缩比 $\varepsilon = 8$，气体在压缩冲程起点的状态是 $p_1 = 0.3\,\text{MPa}$、$t_1 = 42\,°\text{C}$。加热过程中气体吸热 $556\,\text{kJ/kg}$。假定比热为定值，且 $c_p = 1.125\,\text{kJ/(kg·K)}$、$\kappa = 1.8$，试求：（1）循环中各点的温度和压力；（2）循环热效率，并与卡诺循环热效率进行比较；（3）平均有效压力。

**8-7** 某内燃机的狄塞尔循环的压缩比是 $33:2$，输入每千克空气的热量是 $778\,\text{kJ/kg}$。若压缩起始时工质状态是 $p_1 = 0.3\,\text{MPa}$、$t_1 = 22\,°\text{C}$，试计算：（1）循环中各点的温度、压力和比体积；（2）预胀比；（3）循环热效率，并与同温限的卡诺循环热效率进行比较；（4）平均有效压力。假定气体比热 $c_p = 1.235\,\text{kJ/(kg·K)}$、$c_V = 0.869\,\text{kJ/(kg·K)}$。

**8-8** 某活塞式内燃机混合加热理想循环的 $p_1 = 0.2\,\text{MPa}$，$t_1 = 55\,°\text{C}$，$\varepsilon = \dfrac{v_1}{v_2} = 18$，$\lambda = \dfrac{p_3}{p_2} = 1.6$，$\rho = \dfrac{v_4}{v_3} = 1.68$。设工质质量为 $1\,\text{kg}$，比热 $c_p = 1.326\,\text{kJ/(kg·K)}$、$c_V = 0.698\,\text{kJ/(kg·K)}$，试分析计算循环中各点的温度、压力、比体积和循环热效率。

# 第9章 制冷循环

## 9.1 概况

在人们生产和生活中，常需要某一物体或空间的温度低于周围环境，而且需要在相当长的时间内维持这一温度。为了获得并维持这一温度，必须用一定的方法将热量从低温物体转移至周围的高温环境，这就是制冷。

制冷循环是逆向循环的一种，它与另一种逆向循环——热泵循环的区别在于，前者的目的是从低温热源（如冷库）不断地取走热量，以维持其低温；后者则是向高温物体（如供暖的建筑物）提供热量，以保持其较高的温度。它们的热力学本质是相同的，都是使热量从低温物体传向高温物体。根据热力学第二定律，这是需要付出代价的，因此必须提供机械能（或热能），以确保包括低温冷源、高温热源、功源（或向循环供热的热源）在内的孤立系统的熵不减少。本章主要介绍制冷循环。

循环中从低温物体吸收的热量与消耗的机械功之比称为制冷系数。在大气环境（温度 $T_0$）与温度为 $T_c$ 的低温热源（如冷库）之间的逆向循环的制冷系数以逆向卡诺循环为最大：

$$\varepsilon_c = \frac{q_c}{q_0 - q_c} = \frac{T_c}{T_0 - T_c} \tag{9.1}$$

该式表明：在一定环境温度下，冷库温度 $T_c$ 越低，制冷系数就越小。因此，为取得良好的经济效益，没有必要把冷库的温度定得超乎需要的低。这也是一切实际制冷循环遵循的原则。

工程上也把制冷系数称为制冷装置的工作性能系数，用符号 COP（coefficient of performance）表示：

$$\text{COP} = \frac{q_c}{q_0 - q_c}$$

制冷循环主要包括压缩式制冷循环、吸收式制冷循环、吸附式制冷循环、蒸气喷射制冷循环及半导体制冷。除此之外，还有固体绝热去磁制冷、声制冷、气体涡流制冷、氦稀释制冷等先进制冷方式。压缩式制冷循环又可分为压缩气体制冷循环和压缩蒸气制冷循环。目前世界上运行的制冷装置绝大部分是压缩蒸气制冷循环，其工质多半为 R11、R12、R22 或氨等，前两者应用尤为广泛，但这两类物质对大气臭氧层的破坏很强烈。随着人类对环境与生态保护的认识日益深刻，除了积极寻求新的制冷剂外，各种对环境友善的制冷方式，如压缩气体制冷正越来越受到重视。

## 9.2 空气压缩制冷循环原理及应用

### 9.2.1 空气压缩制冷循环

空气的来源丰富，无毒无嗅，所以工业上首先利用空气作为制冷剂来制冷，它是制冷技术研究的基础。

由于空气定温加热和定温放热不易实现,故该循环不能按逆向卡诺循环进行。在压缩空气制冷循环中,用两个定压过程来代替逆向卡诺循环的两个定温过程,该循环可视为逆向布雷敦循环,其 p-v 图和 T-s 图如图 9.1 所示,实施这一循环的装置如图 9.2 所示。

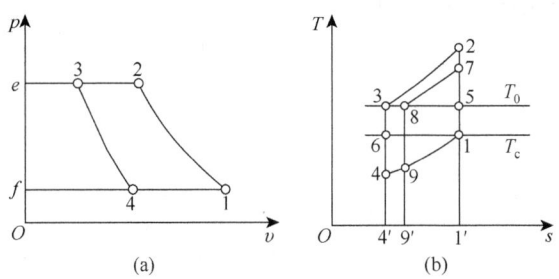

图 9.1 空气压缩制冷循环状态参数图

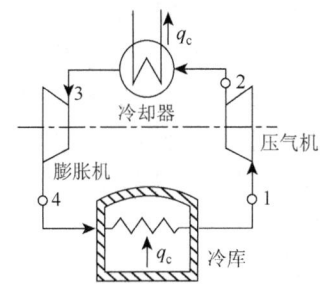

图 9.2 空气压缩制冷循环装置流程图

图 9.2 中 $T_c$ 为冷库中需要保持的温度,$T_0$ 为环境温度。从冷库出来的空气(状态 1)的 $T_1 = T_c$;进入压气机后被绝热压缩到状态 2,此时温度已高于 $T_0$;然后进入冷却器,在定压下将热量传给冷却水,达到状态 3,$T_3 = T_0$;再导入膨胀机绝热膨胀到状态 4,此时温度已低于 $T_c$;最后进入冷库,在定压下自冷库吸收热量(称为制冷量),回到状态 1,完成循环。

循环中空气排向高温热源的热量为

$$q_0 = h_2 - h_3$$

自冷库的吸热量为

$$q_c = h_1 - h_4$$

在 T-s 图上 $q_0$ 和 $q_c$ 可分别用面积 234'1'2 和面积 411'4'4 表示,两者之差即为循环净热量 $q_{net}$,数值上等于净功量 $w_{net}$:

$$q_{net} = q_0 - q_c = (h_2 - h_3) - (h_1 - h_4)$$
$$= (h_2 - h_1) - (h_3 - h_4)$$
$$= w_C - w_T = w_{net}$$

式中,$w_C$ 和 $w_T$ 分别是压气机所消耗的功和膨胀机所输出的功。

循环的制冷系数为

$$\varepsilon = \frac{q_c}{w_{net}} = \frac{h_1 - h_4}{(h_2 - h_3) - (h_1 - h_4)}$$

若近似取比热为定值,则

$$\varepsilon = \frac{T_1 - T_4}{(T_2 - T_3) - (T_1 - T_4)} = \frac{1}{\dfrac{T_2 - T_3}{T_1 - T_4} - 1}$$

过程 1-2 和 3-4 都是定熵过程,因而有

$$\frac{T_2}{T_1} = \left(\frac{p_2}{p_1}\right)^{\frac{\kappa-1}{\kappa}} = \frac{T_3}{T_4}$$

将上式代入制冷系数表达式可得

$$\varepsilon = \frac{1}{\dfrac{T_3}{T_4} - 1} = \frac{T_4}{T_3 - T_4} = \frac{T_1}{T_2 - T_1} = \frac{1}{\left(\dfrac{p_2}{p_1}\right)^{\frac{\kappa-1}{\kappa}} - 1} = \frac{1}{\pi^{\frac{\kappa-1}{\kappa}} - 1} \tag{9.2}$$

式中,$\pi = p_2 / p_1$,称为循环增压比。

在同样的冷库温度和环境温度条件下,逆向卡诺循环 1-5-3-6-1 的制冷系数为 $T_1/(T_3 - T_1)$,显然大于式(9.2)所表示的空气压缩制冷循环的制冷系数。

考察式(9.2),可见空气压缩制冷循环的制冷系数与循环增压比 $\pi$ 有关:$\pi$ 越小,$\varepsilon$ 越大;$\pi$ 越大,则 $\varepsilon$ 越小。但 $\pi$ 减小会导致膨胀温差变小从而使循环制冷量减小,如图 9.1(b)中循环 1-7-8-9-1 的增压比较循环 1-2-3-4-1 的小,其制冷量(面积 199′1′1)小于循环 1-2-3-4-1 的制冷量(面积 144′1′1)。

压缩空气制冷循环的主要缺点是制冷量较小。由于空气的比热较小,且随着增压比的增大循环制冷系数减小,故在吸热过程 4-1 中每千克空气的吸热量较少。为了使压缩空气制冷循环具有一定的制冷能力,空气的流量就要很大,如应用活塞式压气机和膨胀机,则设备庞大,成本昂贵,经济性较差。因此,在普冷范围内,除了飞机空调等场合外,在其他方面很少应用,而且飞机机舱采用的是开式压缩空气制冷,自膨胀机流出的低温空气直接吹入机舱。普通制冷(普冷)范围:低于环境温度~−153K。深度制冷(深冷)范围:−153~20K。低温制冷范围:20K~接近 0K。

### 9.2.2 回热式空气制冷循环

最近几年,大流量叶轮式机械快速发展,克服了大流量时往复式机械设备体积庞大的缺点,另外,由于空气回热技术的应用,空气压缩制冷又重新被应用和发展。

回热式空气压缩制冷循环装置示意图及 T-s 图如图 9.3 和图 9.4 所示。自冷库出来的空气(温度为 $T_1$,即低温热源温度 $T_c$),首先进入回热器升温到高温热源的温度 $T_2$(通常为环境温度 $T_0$),接着进入叶轮式气机进行压缩,升温、升压至 $T_3$、$p_3$。再进入冷却器,实现定压放热,降温至 $T_4$(理论上可达到高温热源温度 $T_2$),随后进入回热器进一步定压降温至 $T_5$(即低温热源温度 $T_c$)。接着进入叶轮式膨胀机实现定熵膨胀过程,降压、降温至 $T_6$、$p_6$。最后进入冷库实现定压吸热,升温到 $T_1$,构成理想的回热循环,参见图 9.4。

在理想的情况下,空气在回热器中的放热量(即图中面积 45gk4)恰等于被预热的空气在过程 1-2 中的吸热量(图中面积 12nm1)。工质自冷库吸取的热量为面积 61mg6,排向外界环境的热量为面积 34kn3。这一循环的效果显然与没有回热的循环 13′5′61 相同。因两循环中的 $q_c$ 和 $q_0$ 完全相同,它们的制冷系数也是相同的,但是循环增压比从 $p_{3'}/p_1$ 下降到 $p_3/p_1$。回

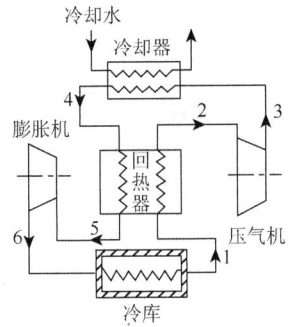
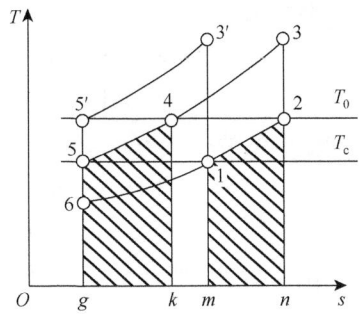

图 9.3 回热式空气压缩制冷循环装置示意图      图 9.4 回热式空气压缩制冷循环的 T-s 图

热循环最重要的优点是缩小了循环的压力范围,这为采用压力比不宜很高的叶轮式压气机和膨胀机提供了可能。叶轮式压气机和膨胀机具有大流量的特点,因而适宜于大制冷量的机组。此外,若不应用回热,则在压气机中至少要把工质从 $T_c$ 压缩到 $T_0$ 以上才有可能制冷(因工质要放热给大气环境)。而在气体液化等低温工程中 $T_c$ 和 $T_0$ 之间的温差很大,这就要求压气机有很高的 $\pi$,叶轮式压气机很难满足这种要求,应用回热解决了这一困难。另外,由于 $\pi$ 减小,压缩过程和膨胀过程的不可逆损失也可减小。再者,由于压力范围缩小,压气机与膨胀机的功率都较无回热时为小,因而设备的体积、重量、投资都随之减小。

【例 9.1】 参见图 9.1,假定空气进入压气机时的状态为 $p_1 = 0.12\,\text{MPa}$、$t_1 = -20\,°C$,在压气机内定熵压缩到 $p_2 = 0.60\,\text{MPa}$,然后进入冷却器。离开冷却器时空气的温度 $t_3 = 20\,°C$。若 $t_c = -20\,°C$、$t_0 = 20\,°C$,空气视为定比热的理想气体,$\kappa = 1.4$,试求:(1)无回热时的制冷系数 $\varepsilon$ 及每千克空气的制冷量 $q_c$;(2)若 $\varepsilon$ 保持不变而采用回热,理想情况下压缩比 $\pi_R$ 是多少?

**解** (1)求无回热时的 $\varepsilon$ 和 $q_c$。
据题意
$$T_1 = T_c = 253.15\,\text{K}, \quad T_3 = T_0 = 293.15\,\text{K}$$
$$\pi = \frac{p_2}{p_1} = \frac{0.6}{0.12} = 5$$

且由

$$\frac{T_2}{T_1} = \left(\frac{p_2}{p_1}\right)^{\frac{\kappa-1}{\kappa}} = \frac{T_3}{T_4}$$

故

$$T_2 = T_1 \pi^{\frac{\kappa-1}{\kappa}} = 253.15 \times 5^{\frac{1.4-1}{1.4}} = 401.13\,(\text{K})$$
$$T_4 = T_3 \pi^{-\frac{\kappa-1}{\kappa}} = 293.15 \times 5^{-\frac{1.4-1}{1.4}} = 185.09\,(\text{K})$$

压气机耗功为

$$w_C = h_2 - h_1 = c_p(T_2 - T_1)$$
$$= 1.005 \times (401.13 - 253.15) = 148.72\,(\text{kJ/kg})$$

膨胀机做出的功为

$$w_T = h_3 - h_4 = c_p(T_3 - T_4)$$
$$= 1.005 \times (293.15 - 185.09) = 108.60 \text{(kJ/kg)}$$

空气在冷却器中的放热量为

$$q_0 = h_2 - h_3 = c_p(T_2 - T_3)$$
$$= 1.005 \times (401.13 - 293.15) = 108.52 \text{(kJ/kg)}$$

每千克空气在冷库中的吸热量即为每千克空气的制冷量：

$$q_c = h_1 - h_4 = c_p(T_1 - T_4)$$
$$= 1.005 \times (253.15 - 185.09) = 68.40 \text{(kJ/kg)}$$

循环的净功为

$$w_{net} = w_C - w_T = 148.72 - 108.60 = 40.12 \text{(kJ/kg)}$$

循环的净热量为

$$q_{net} = q_0 - q_c = 108.52 - 68.40 = 40.12 \text{(kJ/kg)}$$

故循环的制冷系数为

$$\varepsilon = \frac{q_c}{w_{net}} = \frac{68.40}{40.12} = 1.70$$

（2）求有回热时的压缩比 $\pi_R$。

据题意，参照图9.4，有 $T_{3'} = 401.13\text{K}, T_2 = 293.15\text{K}$，且

$$\frac{T_3}{T_2} = \left(\frac{p_3}{p_2}\right)^{\frac{\kappa-1}{\kappa}} = \pi_R^{\frac{\kappa-1}{\kappa}}$$

所以

$$\pi_R = \left(\frac{T_3}{T_2}\right)^{\frac{\kappa}{\kappa-1}} = \left(\frac{T_{3'}}{T_0}\right)^{\frac{\kappa}{\kappa-1}} = \left(\frac{401.13}{293.15}\right)^{\frac{1.4}{1.4-1}} = 3.0$$

比较 $\pi$ 和 $\pi_R$ 可知，空气压缩制冷装置理想循环采用回热后，只要 $q_c$、$T_0$、$T_c$ 不变，则 $w_{net}$ 和 $\varepsilon$ 也相同，但压力比减小，对使用叶轮式机械很有利。

在冷库温度 $T_c$ 和环境温度 $T_0$ 相同的条件下逆向卡诺循环的制冷系数是 6.33，远大于本例计算值。这是由于空气压缩制冷循环中定压吸、放热偏离定温吸、排热甚远，但这是工质性质决定的。

## 9.3 蒸气压缩制冷循环

采用低沸点物质作制冷剂，利用在湿蒸气区定压即定温的特性，在低温下定压汽化吸热制冷，可以克服空气压缩制冷循环的缺点。蒸气压缩制冷装置广泛地应用于空气调节、食品冷藏及生产工艺中。由于用途和要求不同，蒸气压缩制冷装置的结构及工作的温度范围也不同。

理论上可以实现蒸气压缩的逆向卡诺制冷循环，如图 9.5 中循环 7-3-4-6-7。但在状态 7 时工质干度较小，是对两相物质的压缩，由于液体的不可压缩性能造成液滴对压缩机缸头或压缩机叶片的撞击，是极为不利的。为了避免这种状况，同时增加制冷量，使工质汽化到干

度更大的状态 1。此外，为了简化设备，提高装置运行的可靠性，常采用节流阀（或称膨胀阀）代替膨胀机，同时调整节流阀的开度变化，能方便地改变节流后制冷剂的压力和温度，以实现冷藏室温度的连续调节。实际应用的蒸气压缩制冷循环装置如图 9.6 所示。

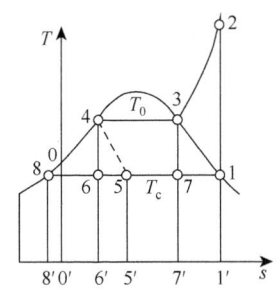

图 9.5 蒸气压缩制冷循环的 *T-s* 图

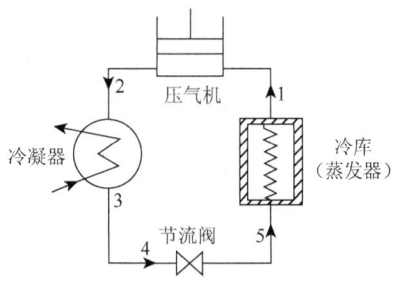

图 9.6 蒸气压缩制冷循环装置流程图

上述蒸气压缩制冷循环的制冷系数分析如下。

工质自冷库吸收的热量为

$$q_c = h_1 - h_5 = h_1 - h_4$$

式中，$h_4$ 是饱和液的焓值，因绝热节流后工质的焓值不变，所以 $h_5=h_4$，$h_4$ 的值可从有关图表上查得。

工质向外界排出的热量为

$$q_0 = h_2 - h_4$$

压缩机耗功即循环耗净功为

$$w_C = h_2 - h_1 = w_{net}$$

制冷系数

$$\varepsilon = \frac{q_c}{w_{net}} = \frac{h_1 - h_4}{h_2 - h_1} \tag{9.3}$$

从以上计算式可以看到，制冷循环的吸热量、放热量和功量均与过程的比焓差有关，如将循环表示在 lg *p-h* 图（横坐标为焓，纵坐标为压力，为使图线更清晰，压力均按对数标度排列）上，则上述诸量均可用过程线在横坐标上的投影长度表示，因此对蒸气压缩制冷循环进行分析计算时常采用压焓图。上述循环的压焓图如图 9.7 所示。根据状态 1 的 $p_1$ 或 $t_1$ 及 $x_1$ 可在图上确定状态点 1；通过 1 的等熵线与压力为 $p_2$ 的等压线与 $x=0$ 线的交点即为状态点 4；通过点 4 作垂线与压力为 $p_1$ 的等压线的交点即为状态点 5。当然，上述各点的焓值也可以

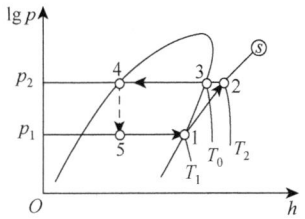

图 9.7 蒸气压缩制冷循环的 lg *p-h* 图

从该制冷剂的热力性质表上查取，但显然在 lg *p-h* 图上求取更为方便。本书附表 10 和附表 11 中提供了 HFC134a 的参数表，供查用。

实际上，蒸气压缩制冷循环由于有传热温差与摩阻的存在，制冷剂的冷凝温度高于环境温度，蒸发温度低于冷库温度，而且压缩过程也是不可逆的绝热压缩。考虑上述情况后，循环的 *T-s* 图和 lg *p-h* 图如图 9.8 所示。图中状态 2 为实际压缩状态。对图示循环，除状态 2 外，

其他状态的确定方法如上所述。状态 2 的确定与压气机的绝热效率 $\eta_{C,s}$ 有关。

$$\eta_{C,s} = \frac{h_{2_s} - h_1}{h_2 - h_1}$$

即 $h_2 = h_1 + (h_{2_s} - h_1)/\eta_{C,s}$，由 lg $p$-$h$ 图得出 $h_{2_s}$ 就可进而求得 $h_2$。

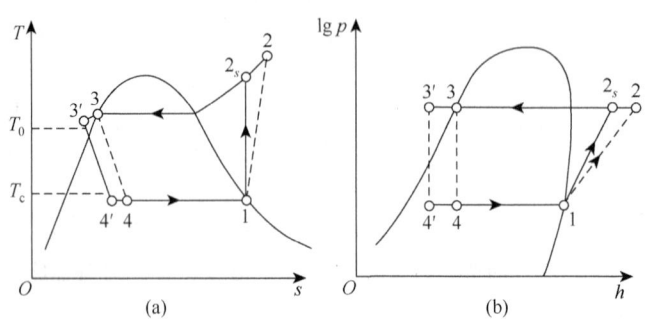

图 9.8 实际制冷循环的 $T$-$s$ 图及 lg $p$-$h$ 图

为提高制冷装置的制冷系数，实际循环中还采用过冷的方法在不增加耗功的情况下增加制冷量，从而使 $\varepsilon$ 提高。图 9.8 中的过程 3-3′，即为过冷过程。它将冷凝器中的饱和液进一步冷却，节流后的状态由 4 变为 4′，汽化过程的制冷量由 $h_1 - h_4$ 增加到 $h_1 - h_{4'}$。由于耗功未变，仍为 $h_2 - h_1$，所以装置的制冷系数提高。

【例 9.2】 用 HFC134a（R134a）作工质的理想制冷循环如图 9.7 中循环 1-2-3-4-5-1 所示。若蒸发器中的制冷温度 $t_c = t_1 = -25℃$，冷凝器中的冷凝温度 $t_4 = t_3 = 35℃$，制冷剂的质量流量 $q_m = 0.006$kg/s，环境温度 $t_0 = 32℃$，求：(1) 循环的制冷系数；(2) 制冷量；(3) 电动机功率。

**解** (1) 求制冷系数。

状态 1 是饱和温度为 $-25℃$ 的干蒸气，由 $t_1 = -25℃$，从附录 HFC134a 的饱和性质表中查得

$$p_1 = 106.86\text{kPa}, \quad h_1 = 382.79\text{kJ/kg}, \quad s_1 = 1.7434\text{kJ/(kg·K)}$$

同理，由 $t_4 = 35℃$ 及 $x_4 = 0$ 查得

$$p_4 = p_3 = p_2 = 0.88687\text{MPa}, \quad h_4 = 249.07\text{kJ/kg}, \quad s_4 = 1.1672\text{kJ/(kg·K)}$$

由 $p_2 = 0.88687$MPa、$s_2 = s_1 = 1.7434$kJ/(kg·K)，从附录 HFC134a 的过热蒸气表经由插值求得 $h_2 = 424.60$kJ/kg，故压气机耗功

$$w_C = h_2 - h_1 = 424.60 - 382.79 = 41.81(\text{kJ/kg})$$

每千克工质的制冷量

$$q_C = h_1 - h_5 = h_1 - h_4 = 382.79 - 249.07 = 133.72(\text{kJ/kg})$$

制冷系数为

$$\varepsilon = \frac{q_c}{w_{\text{net}}} = \frac{q_c}{w_C} = \frac{133.72}{41.81} = 3.20$$

(2) 总制冷量

$$q_Q = q_m q_c = 0.006 \times 133.72 = 0.802(\text{kW})$$

制冷装置的制冷量在工程上常用"冷吨"表示。1 冷吨表示 1000kg、0℃ 的饱和水在 24h

内冷冻为 0℃ 的冰所需要的制冷量。这个制冷量可换算为 3.86kJ/s（但美国 1 冷吨相当于 3.517kJ/s）。

（3）电动机功率
$$P = q_m w_{net} = q_m w_C = 0.006 \times 41.81 = 0.25 (kW)$$

## 9.4 吸收式制冷循环

压缩式制冷是消耗外功来制冷，使热量从低温物体传向高温物体；吸收式制冷主要是耗费低品位热能来达到制冷的目的。两者的不同之处是产生制冷工质的原理和方法不同。

吸收式制冷循环的流程及相应的设备示意图如图 9.9 所示。吸收式制冷装置通常需用两种工质组成二元溶液：制冷剂（如水）和吸收剂（溴化锂）。吸收式制冷循环利用制冷剂在溶液中不同温度下具有不同溶解度的特性，使制冷剂在较低的温度和压力下被吸收剂（即溶剂）吸收，同时又使它在较高的温度和压力下从溶液中蒸发，完成循环实现制冷的目的。下面以溴化锂为吸收剂、水为制冷剂的吸收式制冷循环为例进行说明。吸收式制冷系统中冷凝器、节流阀以及蒸发器与蒸气压缩制冷循环相同。从冷凝器流出的饱和水经节流减压阀降压降温，形成干度很小的湿饱和蒸汽，进入蒸发器从冷库吸热，定压汽化成干度很大的湿饱和蒸汽或干饱和蒸汽，接着被送入吸收器。与此同时，蒸汽发生器中由于水蒸发而浓度升高的溴化锂溶液经减压阀后也流入吸收器，吸收由蒸发器来的饱和水蒸气，生成稀溴化锂溶液，吸收过程中放出的热量由冷却水带走。稀溴化锂溶液由溶液泵加压送入蒸汽发生器并被加热。由于温度升高，水在溴化锂溶液中的溶解度降低，蒸汽逸出液面形成与溶液平衡的较高压力、较高温度的水蒸气。水蒸气进入冷凝器，放热凝结成饱和水，完成循环。从其工作过程可见，此系统中吸收器、溶液泵和蒸汽发生器这 3 个设备代替了蒸气压缩制冷循环中的压缩机。

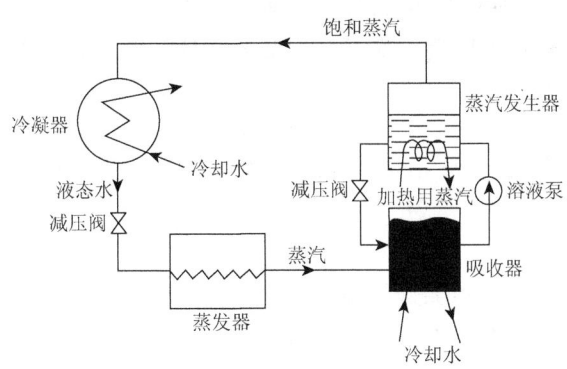

图 9.9 吸收式制冷循环流程图

吸收式制冷装置的特点：首先是循环耗功很小，因为循环中升压是通过溶液泵压缩液体完成的；其次是加热浓溶液的外热源的温度不需很高，因此可利用工业生产中的废热、废气，甚至太阳能、地热能等资源。

循环的性能系数是

$$\text{COP} = \frac{q_C}{q_H + w_P} \tag{9.4}$$

式中，$q_C$ 是蒸发器中制冷工质汽化时吸收的热量；$q_H$ 是蒸汽发生器中热源对溶液的加热量；$w_P$ 是溶液泵消耗的功。

若忽略溶液泵消耗的少量功，则装置的性能系数为

$$\mathrm{COP} = \frac{q_C}{q_H} \tag{9.5}$$

目前，实际的吸收式制冷循环的性能系数的数量级为 1。在制冷量相同的情况下，吸收式制冷装置的体积比蒸气压缩制冷装置大，也需要更多的维护工作量，并且只适用于冷负荷稳定的场合，但它可以利用温度较低的余热资源，因而近年来得到迅速发展。

## 9.5 热 泵

在室外温度低于室内温度时，如果将大气环境作为逆循环的低温热源，将室内空间作为高温热源，则循环的目的是将热量从低温的大气环境传送给高温的室内空间，这种装置称为热泵。

热泵循环与制冷循环的本质都是消耗高质能以实现热量从低温热源向高温热源的传输。热泵循环和制冷循环的热力学原理相同，但热泵装置与制冷装置两者的工作温度范围和达到的效果不同。若利用热泵对房间进行供暖，则热泵在房间空气温度 $T_R$（即高温热源 $T_H$）和大气温度 $T_0$（即低温热源 $T_L$）之间工作，其效果是室内空气获得热能，维持 $T_R$ 不变。制冷循环则是在环境温度 $T_0$（高温热源）和冷库温度 $T_C$（低温热源）之间工作的循环，其效果是从冷库移走热量，使冷库温度维持 $T_C$ 不变。蒸气压缩式热泵系统及其 $T$-$s$ 图与图 9.6 及图 9.5 相似，仅温限不同而已。

热泵循环的能量平衡方程为

$$q_H = q_L + w_{net}$$

式中，$q_H$ 为供给室内空气的热量；$q_L$ 为取自环境介质的热量；$w_{net}$ 为供给系统的净功。

热泵循环的经济性指标为供暖系数 $\varepsilon'$（或热泵工作性能系数 COP′），其表达式为

$$\varepsilon' = \frac{q_H}{w_{net}} \tag{9.6}$$

将循环能量平衡关系代入上式，可得供暖系数与制冷系数之间的关系式，即

$$\varepsilon' = \frac{w_{net} + q_L}{w_{net}} = \varepsilon + 1 \tag{9.7}$$

上式表明，$\varepsilon'$ 永远大于 1，制冷系数越高，供热系数越高。和其他加热方式（如电加热、燃料燃烧加热等）比较，热泵循环不仅把消耗的能量如电能等转化成热能输向加热对象，而且依靠这种能质下降的补偿作用，把低温热源的热量 $q_L$ "泵"送到高温热源，因此热泵优于其他供暖装置，是一种比较合理的供暖装置。经过合理设计，同一装置可轮流用来制冷和供暖：夏季作为制冷机用于制冷，冬季作为热泵用来供暖。

## 9.6 气体液化系统

### 9.6.1 理想液化系统所需的功

在气体液化系统中，目的是使物质由气态变为液态。图 9.10 为气体液化方案的主要组成

部分示意图。在研究具体的液化系统前先来确定液化单位质量的气体所需的最小功。这样，对实际系统就有了一个进行比较的基础。假设把图 9.10 中的整个气体液化系统作为所研究的控制体。如果忽略动能和势能的变化，则由稳态稳流下的热力学第一定律：

$$Q = m(h_2 - h_1) + W_{net} \tag{9.8}$$

式中，$W_{net}$ 为液化气体所需要的最小功。

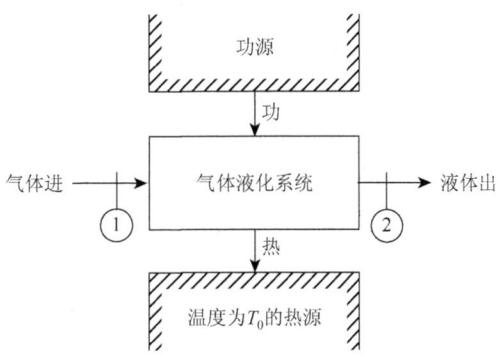

图 9.10 气体液化的普遍过程

重视的问题是确定所需要的最小功，为此必须把过程看成是可逆过程。这样，对于稳态稳流过程，由热力学第二定律：

$$m(s_2 - s_1) - \frac{Q}{T_0} = 0 \tag{9.9}$$

合并式（9.8）和式（9.9）：

$$w_{net} = \frac{W_{net}}{m} = T_0(s_2 - s_1) - (h_2 - h_1) \tag{9.10}$$

式（9.10）便是按照图 9.10 的方案每产生 1 千克液化气体所需要的最小功。这个式子还表明，对于 $T_0$ 应该尽可能地采取低值。实际上，$T_0$ 通常就是环境温度。如果气体进入系统时的温度高于环境温度，则系统不仅包括卡诺制冷机，同时还包括卡诺热机。

## 9.6.2 可逆气体液化系统

为了以最小的功液化气体，就需要一个所有过程都是可逆的系统。设气体由 $p_1$ 和 $T_1$ 的状态（图 9.11（a）T-s 图上的点 1）变成同一压力下的饱和液体（同一 T-s 图上的点 f）。可以简单地由以下两个可逆过程组成的可逆系统来实现液化：先是可逆等温压缩（过程 1→2），接着是等熵膨胀过程（过程 2→f）。可逆等温过程可以在一个等温压缩机内进行，而等熵过程可以在一个等熵涡轮机内进行，如图 9.11（b）所示。

系统所需的功可应用热力学定律来确定。忽略动能和势能的变化，对稳态稳流的压缩机，由热力学第一定律有

$$Q = m(h_2 - h_1) + W_压$$

由热力学第二定律有

$$Q = mT_1(s_2 - s_1)$$

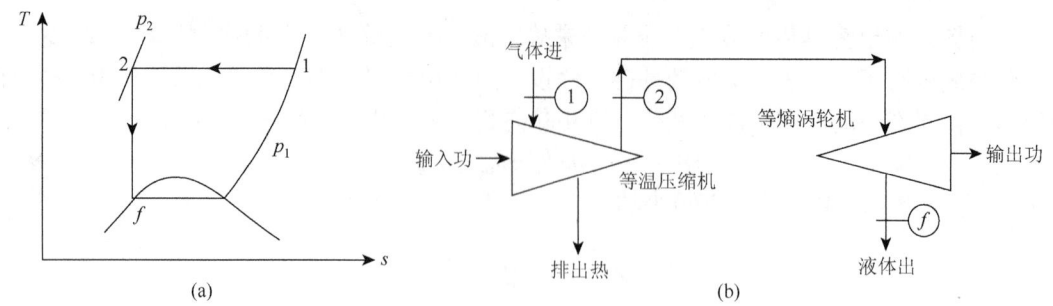

图 9.11 可逆气体液化系统

对于涡轮机，由热力学第一定律有

$$W_T = m(h_2 - h_f)$$

合并以上三式得到：

$$w_{net} = \frac{W_{net}}{m} = T_1(s_2 - s_1) - (h_f - h_1)$$

因 $s_2 = s_f$，故

$$w_{net} = T_1(s_f - s_1) - (h_f - h_1) \tag{9.11}$$

为了实现可逆等温过程，需要有一个 $T_0 = T_1$ 的热源，于是看到式（9.11）与式（9.10）是互相一致的。式（9.11）表明，所需最小功只是气体初始状态的函数。但是这样的液化过程，在等温压缩终了时的压力常高到了不切实际的程度。尽管如此，这个可逆系统作为改进系统的基础还是有用的。

## 思 考 题

**9-1** 蒸气压缩制冷循环采用节流阀来代替膨胀机，空气压缩制冷循环是否也可以采用这种方法？为什么？

**9-2** 空气压缩制冷循环采用回热措施后能否提高其理论制冷系数？能否提高其实际制冷系数？为什么？

**9-3** 作为制冷剂的物质应具备哪些性质？如何解释限产直至禁用 R11、R12 这类物质。

**9-4** 本章提到的各种制冷循环是否有共同点？若有，是什么？

**9-5** 为什么同一装置既可作为制冷机又可作为热泵？

**9-6** 何谓制冷系数？何谓热泵工作性能系数？试用热力学原理说明能否利用一台制冷装置在冬天供暖。

## 习 题

**9-1** 一制冷机在 −60℃ 和 20℃ 的热源间工作，若其吸热为 15 kW，循环制冷系数是同温限间逆向卡诺循环的 86%，试计算：（1）散热量；（2）循环净耗功量；（3）循环制冷量。

**9-2** 一逆向卡诺制冷循环，性能系数为 5，问高温热源与低温热源温度之比是多少？若输入功率为 2.1 kW，试问制冷量为多少？如果将此系统改为热泵循环，高、低温热源温度及输入功率维持不变，试求循环的性能系数及能提供的热量。

**9-3** 空气压缩制冷循环的运行温度为 $T_c = 279\,\text{K}$、$T_0 = 341\,\text{K}$，如果循环增压比分别为 5 和 8，试分别计算它们的循环性能系数和每千克工质的制冷量。假定空气为理想气体，$c_p = 1.214\,\text{kJ/(kg·K)}$、$\kappa = 1.8$。

**9-4** 若上题中压气机的绝热效率 $\eta_{C,s} = 0.79$，膨胀机的相对内效率 $\eta_T = 0.89$，试分别计算每千克工质的制冷量、循环净功及循环性能系数。

**9-5** 某采用理想回热的压缩气体制冷装置，工质为某种理想气体，循环增压比 $\pi = 6$，冷库温度 $T_c = -45\,℃$，环境温度为 298 K。若输入功率为 2927 kW，试计算：（1）循环制冷量；（2）循环制冷系数；（3）循环制冷系数及制冷量不变，且不采用回热措施时的循环增压比。气体的比热 $c_p = 1.0123\,\text{kJ/(kg·K)}$、$\kappa = 1.8$。

**9-6** 某热泵装置用氨为工质，设蒸发器中氨的温度为 $-15\,℃$，进入压气机时蒸气的干度 $x_1 = 0.89$，冷凝器中饱和氨的温度为 $42\,℃$。（1）求工质在蒸发器中吸收的热量 $q_2$、在冷凝器中散向室内大气的热量 $q_1$ 和循环供暖系数 $\varepsilon'$；（2）设该装置每小时向室内大气的供热量 $Q_1 = 7.92 \times 10^5\,\text{kJ}$，求用以带动该热泵的最小功率是多少？若改用电炉供热，则电炉功率应是多少？两者比较，可得出什么样的结论？

**9-7** 某热泵型空调用 R134a 为工质，设蒸发器中 R134a 的温度为 $-15\,℃$，进压缩机时蒸气的干度 $x_1 = 0.91$，冷凝器中饱和液的温度为 $41\,℃$。求热泵耗功和循环供暖系数。

# 第10章 总复习试题精讲

**【例 10.1】** 某容器被一刚性壁分成两部分,在容器的不同部位安装有压力计,如图 10.1 所示,设大气压力为 97kPa。

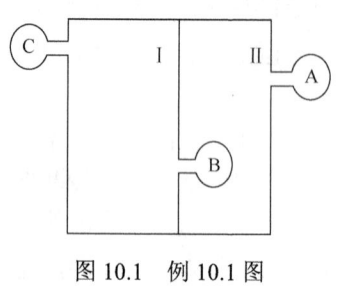

图 10.1 例 10.1 图

(1) 若压力表 B、表 C 的读数分别为 75kPa、0.11MPa,试确定压力表 A 上的读数,以及容器两部分内气体的绝对压力。

(2) 若表 C 为真空计,读数为 24kPa,压力表 B 的读数为 36kPa,试问表 A 是什么表?读数是多少?

**解** (1) 因

$$p_{\mathrm{I}} = p_{\mathrm{e,C}} + p_{\mathrm{b}} = p_{\mathrm{e,B}} + p_{\mathrm{II}} = p_{\mathrm{e,B}} + p_{\mathrm{e,A}} + p_{\mathrm{b}}$$

由上式得

$$p_{\mathrm{e,C}} = p_{\mathrm{e,B}} + p_{\mathrm{e,A}}$$

则

$$p_{\mathrm{e,A}} = p_{\mathrm{e,C}} - p_{\mathrm{e,B}} = 110 - 75 = 35(\mathrm{kPa})$$

$$p_{\mathrm{I}} = p_{\mathrm{e,C}} + p_{\mathrm{b}} = 110 + 97 = 207(\mathrm{kPa})$$

$$p_{\mathrm{II}} = p_{\mathrm{I}} - p_{\mathrm{e,B}} = 207 - 75 = 132(\mathrm{kPa})$$

或

$$p_{\mathrm{II}} = p_{\mathrm{e,A}} + p_{\mathrm{b}} = 35 + 97 = 132(\mathrm{kPa})$$

(2) 由表 B 为压力表知,$p_{\mathrm{I}} > p_{\mathrm{II}}$;又由表 C 为真空计知,

$$p_{\mathrm{b}} > p_{\mathrm{I}} > p_{\mathrm{II}}$$

所以,表 A 一定是真空计。于是

$$p_{\mathrm{I}} = p_{\mathrm{b}} - p_{\mathrm{v,C}} = p_{\mathrm{e,B}} + p_{\mathrm{II}} = p_{\mathrm{e,B}} + (p_{\mathrm{b}} - p_{\mathrm{v,A}})$$

则

$$p_{\mathrm{v,A}} = p_{\mathrm{e,B}} + p_{\mathrm{v,C}} = 36\mathrm{kPa} + 24\mathrm{kPa} = 60\mathrm{kPa}$$

**讨论**

(1) 需要注意的是,不管用什么压力计,测得的都是工质的绝对压力 $p$ 和环境压力之间的差值,而不是工质的真实压力。

(2) 这个环境压力是指测压力计所处的空间压力,可以是大气压力 $p_{\mathrm{b}}$,如题目中的表 A、表 C。也可以是所在环境的空间压力,如题目中的表 B,其环境压力为 $p_{\mathrm{II}}$。

**【例 10.2】** 判断下列过程中哪些:①是可逆的;②是不可逆的;③可以是可逆的,并简要说明不可逆的原因。

(1) 对刚性容器内的水加热,使其在恒温下蒸发。

(2) 对刚性容器内的水做功,使其在恒温下蒸发。

(3) 对刚性容器内的空气缓慢加热,使其从 50℃升温到 1000℃。

**解** (1) 可以是可逆过程,也可以是不可逆过程,取决于热源温度与水温是否相等。若

两者不等，则存在外部的传热不可逆因素，便是不可逆过程。

（2）对刚性容器内的水做功，只可能是搅拌功，伴有摩擦热耗散，因而有内部不可逆因素，是不可逆过程。

（3）可以是可逆过程，也可以是不可逆过程，取决于热源温度与空气温度是否随时相等或者随时保持无限小的温差。

**【例 10.3】** 一气缸活塞内的气体由初态 $p_1 = 0.5\text{MPa}$、$V_1 = 0.1\text{m}^3$，可逆膨胀到 $V_2 = 0.4\text{m}^3$，若过程中压力与体积间的关系为 $pV = $ 常数，试求气体所做的膨胀功。

**解** 由 $pV = $ 常数，得 $pV = p_1V_1 = $ 常数，故

$$p = \frac{p_1 V_1}{V}$$

$$W = \int_1^2 p\,dV = \int_1^2 \frac{p_1 V_1}{V}\,dV = p_1 V_1 \int_1^2 \frac{dV}{V} = p_1 V_1 \ln\frac{V_2}{V_1} = 0.5 \times 10^3 \times 0.1 \ln\frac{0.4}{0.1} = 69.31(\text{kJ})$$

**讨论**

只有可逆过程才能用 $W = \int_1^2 p\,dV$ 来计算系统与外界交换的体积变化功。在利用此式计算时，应根据过程特点导出 $p = f(V)$ 的关系，然后才能积分求解。另外要注意，积分上下限的"1"和"2"是指初态和终态的积分变量值，本题 $\int_1^2 p\,dV$ 即为 $\int_{V_1}^{V_2} p\,dV$，而不是指 $V_1 = 1\text{m}^3$ 和 $V_2 = 2\text{m}^3$。

**【例 10.4】** 有一橡皮气球，如图 10.2 所示，其内部压力为 0.1MPa （和大气压相同）时是自由状态，其容积为 $0.3\text{m}^3$。当气球受太阳照射而气体受热时，其容积膨胀一倍而压力上升到 0.15MPa。设气球压力的增加和容积的增加成正比。试求：

（1）该膨胀过程的 $p \sim f(V)$ 关系；
（2）该过程中气体做的功；
（3）用于克服橡皮球弹力所做的功。

图 10.2  例 10.4 图

**解** （1）气球受太阳照射而升温比较缓慢，可假定其 $w = \int_1^2 p\,dv$，所以关键在于求出 $p \sim f(V)$

$$\frac{dp}{dV} = K, \quad p = KV + C$$

$$p_1 = 0.1\text{MPa}, \quad V_1 = 0.3\text{m}^3, \quad p_2 = 0.15\text{MPa}, \quad V_2 = 2 \times 0.3\text{m}^3$$

$$\Rightarrow K = \frac{0.05 \times 10^6}{0.3}\text{Pa/m}^3, \quad C = 0.05 \times 10^6 \text{Pa}$$

$$\{p\}_{\text{Pa}} = \frac{0.5 \times 10^6}{3}\{V\}_{\text{m}^3} + 0.05 \times 10^6$$

（2）由已知得

$$W = \int_1^2 p\,dV = \int_1^2 \frac{0.5\times10^6}{3}V\,dV + 0.05\times10^6\,dV$$

$$= \frac{1}{2}\times\frac{0.5\times10^6}{3}(V_2^2 - V_1^2) + 0.05\times10^6(V_2 - V_1)$$

$$= \frac{0.5\times10^6}{6}(0.6^2 - 0.3^2) + 0.05\times10^6(0.6 - 0.3)$$

$$= 0.0375\times10^6(J) = 37.5(kJ)$$

（3）由已知得

$$W_斥 = p_0(V_2 - V_1) = 0.1\times10^6\,Pa\times(0.6-0.3)\,m^3$$

$$= 0.03\times10^6\,J = 30\,kJ$$

$$W = W_u + W_斥$$

$$W_u = W - W_斥 = (37.5 - 30)\,kJ = 7.5\,kJ$$

【例 10.5】 一活塞气缸装置中的气体经历了两个过程。从状态 1 到状态 2，气体吸热 500kJ，活塞对外做功 800kJ。从状态 2 到状态 3 是一个定压的压缩过程，压力 $p=400$kPa，气体向外散热 450kJ。并且已知 $U_1=2000$kJ，$U_3=3500$kJ，试计算 2-3 过程中气体体积的变化。

**解** 分析：过程 2-3 是一个定压压缩过程，其功的计算可用下式

$$W_{23} = F\cdot L = p_2 A\cdot L = p_2 \Delta V \tag{10.1}$$

因此，若能求出 $W_{23}$，则由式（10.1）即可求得 $\Delta V$，而 $W_{23}$ 可由闭口系能量方程求得。

对于过程 1-2，

$$\Delta U_{12} = U_2 - U_1 = Q_{12} - W_{12}$$

所以

$$U_2 = Q_{12} - W_{12} + U_1 = 500\,kJ - 800\,kJ + 2000\,kJ = 1700\,kJ$$

对于过程 2-3，有

$$W_{23} = Q_{23} - \Delta U_{23} = Q_{23} - (U_3 - U_2) = (-450\,kJ) - (3500 - 1700)\,kJ = -2250\,kJ$$

最后由式（10.1）得

$$\Delta V_{23} = \frac{W_{23}}{p_2} = \frac{-2250\,kJ}{400\,kPa} = -5.625\,m^3$$

负号说明在压缩过程中体积减小。

【例 10.6】 0.1MPa、20℃的空气在压气机中绝热压缩升压升温后导入换热器排走部分热量后再进入喷管膨胀到 0.1MPa、20℃。喷管出口截面积 $A=0.0324\,m^2$，气体流速 $c_{f2}=300$m/s，已知压气机耗功率 710kW，问换热器中空气散失的热量。

**解** 由已知得

$$q_m = \frac{pq_V}{R_g T} = \frac{p(c_{f2}A_2)}{R_g T} = \frac{0.1\times10^6\,Pa\times300\,m/s\times0.0324\,m^2}{287\,J/(kg\cdot K)\times293\,K} = 11.56\,kg/s$$

如图 10.3 所示，对 CV 列能量方程。

流入： $q_m\left(h_1 + \frac{1}{2}c_{f1}^2 + gz_1\right) + P。$

流出：$q_m\left(h_2+\dfrac{1}{2}c_{f2}^2+gz_2\right)+\varPhi$。

内增：0。

$$q_m\left(h_2+\dfrac{1}{2}c_{f2}^2+gz_2\right)+\varPhi-q_m\left(h_1+\dfrac{1}{2}c_{f1}^2+gz_1\right)-P=0$$

据题意，$p_1=p_2$，$T_1=T_2$，$h_1=h_2$，忽略位能差

$$\begin{aligned}q_Q&=-q_m\dfrac{1}{2}c_{f2}^2+P\\&=-11.56\times\dfrac{1}{2}\times300^2\times10^{-3}+710\\&=189.8(\text{kW})\end{aligned}$$

或稳定流动能量方程

$$q_Q=\Delta H+\dfrac{1}{2}\Delta c_f^2+g\Delta z+P=P-\dfrac{1}{2}q_mc_{f2}^2=710-\dfrac{1}{2}\times11.56\times300^2\times10^{-3}=189.8(\text{kW})$$

**【例 10.7】** 有一台稳定工况下运行的水冷式压缩机，运行参数如图 10.4 所示。设空气的比热 $c_p=1.003\text{kJ/(kg·K)}$，水的比热 $c_w=4.187\text{kJ/(kg·K)}$。若不计压气机向环境的散热损失以及动能差和位能差，试确定驱动该压气机所需的功率[已知空气的焓差 $h_2-h_1=c_p(T_2-T_1)$]。

**解** 取控制体为压气机（但不包括水冷部分）考察能量平衡。

流入：$P+e_1q_{m1}+p_1q_{V1}\Rightarrow P+q_{m1}(u_1+p_1v_1)$。

流出：$e_2q_{m1}+p_2q_{V2}+\varPhi_水\Rightarrow\varPhi_水+q_{m1}(u_2+p_2v_2)$。

内增：0。

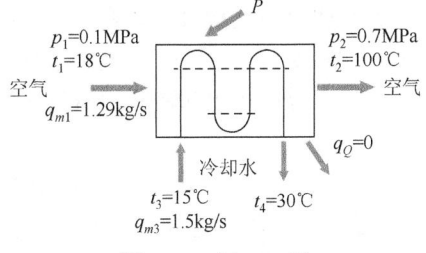

图 10.4 例 10.7 图

$$\begin{aligned}P&=\varPhi_水+q_{m1}(h_2-h_1)\\&=q_{m3}c_w(t_4-t_3)+q_{m1}c_p(t_2-t_1)=1.5\times4.187\times(30-15)+1.29\times1.003\times(100-18)=200.3(\text{kW})\end{aligned}$$

取整个压气机（包括水冷部分）为系统，忽略动能差及位能差。

流入：$P+u_1q_{m1}+p_1q_{V1}+q_{m3}h_3+\varPhi$。

流出：$u_2q_{m1}+p_2q_{V2}+q_{m3}h_4\Rightarrow q_{m1}h_2+q_{m3}h_4$。

内增：0。

$$P=q_{m1}(h_2-h_1)+q_{m3}(h_4-h_3)$$

查饱和水和饱和水蒸气表得

$$h_4=125.66\text{kJ/kg},\quad h_3=62.94\text{kJ/kg},\quad P=200.2\text{kW}$$

**本题说明**

（1）同一问题，取不同热力系，能量方程形式不同。

（2）热量是通过边界传递的能量，若发生传热两物体同在一体系内，则能量方程中不出现此项换热量。

（3）黑箱技术不必考虑内部细节，只考虑边界上交换及状况。

（4）不一定死记能量方程，可从热力学第一定律的基本表达出发。

**【例 10.8】** 某台压缩机输出的压缩空气，其表压力为 $p_e$=0.22MPa，温度 $t$=156℃，这时压缩空气为每小时流出 3200m³。设当地大气压 $p_b$=765mmHg，求压缩空气的质量流量 $q_m$(kg/h)，以及标准状态体积流量 $q_{v0}$(m³/h)。

**解** 压缩机出口处空气的温度 $T$=$t$+273=156+273(K)=429(K)，绝对压力

$$p = p_e + p_b = 0.22\text{MPa} + \frac{765\text{mmHg}}{7500.6\dfrac{\text{mmHg}}{\text{MPa}}} = 0.322\text{MPa}$$

该状态下体积流量 $q_v$=3200m³/h。

将上述各值代入以流率形式表达的理想气体状态方程式。得出摩尔流量

$$q_m = \frac{pq_v}{RT} = \frac{0.322\text{Pa} \times 3200\text{m}^3/\text{h}}{8.3145\text{J}/(\text{mol}\cdot\text{K}) \times 429\text{K}} = 288.877 \times 10^{-3}\text{mol/h}$$

由附表 2 查得空气的摩尔质量 $M$=28.97×10⁻³kg/mol，空气的质量流量为

$$q_m = Mq_m = 28.97\times10^{-3}\text{kg/mol} \times 288.877\times10^{-3}\text{mol/h} = 8368.77\times10^{-6}\text{kg/h}$$

标准状态体积流量为

$$q_{v0} = 22.4141\times10^{-3}q_m = 22.4141\times10^{-3}\text{m}^3/\text{mol} \times 288.877\times10^{-3}\text{mol/h}$$
$$= 6474.92\times10^{-6}\text{m}^3/\text{h}$$

说明流动中的理想气体，在平衡状态同样可利用状态方程。

**【例 10.9】** 150℃的液态水放在一密封容器内，试问水可能处于什么压力？

**解** 查饱和水和饱和水蒸气表，$t_1$=150℃时

$$p_s = 0.475\,71\text{MPa}$$

因此水可能处于 $p \geqslant 0.475\,71\text{MPa}$。

若 $p < 0.475\,71\text{MPa}$，则容器内 150℃的水必定要变成过热汽。

**【例 10.10】** 封闭气缸中气体初态 $p_1$=8MPa、$t_1$=1300℃，经过可逆多变膨胀过程变化到终态 $p_2$=0.4MPa、$t_2$=400℃。已知该气体的气体常数 $R_g$=0.287kJ/(kg·K)，试判断气体在该过程中是放热还是吸热的？［比热为常数，$c_V$=0.716kJ/(kg·K)］

**解** 1 到 2 是可逆多变过程，对初、终态用理想气体状态方程式有

$$v_1 = \frac{R_g T_1}{p_1} = \frac{287\text{J}/(\text{kg}\cdot\text{K})\times(1300+273)\text{K}}{8\times10^6\text{Pa}} = 0.056\,43\text{m}^3/\text{kg}$$

$$v_2 = \frac{R_g T_2}{p_2} = \frac{287\text{J}/(\text{kg}\cdot\text{K})\times(400+273)\text{K}}{0.4\times10^6\text{Pa}} = 0.482\,88\text{m}^3/\text{kg}$$

所以多变指数

$$n = \frac{\ln(p_1/p_2)}{\ln(v_2/v_1)} = \frac{\ln(8\times10^6\text{Pa}/0.4\times10^6\text{Pa})}{\ln(0.482\,88\text{m}^3/\text{kg}/0.056\,43\text{m}^3/\text{kg})} = 1.395$$

多变过程膨胀功和热量

$$w = \frac{R_g}{n-1}(T_1 - T_2) = \frac{287\text{J}/(\text{kg}\cdot\text{K})}{1.395-1}(1573-673)\text{K} = 653.92\text{kJ/kg}$$

$$q = \Delta u + w = c_V(T_2 - T_1) + w$$
$$= 0.716\text{kJ}/(\text{kg}\cdot\text{K})\times(673-1573)\text{K} + 653.92\text{kJ/kg} = 9.52\text{kJ/kg} > 0$$

故是吸热过程。

【例 10.11】 试判断下列各情况的熵变是：①正；②负；③可正可负；④其他。

（1）闭口系经历一可逆变化过程，系统与外界交换功量 10kJ，热量–10kJ，系统熵变。"–"

（2）闭口系经历一不可逆变化过程，系统与外界交换功量 10kJ，热量–10kJ，系统熵变。"–" 或 "+"

（3）在一稳态稳流装置内工作的流体经历一不可逆过程，装置做功 20kJ，与外界交换热量–15kJ，流体进出口熵变。"–" 或 "+"

（4）在一稳态稳流装置内工作的流体流，经历一可逆过程，装置做功 20kJ，与外界交换热量–15kJ，流体进出口熵变。"–"

（5）流体在稳态稳流的情况下按不可逆绝热变化，系统对外做功 10kJ，此开口系统的熵变。不变

【例 10.12】 利用孤立系统熵增原理证明下述循环发动机是不可能制成的：它从 167℃ 的热源吸热 1000kJ，向 7℃ 的冷源放热 568kJ，输出循环净功 432kJ。

**证明** 取热机、热源、冷源组成闭口绝热系

$$\Delta s_{热源} = -\frac{1000\text{kJ}}{(273.15+167)\text{K}} = -2.272\text{kJ/K}$$

$$\Delta s_{冷源} = \frac{568\text{kJ}}{(273.15+7)} = 2.027\text{kJ/K}$$

$$\Delta s_{热机} = 0$$

$$\Delta s_{\text{iso}} = -2.272\text{kJ/K} + 2.027\text{kJ/K} = -0.245\text{kJ/K} < 0$$

所以该热机是不可能制成的。

【例 10.13】 滞止压力为 0.65MPa、滞止温度为 350K 的空气，可逆绝热流经一收缩喷管，如图 10.5 所示，在喷管截面积为 $2.6\times 10^{-3}\text{m}^2$ 处，气流马赫数为 0.6。若喷管背压为 0.30MPa，试求喷管出口截面积 $A_2$。

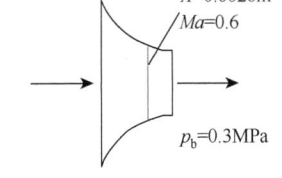

图 10.5 例 10.13 图

**解** 在截面 $A$ 处：

$$c_{fA} = \sqrt{2(h_0 - h_A)} = \sqrt{2c_p(T_0 - T_A)}$$

$$= \sqrt{2\frac{\kappa R_g}{\kappa-1}(T_0 - T_A)}$$

$$c = \sqrt{\kappa R_g T_A}$$

$$Ma = \frac{c_{fA}}{c} = \frac{\sqrt{2\frac{\kappa R_g}{\kappa-1}(T_0 - T_A)}}{\sqrt{\kappa R_g T_A}} = \sqrt{\frac{2}{\kappa-1}\left(\frac{T_0}{T_A} - 1\right)} = 0.6$$

$$T_0 = 350\text{K}, \quad T_A = 326.49\text{K}$$

$$c_{fA} = cMa = 0.6\sqrt{\kappa R_g T_A}$$

$$= 0.6\times\sqrt{1.4\times 287\text{J/(kg·K)}\times 326.49\text{K}} = 217.32\text{m/s}$$

$$p_A = p_0 \left(\frac{T_A}{T_0}\right)^{\frac{\kappa}{\kappa-1}} = 0.65\text{MPa} \left(\frac{326.49\text{K}}{350\text{K}}\right)^{\frac{1.4}{1.4-1}} = 0.510\text{MPa}$$

$$v_A = \frac{R_g T_A}{p_A} = \frac{287\text{J/(kg·K)} \times 326.49\text{K}}{0.510 \times 10^6 \text{Pa}} = 0.1837\text{m}^3/\text{kg}$$

$$q_m = \frac{A c_{fA}}{v_A} = \frac{2.6 \times 10^{-3}\text{m}^2 \times 217.32\text{m/s}}{0.1837\text{m}^3/\text{kg}} = 3.08\text{kg/s}$$

出口截面：
$$p_{\text{cr}} = \nu_{\text{cr}} p_0 = 0.528 \times 0.65\text{MPa} = 0.3432\text{MPa} > p_b (= 0.30\text{MPa})$$

$$p_2 = p_{\text{cr}} = 0.3432\text{MPa}$$

$$T_2 = T_0 \left(\frac{p_2}{p_0}\right)^{\frac{\kappa-1}{\kappa}} = 350\text{K} \left(\frac{0.3432\text{MPa}}{0.65\text{MPa}}\right)^{\frac{1.4-1}{1.4}} = 291.62\text{K}$$

$$v_2 = \frac{R_g T_2}{p_2} = \frac{287\text{J/(kg·K)} \times 291.62\text{K}}{343200\text{Pa}} = 0.2439\text{m}^3/\text{kg}$$

据喷管各截面质量流量相等，即
$$q_m = q_{m,2}$$

$$A_2 = \frac{q_m v_2}{c_{f2}} = \frac{q_m v_2}{\sqrt{2\dfrac{\kappa R_g}{\kappa-1}(T_0 - T_2)}} = \frac{3.08\text{kg/s} \times 0.2439\text{m}^3/\text{kg}}{\sqrt{2\dfrac{1.4 \times 287\text{J/(kg·K)}}{1.4-1}(350-291.62)\text{K}}}$$

$$= 2.2 \times 10^{-3}\text{m}^2$$

# 第 11 章 考研复习试题精讲

**【例 11.1】** 定义一种新的线性温度标尺——牛顿温标（单位为牛顿度，符号为 °N），水的冰点和汽点分别是 100 °N 和 200 °N。

（1）试导出牛顿温标 $T_N$ 与热力学温度 $T$ 的关系式。

（2）热力学温度为 0K 时，牛顿温度是多少 °N？

**解** （1）若任意温度在牛顿温标上的读数为 $T_N$，而在热力学温标上的读数为 $T$，则

$$\frac{200-100}{373.5-273.5} = \frac{T_N/°N-100}{T/K-273.5}$$

$$T/K = \frac{373.5-273.5}{200-100}(T_N/°N-100)+273.5$$

$$T/K = T_N/°N+173.5$$

（2）当 $T=0$ K 时，由上面所得的关系式有

$$0 = T_N/°N+173.5$$

$$T_N = -173.5 °N$$

**【例 11.2】** 有人定义温度作为某热力学性质 $Z$ 的对数函数关系，即

$$t^* = a\ln Z + b$$

已知 $t^* = 0°$ 时，$Z = 6$ cm；$t^* = 100°$ 时，$Z = 36$ cm。试求当 $t^* = 10°$ 和 $t^* = 90°$ 时，$Z$ 值为多少？

**解** 先确定 $t^* \sim Z$ 函数关系式中的 $a$ 和 $b$。由已知条件

$$\begin{cases} 0 = a\ln 6 + b \\ 100 = a\ln 36 + b \end{cases}$$

解后得

$$a = \frac{100}{\ln 6}, \quad b = -100$$

则

$$t^* = \frac{100}{\ln 6}\ln Z - 100$$

当 $t^* = 10°$ 时，其相应的 $Z$ 值为

$$\ln Z = \frac{110\ln 6}{100} = \ln 6^{1.1}$$

$$Z = 6^{1.1} = 7.18 \text{(cm)}$$

当 $t^* = 90°$ 时，同理可解得 $Z = 30$ cm。

**【例 11.3】** 铂金丝的电阻在冰点时为 $10.000\,\Omega$，在水的沸点时为 $14.247\,\Omega$，在硫的沸点（446℃）时为 $27.887\,\Omega$。试求出温度 $t/℃$ 和电阻 $R/\Omega$ 的关系式中的常数 $A$、$B$ 的数值。

**解** 由已知条件可得

$$\begin{cases} 10 = R_0 \\ 14.247 = R_0(1+100A+10^4 B) \\ 27.887 = R_0(1+446A+1.989\times 10^5 B) \end{cases}$$

联立求解以上三式可得

$$R_0 = 10\,\Omega$$

$$A = 4.32\times 10^{-3}$$

$$B = -6.835\times 10^{-7}$$

故温度 $t/\text{℃}$ 和电阻 $R/\Omega$ 之间的关系式为

$$R = 10\times(1+4.32\times 10^{-3}t - 6.835\times 10^{-7}t^2)$$

**讨论**

例 11.1～例 11.3 是建立温标过程中常遇到的一些实际问题。例 11.1 是不同温标之间如何换算型的问题；例 11.2 是在建立温标时，当测温性质已定，如何进行分度、刻度型的问题；例 11.3 是当用热电偶或铂电阻来测量温度时，如何进行电势与温度或电阻与温度之间的关系式标定型的问题。

**【例 11.4】** 一活塞气缸装置内的气体由初态 $p_1=0.3\,\text{MPa}$、$V_1=0.1\,\text{m}^3$，缓慢膨胀到 $V_2=0.2\,\text{m}^3$，若过程中压力和体积间的关系为 $pV^n = C$（$C$ 为常数），试分别求出：(1) $n=1.5$；(2) $n=1.0$；(3) $n=0$ 时的膨胀功。

**解** 选气缸内的气体为热力系

（1）由 $p_1 V_1^n = p_2 V_2^n$ 得

$$p_1 = p_2\left(\frac{V_1}{V_2}\right)^n = 0.3\,\text{MPa}\left(\frac{0.1\,\text{m}^3}{0.2\,\text{m}^3}\right)^{1.5} = 0.106\,\text{MPa}$$

则

$$\begin{aligned}
W &= \int_{V_1}^{V_2} p\,dV = \int_{V_1}^{V_2} \frac{C}{V^n}\,dV = C\frac{V_2^{1-n} - V_1^{1-n}}{1-n} \\
&= \frac{(p_2 V_2^n)V_2^{1-n} - (p_1 V_1^n)V_1^{1-n}}{1-n} \\
&= \frac{p_2 V_2 - p_1 V_1}{1-n} \\
&= \frac{0.106\times 10^6\,\text{Pa}\times 0.2\,\text{m}^3 - 0.3\times 10^6\,\text{Pa}\times 0.1\,\text{m}^3}{1-1.5} \\
&= 17.6\times 10^3\,\text{J} = 17.6\,\text{kJ}
\end{aligned} \tag{11.1}$$

（2）式（11.1）除 $n=1.0$ 外，对所有 $n$ 都是适用的。当 $n=1.0$ 时，即

$$pV = C$$

则

$$W = \int_{V_1}^{V_2} p \, dV = \int_{V_1}^{V_2} \frac{C}{V} dV$$

$$= C \ln \frac{V_2}{V_1} = p_1 V_1 \ln \frac{V_2}{V_1}$$

$$= (0.3 \times 10^6 \, \text{Pa}) \times 0.1 \, \text{m}^3 \ln \frac{0.2 \, \text{m}^3}{0.1 \, \text{m}^3}$$

$$= 20.79 \times 10^3 \, \text{J} = 20.79 \, \text{kJ}$$

（3）对 $n = 0$ 时，即 $p = C$，则

$$W = \int_{V_1}^{V_2} p \, dV = p(V_2 - V_1) = (0.3 \times 10^6 \, \text{Pa})(0.2 \, \text{m}^3 - 0.1 \, \text{m}^3)$$

$$= 30 \times 10^3 \, \text{J} = 30 \, \text{kJ}$$

**【例 11.5】** 把压力为 700kPa、温度为 5℃的空气装于 0.5m³ 的容器中，加热容器中的空气温度升至 115℃。在这个过程中，空气由一小洞漏出，使压力保持在 700kPa，试求热传递量。

**解** 由题意得

$$Q = \int_{T_1}^{T_2} m c_p \, dT = \int_{T_1}^{T_2} c_p \frac{pV}{R_g T} dT$$

$$= \frac{pV}{R_g} c_p \int_{T_1}^{T_2} \frac{dT}{T} = \frac{pV}{R_g} c_p \ln \frac{T_2}{T_1}$$

$$= \frac{700 \times 10^3 \, \text{Pa} \times 0.5 \, \text{m}^3}{287 \, \text{kJ/(kg·K)}} \times 1004 \, \text{J/(kg·K)} \ln \frac{388 \, \text{K}}{278 \, \text{K}}$$

$$= 408.2 \times 10^3 \, \text{J} = 408.2 \, \text{kJ}$$

**【例 11.6】** 一蒸汽动力厂，锅炉的蒸汽产量 $D = 180 \times 10^3 \, \text{kg/h}$，输出功率 $P = 5500 \, \text{kW}$，全厂耗煤 $G = 19.5 \, \text{t/h}$，煤的发热量为 $Q_H = 30 \times 10^3 \, \text{kJ/kg}$。蒸汽在锅炉中的吸热量 $q = 2680 \, \text{kJ/kg}$。求：

（1）该动力厂的热效率 $\eta_t$；
（2）锅炉的效率 $\eta_B$（蒸汽总吸热量/煤的总发热量）。

**解** （1）煤的总发热量为

$$Q_1 = G Q_H (19.5 \times 10^3 / 3600) \, \text{kg/s} \times 30 \times 10^3 \, \text{kJ/kg} = 162\,500 \, \text{kW}$$

则

$$\eta_t = \frac{P}{Q_1} = \frac{5500 \, \text{kW}}{162\,500 \, \text{kW}} = 3.385\%$$

（2）蒸汽总吸热量

$$Q = D \cdot q = (180 \times 10^3 / 3600) \, \text{kg/s} \times 2680 \, \text{kJ/kg} = 134\,000 \, \text{kW}$$

$$\eta_B = \frac{Q}{Q_1} = \frac{134\,000 \, \text{kW}}{162\,500 \, \text{kW}} = 82.46\%$$

**【例 11.7】** 一个装有 2kg 工质的闭口系经历如下过程：系统散热 25kJ，外界对系统做功 100kJ，比热力学能减少 15kJ/kg，并且整个系统被举高 1000m。试确定过程中系统动能的变化。

**解** 由于需要考虑闭口系统动能及位能的变化，所以应用热力学第一定律的一般表达式，即

$$Q = \Delta U + \frac{1}{2}m\Delta c_f^2 + mg\Delta z + W$$

于是

$$\begin{aligned}\Delta KE &= \frac{1}{2}m\Delta c_f^2 = Q - W - \Delta U - mg\Delta z \\ &= (-25\text{kJ}) - (-100\text{kJ}) - (2\text{kg})(-15\text{kJ/kg}) \\ &\quad - (2\text{kg}) \times (9.8\text{m/s}^2)(1000\text{m} \times 10^{-3}) \\ &= +85.4\text{kJ}\end{aligned}$$

结果说明系统动能增加了 85.4kJ。

**讨论**

（1）能量方程中的 $Q$、$W$，是代数符号，在代入数值时，要注意按规定的正负号含义代入。$\Delta U$、$mg\Delta z$ 及 $\frac{1}{2}m\Delta c_f^2$ 表示增量，若过程中它们减少应代负值。

（2）注意方程中每项量纲的一致，为此，$mg\Delta z$ 项应乘以 $10^{-3}$。

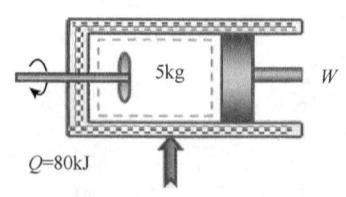

图 11.1 例 11.8 图

**【例 11.8】** 一活塞气缸设备内装有 5kg 的水蒸气，由初态的比热力学能 $u_1 = 2709.0\text{kJ/kg}$，膨胀到 $u_2 = 2659.6\text{kJ/kg}$，过程中加给水蒸气的热量为 80kJ，通过搅拌器的轴输入系统 18.5kJ 的轴功。若系统无动能、位能的变化，试求通过活塞所做的功。

**解** 依题意画出设备简图，并对系统与外界的相互作用加以分析。如图 11.1 所示。

这是一闭口系，所以能量方程为

$$Q = \Delta U + W$$

方程中是总功，应包括搅拌器的轴功和活塞膨胀功，则能量方程为

$$Q = \Delta U + W_{\text{paddle}} + W_{\text{piston}}$$

$$\begin{aligned}W_{\text{piston}} &= Q - W_{\text{paddle}} - m(u_2 - u_1) \\ &= (+80\text{kJ}) - (-18.5\text{kJ}) - (5\text{kg})(2659.6 - 2709.0)\text{kJ/kg} \\ &= +345.5\text{kJ}\end{aligned}$$

**讨论**

（1）求出的活塞功为正值，说明系统通过活塞膨胀对外做功。

（2）膨胀功 $W = \int_2^1 p dV$，此题中因不知道 $p$-$V$ 过程中的变化情况，所以无法用此式计算 $W_{\text{piston}}$。

（3）此题的能量收支平衡列于表 11.1 中。

表 11.1 能量收支平衡

| 输入/kJ | 输出/kJ |
| --- | --- |
| 18.5（搅拌器的轴功） | 350（活塞功） |
| 80.0（传热） | |
| 总和：98.5 | 350 |

总的输出超过了输入，与系统热力学能的减少即 $\Delta U = 98.5 - 350 = -251.5\text{kJ}$ 相平衡。

【例 11.9】 如图 11.2 所示的气缸，其内充以空气。气缸截面积 $A = 100\text{cm}^2$，活塞距离底面高度 $H = 10\text{cm}$，活塞以及其上重物的总质量 $m_1 = 195\text{kg}$。当地的大气压力 $p_b = 102\text{kPa}$，环境温度 $t_0 = 27°C$。当气缸内的气体与外界处于热平衡时，把重物拿去 100kg，活塞突然上升，最后重新达到热力平衡。假定活塞和气缸壁之间无摩擦，气体可以通过气缸壁与外界充分换热，空气视为理想气体，其状态方程为 $pV = mR_gT$（$R_g$ 是气体常数），试求活塞上升的距离和气体的换热量。

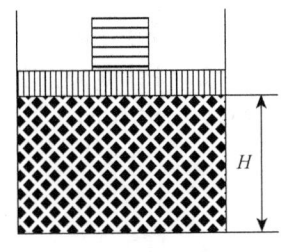

图 11.2 例 11.9 图

**解** （1）确定空气的初始状态参数

$$p_1 = p_b + p_{e1} = p + \frac{m_1 g}{A}$$

$$= 102 \times 10^3 \text{Pa} + \frac{195\text{kg} \times 9.8\text{m/s}^2}{100 \times 10^{-4} \text{m}^2}$$

$$= 293.1 \text{kPa}$$

$$V_1 = AH = 100 \times 10^{-4} \text{m}^2 \times 10 \times 10^{-2} \text{m} = 10^{-3} \text{m}^3$$

$$T_1 = (273 + 27)\text{K} = 300\text{K}$$

（2）拿去重物后，由于活塞无摩擦，又能充分与外界进行热交换，故当重新达到平衡时，气缸内的压力和温度与外界的压力和温度相等。则

$$p_2 = p_{out} = p_b + p_{e2} = p_b + \frac{m_2 g}{A}$$

$$= 102 \times 10^3 \text{Pa} + \frac{(195 - 100)\text{kg} \times 9.8\text{m/s}^2}{100 \times 10^{-4} \text{m}^2}$$

$$= 195.1 \text{kPa}$$

$$T_2 = 300\text{K}$$

由理想气体状态方程 $pV = mR_gT$ 及 $T_1 = T_2$，可得

$$V_2 = V_1 \frac{p_1}{p_2} = 10^{-3} \text{m}^3 \times \frac{2.931 \times 10^5 \text{Pa}}{1.951 \times 10^5 \text{Pa}} = 1.5023 \times 10^{-3} \text{m}^3$$

活塞上升距离

$$H = (V_2 - V_1)/A = (1.5023 \times 10^{-3} - 10^{-3})\text{m}^3 / (100 \times 10^{-4} \text{m}^2)$$

$$= 5.02 \times 10^{-2} \text{m} = 5.02 \text{cm}$$

对外做功量

$$W = p_{out}\Delta V = p_2 \Delta V = 1.951 \times 10^5 \text{Pa}(1.5023 \times 10^{-3} - 10^{-3})\text{m}^3 = 97.999 \text{J}$$

由闭口系能量方程

$$Q = \Delta U + W$$

由于 $T_1 = T_2$，故 $U_1 = U_2$。

则

$$Q = W = 97.999 \text{J}（系统由外界吸入的能量）$$

**讨论**

（1）可逆过程的功不能用 $\int_1^2 p \, dV$ 计算，本题用外界参数计算功是一种特例（多数情况下参数未予描述，因而难以计算）。

（2）系统对外做功 100.8J，但由于提升重物的仅是其中一部分，另一部分是用于克服大气压力 $p_b$ 所做的功。

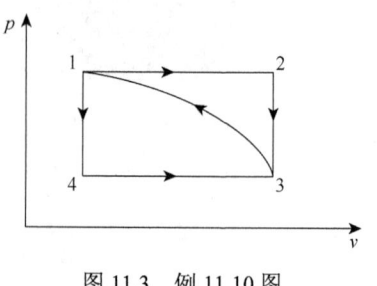

图 11.3　例 11.10 图

**【例 11.10】**　一闭口系统从状态 1 沿 1-2-3 途径到状态 3，传递给外界的热量为 47.5kJ，而系统对外做功为 30kJ，如图 11.3 所示。

（1）若沿 1-4-3 途径变化时，系统对外做功 15kJ，求过程中系统与外界传递的热量。

（2）若系统从状态 3 沿图示的曲线途径到达状态 1，外界对系统做功 6kJ，求该系统与外界传递的热量。

（3）若 $U_2 = 175 \text{kJ}$，$U_3 = 87.5 \text{kJ}$，求过程 2-3 传递的热量及状态 1 的热力学能。

**解**　对途径 1-2-3，由闭口系能量方程得

$$\Delta U_{123} = U_3 - U_1 = Q_{123} - W_{123}$$
$$= (-47.5 \text{kJ}) - 30 \text{kJ} = -77.5 \text{kJ}$$

（1）对途径 1-4-3，由闭口系能量方程得

$$Q_{143} = \Delta U_{143} + W_{143}$$
$$= \Delta U_{123} + W_{143} = (U_3 - U_1) + W_{31}$$
$$= -77.5 \text{kJ} + 15 \text{kJ} = -62.5 \text{kJ}（系统向外界放热）$$

（2）对途径 3-1，可得

$$Q_{31} = \Delta U_{31} + W_{31} = (U_1 - U_3) + W_{31}$$
$$= 77.5 \text{kJ} + (-6 \text{kJ}) = 71.5 \text{kJ}$$

（3）对途径 2-3，有

$$W_{23} = \int_2^3 p \, dV = 0$$

则

$$Q_{23} = \Delta U_{23} + W_{23} = U_3 - U_2 = 87.5 \text{kJ} - 175 \text{kJ} = -87.5 \text{kJ}$$
$$U_1 = U_3 - \Delta U_{123} = 87.5 \text{kJ} - (-77.5 \text{kJ}) = 165 \text{kJ}$$

**讨论**

热力学能是状态参数，其变化只决定于初、终态，与变化所经历的途径无关。而热与功则不同，它们都是过程量，其变化不仅与初、终态有关，而且还决定于变化所经历的途径。

**【例 11.11】** 一活塞气缸装置中的气体经历了两个过程。从状态 1 到状态 2，气体吸热 500kJ，活塞对外做功 800kJ。从状态 2 到状态 3 是一个定压过程，压力为 400kPa，气体向外散热 450kJ。并且已知 $U_1 = 2000\text{kJ}$，$U_2 = 3500\text{kJ}$，试计算 2-3 过程中气体体积的变化。

**解** 分析：过程 2-3 是一定压压缩过程，其功的计算可利用下式

$$W_{23} = \int_2^3 p\,dV = p_2(V_3 - V_2) \tag{11.2}$$

因此，可由闭口系能量方程求出 $W_{23}$，再由式（11.2）即可求得 $\Delta V$。

对于过程 1-2，

$$\Delta U_{12} = U_2 - U_1 = Q_{12} - W_{12}$$

所以

$$U_2 = Q_{12} - W_{12} + U_1 = 500\text{kJ} - 800\text{kJ} + 2000\text{kJ} = 1700\text{kJ}$$

对于过程 2-3，有

$$W_{23} = Q_{23} - \Delta U_{23} = Q_{23} - (U_3 - U_2) = (-450\text{kJ}) - (3500 - 1700)\text{kJ} = -2250\text{kJ}$$

最后由式（11.2）得

$$\Delta V_{23} = W_{23} / p_2 = -2250\text{kJ} / 400\text{kPa} = -5.625\text{m}^3$$

负号说明在压缩过程中体积减小。

**【例 11.12】** 某燃气轮机装置，如图 11.4 所示。已知压气机进口空气的比焓 $h_1 = 290\text{kJ/kg}$。经压缩后，空气升温使比焓增为 $h_2 = 580\text{kJ/kg}$。在截面 2 处空气和燃料的混合物以 $c_{f2} = 20\text{m/s}$ 的速度进入燃烧室，在定压下燃烧，使工质吸入热量 $q = 670\text{ kJ/kg}$。燃烧后燃气进入喷管绝热膨胀到状态 $3'$，$h_{3'} = 800\text{kJ/kg}$，流速增加到 $c_{f3'}$，此燃气进入动叶片，推动转轮回转做功。如燃气在动叶片中的热力状态不变，最后离开燃气轮机的速度 $c_{f4} = 100\text{m/s}$。求：

（1）若空气流量为 100kg/s，压气机消耗的功率为多少？
（2）若燃气的发热值 $q_B = 43\,960\text{kJ/kg}$，燃料的耗热量为多少？
（3）燃气在喷管出口处的流速 $c_{f3'}$ 是多少？
（4）燃气轮机的功率为多大？
（5）燃气轮机装置的总功率为多少？

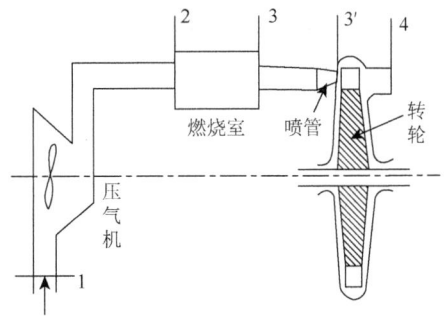

图 11.4 例 11.12 图

**解** （1）求压气机消耗的功率。

取压气机开口系为热力系。假定压缩过程是绝热的,忽略宏观动、位能差的影响。由稳定流动能量方程

$$q = h + \frac{1}{2}\Delta c_f^2 + g\Delta z + w_{s,C}$$

得

$$w_{s,C} = -\Delta h = h_1 - h_2 = 290\,\text{kJ/kg} - 580\,\text{kJ/kg} = -290\,\text{kJ/kg}$$

可见,压气机中所消耗的轴功增加了气体的焓值。
压气机消耗的功率

$$P_C = q_m w_{s,C} = 100\,\text{kg/s} \times 290\,\text{kJ/kg} = 29\,000\,\text{kW}$$

(2)燃料的耗量

$$q_{m,B} = \frac{q_m q}{q_B} = \frac{100\,\text{kg/s} \times 670\,\text{kJ/kg}}{43\,960\,\text{kJ/kg}} = 1.52\,\text{kg/s}$$

(3)求燃料在喷管出口处的流速 $c_{f3'}$。

取截面 2 至截面 3' 的空间为热力系,工质做稳定流动,忽略重力位能差值,则能量方程为

$$q = (h_{3'} - h_2) + \frac{1}{2}(c_{f3}^2 - c_2^2) + w_s$$

因 $w_3 = 0$,故

$$\begin{aligned}
c_{f3'} &= \sqrt{2[q - (h_{3'} - h_2)] + c_{f2}^2} \\
&= \sqrt{2[670 \times 10^3\,\text{J/kg} - (800-580) \times 10^3\,\text{J/kg}] + (20\,\text{m/s})^2} = 949\,\text{m/s}
\end{aligned}$$

(4)求燃气轮机的功率。

因整个燃气轮机装置为稳定流动,所以燃气流量等于空气流量。取截面 3' 至截面 4 转轴的空间为热力系,由于截面 3' 和截面 4 上工质的热力状态相同,所以 $h_4 = h_{3'}$。忽略位能差,则能量方程为

$$\frac{1}{2}(c_{f3'}^2 - c_{f4}^2) + w_{s,T} = 0$$

$$\begin{aligned}
w_{s,T} &= \frac{1}{2}(c_{f3'}^2 - c_{f4}^2) = \frac{1}{2}[(949\,\text{m/s})^2 - (100\,\text{m/s})^2] \\
&= 445.3 \times 10^3\,\text{J/kg} = 445.3\,\text{kJ/kg}
\end{aligned}$$

燃气轮机的功率

$$P_T = q_m w_{s,T} = 100\,\text{kg/s} \times 445.3\,\text{kJ/kg} = 44\,530\,\text{kW}$$

(5)求燃气轮机装置的总功率。

装置的总功率＝燃气轮机产生的功率－压气机消耗的功率

即

$$P = P_T - P_C = 44\,530\,\text{kW} - 29\,000\,\text{kW} = 15\,530\,\text{kW}$$

**讨论**

(1)据具体的问题,首先选好热力系。例如,求喷管出口处燃气流速时,若选截面 3 至截面 3' 的空间为热力系,则能量方程为

$$(h_{3'} - h_3) + \frac{1}{2}(c_{f3'}^2 - c_{f3}^2) = 0$$

方程中的未知量有 $c_{f3'}$、$c_{f3}$、$h_3$，显然无法求得 $c_{f3'}$。热力系的选取是怎样有利于解决问题，怎样方便怎样选。

（2）要特别注意在能量方程中，动、位能差项与其他项的量纲统一。

**【例 11.13】** 某一蒸汽轮机，进口蒸汽 $p_1 = 9.0\text{MPa}, t_1 = 500℃, h_1 = 3386.8\text{kJ/kg}, c_{f1} = 50\text{m/s}$，出口蒸汽参数为 $p_2 = 4\text{kPa}, h_2 = 2226.9\text{kJ/kg}, c_{f2} = 140\text{m/s}$，进出口高度差为 12m，每千克蒸汽经蒸汽轮机散热损失为 15kJ。试求：

（1）单位质量蒸汽流经汽轮机对外输出功；
（2）不计进出口动能的变化，对输出功的影响；
（3）不计进出口位能差，对输出功的影响；
（4）不计散热损失，对输出功的影响；
（5）若蒸汽流量为 220t/h，汽轮机功率有多大？

**解** （1）选汽轮机开口系为热力系，汽轮机是对外输出功的动力机械，它对外输出的功是轴功。由稳定流动能量方程

$$q = \Delta h + \frac{1}{2}\Delta c_f^2 + g\Delta z + w_s$$

得

$$\begin{aligned}w_s &= q - \Delta h - \frac{1}{2}\Delta c_f^2 - g\Delta z \\ &= (-15\text{kJ/kg}) - (2226.9 - 3386.8)\text{kJ/kg} \\ &\quad - \frac{1}{2}[(140\text{m/s})^2 - (50\text{m/s})^2] \times 10^{-3} - 9.8\text{m/s}^2 \times (-12\text{m}) \times 10^{-3} \\ &= 1.136 \times 10^3 \text{ kJ/kg}\end{aligned}$$

（2）第（2）～第（5）问，实际上是计算不计动、位能差以及散热损失时，所得轴功的相对偏差

$$\delta_{\text{KE}} = \frac{|\frac{1}{2}\Delta c_f^2|}{w_s} = \frac{\frac{1}{2}[(140\text{m/s})^2 - (50\text{m/s})^2] \times 10^{-3}}{1.136 \times 10^3 \text{ kJ/kg}} = 1.5\%$$

（3）由题知

$$\delta_{\text{PE}} = \frac{|g\Delta z|}{w_s} = \frac{|9.8\text{m/s}^2 \times (-12\text{m})| \times 10^{-3}}{1.136 \times 10^{-3} \text{ kJ/kg}} = 0.01\%$$

（4）由题知

$$\delta_q = \frac{|q|}{w_s} = \frac{15\text{kJ/kg}}{1.136 \times 10^{-3} \text{ kJ/kg}} = 1.3\%$$

（5）由题知

$$P = q_m w_s = \frac{220\text{t/h} \times 10^3 \text{kg/t}}{3600\text{s/h}} \times 1.1361 \times 10^3 \text{kJ/kg} = 6.94 \times 10^4 \text{ kW}$$

**讨论**

（1）本题的数据有实际意义，从计算中可以看到，忽略进出口的动、位能差，对输轴功影响很小，均不超过 3%，因此在实际计算中可以忽略。

（2）蒸汽轮机散热损失相对于其他项很小，因此可以认为一般叶轮机械是绝热系统。

（3）计算涉及蒸汽热力性质，题目中均给出了 $h_1$, $h_2$，若 $h$ 值未知，也可以根据题中给出的 $p_1$, $t_1$, $p_2$，求得 $h$。

**【例 11.14】** 空气在某压气机中被压缩。压缩前空气的参数是 $p_1 = 0.1\text{MPa}$，$v_1 = 0.845\text{m}^3/\text{kg}$；压缩后空气的参数是 $p_2 = 0.8\text{MPa}$，$v_2 = 0.175\text{m}^3/\text{kg}$。假定在压缩过程中，1kg 空气的热力学能增加 146kJ，同时向外放出热量 50kJ，压气机每分钟生产压缩空气 10kg。求：

（1）压缩过程中对每千克气体所做的功；

（2）每生产 1kg 的压缩气体所需的功；

（3）带动此压气机至少要多大功率的电动机？

**解** 分析：要正确求出压缩过程的功和生产压缩气体的功，必须依赖于热力系统的正确选取，及对功的类型的正确判断。压气机的工作过程包括进气、压缩和排气 3 个过程。在压缩过程中，进、排气阀均关闭，因此此时的热力系统是闭口系，与外界交换的功是体积变化功 $w$。要生产压缩气体，则进、排气阀要周期性地打开和关闭，气体进出气缸，因此气体与外界交换的过程功为轴功 $w_s$。又考虑到气体功、位能的变化不大，可忽略，则此功也是技术功 $w_t$。

（1）压缩过程所做的功。

由上述分析可知，在压缩过程中，进、排气阀均关闭，因此取气缸中的气体为热力系。由闭口系能量方程得

$$w = q - \Delta u = (-50\text{kJ/kg}) - 146\text{kJ/kg} = -196\text{kJ/kg}$$

（2）生产压缩空气所需的功。

选气体的进出口、气缸内壁及活塞左端面所围的空间为热力系。由开口系能量方程得

$$\begin{aligned}w_t &= q - \Delta h = q - \Delta u - \Delta(pv) \\ &= (-50\text{kJ/kg}) - 146\text{kJ/kg} - (0.8 \times 10^3 \text{kPa} \times 0.175\text{m}^3/\text{kg} \\ &\quad - 0.1 \times 10^3 \text{kPa} \times 0.845\text{m}^3/\text{kg}) \\ &= -251.5\text{kJ/kg}\end{aligned}$$

（3）电动机的功率

$$P = q_m w_t = \frac{10\text{kg}}{60\text{s}} \times 251.5\text{kJ/kg} = 41.9\text{kW}$$

**讨论**

区分开所求功的类型是一个难点，读者可根据所举的例题仔细体会。

**【例 11.15】** 一燃气轮机装置如图 11.5 所示，空气由 1 进入压气机升压后至 2，然后进入回热器，吸收从燃气轮机排出的废气中的一部分热量后，经 3 进入燃烧室。在燃烧室中与油泵送来的油混合并燃烧，生产的热量使燃气温度升高，经 4 进入燃气轮机（透平）做功。排出的废气由 5 进入回热器，最后由 6 排至大气中，其中，压气机、油泵、发电机均由燃气轮机带动。

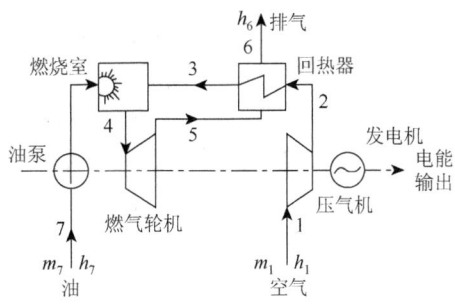

图 11.5 例 11.15 图

（1）试建立整个系统的能量平衡式；
（2）若空气的质量流量 $q_{m1}=50\text{t/h}$，进口焓 $h_1=12\text{kJ/kg}$，燃油流量 $q_{m7}=700\text{kg/h}$，燃油进口焓 $h_7=42\text{kJ/kg}$，油发热量 $q=41800\text{kJ/kg}$，排出废气焓 $h_6=418\text{kJ/kg}$，求发电机发出的功率。

**解** （1）将整个燃气轮机组取为一个开口系，工质经稳定流动过程，当忽略动、位能的变化时，整个系统能量平衡式为

$$Q = H_6 - (H_1 + H_7) + P$$

即

$$q_{m7}q = (q_{m1}+q_{m7})h_6 - (q_{m1}h_1 + q_{m7}h_7) + P$$

（2）由上述能量平衡式可得

$$\begin{aligned}P &= q_{m7}q - (q_{m1}+q_{m7})h_6 + (q_{m1}h_1 + q_{m7}h_7)\\&= [700\text{kg/h}\times 41800\text{kJ/kg} - (50\text{t/h}\times 1000\text{kg/t} + 700\text{kg/h})\times 418\text{kJ/kg}\\&\quad + (50\text{t/h}\times 1000\text{kg/t}\times 12\text{kJ/kg} + 700\text{kg/h}\times 42\text{kJ/kg})]\frac{1\text{h}}{3600\text{s}}\text{kW}\end{aligned}$$

**讨论**
读者从该题中，可再次体会到热力系正确选取的重要性。该题若热力系选取得不巧妙，是求不出发电机发出功率的。

**【例 11.16】** 现有两股温度不同的空气，稳定地流过如图 11.6 所示设备进行绝热混合，以形成第三股所需温度的空气流。各股空气的已知参数如图中所示。设空气可按理想气体计，其焓仅是温度的函数，按 $\{h\}_{\text{kJ/kg}}=1.004\{T\}_{\text{K}}$ 计算，理想气体的状态方程为 $pv=R_gT$，$R_g=287\text{J/(kg·K)}$。若进出口截面处的功、位能变化可忽略，试求出口截面的空气温度和流速。

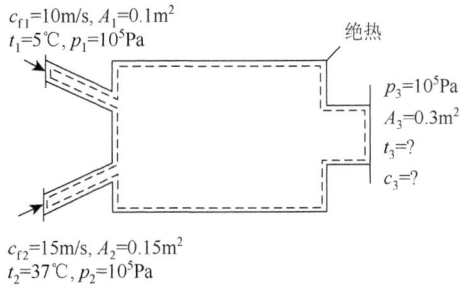

图 11.6 例 11.16 图

**解** 选整个混合室为热力系，显然是一稳定流动开口系，其能量方程为

$$Q = H_3 - (H_1 + H_2) + W_s$$

针对此题 $Q=0$，$W_s=0$，于是

$$H_3 = H_1 + H_2 \tag{11.3}$$

即

$$q_{m3}h_3 = q_{m1}h_1 + q_{m2}h_2$$

又

$$q_{m1} = \frac{A_1 c_{f1}}{v_1} = \frac{A_1 c_{f1} p_1}{R_g T_1} = \frac{0.1\,\mathrm{m}^2 \times 10\,\mathrm{m/s} \times 10^5\,\mathrm{Pa}}{287\,\mathrm{J/(kg \cdot K)} \times (5+273)\,\mathrm{K}} = 1.25\,\mathrm{kg/s}$$

$$q_{m2} = \frac{A_2 c_{f2}}{v_2} = \frac{A_2 c_{f2} p_2}{R_g T_2} = \frac{0.15\,\mathrm{m}^2 \times 15\,\mathrm{m/s} \times 10^5\,\mathrm{Pa}}{287\,\mathrm{J/(kg \cdot K)} \times (37+273)\,\mathrm{K}} = 2.53\,\mathrm{kg/s}$$

由质量守恒方程得

$$q_{m3} = q_{m1} + q_{m2} = 1.25\,\mathrm{kg/s} + 2.53\,\mathrm{kg/s} = 3.78\,\mathrm{kg/s}$$

将以上数据代入式（11.3），得

$$3.78\,\mathrm{kg/s} \times 1.004 \times T_3 = 1.25\,\mathrm{kg/s} \times 1.004 \times 278\,\mathrm{K} + 2.53\,\mathrm{kg/s} \times 1.004 \times 310\,\mathrm{K}$$

解得

$$T_3 = 299.4\,\mathrm{K} = 26.4\,^\circ\mathrm{C}$$

又

$$q_{m3} = \frac{A_3 c_{f3} p_3}{R_g T_3}$$

则

$$c_{f3} = \frac{q_{m3} R_g T_3}{A_3 P_3} = \frac{3.78\,\mathrm{kg/s} \times 287\,\mathrm{J/(kg \cdot K)} \times 299.4\,\mathrm{K}}{0.3\,\mathrm{m}^2 \times 10^5\,\mathrm{Pa}} = 10.8\,\mathrm{m/s}$$

**讨论**

在分析开口系时，除能量守恒方程外，往往还需考虑质量守恒方程。

**【例 11.17】** 如图 11.7 所示，一大的储气罐中储存温度为 320℃、压力为 1.5MPa、比焓为 3081.9kJ/kg 的水蒸气，通过一阀门与一汽轮机和体积为 0.6m³、起初被抽真空的小容器相连。打开阀门，小容器被充入水蒸气，直至压力为 1.5MPa、温度为 400℃时阀门关闭，此时的比热力学能为 2951.3kJ/kg，比体积为 0.203m³/kg。若整个过程是绝热的，且动、位能的变化可忽略，求汽轮机输出的功。

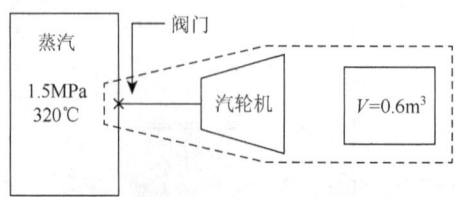

图 11.7 例 11.17 图

**解** 选如图所示的虚线包围的空间为热力系。依题意,假设大的储气罐内蒸汽的状态保持稳定,小容器内蒸汽的终态是平衡态,且假设充气结束时,汽轮机及连接管道内的蒸汽量可以被忽略。

由于控制容积只有质量的流入,没有质量的流出,所以质量守恒方程可简化为

$$\frac{\mathrm{d}m_{\mathrm{CV}}}{\delta\tau}=q_{m,\mathrm{in}} \tag{11.4}$$

又根据过程绝热 $\dot{Q}_{\mathrm{CV}}=0$,动、位能变化被忽略,则能量方程可简化为

$$\frac{\mathrm{d}U_{\mathrm{CV}}}{\delta\tau}-q_{m,\mathrm{in}}h_{\mathrm{in}}+\dot{W}_{\mathrm{net}}=0$$

将式(11.4)代入,整理得

$$\dot{W}_{\mathrm{net}}=\frac{\mathrm{d}m_{\mathrm{CV}}}{\delta\tau}h_{\mathrm{in}}-\frac{\mathrm{d}U_{\mathrm{CV}}}{\delta\tau}$$

两边积分

$$W_{\mathrm{net}}=h_{\mathrm{in}}\Delta m_{\mathrm{CV}}-\Delta U_{\mathrm{CV}}$$

而

$$\Delta U_{\mathrm{CV}}=(m_2u_2)-(m_1u_1)=m_2u_2$$

$$\Delta m_{\mathrm{CV}}=m_2=\frac{V}{v_2}$$

这里的下标1、2指小容器充气前的真空状态及充气后达到的状态,于是

$$W_{\mathrm{net}}=m_2(h_{\mathrm{in}}-u_2)=\frac{V}{v_2}(h_{\mathrm{in}}-u_2)$$

$$=\frac{0.6\,\mathrm{m}^3}{0.203\,\mathrm{m}^3/\mathrm{kg}}\times(3081.9-2951.3)\,\mathrm{kJ/kg}$$

$$=386.01\,\mathrm{kJ}$$

本题无其他边界功,所以开口系的净功 $W_{\mathrm{net}}$ 就是汽轮机所做的轴功。

**讨论**

若本题中未给出 $h_{\mathrm{in}}$、$u_2$ 及 $v_2$ 的参数值,读者可根据蒸汽热力性质通过已知各状态的压力和温度,确定这些参数值。

【**例 11.18**】 如图 11.8 所示的容器内装有压力为 $p_0$、温度为 $T_0$,状态与大气相平衡的空气,将容器连接于压力为 $p_1$、温度为 $T_1$,状态始终保持稳定的高压输气管道上。打开阀门向容器内充气,使容器内压力达到 $p$、质量变为 $m$ 时关闭阀门。设管路、阀门是绝热的,容器刚性壁是完全透热的,可使容器内的气体温度与大气处于平衡。而空气的热力学能和焓仅是温度的函数。试求在充气过程中通过透热壁向外放出的热量。

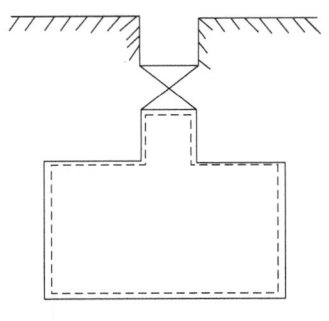

图 11.8 例 11.18 图

**解** 取容器为热力系,属一般开口系,其能量方程为

$$\dot{Q}=\frac{\mathrm{d}U_{\mathrm{CV}}}{\delta\tau}+q_{m,\mathrm{out}}(h+\frac{1}{2}c_{\mathrm{f}}^2+gz)_{\mathrm{out}}-q_{m,\mathrm{in}}(h+\frac{1}{2}c_{\mathrm{f}}^2+gz)_{\mathrm{in}}+\dot{W}_{\mathrm{net}}$$

按题设

$$q_{m,\text{out}}=0, \quad \dot{W}_{\text{net}}=0, \quad \frac{1}{2}c_{\text{f,in}}^2 \approx 0, \quad gz_{\text{in}} \approx 0, \quad h_{\text{in}}=h_1$$

故有

$$\dot{Q} = \frac{\mathrm{d}U_{\text{CV}}}{\delta \tau} - q_{m,\text{in}} h_1$$

根据质量守恒 $q_{m,\text{in}} = \dfrac{\mathrm{d}m_{\text{CV}}}{\delta \tau}$，代入上式两边积分得

$$Q = \Delta U_{\text{CV}} - h_1 \Delta m_{\text{CV}} = mu - m_0 u_0 - h_1(m - m_0) \tag{11.5}$$

因热力学能仅是温度的函数，即 $u=u(T)$，而 $T=T_0$，所以 $u=u_0$，式（11.5）可简化为

$$Q = (m-m_0)(u_0-h_1) = (m-m_0)[u(T_0)-h(T_1)]$$

【**例 11.19**】 若例 11.18 中刚性容器改为一气球，充气过程是压力为 $p_0$ 的定压过程，其他条件和参数均不变，求充气过程中气球内的气体与大气交换的热量。

**解** 以气球为热力系，则仍为一般开口系，与上题所不同的是充气过程伴有体积变化功的输出。

$$\dot{Q} = \frac{\mathrm{d}U_{\text{CV}}}{\delta \tau} + q_{m,\text{out}}\left(h+\frac{1}{2}c_{\text{f}}^2+gz\right)_{\text{out}} - q_{m,\text{in}}\left(h+\frac{1}{2}c_{\text{f}}^2+gz\right)_{\text{in}} + \dot{W}_{\text{net}}$$

因

$$q_{m,\text{out}}=0, \quad \frac{1}{2}c_{\text{f,in}}^2 \approx 0, \quad gz_{\text{in}} \approx 0, \quad \dot{W}_{\text{net}}=\dot{W}, \quad h_{\text{in}}=h_1$$

又

$$T=T_0, \quad u=u_0, \quad q_{m,\text{in}}=\frac{\mathrm{d}m_{\text{CV}}}{\delta \tau}$$

于是

$$\dot{Q} = \frac{\mathrm{d}U_{\text{CV}}}{\delta \tau} - \frac{\mathrm{d}m_{\text{CV}}}{\delta \tau} h_1 + \dot{W}$$

两边积分

$$Q = (mu - m_0 u_0) - (m-m_0)h_1 + p_0(V-V_0)$$
$$= (m-m_0)(u_0-h_1) + p_0(mv-m_0 v_0)$$

由于

$$p=p_0, \quad T=T_0$$

所以

$$v=v_0$$

故

$$Q = (m-m_0)(u_0-h_1) + p_0(mv-m_0 v_0) = (m-m_0)(h_0-h_1)$$
$$= (m-m_0)[u(T_0)-h(T_1)]$$

【**例 11.20**】 某电厂有 3 台锅炉合用一个烟囱，每台锅炉每秒产生烟气 73m³（已折算成标准状态下的体积），烟囱出口处的烟气温度为 100℃，压力近似为 101.33kPa，烟气流速为 30m/s。求烟囱的出口直径。

**解** 3 台锅炉产生的标准状态下的烟气总体积流量为

$$q_{V0} = 73\,\text{m}^3/\text{s} \times 3 = 219\,\text{m}^3/\text{s}$$

烟气可作为理想气体处理,根据不同状态下烟囱内的烟气质量应相等,得出

$$\frac{pq_V}{T} = \frac{p_0 q_{V0}}{T_0}$$

因 $p = p_0$,所以

$$q_V = \frac{q_{V0}T}{T_0} = \frac{219\,\text{m}^3/\text{s} \times (273+100)\,\text{K}}{273\,\text{K}} = 299.2\,\text{m}^3/\text{s}$$

烟囱出口截面积

$$A = \frac{q_V}{c_f} = \frac{299.2\,\text{m}^3/\text{s}}{30\,\text{m/s}} = 9.97\,\text{m}^2$$

烟囱出口直径

$$d = \sqrt{\frac{4A}{\pi}} = \sqrt{\frac{4 \times 9.97\,\text{m}^2}{3.14}} = 3.56\,\text{m}$$

**讨论**

在实际工作中,常遇到"标准体积"与"实际体积"之间的换算,本例就涉及此问题。例如,在标准状态下,某蒸汽锅炉燃煤需要的空气量 $q_V = 66\,000\,\text{m}^3/\text{h}$。若鼓风机送入的热空气温度为 $t_1 = 250\,℃$,表压力为 $p_{g1} = 20.0\,\text{kPa}$。当时当地的大气压力为 $p_b = 101.325\,\text{kPa}$,求实际的送风量为多少?

**解** 按理想气体状态方程,同理同法可得

$$q_{V1} = q_{V0} \frac{p_0 T_1}{p_1 T_0}$$

而

$$p_1 = p_{g1} + p_b = 20.0\,\text{kPa} + 101.325\,\text{kPa} = 121.325\,\text{kPa}$$

故

$$q_{V1} = 66\,000\,\text{m}^3 \times \frac{101.325\,\text{kPa} \times (273+250)\,\text{K}}{121.325\,\text{kPa} \times 273\,\text{K}} = 105596\,\text{m}^3/\text{h}$$

**【例 11.21】** 一刚性容器抽真空。容器的体积为 $0.3\,\text{m}^3$,原先容器中的空气为 $0.1\,\text{MPa}$,真空泵的容积抽气速率恒定为 $0.014\,\text{m}^3/\text{min}$,在抽气工程中容器内温度保持不变。试求:

(1)欲使容器内压力下降到 $0.035\,\text{MPa}$,所需要的抽气时间;

(2)抽气过程中容器与环境的传热量。

**解** (1)由质量守恒得

$$q_m = \frac{\text{d}m}{\text{d}t} = -\frac{q_V}{v} = -\frac{p}{R_g T}q_V$$

即

$$\text{d}m = -\frac{q_V}{R_g T}p\,\text{d}\tau = -\frac{q_V}{R_g T}\frac{mR_g T}{V}\text{d}\tau$$

所以
$$-\frac{\mathrm{d}m}{m} = \frac{q_V}{V}\mathrm{d}\tau$$

$$-\int_{m_1}^{m_2}\frac{\mathrm{d}m}{m} = \frac{q_V}{V}\int_0^{\tau}\mathrm{d}\tau$$

$$\tau = \frac{V}{q_V}\ln\frac{m_1}{m_2} = \frac{V}{q_V}\ln\frac{p_1 V/R_g T}{p_2 V/R_g T}$$

$$= \frac{V}{q_V}\ln\frac{p_1}{p_2} = \frac{0.3\mathrm{m}^3}{0.014\mathrm{m}^3/\mathrm{min}}\ln\frac{0.1\mathrm{MPa}}{0.035\mathrm{MPa}}$$

$$= 22.5\mathrm{min}$$

（2）一般开口系能量方程
$$\delta Q = h_{\mathrm{out}}\mathrm{d}m_{\mathrm{out}} + \mathrm{d}U$$

由质量守恒得
$$\mathrm{d}m_{\mathrm{out}} = -\mathrm{d}m$$

又因为排出气体的比焓就是此刻系统内工质的比焓，即 $h_{\mathrm{out}} = h$。利用理想气体热力性质得
$$h = c_p T, \quad \mathrm{d}U = \mathrm{d}(mu) = \mathrm{d}(c_V Tm) = c_V T\mathrm{d}m \text{（因过程中温度不变）}$$

于是，能量方程为
$$\delta Q = -c_p T\mathrm{d}m + c_V T\mathrm{d}m = -(c_p - c_V)T\mathrm{d}m = -R_g T\mathrm{d}m$$

即
$$\delta Q = -V\mathrm{d}p$$

两边积分得
$$Q = V(p_1 - p_2)$$

则系统与环境的换热量为
$$Q = V(p_1 - p_2) = 0.3\mathrm{m}^3 \times (100\mathrm{kPa} - 35\mathrm{kPa}) = 19.5\mathrm{kJ}$$

**讨论**
由式 $Q = V(p_1 - p_2)$ 可得出如下结论：刚性容器等温放气过程的吸热量取决于放气前后的压力差，而不是取决于压力比。传热率即 $\frac{\delta Q}{\delta\tau}$ 与放气质量流率，或者与容器中的压力变化率成正比。

**【例 11.22】** 在燃气轮机装置中，用从燃气轮机中排出的乏汽对空气进行加热（加热在空气回热器中进行），然后将加热后的空气送入燃烧室进行燃烧。若空气在回热器中，从 127℃定压加热到 327℃。试按下列比热值计算对空气所加入的热量。
（1）按真实比热计算；
（2）按平均比热表计算；
（3）按比热随温度变化的直线关系式计算；
（4）按定值比热计算；
（5）按空气的热力性质表计算。

**解** （1）按真实比热计算。

空气在回热器中定压加热，则

$$q_p = \int_{T_1}^{T_2} c_p \mathrm{d}T = \int_{T_1}^{T_2} \frac{C_{p,\mathrm{m}}}{M} \mathrm{d}T$$

又

$$C_{p,\mathrm{m}} = a_0 + a_1 T + a_2 T^2$$

据空气的摩尔定压比热公式，得

$$a_0 = 28.15, \quad a_1 = 1.967 \times 10^{-3}, \quad a_2 = 4.801 \times 10^{-6}$$

故

$$\begin{aligned}
q_p &= \int_{T_1}^{T_2} \frac{C_{p,\mathrm{m}}}{M} \mathrm{d}T = \frac{1}{M} \int_{T_1}^{T_2} (a_0 + a_1 T + a_2 T^2) \mathrm{d}T \\
&= \frac{1}{M} \left( a_0 + \frac{a_1}{2} T^2 + \frac{a_2}{3} T^3 \right) \Big|_{T_1}^{T_2} \\
&= \frac{1}{28.97} \times \left[ 28.15 \times (600-400) + \frac{1.967 \times 10^{-3}}{2} \times (600^2 - 400^2) \right. \\
&\quad \left. + \frac{4.801 \times 10^{-6}}{3} \times (600^3 - 400^3) \right] = 209.53 (\mathrm{kJ/kg})
\end{aligned}$$

（2）按平均比热表计算。

$$q_p = c_p \Big|_0^{t_2} t_2 - c_p \Big|_0^{t_1} t_1$$

查平均比热表

$$t = 100℃, \quad c_p = 1.006 \mathrm{kJ/(kg \cdot K)}$$
$$t = 200℃, \quad c_p = 1.012 \mathrm{kJ/(kg \cdot K)}$$
$$t = 300℃, \quad c_p = 1.019 \mathrm{kJ/(kg \cdot K)}$$
$$t = 400℃, \quad c_p = 1.028 \mathrm{kJ/(kg \cdot K)}$$

用线形内插法，得

$$\begin{aligned}
c_p \Big|_{0℃}^{127℃} &= c_p \Big|_{0℃}^{100℃} + \frac{c_p \Big|_{0℃}^{200℃} - c_p \Big|_{0℃}^{100℃}}{200 - 100} \times (127 - 100) \\
&= 1.006 + \frac{1.012 - 1.006}{100} \times 27 \\
&= 1.0076 [\mathrm{kJ/(kg \cdot K)}] \\
c_p \Big|_{0℃}^{327℃} &= c_p \Big|_{0℃}^{300℃} + \frac{c_p \Big|_{0℃}^{400℃} - c_p \Big|_{0℃}^{300℃}}{400 - 300} \times (327 - 300) \\
&= 1.019 + \frac{1.028 - 1.019}{100} \times 27 \\
&= 1.0214 [\mathrm{kJ/(kg \cdot K)}]
\end{aligned}$$

故
$$q_p = 1.0214 \times 327 - 1.0076 \times 127 = 206.03 (\text{kJ/kg})$$

（3）按比热随温度变化的直线关系式计算。

查得空气的平均比热的直线关系式为

$$c_p \big|_{t_1}^{t_2} = 0.9956 + 0.000\,092\,99 t$$
$$= 0.9956 + 0.000\,092\,99(127 + 327)$$
$$= 1.0378 [\text{kJ}/(\text{kg} \cdot \text{K})]$$

故

$$q_p = c_p \big|_{t_1}^{t_2} (t_2 - t_1) = 1.0378 \times (327 - 127) = 207.56 (\text{kJ/kg})$$

（4）按定值比热计算。

$$q_p = c_p(t_2 - t_1) = \frac{7}{2} R_g (t_2 - t_1) = \frac{7}{2} \frac{R}{M}(t_2 - t_1)$$
$$= \frac{7}{2} \times \frac{8.314}{28.97} \times (327 - 127) = 200.89 (\text{kJ/kg})$$

（5）按空气的热力性质表计算。

查空气热力性质表得到：当 $T_1 = 273 + 127 = 400\text{K}$ 时，$h_1 = 400.98 \text{kJ/kg}$；当 $T_2 = 273 + 327 = 600\text{K}$ 时，$h_2 = 607.02 \text{kJ/kg}$。

故

$$q_p = \Delta h = h_2 - h_1 = 607.02 - 400.98 = 206.04 (\text{kJ/kg})$$

**讨论**

气体比热的处理方法不外乎是上述几种形式，其中真实比热、平均比热表及气体热力性质表表述比热随温度变化的曲线关系。由于平均比热表和气体热力性质表都是根据比热的精确数值编制的，所以可以求得最可靠的结果。与它们相比，按真实比热算得的结果，其相对误差在1%左右。直线公式是近似的公式，略有误差，在一定的温度变化范围内（0~1500℃）误差不大，有足够的准确度。定值比热是近似计算，误差较大，但由于其计算简便，在计算精度要求不高，或气体温度不太高且变化范围不大时，一般按定值比热计算。

在后面的例题中，若无特别说明，比热均按定值比热处理。

**【例 11.23】** 某理想气体体积按 $a/\sqrt{p}$ 的规律膨胀，其中 $a$ 为常数，$p$ 代表压力。问：

(1) 气体膨胀时温度升高还是降低？

(2) 此过程气体的比热是多少？

**解** (1) 因 $V = a/\sqrt{p}$ 又 $pV = mR_g T$，所以

$$a\sqrt{p} = mR_g T$$

若体积膨胀，则压力降低，由上式看到温度也随之下降。

(2) 由 $V = a/\sqrt{p}$ 得过程方程

$$pV^2 = a^2 = 常数$$

多变指数

$$n=2$$

于是

$$c_n = \frac{n-\kappa}{n-1}c_V = (2-\kappa)c_V$$

又由状态方程得

$$R_g = \frac{pV}{mT} = \frac{a\sqrt{p}}{mT}$$

$$c_V = \frac{1}{\kappa-1}R_g = \frac{a\sqrt{p}}{(\kappa-1)mT}$$

故

$$c_n = (2-\kappa)c_V = \frac{2-\kappa}{\kappa-1}\frac{a\sqrt{p}}{mT}$$

【例 11.24】 已知某理想气体的定容比热 $c_V = a + bT$，其中，$a$，$b$ 为常数，试导出其热力学能、焓和熵的计算式。

**解** 由已知得

$$c_p = c_V + R_g = a + bT + R_g$$

$$\Delta u = \int_{T_1}^{T_2} c_V \, dT = \int_{T_1}^{T_2} (a+bT) \, dT = a(T_2-T_1) + \frac{b}{2}(T_2^2 - T_1^2)$$

$$\Delta h = \int_{T_1}^{T_2} c_p \, dT = \int_{T_1}^{T_2} (a+bT+R_g) \, dT = (a+R_g)(T_2-T_1) + \frac{b}{2}(T_2^2 - T_1^2)$$

$$\Delta s = \int_{T_1}^{T_2} c_V \frac{dT}{T} + R_g \ln \frac{v_2}{v_1}$$

$$= \int_{T_1}^{T_2} (a+bT) \frac{dT}{T} + R_g \ln \frac{v_2}{v_1} = a \ln \frac{T_2}{T_1} + b(T_2 - T_1) + R_g \ln \frac{v_2}{v_1}$$

【例 11.25】 一容积为 $0.15\text{m}^3$ 的储气罐，内装氧气，其初态压力 $p_1 = 0.55\text{MPa}$、温度 $t_1 = 38℃$。若对氧气加热，其温度、压力都升高。储气罐上装有压力控制阀，当压力超过 $0.7\text{MPa}$ 时，阀门便自动打开，放走部分氧气，即储气罐中维持的最大压力为 $0.7\text{MPa}$。问当罐中温度为 $285℃$ 时，对罐内氧气共加入了多少热量？设氧气的比热为定值。

**解** 分析：这一题目隐含包括了两个过程，一是由 $p_1 = 0.55\text{MPa}$、$t_1 = 38℃$ 被定容加热到 $p_2 = 0.7\text{MPa}$；二是由 $p_2 = 0.7\text{MPa}$，被定容加热到 $p_3 = 0.7\text{MPa}$、$t_3 = 285℃$。

由于当 $p < p_2 = 0.7\text{MPa}$ 时，阀门不会打开，所以储气罐中的气体质量不变，由储气罐总容积 $V$ 不变，则比体积 $v = \dfrac{V}{m}$ 为定值。而当 $p \geqslant p_2 = 0.7\text{MPa}$ 时，阀门开启，氧气会随着热量的加入不断跑出，以便维持罐中最大压力 $p_2 = 0.7\text{MPa}$ 不变，因而此过程又是一个质量不断变化的定压过程。该题求解如下。

（1）定容过程。

根据定容过程状态参数之间的变化规律，有

$$T_2 = T_1 \frac{p_2}{p_1} = (273+38)\text{K} \times \frac{0.7\text{MPa}}{0.55\text{MPa}} = 395.8\text{K}$$

该过程吸热量为

$$Q_V = m_1 c_V \Delta T = \frac{p_1 V}{R_g T_1} \times \frac{5}{2} R_g (T_2 - T_1) = \frac{5}{2} \frac{p_1 V}{T_1} (T_2 - T_1)$$

$$= \frac{5}{2} \times \frac{0.55 \times 10^6 \text{Pa} \times 0.15 \text{m}^3}{311 \text{K}} \times (395.8\text{K} - 311\text{K})$$

$$= 56.24 \times 10^3 \text{J} = 56.24 \text{kJ}$$

(2) 过程中质量随时在变，因此应先列出其微元变化的吸热量

$$\delta Q_p = m c_p \, dT = \frac{p_2 V}{T_1} \frac{7}{2} R_g \, dT = \frac{7}{2} p_2 V \, dT$$

于是

$$Q_p = \int_{T_2}^{T_3} \frac{7}{2} p_2 V \frac{dT}{T} = \frac{7}{2} p_2 V \ln \frac{T_3}{T_2}$$

$$= \frac{7}{2} \times 0.7 \times 10^6 \text{Pa} \times 0.15 \text{m}^3 \ln \frac{(273+285)\text{K}}{395.8\text{K}}$$

$$= 126.2 \times 10^3 \text{J} = 126.2 \text{kJ}$$

故对罐内气体共加入的热量为

$$Q = Q_V + Q_p = 56.24 \text{kJ} + 126.2 \text{kJ} = 182.44 \text{kJ}$$

**讨论**

(1) 对于一个实际过程，关键要分析清楚所进行的过程是什么过程，即确定过程指数，一旦了解过程的性质，就可根据给定的条件，依据状态参数之间的关系，求得未知的状态参数，并进一步求得过程中能量的传递与转换量。

(2) 当题目中给出同一状态下的 3 个状态参数 $p$、$V$、$T$ 时，实际上隐含给出了此状态下工质的质量，所以求能量转换量时，应求总质量对应的能量转换量，而不应求单位质量的能量转换量。

(3) 该题目的第二个过程是一个变质量、变温度的过程，对于这样的过程，可先按质量不变列出微元表达式，然后积分求得。

**【例 11.26】** 空气在膨胀透平中由 $p_1 = 0.6\text{MPa}$、$T_1 = 900\text{K}$ 绝热膨胀到 $p_2 = 0.1\text{MPa}$，工质的质量流量为 $q_m = 5\text{kg/s}$。设比热为定值，$\kappa = 1.4$。试求：

(1) 膨胀终了时，空气的温度及膨胀透平的功率；

(2) 过程中热力学能和焓的变化量；

(3) 若透平的效率为 $\eta_T = 0.90$，则终态温度和膨胀透平的功率又为多少？

**解** (1) 空气在透平中经过的是可逆绝热过程，即定熵过程。所求的功是轴功，在动、位能差忽略不计时，即为技术功。

$$T_2 = T_1 \left( \frac{p_2}{p_1} \right)^{\frac{\kappa-1}{\kappa}} = 900\text{K} \left( \frac{0.1\text{MPa}}{0.6\text{MPa}} \right)^{\frac{1.4-1}{1.4}} = 539.1\text{K}$$

$$w_t = \frac{\kappa R_g T_1}{\kappa - 1}\left[1 - \left(\frac{p_2}{p_1}\right)^{(\kappa-1)/\kappa}\right]$$

$$= \frac{1.4 \times 287 \text{J/(kg·K)} \times 900 \text{K}}{1.4 - 1}\left[1 - \left(\frac{0.1 \text{MPa}}{0.6 \text{MPa}}\right)^{(1.4-1)/1.4}\right]$$

$$= 362.5 \times 10^3 \text{J/kg} = 362.5 \text{kJ/kg}$$

或用式 $w_t = -\Delta h = c_p(T_2 - T_1)$ 计算。

透平输出的功率

$$P = q_m w_t = 5\text{kg/s} \times 362.5 \text{kJ/kg} = 1812.5 \text{kW}$$

（2）由题意知

$$\Delta U = q_m c_V(T_2 - T_1) = 5\text{kg/s} \times \frac{5}{2} \times 287\text{J/(kg·K)} \times (539.1\text{K} - 900\text{K})$$

$$= -1294.7 \times 10^3 \text{W} = -1294.7 \text{kW}$$

$$\Delta H = q_m c_p(T_2 - T_1) = \kappa \Delta U = -1812.5 \text{kW}$$

（3）因 $\eta_T = 0.90$，说明此过程是不可逆的绝热过程，透平实际输出的功率为

$$P' = P \eta_T = 1812.5 \text{kW} \times 0.90$$

$$= 1631.3 \text{kW}$$

由热力学第一定律得

$$\Delta H + P' = 0$$

即

$$q_m c_p(T_2' - T_1) + P' = 0$$

$$T_2' = -\frac{P'}{q_m c_p} + T_1 = -\frac{P'}{q_m \times \frac{7}{2} R_g} + T_1$$

$$= -\frac{1631.3 \times 10^3 \text{W}}{5\text{kg/s} \times \frac{7}{2} \times 287\text{J/(kg·K)}} + 900\text{K} = 575.2\text{K}$$

**讨论**

（1）理想气体无论什么过程，热力学能和焓的变化计算式恒为 $\Delta U = mc_V \Delta T$，$\Delta H = mc_p \Delta T$，不会随过程变。

（2）第（3）问的终态温度，能否根据 $\frac{T_2}{T_1} = \left(\frac{p_2}{p_1}\right)^{(\kappa-1)/\kappa}$ 求得？答案是不能。因为等熵过程参数间的关系

$$\frac{p_2}{p_1} = \left(\frac{v_2}{v_1}\right)^{\kappa}, \quad \frac{T_2}{T_1} = \left(\frac{v_2}{v_1}\right)^{\kappa-1}, \quad \frac{T_2}{T_1} = \left(\frac{p_2}{p_1}\right)^{(\kappa-1)/\kappa}$$

适用条件是理想气体、可逆绝热过程，且比热为定值。而本题的第（3）问不是可逆过程，因此终态温度的求解不能用上述公式，只能根据能量方程式推得。

（3）实际过程总是不可逆的，对不可逆过程的处理，热力学中总是将过程简化成可逆过

程求解，然后借助经验系数进行修正。膨胀透平效率的定义为 $\eta_T = \dfrac{w_{t,Real}}{w_{t,Rev}}$。

（4）空气的气体常数 $R_g = \dfrac{R}{M} = \dfrac{8.314 \text{J}/(\text{mol} \cdot \text{K})}{28.9 \times 10^{-3} \text{kg}/\text{mol}} = 287 \text{J}/(\text{kg} \cdot \text{K})$，因空气是常用工质，建议记住其 $R_g$。

【例 11.27】 如图 11.9 所示，两端封闭而且具有绝热壁的气缸，被可移动的、无摩擦的、绝热的活塞分为体积相同的 A、B 两部分，其中各装有同种理想气体 1kg。开始时活塞两边的压力、温度都相同，分别为 0.2MPa、20℃，现通过 A 腔气体内的一个加热线圈，对 A 腔气体缓慢加热，则活塞向右缓慢移动，直至 $p_{A2} = p_{B2} = 0.4\text{MPa}$，试求：

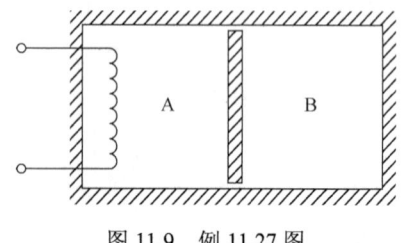

图 11.9 例 11.27 图

（1）A、B 腔内气体的终态容积各为多少？
（2）A、B 腔内气体的终态温度各为多少？
（3）过程中供给 A 腔气体的热量是多少？
（4）A、B 腔内气体的熵变各为多少？
（5）整个气体组成的系统熵变为多少？
（6）在 $p$-$V$ 图、$T$-$s$ 图上，表示出 A、B 腔气体经过的过程。设气体的比热为定值 $c_p = 1.01\text{kJ}/(\text{kg} \cdot \text{K})$，$c_V = 0.72\text{kJ}/(\text{kg} \cdot \text{K})$。

**解** （1）因为 B 腔气体进行的是缓慢的无摩擦的绝热过程，所以它经历的是可逆绝热，即等熵过程。而 A 腔中的气体经历的是一般的吸热膨胀多变过程。

先计算工质的物性常数

$$R_g = c_p - c_V = (1.01 - 0.72) \text{kJ}/(\text{kg} \cdot \text{K}) = 0.29 \text{kJ}/(\text{kg} \cdot \text{K})$$

$$\kappa = c_p / c_V = 1.403$$

于是

$$V_{B1} = \dfrac{m_B R_g T_{B1}}{p_{B1}} = \dfrac{1\text{kg} \times 290\text{J}/(\text{kg}\cdot\text{K}) \times 293\text{K}}{0.2 \times 10^6 \text{Pa}} = 0.4249 \text{m}^3$$

$$V_{B2} = V_{B1} \left( \dfrac{p_{B1}}{p_{B2}} \right)^{1/\kappa} = 0.4249\text{m}^3 \times \left( \dfrac{0.2}{0.4} \right)^{1/1.403} = 0.2592 \text{m}^3$$

$$V_B = V_{B1} - V_{B2} = 0.1657 \text{m}^3;\ V_{A1} = V_{B1}$$

$$V_{A2} = V_{A1} + |V_B| = 0.5906 \text{m}^3$$

（2）由题意得

$$T_{B2} = T_{B1} \left( \dfrac{p_{B2}}{p_{B1}} \right)^{(\kappa-1)/\kappa} = 293\text{K} \times \left( \dfrac{0.4}{0.2} \right)^{0.403/1.403} = 357.5 \text{K}$$

$$T_{A2} = \dfrac{p_{A2} V_{A2}}{m_{A2} R_g} = \dfrac{0.4 \times 10^6 \text{Pa} \times 0.5906 \text{m}^3}{1\text{kg} \times 290\text{J}/(\text{kg}\cdot\text{K})} = 814.6 \text{K}$$

（3）该问有两种解法。
方法 1：取气缸内的整个气体为闭口系，因过程中不产生功，所以

$$\begin{aligned}
Q &= \Delta U \\
&= m_A c_V (T_{A2}-T_{A1}) + m_B c_V (T_{B2}-T_{B1}) \\
&= 1\text{kg} \times 0.72\text{kJ/(kg·K)} \times (814.6-293)\text{K} \\
&\quad + 1\text{kg} \times 0.72\text{kJ/(kg·K)} \times (357.5-293)\text{K} \\
&= 422.0\text{kJ}
\end{aligned}$$

方法 2：取 A 腔气体为闭口系，则过程中 A 腔气体对 B 腔气体做功，即

$$W_A = -W_B = -\frac{m_B R_g}{\kappa-1}(T_{B1}-T_{B2}) = \frac{1\text{kg} \times 290\text{J/(kg·K)}}{1.403-1}(357.5-293)\text{K}$$

$$= 46.41 \times 10^3 \text{J} = 46.41\text{kJ}$$

对 A 腔列闭口系能量方程

$$\begin{aligned}
Q &= \Delta U_A + W_A \\
&= 1\text{kg} \times 0.72\text{kJ/(kg·K)}(814.6-293)\text{K} + 46.41\text{kJ} \\
&= 422.0\text{kJ}
\end{aligned}$$

（4）B 腔气体为可逆绝热压缩过程，所以熵变为

$$\Delta S_B = 0$$

A 腔气体的熵变为

$$\begin{aligned}
\Delta S_A &= m_A \left( c_p \ln\frac{T_{A2}}{T_{A1}} - R_g \ln\frac{p_{A2}}{p_{A1}} \right) \\
&= 1\text{kg} \times \left[ 1.01\text{kJ/(kg·K)} \ln\frac{814.6\text{K}}{293\text{K}} - 0.29\text{kJ/(kg·K)} \times \ln\frac{0.4\text{MPa}}{0.2\text{MPa}} \right] \\
&= 0.831.7\text{kJ/K} \\
&= 831.7\text{J/K}
\end{aligned}$$

（5）整个气体的熵变即

$$\Delta S = \Delta S_A + \Delta S_B = 831.7 \text{J/K}$$

（6）A、B 腔气体经过的过程在 p-V 图、T-s 图上的表示如图 11.10 所示。

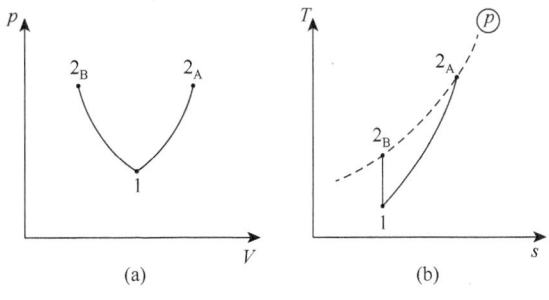

图 11.10  例 11.27 中（6）图

**讨论**

该题再次说明，分析清楚所讨论的过程的特点是很关键的。本题就是抓住 B 腔中气体进行的是定熵过程这一特点，从定熵过程状态参数之间的关系及能量转换量的公式入手，使问题得到解决的。

【例 11.28】 一绝热刚性气缸，被一导热的无摩擦活塞分成两部分。最初活塞被固定在某一位置，气缸的一侧储有压力为 0.2MPa、温度为 300K 的 0.01m³ 的空气，另一侧储有同容积、同温度的空气，其压力为 0.1MPa。去除销钉，放松活塞任其自由移动，最后两侧达到平衡。设空气的比热为定值。试计算：

（1）平衡时的温度为多少？
（2）平衡时的压力为多少？
（3）两侧空气的熵变值及整个气缸绝热系统的熵变为多少？

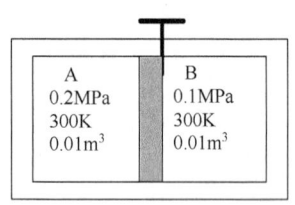

图 11.11 例 11.28 图

**解** 依题意画出设备如图 11.11 所示。

（1）取整个气缸为闭口系，因气缸绝热，所以 $Q=0$；又因活塞导热而无摩擦，$W=0$，且平衡时 A、B 两侧温度应相等，即 $T_{A2}=T_{B2}=T_2$。由闭口系能量方程得

$$\Delta U = \Delta U_A + \Delta U_B = 0$$

即

$$m_A c_V (T_2 - T_{A1}) + m_B c_V (T_2 - T_{B1}) = 0 \tag{11.6}$$

因

$$T_{A1} = T_{B1} = T_1 = 300\text{K}$$

所以由式（11.6）得终态平衡时，两侧的温度均为 $T_2 = T_1 = 300\text{K}$。

（2）该问求解有两种方法。

方法 1：仍取整个气缸为对象。当终态时，两侧压力相等，设为 $p_2$，则

$$p_2 = \frac{(m_A + m_B) R_g T_2}{V_2} = \left( \frac{p_{A1} V_{A1}}{R_g T_1} + \frac{p_{B1} V_{B1}}{R_g T_1} \right) \frac{R_g T_2}{V_{A1} + V_{B1}}$$

$$= (p_{A1} V_{A1} + p_{B1} V_{B1}) \frac{T_2}{T_1 (V_{A1} + V_{B1})}$$

$$= (0.2 \times 10^6 \text{ Pa} \times 0.01 \text{m}^3 + 0.1 \times 10^6 \text{ Pa} \times 0.01 \text{m}^3) \times \frac{300\text{K}}{300\text{K}(0.01 + 0.01)\text{m}^3}$$

$$= 0.15\text{MPa}$$

方法 2：由能量方程式（11.6）得

$$(m_A c_V T_2 + m_B c_V T_2) - (m_A c_V T_{A1} + m_B c_V T_{B1}) = 0$$

因 $c_V = \dfrac{1}{\kappa - 1} R_g$，上式可化为

$$(m_A R_g T_2 + m_B R_g T_2) - (m_A R_g T_{A1} + m_B R_g T_{B1}) = 0$$

用状态方程 $pV = m R_g T$，上式可进一步化为

$$p_2 (V_{A2} + V_{B2}) = p_{A1} V_{A1} + p_{B1} V_{B1}$$

于是

$$p_2 = \frac{p_{A1} V_{A1} + p_{B1} V_{B1}}{V_{A2} + V_{B2}} = \frac{p_{A1} V_{A1} + p_{B1} V_{B1}}{V_{A1} + V_{B1}}$$

代入参数，则

$$p_2 = \frac{0.2\text{MPa} \times 0.01\text{m}^3 + 0.1\text{MPa} \times 0.01\text{m}^3}{(0.01+0.01)\text{m}^3} = 0.15\text{MPa}$$

（3）由题意得

$$\Delta S_A = -m_A R_g \ln \frac{p_2}{p_{A1}}$$

$$= \frac{p_{A1} V_{A1}}{T_{A1}} \ln \frac{p_{A1}}{p_2} = \frac{0.2\text{MPa} \times 0.01\text{m}^3}{300\text{K}} \ln \frac{0.2\text{MPa}}{0.15\text{MPa}} = 1.918\text{J/K}$$

$$\Delta S_B = -m_B R_g \ln \frac{p_2}{p_{B1}}$$

$$= \frac{p_{B1} V_{B1}}{T_{B1}} \ln \frac{p_{B1}}{p_2} = \frac{0.1\text{MPa} \times 0.01\text{m}^3}{300\text{K}} \ln \frac{0.1\text{MPa}}{0.15\text{MPa}} = -1.352\text{J/K}$$

整个气缸绝热系的熵变

$$\Delta S = \Delta S_A + \Delta S_B = 0.566\text{J/K}$$

**讨论**

（1）像本题这样的过程，或是绝热气缸中插有一隔板，抽去隔板两侧气体绝热混合等过程，均可选整个气缸为对象，根据闭口系能量方程可得 $\Delta U = 0$，从而求得终态温度。

（2）计算结果表明，整个气缸绝热系熵增 $\Delta S > 0$。这里提出两个问题供思考：一是根据题意，绝热容器与外界无热量交换，且活塞又是无摩擦的，是否可根据熵的定义式得到 $\Delta S = 0$？二是像本题或混合等过程，熵增是否必然的？

（3）若将此题中的活塞改为隔板，其他参数不变，求抽出隔板平衡后的压力、温度各为多少？整个气体的熵又为多少？请读者自己解答，并与该题进行比较，将气缸壁改成非绝热的，则最终平衡温度为 42℃，气体平衡后的压力为多少？气体与外界的换热量又为多少？请读者自己解答，并用心体会与上述解法上的差别。

**【例 11.29】** 一刚性容器初始时刻装有 500kPa 的空气。容器通过一阀门与一垂直放置的活塞气缸相连接，初始时，气缸装有 200kPa、290K 的空气。阀门虽然关闭，但有缓慢的泄漏，使得容器中的气体可缓慢地流进气缸，直到容器中的压力降为 200kPa。活塞的重量和大气压力产生 200kPa 的恒定压力，过程中气体与外界可以换热，气体的温度维持不变为 290K，A 中空气质量为 3kg，B 的体积为 0.05m³，试求气体与外界的换热量。

**解** 依题意画出的装置图如图 11.12 所示，取容器和气缸中的整个空气为系统，根据闭口系能量方程有

$$Q = \Delta U + W$$

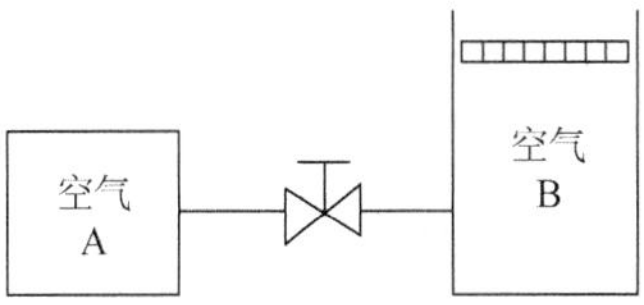

因空气可作为理想气体处理，过程中温度不变，则

$$\Delta U = 0$$

所以

$$Q = W = p_B(V_2 - V_1)$$

图 11.12 例 11.29 图

而
$$m_{B1} = \frac{p_{B1}V_{B1}}{R_g T_{B1}} = \frac{200 \times 10^3 \text{Pa} \times 0.05 \text{m}^3}{287 \text{J/(kg·K)} \times 290 \text{K}} = 0.120 \text{kg}$$

$$V_1 = V_{A1} + V_{B1} = \frac{m_A R_g T_{A1}}{p_{A1}} + V_{B1}$$

$$= \frac{3 \text{kg} \times 287 \text{J/(kg·K)} \times 290 \text{K}}{500 \times 10^3 \text{Pa}} + 0.05 \text{m}^3 = 0.549 \text{m}^3$$

$$V_2 = \frac{m_{\text{tot}} R_g T_2}{p_2} = \frac{(3 + 0.120) \text{kg} \times 287 \text{J/(kg·K)} \times 290 \text{K}}{200 \times 10^3 \text{Pa}} = 1.298 \text{m}^3$$

故
$$Q = p_B(V_2 - V_1) = 200 \times 10^3 \text{Pa} \times (1.298 - 0.549) \text{m}^3 = 149.8 \text{kJ}$$

**讨论**

（1）如果分别取容器和气缸为研究对象，则每个系统中的气体质量在过程中总在变化，使求解变得复杂，读者不妨试一试。

（2）本例题与例 11.28 及例 11.28 中讨论（3）提到的各种情况属于同一类型的题目。A、B 容器本身可以是绝热的，也可以是不绝热的。按容器 A、B 内工质的情况不同，又可分为以下几种。

①初态时，A 内有气体，B 内无气体。容器 B 可以是密闭的，也可以内装活塞，活塞上方与大气相通等，参见例 11.29。

②初态时，A、B 装有同种气体，但状态不同，参见例 11.28。

③初态时，A、B 装有不同种气体。

④A 为刚性容器，B 为弹性容器。

这类题目一般是根据给定的初态和打开阀门达到平衡的条件求解终态压力、温度，以及与外界交换的功量和热量。当求解这类问题时，一般选取闭口系。利用闭口系能量方程、工质性质（状态方程 $\Delta u, \Delta h$ 计算式）以及过程的特点，问题很容易解决。

**【例 11.30】** 透热容器 A 和绝热容器 B 通过一阀门相连，A、B 容器的容积相等。初始时，与环境换热的容器 A 中有 3MPa、25℃的空气。打开连接两容器的阀门，空气由 A 缓慢地进入 B，直至两侧压力相等时重新关闭阀门。设空气的比热为定值，$\kappa = 1.4$。试（1）确定稳定后两容器中的状态；（2）求过程中的换热量。

**解**（1）由于 A 容器是透热的，且过程进行得很缓慢，所以可以认为，过程中 A 中气体是等温的，即 $T_{A1} = T_{A2} = T_A$。

取 B 容器为系统，由一般开口系能量方程得
$$\Delta U - h_{\text{in}} m_{\text{in}} = 0$$

因
$$m_{\text{in}} = m_{\text{CV,B}} = m_{B2}, \quad \Delta U = U_2, \quad h_{\text{in}} = h_A$$
$$U_2 - h_A m_{B2} = 0$$

于是

$$m_{B2}c_V T_{B2} - c_p T_A m_{B2} = 0$$

$$T_{B2} = \frac{c_p}{c_V} T_A = \kappa T_A = 1.4 \times (273+25)\text{K} = 417.2\text{K}$$

因两侧压力相等，即

$$\frac{m_{A2} R_g T_A}{V_A} = \frac{(m_{A1} - m_{A2}) R_g T_{B2}}{V_B}$$

$$m_{A2} = \frac{m_{A1} T_{B2}}{T_A + T_{B2}} = \frac{1\text{kg} \times 417.2\text{K}}{(298+417.2)\text{K}} = 0.5833\text{kg}$$

$$m_{B2} = m_{A1} - m_{A2} = 0.4167\text{kg}$$

$$p_2 = p_{A2} = p_{B2} = \frac{m_{A2} R_g T_A}{V_A} = \frac{m_{A2} R_g T_A}{m_{A1} R_g T_A / p_{A1}}$$

$$= \frac{m_{A2}}{m_{A1}} p_{A1} = \frac{0.5833\text{kg}}{1\text{kg}} \times (3\times 10^6)\text{Pa}$$

$$= 1.75 \times 10^6 \text{Pa} = 1.750\text{MPa}$$

即终态时，A容器的状态为

$$p_{A2} = 1.750\text{MPa}, \quad T_{A2} = 298\text{K}, \quad m_{A2} = 0.5833\text{kg}$$

B容器的状态为

$$p_{B2} = 1.750\text{MPa}, \quad T_{B2} = 417.2\text{K}, \quad m_{B2} = 0.4167\text{kg}$$

（2）求换热量时，取整个装置为系统，由闭口系能量方程得

$$Q = \Delta u = (m_{A2} c_V T_A + m_{B2} c_V T_{B2}) - m_{A1} c_V T_A$$

$$= \frac{5}{2} \times 287\text{J/(kg·K)} \times (0.5833\text{kg} \times 298\text{K} + 0.4167\text{kg} \times 417.2\text{K} - 1\text{kg} \times 298\text{K})$$

$$= 35.64 \times 10^3 \text{J} = 35.64\text{kJ}$$

**讨论**

建议将例 11.27～例 11.30 对比、分析、归纳，比较它们解题思路上的相同点与不同点，体会每题的关键所在。

【**例 11.31**】 某种理想气体从初态按多变过程膨胀到原来体积的 3 倍，温度从 300℃下降到 67℃。已知每千克气体在该过程的膨胀功为 100kJ，自外界吸热 20kJ。求该过程的多变指数及气体的 $c_V$ 和 $c_p$（按定值比热计算）。

**解** 由 $\dfrac{T_2}{T_1} = \left(\dfrac{V_1}{V_2}\right)^{n-1}$ 得

$$n = \frac{\ln\dfrac{T_2}{T_1}}{\ln\dfrac{V_1}{V_2}} + 1 = \frac{\ln\dfrac{(67+273)\text{K}}{(300+273)\text{K}}}{\ln\dfrac{1}{3}} + 1 = 1.475$$

又由 $w = \dfrac{R_g}{n-1}(T_1 - T_2)$ 得

$$R_g = \frac{w}{T_1 - T_2}(n-1) = \frac{100 \times 10^3 \text{J/kg} \times (1.475 - 1)}{(573 - 340)\text{K}} = 203.9 \text{J/(kg·K)}$$

或

$$q = \Delta u + w = c_V(T_2 - T_1) + w$$

得

$$c_V = \frac{q - w}{T_2 - T_1} = \frac{(20 - 100) \times 10^3 \text{J/kg}}{(340 - 573)\text{K}} = 343.3 \text{J/(kg·K)}$$

$$c_p = c_V + R_g = 343.3 \text{J/(kg·K)} + 203.9 \text{J/(kg·K)} = 547.2 \text{J/(kg·K)}$$

**讨论**

通常过程的题目都是已知过程的多变指数以及工质的种类和物性，求过程与外界交换的功量和热量，此题恰是正常类型题目的逆过程，即已知功量和热量及状态参数之间的变化，求工质的物性及多变指数。

**【例 11.32】** 在一具有可移动活塞的封闭气缸中，储有温度 $t_1 = 45°C$，表压力 $p_{g1} = 10\text{kPa}$ 的氧气 $0.3\text{m}^3$。在定压下对氧气加热，加热量为 40kJ；再经过多变过程膨胀到初温 45°C，压力为 18kPa。设环境大气压力为 0.1MPa，氧气的比热为定值，试求：（1）两过程的焓变量及所做的功；（2）多变膨胀过程中气体与外界交换的热量。

**解** （1）先求出氧气的有关物性值

$$R_g = \frac{R}{M} = \frac{8.314 \text{J/(mol·K)}}{32 \times 10^{-3} \text{kg/mol}} = 259.8 \text{J/(kg·K)}$$

$$c_p = \frac{7}{2} R_g = 909.3 \text{J/(kg·K)}$$

$$c_V = \frac{5}{2} R_g = 649.5 \text{J/(kg·K)}$$

再确定定压加热后的状态点 2 的状态参数

$$p_2 = p_1 = 10\text{kPa} + 100\text{kPa} = 110\text{kPa}$$

温度由

$$Q_p = mc_p(T_2 - T_1)$$

确定。其中

$$m = \frac{p_1 V_1}{R_g T_1} = \frac{110 \times 10^3 \text{Pa} \times 0.3\text{m}^3}{259.8 \text{J/(kg·K)} \times (273 + 45)\text{K}} = 0.3994 \text{kg}$$

于是

$$T_2 = \frac{Q_p}{mc_p} + T_1 = \frac{40 \times 10^3 \text{J}}{0.3994 \text{kg} \times 909.3 \text{J/(kg·K)}} + 318\text{K} = 428.1\text{K}$$

过程 2-3 的多变指数，由

$$\frac{T_3}{T_2} = \left(\frac{p_3}{p_2}\right)^{(n-1)/n}$$

得

$$\frac{n-1}{n} = \frac{\ln\frac{T_3}{T_2}}{\ln\frac{p_3}{p_2}} = \frac{\ln\frac{318\text{K}}{428.1\text{K}}}{\ln\frac{18\text{kPa}}{110\text{kPa}}} = 0.1642, \quad n=1.20$$

解得

$$n = 1.20$$

两过程的焓变量

$$\Delta H_{12} = mc_p(T_2 - T_1) = 0.3994\text{kg} \times 909.3\text{J/(kg·K)} \times (428.1-318)\text{K}$$
$$= 40.0\text{kJ}$$
$$\Delta H_{23} = mc_p(T_3 - T_2) = mc_p(T_1 - T_2) = -\Delta H_{12}$$

两过程所做的功量

$$W_{12} = mp\Delta v = mR_g(T_2 - T_1)$$
$$= 0.3994\text{kg} \times 259.8\text{J/(kg·K)} \times (428.1-318)\text{K}$$
$$= 11.4 \times 10^3\text{J}$$
$$= 11.4\text{kJ}$$

$$W_{23} = \frac{mR_g}{n-1}(T_2 - T_3)$$
$$= \frac{0.3994\text{kg} \times 259.8\text{J/(kg·K)}}{n-1}(428.1-318)\text{K}$$
$$= 57.2\text{kJ}$$

（2）多变过程与外界交换的热量

$$Q_{23} = \Delta U_{23} + W_{23} = mc_v(T_3 - T_2) + W_{23}$$
$$= 0.3994\text{kg} \times 649.5\text{J/(kg·K)} \times (318-428.1)\text{K} + 52.7\text{kJ}$$
$$= 28.6\text{kJ}$$

【例 11.33】 试分析多变指数在 $1 < n < \kappa$ 范围内的膨胀过程的性质。

**解** 首先在 p-v 图和 T-s 图上画出 4 条基本过程线作为分析的参考线，然后依题意画出多变过程线 1-2，如图 11.13 所示。

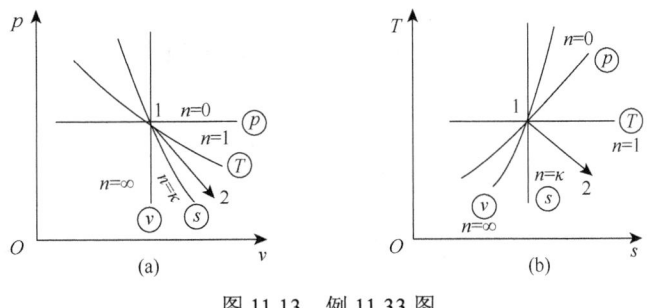

图 11.13　例 11.33 图

过程线 1-2 在过起点的绝热线的右方和定容线的右方，这表明是热膨胀过程（即 $q$ 和 $w$ 均为正）。又过程线在定温下方，表明气体的温度降低，即 $\Delta u < 0, \Delta h < 0$。这说明膨胀时气体

所做的功大于加入的热量，故气体的热力学能减少而温度降低。

**【例 11.34】** 欲设计一热机，使之能从温度为 973K 的高温热源吸热 2000kJ，并向温度为 303K 的冷源放热 800kJ。(1) 问此循环能否实现？(2) 若把此热机当制冷机用，从冷源吸热 800K，能否向热源放热 2000kJ？欲使之从冷源吸热 800kJ，至少需耗多少功？

**解** (1) 方法 1：利用克劳修斯积分式来判断循环是否可行。如图 11.14（a）所示。

$$\int \frac{\delta Q}{T_r} = \frac{|Q_1|}{T_1} - \frac{|Q_2|}{T_2} = \frac{2000 \text{kJ}}{973 \text{K}} - \frac{800 \text{kJ}}{303 \text{K}} = -0.585 \text{kJ/K} < 0$$

所以此循环能实现，且为不可逆循环。

方法 2：利用孤立系统熵增原理来判断循环是否可行。如图 11.14（a）所示，孤立系由热源、冷源及热机组成，因此

$$\Delta S_{\text{iso}} = \Delta S_H + \Delta S_L + \Delta S_E \tag{11.7}$$

式中，$\Delta S_H$ 和 $\Delta S_L$ 分别为热源及冷源的熵变；$\Delta S_E$ 为循环的熵变，即工质的熵变。因为工质经循环恢复到原来状态，所以

$$\Delta S_E = 0 \tag{11.8}$$

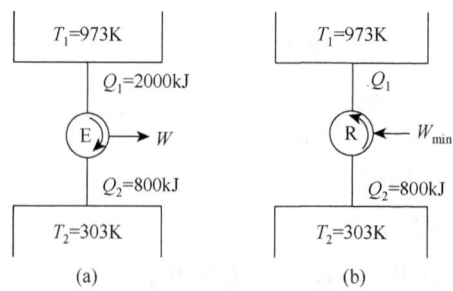

图 11.14 例 11.34 图

而热源放热，所以

$$\Delta S_H = -\frac{|Q_1|}{T_1} = -\frac{2000 \text{kJ}}{973 \text{K}} = -2.055 \text{kJ/K} \tag{11.9}$$

冷源吸热，则

$$\Delta S_L = \frac{|Q_2|}{T_2} = \frac{800 \text{kJ}}{303 \text{K}} = 2.640 \text{kJ/K} \tag{11.10}$$

将式（11.8）~式（11.10）代入式（11.7），得

$$\Delta S_{\text{iso}} = (-2.055 + 2.640 + 0) \text{kJ/K} > 0$$

所以此循环能实现。

方法 3：利用卡诺定理来判断循环是否可行。若在 $T_1$ 和 $T_2$ 之间是一卡诺循环，则循环效率为

$$\eta_c = 1 - \frac{T_2}{T_1} = 1 - \frac{303 \text{K}}{973 \text{K}} = 68.9\%$$

而欲设计循环的热效率为

$$\eta_{\mathrm{t}} = \frac{W}{|Q_1|} = \frac{|Q_1| - |Q_2|}{|Q_1|}$$

$$= 1 - \frac{800\mathrm{kJ}}{2000\mathrm{kJ}} = 60\% < \eta_{\mathrm{c}}$$

即欲设计循环的热效率比同温度限间卡诺循环的低，所以循环可行。

（2）若将此热机当制冷机用，使其逆行，显然不可能进行，因为根据上面的分析，此热机循环是不可逆循环。当然也可再用上述 3 种方法中的任一种，重新判断。欲使制冷循环能从冷源吸热 800kJ，假设至少耗功 $W_{\min}$，根据孤立系统熵增原理，此时，$\Delta S_{\mathrm{iso}} = 0$ 参见图 11.14（b）。

$$\Delta S_{\mathrm{iso}} = \Delta S_{\mathrm{H}} + \Delta S_{\mathrm{L}} + \Delta S_{\mathrm{R}} = \frac{|Q_1|}{T_1} - \frac{|Q_2|}{T_2} + 0$$

$$= \frac{|Q| + W_{\min}}{T_1} - \frac{|Q_2|}{T_2} = \frac{800\mathrm{kJ} + W_{\min}}{973\mathrm{K}} - \frac{800\mathrm{kJ}}{303\mathrm{K}} = 0$$

于是解得

$$W_{\min} = 1769\mathrm{kJ}$$

**讨论**

（1）对于循环方向性的判断可用例题中 3 种方法的任一种。但需注意的是，克劳修斯积分式适用于循环，即针对工质，所以热量、功的方向都以工质为对象考虑；而熵增原理适用于孤立系统，所以计算熵的变化时，热量的方向以构成孤立系统的有关物体为对象，它们吸热为正，放热为负。千万不要把方向搞错，以免得出相反的结论。

（2）在例题所列的 3 种方法中，建议重点掌握孤立系熵增原理，因为该方法无论对循环还是对过程都适用。而克劳修斯积分式和卡诺定理仅适用于循环方向性的判断。

**【例 11.35】** 已知 A、B、C 3 个热源的温度分别为 500K、400K 和 300K，有可逆机在这 3 个热源间工作。若可逆机从 A 热源净吸入 3000kJ 热量，输出净功 400kJ，试求可逆机与 B、C 两热源的换热量，并指明其方向。

**分析**：由于在 A、B、C 间工作一可逆机，根据孤立系熵增原理有等式 $\Delta S_{\mathrm{iso}} = 0$ 成立；又根据热力学第一定律可列出能量平衡式。可见两个未知数有两个方程，故该题有定解。关于可逆机与 B、C 两热源的换热方向，可先对其方向进行假设，若求出的未知量的值为正，说明实际换热方向与假设一致，若为负，则实际换热方向与假设相反。

**解** 根据以上分析，有以下等式成立

$$Q_{\mathrm{A}} + Q_{\mathrm{B}} = Q_{\mathrm{C}} + W$$

$$\Delta S_{\mathrm{iso}} = \frac{-Q_{\mathrm{A}}}{T_{\mathrm{A}}} - \frac{Q_{\mathrm{B}}}{T_{\mathrm{B}}} + \frac{Q_{\mathrm{C}}}{T_{\mathrm{C}}} = 0$$

即

$$3000\mathrm{kJ} + Q_{\mathrm{B}} = Q_{\mathrm{C}} + 400\mathrm{kJ}$$

$$-\frac{3000\mathrm{kJ}}{500\mathrm{K}} - \frac{Q_{\mathrm{B}}}{400\mathrm{K}} + \frac{Q_{\mathrm{C}}}{300\mathrm{K}} = 0$$

解得

$$Q_{\mathrm{B}} = -3200\mathrm{kJ}$$

$$Q_{\mathrm{C}} = -600\mathrm{kJ}$$

即可逆机向 B 热源放热 3200kJ，从 C 热源吸热 600kJ。

**【例 11.36】** 图 11.15 所示为用于生产冷空气的设计方案，问生产 1kg 冷空气至少要给装置多少热量 $Q_{H,min}$。空气可视为理想气体，其定压比热 $c_p = 1\text{kJ/(kg·K)}$。

**解** 方法 1：见图 11.15，由热力学第一定律，开口系的能量平衡式为

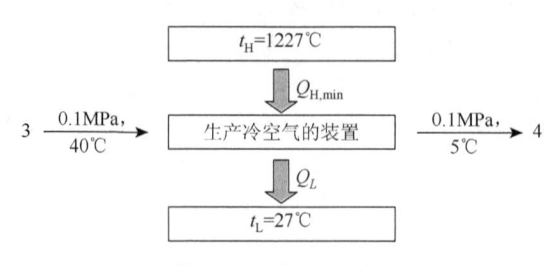

图 11.15 例 11.36 图

$$Q_H + mc_p T_3 = Q_L + mc_p T_4$$

即

$$Q_L = Q_H + mc_p(T_3 - T_4)$$

由热力学第二定律，当开口系统内进行的过程为可逆过程时，可得

$$\Delta S_{iso} = \Delta S_H + \Delta S_L + \Delta S_{air} = 0$$

即

$$-\frac{Q_{H,min}}{T_1} + \frac{Q_{H,min} + mc_p(T_3 - T_4)}{T_2} + mc_p \ln \frac{T_4}{T_3} = 0$$

$$-\frac{Q_{H,min}}{1500\text{K}} + \frac{Q_{H,min} + 1\text{kg} \times 1\text{kJ/(kg·K)} \times (313 - 278)\text{K}}{300\text{K}}$$

$$+ 1\text{kg} \times 1\text{kJ/(kg·K)} \ln \frac{278\text{K}}{313\text{K}} = 0$$

解得生产 1kg 冷空气至少要加给装置的热量为

$$Q_{H,min} = 0.718\text{kJ}$$

方法 2：将装置分解为一可逆热机和一可逆制冷机的组合。对于可逆制冷机

$$\delta Q_1 = \delta W + \delta Q_2$$

$$\frac{\delta Q_1}{T_H} = \frac{\delta Q_2}{T_3}$$

由此得系统对外做功为

$$\delta W = \left(\frac{T_H}{T_3} - 1\right)\delta Q_2 = -\left(\frac{T_H}{T_3} - 1\right)mc_p \, dT_3$$

空气自 $T_3 = 313\text{K}$ 变化到 $T_4 = 278\text{K}$ 时

$$W = \int_{T_3}^{T_4} \left(\frac{T_H}{T_3} - 1\right) mc_p \, dT_3 = c_p T_H \ln \frac{T_4}{T_3} = -142.87\text{kJ}$$

可求得

$$Q'_H = \frac{T_H}{T_H - T_2}|W| = \frac{1500\text{K}}{1500\text{K} - 300\text{K}} \times 142.87\text{kJ} = 178.59\text{kJ}$$

$$\begin{aligned} Q_1 &= |W| + Q_2 = |W| + mc_p(T_3 - T_4) \\ &= 142.87\text{kJ} + 1\text{kg} \times 1\text{kJ/(kg} \cdot \text{K)} \times (313 - 278)\text{K} = 177.87\text{kJ} \end{aligned}$$

于是，生产 1kg 冷空气至少要加给装置的热量为

$$Q_{H,\min} = Q'_H - Q_1 = (178.59 - 177.87)\text{kJ} = 0.72\text{kJ}$$

**【例 11.37】** 5kg 的水起初与温度为 295K 的大气处于热平衡状态。一制冷机在这 5kg 水与大气之间工作，使水定压冷却到 280K，求所需的最少功是多少？

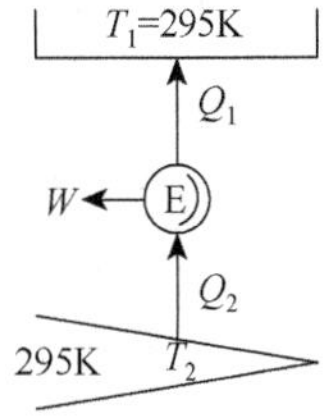

图 11.16　例 11.37 图

**解**　方法 1：根据题意画出示意图如图 11.16 所示，由大气、水、制冷机、功源组成了孤立系，则熵变

$$\Delta S_{iso} = \Delta S_H + \Delta S_L + \Delta S_R + \Delta S_W$$

其中

$$\Delta S_R = 0, \Delta S_W = 0$$

$$\begin{aligned} \Delta S_L &= \int_{295\text{K}}^{280\text{K}} \frac{\delta Q_2}{T_2} = \int_{295\text{K}}^{280\text{K}} \frac{mc\,\mathrm{d}T_2}{T_2} = mc \ln\frac{280\text{K}}{295\text{K}} \\ &= 5\text{kg} \times 4180\text{J/(kg} \cdot \text{K)} \ln\frac{280\text{K}}{295\text{K}} = -1090.7\text{J/K} \end{aligned}$$

$$\begin{aligned} \Delta S_H &= \frac{Q_1}{T_0} = \frac{|Q_2| + |W|}{T_0} \\ &= \frac{5\text{kg} \times 4180\text{J/(kg} \cdot \text{K)}(295 - 280)\text{K} + |W|}{295\text{K}} \\ &= \frac{313\,500\text{J} + |W|}{295\text{K}} \end{aligned}$$

于是

$$\Delta S_{iso} = -1090.7\text{J/K} + \frac{313\,500\text{J}}{295\text{K}} + \frac{|W|}{295\text{K}}$$

因可逆时所需的功最小，所以令 $\Delta S_{iso} = 0$，可解得

$$|W_{\min}| = 8256\text{J} = 8.256\text{kJ}$$

方法 2：制冷机为一可逆机时需功最小，由卡诺定理得

$$\varepsilon = \frac{\delta Q_2}{\delta W} = \frac{T_2}{T_0 - T_2}$$

即

$$\delta W = \delta Q_2 \left(\frac{T_0 - T_2}{T_2}\right) = \frac{T_0 - T_2}{T_2} mc\,\mathrm{d}T_2$$

$$W = \int_{295\text{K}}^{280\text{K}} T_0 mc \frac{dT_2}{T_2} - \int_{295\text{K}}^{280\text{K}} mc\, dT_2$$

$$= T_0 mc \ln \frac{280\text{K}}{295\text{K}} - mc(280-295)\text{K}$$

$$= 295\text{K} \times 5\text{kg} \times 4180\text{J/(kg·K)} \ln \frac{280\text{K}}{295\text{K}}$$

$$-5\text{kg} \times 4180\text{J/(kg·K)} \times (280-295)\text{K}$$

$$= -8251.2\text{J} = -8.251\text{kJ}$$

【例 11.38】 图 11.17 为一烟气余热回收方案，设烟气比热 $c_p = 1.4\text{kJ/(kg·K)}$，$c_V = 1\text{kJ/(kg·K)}$。试求：

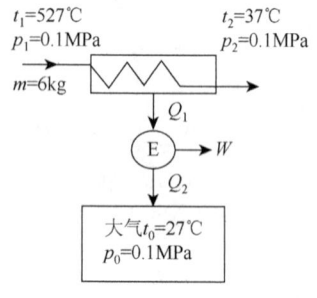

图 11.17 例 11.38 图

(1) 烟气流经换热器时传给热机工质的热量；

(2) 热机放给大气的最小热量 $Q_2$；

(3) 热机输出的最大功 $w$。

**解** (1) 烟气放热为

$$Q_1 = mc_p(t_1 - t_2)$$

$$= 6\text{kg} \times 1.4\text{kJ/(kg·K)} \times (527-37)\text{K}$$

$$= 4116 \times 10^3 \text{J}$$

$$= 4116 \text{kJ}$$

(2) 方法 1：若使 $Q_2$ 最小，则热机必须是可逆循环，由孤立系熵增原理得

$$\Delta S_{\text{iso}} = \Delta S_{\text{H}} + \Delta S_{\text{L}} + \Delta S_{\text{E}} = 0$$

而

$$\Delta S_{\text{H}} = \int_{T_1}^{T_2} \frac{\delta Q_1}{T} = \int_{T_1}^{T_2} mc_p \frac{dT}{T} = mc_p \ln \frac{T_2}{T_1}$$

$$= 6\text{kg} \times 1.4\text{kJ/(kg·K)} \ln \frac{(37+273)\text{K}}{(527+273)\text{K}}$$

$$= -7.964 \times 10^3 \text{J/K}$$

$$\Delta S_{\text{E}} = 0$$

$$\Delta S_{\text{L}} = \frac{Q_2}{T_0} = \frac{Q_2}{(27+273)\text{K}} = \frac{Q_2}{300\text{K}}$$

于是

$$\Delta S_{\text{iso}} = -7.964 \times 10^3 \text{J/K} + \frac{Q_2}{300\text{K}} = 0$$

解得

$$Q_2 = 2389.2 \text{kJ}$$

方法 2：热机为可逆机时 $Q_2$ 最小，由卡诺定理得

$$\eta_t = 1 - \frac{\delta Q_2}{\delta Q_1} = 1 - \frac{T_0}{T}$$

即
$$\delta Q_2 = T_0 \frac{\delta Q_1}{T_1} = T_0 \frac{mc_p \mathrm{d}T}{T}$$

$$Q_2 = \int_{T_1}^{T_2} T_0 mc_p \frac{\mathrm{d}T}{T} = T_0 mc_p \ln \frac{T_2}{T_1}$$

$$= 300\,\mathrm{K} \times 6\,\mathrm{kg} \times 1.4\,\mathrm{kJ/(kg \cdot K)} \ln \frac{(37+273)\,\mathrm{K}}{(527+273)\,\mathrm{K}} = -2389.2\,\mathrm{kJ}$$

（3）输出的最大功为
$$W = Q_1 - Q_2 = (4116 - 2389.2)\,\mathrm{kJ} = 1726.8\,\mathrm{kJ}$$

**讨论**

例 11.37、例 11.38 都涉及变温热源的问题，利用积分求解。对于热力学第二定律应用于循环的问题，可利用熵增原理，也可利用克劳修斯不等式，还可利用卡诺定理求解，读者不妨自己试一试。建议初学者重点掌握孤立系熵增原理。

【**例 11.39**】 两个质量相等、比热相同且为定值的物体，A 物体初温为 $T_A$，B 物体初温为 $T_B$，用它们作可逆热机的有限热源和有限冷源，热机工作到两物体温度相等时为止。

（1）证明平衡时的温度 $T_m = \sqrt{T_A T_B}$；

（2）求热机做出的最大功量；

（3）如果两物体直接接触进行热交换至温度相等，求平衡温度及两物体总熵的变化量。

**解** （1）取 A、B 物体及热机、功源为孤立系，则
$$\Delta S_{\mathrm{iso}} = \Delta S_A + \Delta S_B + \Delta S_W + \Delta S_E = 0$$

因
$$\Delta S_E = 0, \quad \Delta S_W = 0$$

则
$$\Delta S_{\mathrm{iso}} = \Delta S_A + \Delta S_B = mc \int_{T_A}^{T_m} \frac{\mathrm{d}T}{T} + mc \int_{T_B}^{T_m} \frac{\mathrm{d}T}{T} = 0$$

即
$$mc \ln \frac{T_m}{T_A} + mc \ln \frac{T_m}{T_B} = 0$$

$$\ln \frac{T_m^2}{T_A T_B} = 0, \quad \frac{T_m^2}{T_A T_B} = 1$$

即
$$T_m = \sqrt{T_A T_B}$$

（2）A 物体为有限热源，过程中放出的热量 $Q_1$；B 物体为有限冷源，过程中吸收热量 $Q_2$，其中
$$Q_1 = mc(T_A - T_m), \quad Q_2 = mc(T_m - T_B)$$

热机为可逆热机时，其做功量最大，得
$$W_{\max} = Q_1 - Q_2 = mc(T_A - T_m) - mc(T_m - T_B) = mc(T_A + T_B - 2T_m)$$

（3）平衡温度由能量平衡方程式求得，即
$$mc(T_A - T'_m) = mc(T'_m - T_B)$$
$$T_m = \frac{T_A + T_B}{2}$$

两物体组成系统的熵变化量为
$$\Delta S = \Delta S_A + \Delta S_B = \int_{T_A}^{T'_m} cm \frac{dT}{T} + \int_{T_B}^{T'_m} cm \frac{dT}{T}$$
$$= mc\left(\ln \frac{T'_m}{T_A} + \ln \frac{T'_m}{T_B}\right) = mc \ln \frac{(T_A + T_B)^2}{4T_A T_B}$$

【例 11.40】 空气在初参数 $p_1 = 0.6\text{MPa}$、$t_1 = 21℃$ 的状态下，稳定地流入无运动部件的绝热容器。假定其中的一半变为 $p'_2 = 0.1\text{MPa}$、$t'_2 = 82℃$ 的热空气，另一半变为 $p''_2 = 0.1\text{MPa}$、$t''_2 = -40℃$ 的冷空气，它们在这两状态下同时离开容器，若空气为理想气体，且 $c_p = 1.004\text{kJ/(kg·K)}$，$R_g = 0.287\text{kJ/(kg·K)}$，试论证该稳定流动过程能不能实现。

**解** 若该过程满足热力学第一、第二定律就能实现。

（1）据稳定流动能量方程式
$$Q = \Delta H + \frac{1}{2} m \Delta c_f^2 + mg\Delta z + W_s$$

因容器内无运动部件且绝热，故 $W_s = 0$，$Q=0$。如果忽略动能和位能的变化，则
$$\Delta H = 0, \quad H_2 - H_1 = 0$$

针对本题有
$$(H'_2 - H_1) + (H''_2 - H_1) = 0$$

此式为该稳定流动过程满足热力学第一定律的基本条件。根据已知条件，假设流过该容器的空气质量为 1kg，则有
$$(H'_2 - H_1) + (H''_2 - H_1) = \frac{m}{2} c_p (T'_2 - T_1) + \frac{m}{2} c_p (T''_2 - T_1)$$
$$= 0.5\text{kg} \times 1004 \text{J/(kg·K)}(355 - 294)\text{K} + 0.5\text{kg} \times 1004 \text{J/(kg·K)}(233 - 294)\text{K} = 0$$

可见满足热力学第一定律的要求。

（2）热力学第二定律要求作为过程的结果，孤立系的总熵变化量必须大于或等于零。因为该容器绝热，即需满足
$$\Delta S_{iso} = (S'_2 - S_1) + (S''_2 - S_1) \geqslant 0$$

由已知条件有
$$(S'_2 - S_1) + (S''_2 - S_1)$$
$$= \frac{m}{2}\left(c_p \ln \frac{T'_2}{T_1} - R_g \ln \frac{p'_2}{p_1}\right) + \frac{m}{2}\left(c_p \ln \frac{T''_2}{T_1} - R_g \ln \frac{p''_2}{p_1}\right)$$
$$= 0.5\text{kg}\left[1004 \text{J/(kg·K)} \ln \frac{355\text{K}}{294\text{K}} - 287 \text{J/(kg·K)} \ln \frac{0.1\text{MPa}}{0.6\text{MPa}}\right]$$
$$+ 0.5\text{kg}\left[1004 \text{J/(kg·K)} \ln \frac{233\text{K}}{294\text{K}} - 287 \text{J/(kg·K)} \ln \frac{0.1\text{MPa}}{0.6\text{MPa}}\right]$$
$$= 429.1 \text{J/K} > 0$$

可见该稳定流动过程同时满足热力学第一、第二定律的要求，因而该过程是可以实现的。

**【例 11.41】** 将 $p_1 = 0.1\text{MPa}$、$t_1 = 250℃$ 的空气冷却到 $t_2 = 80℃$。求单位质量空气放出热量中的有效能为多少？环境温度为 27℃，若将此热量全部放给环境，则有效能损失为多少？将热量的有效能及有效能损失表示在 T-s 图上。

**解** （1）放出热量中的有效能

$$e_{x,Q} = \int_{T_1}^{T_2}\left(1 - \frac{T_0}{T}\right)\delta q = \int_{T_1}^{T_2}\left\{1 - \frac{T_0}{T}\right\}c_p \mathrm{d}T$$

$$= c_p(T_2 - T_1) - T_0 c_p \ln\frac{T_2}{T_1}$$

$$= 1004\text{J}/(\text{kg}\cdot\text{K})(353 - 523)\text{K} - 300\text{K}\times1004\text{J}/(\text{kg}\cdot\text{K})\ln\frac{353\text{K}}{523\text{K}}$$

$$= -52.27\text{kJ}/\text{kg}（负号表示放出的㶲）$$

（2）将此热量全部放给环境，则热量中的有效能全部损失，即

$$i = |e_{x,Q}| = 52.27\text{kJ}/\text{kg}$$

或取空气和环境组成孤立系，则

$$\Delta S_{\text{iso}} = \Delta S_{\text{air}} + \Delta S_{\text{sur}}$$

$$= \left(c_p \ln\frac{T_2}{T_1} - R_g \ln\frac{p_2}{p_1}\right) + \frac{|q|}{T_0}$$

$$= c_p \ln\frac{T_2}{T_1} + \frac{c_p(T_1 - T_2)}{T_0}$$

$$= 1004\text{J}/(\text{kg}\cdot\text{K})\ln\frac{353\text{K}}{523\text{K}} + \frac{1004\text{J}/(\text{kg}\cdot\text{K})(523 - 353)\text{K}}{300\text{K}}$$

$$= 174.2\text{J}/(\text{kg}\cdot\text{K})$$

于是有效能损失为

$$i = T_0 \Delta S_{\text{iso}} = 300\text{K}\times174.2\text{J}/(\text{kg}\cdot\text{K}) = 52.27\text{kJ}/\text{kg}$$

（3）如图 11.18 所示，热量的有效能为面积 1-2-a-b-1，有效能损失为面积 b-d-e-f-b。

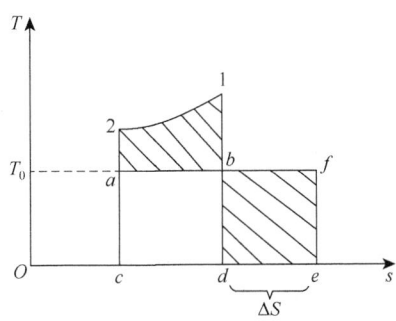

图 11.18　例 11.41 图

**【例 11.42】** 刚性绝热容器由隔板分为两部分，各储空气 1mol，初态参数如图 11.19 所示。现将隔板抽去，求混合后的参数及混合引起的有效能损失 $I$。设大气环境温度 $T_0 = 300\text{K}$。

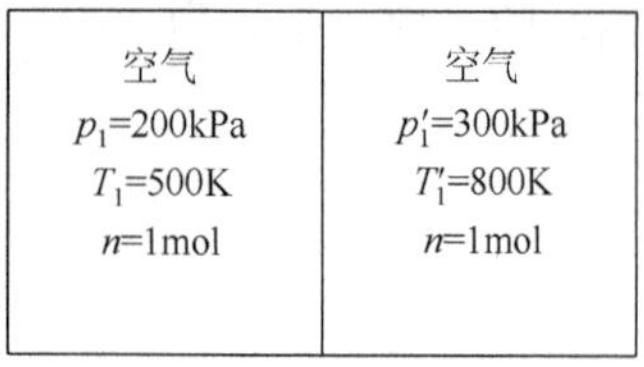

| 空气 | 空气 |
|---|---|
| $p_1=200\text{kPa}$ | $p_1'=300\text{kPa}$ |
| $T_1=500\text{K}$ | $T_1'=800\text{K}$ |
| $n=1\text{mol}$ | $n=1\text{mol}$ |

图 11.19 例 11.42 图

**解** 容器的体积

$$V_1 = \frac{n_1 R T_1}{p_1} = \frac{1\text{mol} \times 8.314\text{J/(mol·K)} \times 500\text{K}}{200\text{kPa}} = 2.079 \times 10^{-2}\text{ m}^3$$

$$V_1' = \frac{n_1' R T_1'}{p_1'} = \frac{1\text{mol} \times 8.314\text{J/(mol·K)} \times 800\text{K}}{300\text{kPa}} = 2.217 \times 10^{-2}\text{ m}^3$$

$$V = V_1 + V_1' = 4.296 \times 10^{-2}\text{ m}^3$$

混合后的温度由闭口系能量方程得 $\Delta U = 0$，即

$$n_1 C_{V,m}(T_2 - T_1) + n_1' C_{V,m}(T_2 - T_1') = 0$$

因

$$n_1 = n_1' = 1\text{mol}$$

则

$$T_2 = \frac{T_1 + T_1'}{2} = \frac{1300\text{K}}{2} = 650\text{K}$$

混合后的压力

$$p_2 = \frac{n_2 R T_2}{V}$$

$$= \frac{2\text{mol} \times 8.314\text{J/(mol·K)} \times 650\text{K}}{4.296 \times 10^{-2}\text{ m}^3}$$

$$= 251.6\text{kPa}$$

混合过程的熵产

$$\Delta S_g = \Delta S_{\text{iso}} = n_1\left(C_{p,m}\ln\frac{T_2}{T_1} - R\ln\frac{p_2}{p_1}\right) + n_1'\left(C_{p,m}\ln\frac{T_2}{T_1'} - R\ln\frac{p_2}{p_1'}\right)$$

$$= 1 \times \text{mol}\left[\frac{7}{2} \times 8.314\text{J/(mol·K)}\ln\frac{650\text{K}}{500\text{K}} - 8.314\text{J/(mol·K)}\ln\frac{251.6\text{kPa}}{200\text{kPa}}\right]$$

$$+ 1\text{mol}\left[\frac{7}{2} \times 8.314\text{J/(mol·K)}\ln\frac{650\text{K}}{800\text{K}} - 8.314\text{J/(mol·K)}\ln\frac{251.6\text{kPa}}{300\text{kPa}}\right]$$

$$= 1.147\text{J/K}$$

有效能损失

$$I = T_0 \Delta S_g = 300\text{K} \times 1.147\text{J/K} = 344.1\text{J}$$

**讨论**

混合为典型的不可逆过程之一，值得注意的是：

（1）同种气体状态又相同的两部分（或几部分）绝热合并，无所谓混合问题，有效能损失；

（2）不同状态的同种气体混合必有熵增，存在着有效能的损失；

（3）不同种气体绝热混合时，无论混合前两种气体的压力、温度是否相同，混合后必有熵增，存在着有效能的损失，求熵增时终态压力应取各气体的分压力；

（4）绝热合流问题，原则上与上述绝热混合相同，只是能量方程应改为 $\Delta H = 0$。

【例 11.43】 1kg 空气经过绝热节流，由状态 $p_1 = 0.6\text{MPa}$、$t_1 = 127℃$ 变化到状态 $p_2 = 0.1\text{MPa}$。试确定有效能损失（大气温度 $T_0 = 300\text{K}$）。

**解** 由热力学第一定律知，绝热节流过程 $h_2 = h_1$，对可作为理想气体处理的空气，则 $T_2 = T_1 = (127+273)\text{K} = 400\text{K}$。根据绝热稳流熵方程式知 $\Delta s_g = \Delta s$，即绝热稳流过程的熵产等于进、出口截面工质的熵差

$$\Delta s_g = s_2 - s_1 = c_p \ln\frac{T_2}{T_1} - R_g \ln\frac{p_2}{p_1} = -R_g \ln\frac{p_2}{p_1}$$

$$= -287\text{J/(kg·K)} \ln\frac{0.1\text{MPa}}{0.6\text{MPa}} = 514.2\text{J/kg}$$

有效能损失为

$$i = T_0 \Delta S_g = 300\text{K} \times 514.2\text{J/kg} = 154.3\text{kJ/kg}$$

有效能损失的表示见图 11.20 中面积 *a-b-c-d-a*。

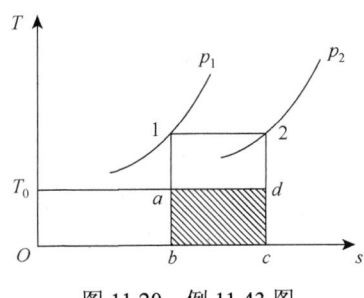

图 11.20 例 11.43 图

**讨论**

（1）节流是典型的不可逆过程，虽然节流前后能量数量没有减少（$h_2 = h_1$），但工质膨胀时，技术功全用于克服摩阻，有效能退化为无效能，能量的使用价值降低，因此应该避免。

（2）热力学第一定律应用于绝热节流时得到 $h_2 = h_1$（对于理想气体，$T_2 = T_1$）；而热力学第二定律用于绝热节流时得到 $s_2 > s_1$，这是绝热节流的两个特征。

【例 11.44】 1kg 的理想气体（$R_g = 0.287\text{kJ/(kg·K)}$）由初态 $p_1 = 10^5\text{Pa}$、$T_1 = 400\text{K}$ 被等温压缩到终态 $p_2 = 10^6\text{Pa}$、$T_2 = 400\text{K}$。试计算在两种情况下的气体熵变、环境熵变、过程熵产及有效能损失：（1）经历一可逆过程；（2）经历一不可逆过程。已知不可逆过程实际耗功比可逆过程多 20%，环境温度为 300K。

**解** （1）经历一可逆过程。

$$\Delta S_{sys} = -mR_g \ln\frac{p_2}{p_1} = -1\text{kg} \times 287\text{J/(kg·K)} \ln\frac{10^6\text{Pa}}{10^5\text{Pa}} = -660.8\text{J/K}$$

$$\Delta S_{sur} = -\Delta S_{sys} = 660.8\text{J/K}$$

$$\Delta S_g = 0, I = 0$$

（2）经历一不可逆过程。

熵是状态参数，只取决于状态，与过程无关。于是

$$\Delta S_{sys} = -660.8 \text{J/K}$$

$$W = 1.2W_{re} = 1.2mR_g T \ln\frac{p_1}{p_2}$$

$$= 1.2 \times 1\text{kg} \times 287 \text{J/(kg·K)} \times 400\text{K} \times \ln\frac{10^5 \text{Pa}}{10^6 \text{Pa}}$$

$$= -317.2 \times 10^3 \text{J} = -317.2 \text{kJ}$$

根据热力学第一定律，等温过程

$$Q = W = -317.2 \text{kJ} \quad （系统放热）$$

$$\Delta S_{sur} = \frac{|Q|}{T_0} = \frac{317.2 \text{kJ}}{300 \text{K}} = 1.0573 \text{kJ/K}$$

$$\Delta S_g = \Delta S_{iso} = \Delta S_{sys} + \Delta S_{sur} = (-660.8 + 1057.3)\text{J/K} = 396.5 \text{J/K}$$

$$I = T_0 \Delta S_g = 119.0 \text{kJ}$$

**【例 11.45】** 设有 1mol 遵循范德瓦耳斯方程的气体被加热，经等温膨胀过程，体积由 $V_1$ 膨胀到 $V_2$。求过程中加入的热量。

**解** 由题意知

$$Q = \int_{V_1}^{V_2} T \mathrm{d}S_m = T\int_{V_1}^{V_2} \mathrm{d}S_m$$

依据定义得

$$\mathrm{d}S_m = C_{V,m}\frac{\mathrm{d}T}{T} + \left(\frac{\partial p}{\partial T}\right)_{V_m} \mathrm{d}V_m \tag{11.11}$$

根据范德瓦耳斯方程

$$p = \frac{RT}{V_m - b} - \frac{a}{V_m^2}$$

求导得

$$\left(\frac{\partial p}{\partial T}\right)_{V_m} = \frac{R}{V_m - b}$$

代入式（11.11）得

$$\mathrm{d}S_m = C_{V,m}\frac{\mathrm{d}T}{T} + \frac{R}{V_m - b}\mathrm{d}V_m$$

因为过程等温，所以

$$\mathrm{d}S_m = \frac{R}{V_m - b}\mathrm{d}V_m$$

于是

$$Q = T\int_{V_1}^{V_2} \frac{R}{V_m - b}\mathrm{d}V_m = RT\ln\frac{V_2 - b}{V_1 - b}$$

**【例 11.46】** 对于符合范德瓦耳斯方程的气体，求

（1）定压比热与定容比热之差 $c_p - c_V$；

（2）焦耳-汤姆孙系数。

**解** （1）由
$$c_p - c_V = T\left(\frac{\partial v}{\partial T}\right)_p \left(\frac{\partial p}{\partial T}\right)_v$$

而
$$\left(\frac{\partial v}{\partial T}\right)_p = -\frac{1}{\left(\frac{\partial T}{\partial p}\right)_v \left(\frac{\partial p}{\partial v}\right)_T} = -\frac{\left(\frac{\partial p}{\partial T}\right)_v}{\left(\frac{\partial p}{\partial v}\right)_T}$$

$$= \frac{\dfrac{R_g}{v-b}}{\dfrac{R_g T}{(v-b)^2} - \dfrac{2a}{v^3}} = \frac{R_g v^3 (v-b)}{R_g T v^3 - 2a(v-b)^2}$$

$$\left(\frac{\partial p}{\partial v}\right)_v = \frac{R_g}{v-b}$$

得
$$c_p - c_V = T \frac{R_g}{v-b} \frac{R_g v^3(v-b)}{R_g T v^3 - 2a(v-b)^2} = \frac{R_g T v^3}{R_g T v^3 - 2a(v-b)^2}$$

（2）由公式得
$$\mu_J = \frac{T\left(\dfrac{\partial v}{\partial T}\right)_v - v}{c_p} = \frac{1}{c_p}\left[\frac{T R_g v^3(v-b)}{R_g T v^3 - 2a(v-b)^2} - v\right]$$

$$= \frac{v}{c_p} \frac{2a(v-b)^2 - T R_g b v^2}{R_g T v^3 - 2a(v-b)^2}$$

【例 11.47】 已知某种气体的 $pv = f(T)$，$u = u(T)$，求状态方程。

**解** 依据定义得
$$du = c_V dT + \left[T\left(\frac{\partial p}{\partial T}\right)_v - p\right] dv$$

即
$$\left(\frac{\partial u}{\partial v}\right)_T = T\left(\frac{\partial p}{\partial T}\right)_v - p$$

依题意
$$\left(\frac{\partial u}{\partial v}\right)_T = 0$$

故
$$T\left(\frac{\partial p}{\partial T}\right)_v = p$$

又因
$$pv = f(T)$$

故

$$T\frac{1}{v}\left(\frac{\partial f(T)}{\partial T}\right)_v - \frac{1}{v}f(T) = 0$$

即

$$T\left(\frac{\partial f(T)}{\partial T}\right)_v - f(T) = 0$$

所以

$$f(T) = CT$$

代入得

$$pv = CT$$

其中 $C$ 为常数。

**【例 11.48】** 试确定在 $p = 300 \times 10^5$ Pa 和 $t = 100\,^\circ\!\text{C}$ 时，氩的绝热节流效应 $\left(\dfrac{\partial T}{\partial p}\right)_h$。假定在 $100\,^\circ\!\text{C}$ 时，氩的焓和压力的关系式为

$$h(p) = h_0 + ap + bp^2$$

式中，$h_0 = 2089.2\,\text{J/mol}$，$a = -5.164 \times 10^{-5}\,\text{J/(mol·Pa)}$，$b = 4.7866 \times 10^{-13}\,\text{J/(mol·Pa}^2\text{)}$。已知 $100\,^\circ\!\text{C}$、$300 \times 10^5$ Pa 下的 $c_p = 27.34\,\text{J/(mol·K)}$。

**解** 因

$$\mu_J = \left(\frac{\partial T}{\partial p}\right)_h = -\frac{1}{\left(\dfrac{\partial p}{\partial T}\right)_T \left(\dfrac{\partial h}{\partial T}\right)_p} = -\frac{\left(\dfrac{\partial h}{\partial p}\right)_T}{\left(\dfrac{\partial h}{\partial T}\right)_p} = -\frac{\left(\dfrac{\partial h}{\partial p}\right)_T}{c_p}$$

又因

$$\left(\frac{\partial h}{\partial p}\right)_T = a + 2bp$$

于是

$$\mu_J = -\frac{a + 2bp}{c_p} = -\frac{(-5.164 \times 10^{-5}) + 4.7866 \times 10^{-13} \times 2 \times 300 \times 10^5}{27.34}$$

$$= 8.383 \times 10^{-7}\,(\text{K/Pa})$$

**【例 11.49】** 在 $25\,^\circ\!\text{C}$ 时，水的摩尔体积由下式确定

$$V_m = 18.066 - 7.15 \times 10^{-4} p + 4.6 \times 10^{-8} p^2\;\text{cm}^3/\text{mol}$$

当压力在 $0.1 \sim 100\,\text{MPa}$ 时，有

$$\left(\frac{\partial V_m}{\partial T}\right)_p = 4.5 \times 10^{-3} + 1.4 \times 10^{-6} p\;\text{cm}^3/(\text{mol·K})$$

求在 $25\,^\circ\!\text{C}$ 下，将 $1\,\text{mol}$ 的水从 $0.1\,\text{MPa}$ 可逆地压缩到 $100\,\text{MPa}$，所需做的功和热力学能的变化量。

**解** 膨胀功为

$$W = \int_{V_{m_1}}^{V_{m_2}} p\,dV_m = \int_{p_1}^{p_2} p(-7.15\times10^{-4}\,dp + 4.6\times10^{-8}\times 2p\,dp)$$

$$= -0.5\times 7.15\times10^{-4}\times(100^2-1) + \frac{2}{3}\times 4.6\times10^{-8}\times(100^3-1)$$

$$= -3.544[(\text{MPa}\cdot\text{cm}^3)/\text{mol}] = -3.544(\text{J}/\text{mol})$$

过程吸收的热量为

$$Q = \int_{S_1}^{S_2} T\,dS = T\int_{S_1}^{S_2} dS$$

$$= T\int_{p_1}^{p_2}\left(\frac{\partial S}{\partial p}\right)_T dp = -T\int_{p_1}^{p_2}\left(\frac{\partial v}{\partial T}\right)_p dp$$

$$= -298\int_1^{100}(4.5\times10^{-3} + 1.4\times10^{-6}p)\,dp$$

$$= -298\times\left[4.5\times10^{-3}\times(100-1) + \frac{1}{2}\times 1.4\times10^{-6}\times(100^2-1)\right]$$

$$= -134.8[(\text{MPa}\cdot\text{cm}^3)/\text{mol}] = -134.8(\text{J}/\text{mol})$$

于是

$$\Delta U = Q - W = -134.8 - (-3.544) = -131.3\,\text{J}/\text{mol}$$

或由

$$dU = T\,ds - p\,dV_m$$

$$= \left[C_{p,m} - p\left(\frac{\partial V_m}{\partial T}\right)_p\right]dT - \left[T\left(\frac{\partial V_m}{\partial T}\right)_p + p\left(\frac{\partial V_m}{\partial p}\right)_T\right]dp$$

在等温过程中

$$\Delta U = -\int_{p_1}^{p_2}\left[T\left(\frac{\partial V_m}{\partial T}\right)_p + p\left(\frac{\partial V_m}{\partial p}\right)_T\right]dp$$

可得同样的结果。

**【例 11.50】** 证明物质的体积变化与体膨胀系数 $\alpha_V$、等温压缩率 $\kappa_T$ 的关系为

$$\frac{dv}{v} = \alpha_V dT - \kappa_T dp$$

**证明** 因 $v = f(p,T)$，则

$$dv = \left(\frac{\partial v}{\partial T}\right)_p dT + \left(\frac{\partial v}{\partial p}\right)_T dp$$

$$\frac{dv}{v} = \frac{1}{v}\left(\frac{\partial v}{\partial T}\right)_p dT + \frac{1}{v}\left(\frac{\partial v}{\partial p}\right)_T dp = \alpha_V dT - \kappa_T dp$$

**讨论**

因为 $\alpha_V$、$\kappa_T$、$\kappa_s$ 可由实验直接测定，所以本章导出的包含偏导数 $\left(\frac{\partial v}{\partial T}\right)_p$、$\left(\frac{\partial v}{\partial p}\right)_T$、$\left(\frac{\partial v}{\partial p}\right)_s$ 的所有方程都可用 $\alpha_V$、$\kappa_T$、$\kappa_s$ 的形式给出。另外，由实验测定热系数后，再积分求取状态方程式，也是由实验得出状态方程式的一种基本方法，如同焦耳-汤姆孙系数 $\mu_J$ 一样。对于固体和液体，其 $\alpha_V$、$\kappa_T$、$\kappa_s$ 一般可由文献查得。

**【例 11.51】** 在一体积为 $30\,\mathrm{m^3}$ 的钢罐中，储有 $0.5\,\mathrm{kg}$ 的氩气，温度保持在 $65\,℃$，试求氩气的压力：(1) 用理想气体状态方程；(2) 用 R-K 方程。

**解** (1) 用理想气体状态方程。

$$p = \frac{mR_gT}{V} = \frac{mRT}{VM} = \frac{0.5\,\mathrm{kg} \times 8.314\,\mathrm{J/(mol \cdot K)} \times 338\,\mathrm{K}}{30\,\mathrm{m^3} \times 17.04 \times 10^{-3}\,\mathrm{kg/mol}} = 2748.56\,\mathrm{Pa}$$

(2) 用 R-K 方程。

查得

$$p_c = 112.8 \times 10^5\,\mathrm{Pa}, \quad T_c = 406\,\mathrm{K}$$

又

$$R_g = \frac{R}{M} = \frac{8.314\,\mathrm{J/(mol \cdot K)}}{17.04 \times 10^{-3}\,\mathrm{kg/mol}} = 487.91\,\mathrm{J/(kg \cdot K)}$$

于是

$$a = 0.4275 R_g^2 T_c^{2.5}/p_c = 29\,965.50$$
$$b = 0.086\,64 R_g T_c/p_c = 0.001\,522$$

又

$$v = \frac{V}{m} = \frac{30\,\mathrm{m^3}}{0.5\,\mathrm{kg}} = 60\,\mathrm{m^3/kg}$$

由 R-K 方程

$$p = \frac{R_g T}{v-b} - \frac{a}{T^{0.5}v(v+b)}$$
$$= \frac{487.91 \times 406}{60 - 0.001\,522} - \frac{29\,965.50}{406^{0.5} \times 60 \times (60 + 0.001\,522)}$$
$$= 3301.19\,(\mathrm{Pa})$$

**【例 11.52】** 体积为 $0.25\,\mathrm{m^3}$ 的容器中，储有 $10\,\mathrm{MPa}$、$-70\,℃$ 的氮气。若加热到 $37\,℃$，试用压缩因子图估算终态的比体积和压力。

**解** 查得氩气的临界参数为

$$p_c = 3.394\,\mathrm{MPa}, \quad T_c = 126.2\,\mathrm{K}$$

所以

$$p_{r1} = \frac{p}{p_c} = \frac{10\,\mathrm{MPa}}{3.394\,\mathrm{MPa}} = 2.95$$
$$T_{r1} = \frac{T}{T_c} = \frac{203\,\mathrm{K}}{126.2\,\mathrm{K}} = 1.61$$

查压缩因子图得

$$Z_1 = 0.85$$

由 $pV = ZmR_gT$ 得

$$m = \frac{p_1 V_1}{Z_1 R_g T_1} = \frac{10 \times 10^6\,\mathrm{Pa} \times 0.25\,\mathrm{m^3}}{0.85 \times 296.8\,\mathrm{J/(kg \cdot K)} \times 203\,\mathrm{K}} = 48.816\,\mathrm{kg}$$

于是
$$v_1 = v_2 = \frac{V}{m} = \frac{0.25\,\text{m}^3}{48.816\,\text{kg}} = 5.12 \times 10^{-3}\,\text{m}^3/\text{kg}$$

由 $T_2 = 310\,\text{K}$ 得
$$T_{r2} = \frac{T_2}{T_c} = \frac{310\,\text{K}}{126.2\,\text{K}} = 2.46$$

由 $v_2$ 可得
$$v_{r2} = \frac{v_2}{v_c} = \frac{v_2 p_c}{R_g T_c} = 0.464$$

由 $T_{r2}, v_{r2}$ 查压缩因子图得
$$P_{r2} = 6.5$$

于是
$$p_2 = P_{r2} p_c = 6.5 \times 3.394\,\text{MPa} = 22.061\,\text{MPa}$$

【例 11.53】 管路中输送 9.5MPa、55℃ 的乙烷。若乙烷在定压下的温度升高到110℃，为保证原来输送的质量流量，试用压缩因子图计算乙烷的流速应提高多少？

**解** 查得乙烷的临界参数为
$$p_c = 48.8 \times 10^5\,\text{Pa},\quad T_c = 305.4\,\text{K}$$

于是
$$p_{r1} = \frac{p_1}{p_c} = 1.95,\quad T_{r1} = \frac{T_1}{T_c} = 1.07$$
$$p_{r2} = p_{r1},\quad T_{r2} = \frac{T_2}{T_c} = 1.25$$

查压缩因子图得
$$Z_1 = 0.37,\quad Z_2 = 0.65$$

由 $pv = ZR_g T$ 得
$$v_1 = \frac{Z_1 R_g T_1}{p_1} = \frac{0.37 \times 8.314\,\text{J}/(\text{mol}\cdot\text{K}) \times 328\,\text{K}}{30.07 \times 10^{-3}\,\text{kg/mol} \times 9.5 \times 10^6\,\text{Pa}}$$
$$= 0.003\,532\,2\,\text{m}^3/\text{kg}$$
$$v_2 = \frac{Z_2 R_g T_2}{p_2} = \frac{0.65 \times 8.314\,\text{J}/(\text{mol}\cdot\text{K}) \times 383\,\text{K}}{30.07 \times 10^{-3}\,\text{kg/mol} \times 9.5 \times 10^6\,\text{Pa}}$$
$$= 0.007\,245\,7\,\text{m}^3/\text{kg}$$

依题意
$$q_{m1} = \frac{c_{f1} A}{v_1} = q_{m2} = \frac{c_{f2} A}{v_2}$$

于是
$$\frac{c_{f2}}{c_{f1}} = \frac{v_2}{v_1} = \frac{0.007\,245\,7\,\text{m}^3/\text{kg}}{0.003\,532\,2\,\text{m}^3/\text{kg}} = 2.05$$

**【例 11.54】** 一容积为 100 m³ 的开口容器，装满 1.0MPa、20℃ 的水，问将容器内的水加热到 90℃ 将会有多少水溢出？（忽略水的汽化，假定加热过程中容器体积不变）

**解** 因 $p_1 = p_2 = 0.1\text{MPa}$ 所对应的饱和温度为 $t_s = 99.634℃, t < t_s$，所以初、终态均处于未饱和水状态。查未饱和水和过热蒸汽表得

$$v_1 = 0.001\,018\,\text{m}^3/\text{kg}$$
$$v_2 = 0.001\,035\,9\,\text{m}^3/\text{kg}$$

于是

$$m_1 = \frac{V}{v_1} = \frac{100\,\text{m}^3}{0.001\,018\,\text{m}^3/\text{kg}} = 99.820 \times 10^3\,\text{kg}$$

$$m_2 = \frac{V}{v_2} = \frac{100\,\text{m}^3}{0.001\,035\,9\,\text{m}^3/\text{kg}} = 96.534 \times 10^3\,\text{kg}$$

水溢出量

$$\Delta m = m_1 - m_2 = 3286\,\text{kg}$$

**【例 11.55】** 两个容积均为 0.001 m³ 的刚性容器，一个充满 1.0MPa 的饱和水，一个储有 1.0MPa 的饱和蒸汽。若发生爆炸，哪个更危险？

**解** 如容器爆炸，刚性容器内工质就快速由 1.0MPa 可逆绝热膨胀到 0.1MPa，过程中做功量为

$$w = -m \cdot \Delta u$$

如图 11.21 所示，此时 1.0MPa 的饱和蒸汽将由状态 $a$ 定熵地膨胀到 0.1MPa 的湿蒸汽状态 $b$，其干度为 $x_b$；而饱和水将由状态 $c$ 定熵地膨胀到 0.1MPa 的湿蒸汽状态 $d$，其干度为 $x_d$。由饱和水和饱和水蒸气表查得的有关参数如表 11.2 所示。

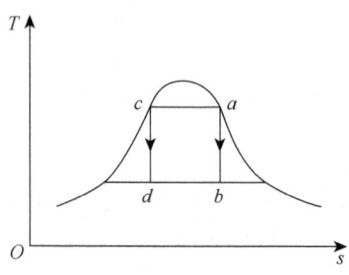

图 11.21　例 11.55 图

表 11.2　例 11.55 附表

| $p$/MPa | $t$/℃ | $v'$/(m³/kg) | $v''$/(m³/kg) | $u'$/(kJ/kg) | $u''$/(kJ/kg) | $s'$/[kJ/(kg·K)] | $s''$/[kJ/(kg·K)] |
|---|---|---|---|---|---|---|---|
| 0.1 | 99.634 | 0.001 043 | 1.694 3 | 417.4 | 2 505.7 | 1.302 8 | 7.358 9 |
| 1.0 | 179.916 | 0.001 127 | 0.194 40 | 761.7 | 2 583.3 | 2.138 8 | 6.585 9 |

（1）对于 1.0MPa 下的饱和蒸汽

$$s_b = s_a = 6.585\,9\,\text{kJ}/(\text{kg}\cdot\text{K})$$
$$= 1.302\,8\,\text{kJ}/(\text{kg}\cdot\text{K}) + x_b(7.358\,9 - 1.302\,8)\,\text{kJ}/(\text{kg}\cdot\text{K})$$

由此可求得
$$x_b = 0.8724$$

相应地
$$u_b = 417.4\,\text{kJ/kg} + 0.8724 \times (2505.7 - 417.4)\,\text{kJ/kg} = 2239.2\,\text{kJ/kg}$$
$$v_b = 0.001\,043\,1\,\text{m}^3/\text{kg} + 0.8724 \times (1.6943 - 0.001\,043\,1)\,\text{m}^3/\text{kg} = 1.478\,\text{m}^3$$

于是
$$u_b - u_a = (2239.2 - 2583.3)\,\text{kJ/kg} = -344.1\,\text{kJ/kg}$$
$$m_b = m_a = \frac{0.001\,\text{m}^3}{0.1944\,\text{m}^3/\text{kg}} = 0.005\,144\,\text{kg}$$

故
$$W = -0.005\,144\,\text{kg} \times (-344.1\,\text{kJ/kg}) = 1.770\,\text{kJ}$$

（2）对于 1.0MPa 下的饱和水
$$s_d = s_c = 2.1388\,\text{kJ} = 1.3028\,\text{kJ/(kg·K)} + x_d(7.3589 - 1.3028)\,\text{kJ/(kg·K)}$$

由此得到
$$x_d = 0.1380$$

相应地
$$u_d = 417.4\,\text{kJ/kg} + 0.1380 \times (2505.7 - 417.4)\,\text{kJ/kg} = 705.9\,\text{kJ/kg}$$
$$v_d = 0.001\,043\,1\,\text{m}^3/\text{kg} + 0.1380 \times (1.6943 - 0.001\,043\,1)\,\text{m}^3/\text{kg} = 0.2347\,\text{m}^3/\text{kg}$$

于是
$$u_d - u_c = (705.9 - 761.7)\,\text{kJ/kg} = -55.8\,\text{kJ/kg}$$
$$m_c = m_d = \frac{0.001\,\text{m}^3}{0.001\,127\,2\,\text{m}^3/\text{kg}} = 0.8872\,\text{kg}$$

故
$$W' = -0.8872\,\text{kg} \times (-55.8\,\text{kJ/kg}) = 49.51\,\text{kJ}$$

对比这两者的结果，可以看出，$W'$ 要比 $W$ 大了 28.0 倍。可见饱和水爆炸时，其危险性更大。

**【例 11.56】** 水蒸气压力 $p = 1.0\,\text{MPa}$ 时，密度 $\rho_1 = 5\,\text{kg/m}^3$。若质量流量 $q_m = 5\,\text{kg/s}$，定温放热量 $\dot{Q} = 6 \times 10^6\,\text{kJ/h}$。求终态参数及做功量。

**解** （1）先求蒸汽的比体积——确定过程的初态。
$$v_1 = \frac{1}{\rho_1} = 0.2\,\text{m}^3/\text{kg}$$

从饱和水和饱和水蒸气表查得 $p_1 = 1.0\,\text{MPa}$，$v_1'' = 0.194\,40\,\text{m}^3/\text{kg}$，显然 $v_1 > v_1''$，故 1 态是过热蒸汽。查未饱和水和过热蒸汽表得
$$t_1 = 189.2\,\text{℃}, \quad s_1 = 6.636\,\text{kJ/(kg·K)}, \quad h_1 = 2800.5\,\text{kJ/kg}$$

（2）因热量已知且系定温过程，故可求过程中熵变化量 $\Delta s$，从而得终态的熵值 $s_2$，再由 $s_2$ 及 $t_2 = t_1$ 来确定终点 2。

因为
$$\dot{Q} = q_m T \Delta s$$

故
$$\Delta s = \frac{\dot{Q}}{q_m T} = \frac{-6 \times 10^6 \, \text{kJ}/3600\text{s}}{5\,\text{kg/s} \times (273+189.2)\text{K}} = -0.72\,\text{kJ/(kg·K)}$$

$$s_2 = s_1 + \Delta s_{12} = (6.636 - 0.72)\,\text{kJ/(kg·K)} = 5.916\,\text{kJ/(kg·K)}$$

按 $t_2 = t_1 = t_{s2}$ 计算，可由 h-s 图中读出有关参数。为使结果较精确，也可以采用计算方法算出终态有关参数。

$$p_2 = p_{s2} = 1.23\,\text{MPa}, x_2 = 0.860$$
$$h_2 = 2509\,\text{kJ/kg}, v_2 = 0.1373\,\text{m}^3/\text{kg}$$

由闭口系能量方程式，得
$$P = Q - q_m \Delta u$$

其中
$$\Delta u = u_2 - u_1 = (h_2 - p_2 v_2) - (h_1 - p_1 v_1)$$
$$= (2509 \times 10^3\,\text{J/kg} - 1.23 \times 10^6\,\text{Pa} \times 0.1373\,\text{m}^3/\text{kg})$$
$$- (2800.5 \times 10^3\,\text{J/kg} - 1.0 \times 10^6\,\text{Pa} \times 0.2\,\text{m}^3/\text{kg})$$
$$= -260.4 \times 10^3\,\text{J/kg}$$
$$= -260.4\,\text{kJ/kg}$$

故
$$P = -6 \times 10^6\,\text{kJ/h} - 5\,\text{kg/s} \times 3600\,\text{s/h} \times (-260.4\,\text{kJ/kg}) = -1313 \times 10^3\,\text{kJ/h}$$

显然做功量为负值，可知本过程为一定温压缩过程。

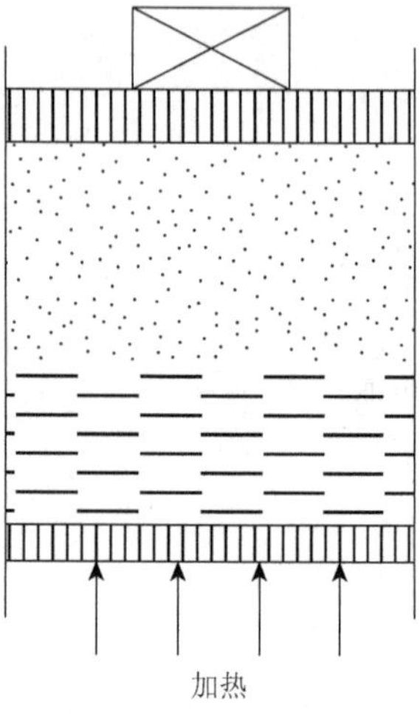

【例 11.57】 如图 11.22 所示，容器中盛有温度为 150℃ 的 0.5kg 水和 4kg 水蒸气，现对容器加热，工质所得热量 $Q = 4000\,\text{kJ}$。试求容器中工质热力学能的变化和工质对外做的膨胀功（设活塞上作用力不变，活塞与外界绝热，并与器壁无摩擦）。

**解** 确定初态的干度
$$x_1 = \frac{m''}{m} = \frac{0.5\,\text{kg}}{(4+0.5)\,\text{kg}} = 0.1111$$

查饱和水和饱和水蒸气表得
$$t_1 = 150℃, p_1 = 0.475\,71\,\text{MPa}$$
$$v_1' = 0.001\,090\,46\,\text{m}^3/\text{kg}, v_1'' = 0.392\,86\,\text{m}^3/\text{kg}$$
$$h_1' = 632.28\,\text{kJ/kg}, h_1'' = 2746.35\,\text{kJ/kg}$$

计算得
$$h_1 = h_1' + x_1(h_1'' - h_1') = 867.2\,\text{kJ/kg}$$
$$v_1 = v_1' + x_1(v_1'' - v_1') = 0.044\,62\,\text{m}^3/\text{kg}$$

图 11.22 例 11.57 图

确定终态参数。因过程为定压过程，则 $Q = m(h_2 - h_1)$，于是

$$h_2 = \frac{Q}{m} + h_1 = \frac{4000\,\text{kJ}}{4.5\,\text{kg}} + 867.2\,\text{kJ/kg} = 1756.1\,\text{kJ/kg}$$

由饱和水和饱和水蒸气表查得：$p_2 = p_1 = p_s = 0.4757\,\text{MPa}$ 时

$$v_2' = 0.001\,090\,\text{m}^3/\text{kg}, \quad v_2'' = 0.3929\,\text{m}^3/\text{kg}$$
$$h_2' = 632.2\,\text{kJ/kg}, \quad h_2'' = 2746\,\text{kJ/kg}$$

因 $h' < h_2 < h_2''$，所以 2 态处于两相区

$$x_2 = \frac{h_2 - h_2'}{h_2'' - h_2'} = 0.5317$$
$$v_2 = v_2' + x_2(v_2'' - v_2') = 0.2094\,\text{m}^3/\text{kg}$$

于是
$$\Delta u = u_2 - u_1 = (h_2 - p_2 v_2) - (h_1 - p_1 v_1)$$

代入上列相应数值得
$$\Delta u = 810.5\,\text{kJ/kg}$$
$$\Delta U = m\Delta u = 3647.3\,\text{kJ}$$

工质所做的功
$$w = \int p\,\mathrm{d}V = p(V_2 - V_1) = mp(v_2 - v_1)$$

或根据闭口系能量方程得
$$W = Q - \Delta U = 352.7\,\text{kJ}$$

**讨论**

求解该题的关键，一是正确判断系统中哪个参数不变；二是根据已知条件求得确定两个状态的独立参数，例如，1 态的 $x_1$ 确定，及 2 态的 $p_2$ 和 $h_2$ 确定。

**【例 11.58】** 一台 10 m³ 汽包，盛有 2MPa 的汽水混合物，开始时，水占容积的一半。如由底部阀门排走 300kg 水，为了使汽包内汽水混合物的温度保持不变，需要加入多少热量？如果从顶部阀门放汽 300kg，条件如前，那又要加入多少热量？

**解** （1）确定初态的独立变量 $x_1$ 及其他状态参数。

查表有 $p_1 = 2\,\text{MPa}$ 时

$$v' = 0.001\,176\,6\,\text{m}^3/\text{kg}$$
$$v'' = 0.099\,53\,\text{m}^3/\text{kg}$$
$$h' = 908.6\,\text{kJ/kg}$$
$$h'' = 2797.4\,\text{kJ/kg}$$

初态蒸汽的质量为
$$m_1'' = \frac{V/2}{v''} = \frac{5\,\text{m}^3}{0.099\,53\,\text{m}^3/\text{kg}} = 50.24\,\text{kg}$$

初态饱和水的质量为
$$m_1' = \frac{V/2}{v'} = \frac{5\,\text{m}^3}{0.001\,176\,6\,\text{m}^3/\text{kg}} = 4249.53\,\text{kg}$$

总质量
$$m_1 = m_1'' + m_1' = 4299.8\,\text{kg}$$

对整个系统，其干度为
$$x_1 = \frac{m_1''}{m_1} = \frac{50.24\,\text{kg}}{4299.8\,\text{kg}} = 0.01168$$

$$v_1 = \frac{V}{m_1} = \frac{10\,\text{m}^3}{4299.8\,\text{kg}} = 0.002326\,\text{m}^3/\text{kg}$$

$$h_1 = h' + x_1(h'' - h') = 930.66\,\text{kJ/kg}$$

或根据 $p_1 = 2\,\text{MPa}$ 时，$x_1 = 0.01168$ 直接查 h-s 图得 $v_1, h_1$。

（2）确定终态的 $x_2$ 及其他状态参数。

放水（或汽）以后，整个系统
$$m_2 = m_1 - 300\,\text{kg} = 3999.8\,\text{kg}$$

$$v_2 = \frac{V}{m_2} = \frac{10\,\text{m}^3}{3999.8\,\text{kg}} = 0.0025\,\text{m}^3/\text{kg}$$

由于过程保持温度不变，对于湿饱和蒸汽，则压力不变。因此 $p_1 = 2\,\text{MPa}$ 时的饱和水和干饱和蒸汽的参数也是终态 2 所对应的饱和参数。

$$x_2 = \frac{v_2 - v'}{v'' - v'} = \frac{(0.0025 - 0.0011766)\,\text{m}^3/\text{kg}}{(0.09953 - 0.0011766)\,\text{m}^3/\text{kg}} = 0.01346$$

$$h_2 = h' + x_2(h'' - h') = 934\,\text{kJ/kg}$$

（3）求加入的热量。

根据热力学第一定律
$$Q = \Delta E_{\text{CV}} + m_{\text{out}} h_{\text{out}} - m_{\text{in}} h_{\text{in}} + W$$

又
$$\begin{aligned}\Delta E_{\text{CV}} &= m_2 u_2 - m_1 u_1 = m_2(h_2 - p_2 v_2) - m_1(h_1 - p_1 v_1)\\ &= 3999.8\,\text{kg} \times (934 \times 10^3\,\text{J/kg} - 2 \times 10^6 \times 0.0025\,\text{m}^3/\text{kg})\\ &\quad - 4299.8\,\text{kg} \times (930.66 \times 10^3\,\text{J/kg} - 2 \times 10^6 \times 0.002326\,\text{m}^3/\text{kg})\\ &= -265853 \times 10^3\,\text{J} = -265853\,\text{kJ}\end{aligned}$$

若放水
$$Q = \Delta E_{\text{CV}} + m_{\text{out}} h' = -265853\,\text{kJ} + 300\,\text{kg} \times 908.6\,\text{kJ/kg} = 6745\,\text{kJ}$$

若放汽
$$Q = \Delta E_{\text{CV}} + m_{\text{out}} h'' = -265853\,\text{kJ} + 300\,\text{kg} \times 2797.4\,\text{kJ/kg} = 5.743 \times 10^5\,\text{kJ}$$

求加入的热量还可按如下方法。

终态蒸汽质量为
$$m_2'' = x_2 m_2 = 58.34\,\text{kg}$$

终态水的质量为
$$m_2' = m_2 - m_2'' = 3999.8\,\text{kg} - 53.84\,\text{kg} = 3945.9\,\text{kg}$$

过程中蒸汽的产生量
$$\Delta m'' = 53.84\,\text{kg} - 50.24\,\text{kg} = 3.6\,\text{kg}$$

于是过程中需加入的热量,若放走水,则
$$Q = \Delta m''_r = \Delta m''(h'' - h') = 3.6 \text{kg} \times 1888.8 \text{kJ/kg} = 6799 \text{kJ}$$
若放走汽,则
$$Q = (\Delta m'' + 300 \text{kg})r = 303.6 \text{kg} \times 1888.8 \text{kJ/kg} = 5.734 \times 10^5 \text{kJ}$$

**【例 11.59】** 图 11.23 所示的绝热刚性容器被一绝热隔板分成两部分。一部分存在氧气 2 kmol,$p_{O_2} = 5 \times 10^5 \text{Pa}$,$T_{O_2} = 300 \text{K}$;另一部分有 3 kmol 二氧化碳,$p_{CO_2} = 3 \times 10^5 \text{Pa}$,$T_{CO_2} = 400 \text{K}$。现将隔板抽去,使氧气与二氧化碳均匀混合。求混合气体的压力 $p'$ 和温度 $T'$ 以及热力学能、焓和熵的变化。按定值比热进行计算。

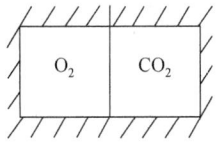

图 11.23 例 11.59 图

**解** (1) 求混合气体的温度 $T'$。

取整个容器为系统,按题意系统为孤立系,抽出隔板前后
$$Q = 0, \quad W = 0$$
根据 $Q = \Delta U + W$,得到 $\Delta U = 0$。
即
$$\Delta U_{O_2} + \Delta U_{CO_2} = 0$$
$$n_{O_2} C_{V,m,O_2}(T' - T_{O_2}) + n_{CO_2} C_{V,m,CO_2}(T' - T_{CO_2}) = 0$$
$$2 \times 10^3 \text{mol} \times \frac{5}{2} \times 8.314 \text{J/(kg·K)}(T' - 300 \text{K}) +$$
$$3 \times 10^3 \text{mol} \times \frac{7}{2} \times 8.314 \text{J/(kg·K)}(T' - 400 \text{K}) = 0$$
解得
$$T' = 367.7 \text{K}$$

(2) 求混合气体的压力 $p'$。
$$p' = \frac{nRT'}{V} = \frac{(n_{O_2} + n_{CO_2})RT'}{n_{O_2}RT_{O_2}/p_{O_2} + n_{CO_2}RT_{CO_2}/p_{CO_2}}$$
$$= \frac{(2+3) \times 10^3 \text{mol} \times 367.7 \text{K}}{2 \times 10^3 \text{mol} \times 300 \text{K}/(5 \times 10^5) \text{Pa} + 3 \times 10^3 \text{mol} \times 400 \text{K}/(3 \times 10^5) \text{Pa}}$$
$$= 3.54 \times 10^5 \text{Pa}$$

(3) 热力学能变化为 $\Delta U = 0$。

(4) 求焓的变化。
$$\Delta H = \Delta H_{O_2} + \Delta H_{CO_2}$$
$$= n_{O_2} C_{p,m,O_2}(T' - T_{O_2}) + n_{CO_2} C_{p,m,CO_2}(T' - T_{CO_2})$$
$$= 2 \times 10^3 \text{mol} \times \frac{7}{2} \times 8.314 \text{J/(kg·K)} \times (367.7 \text{K} - 300 \text{K})$$
$$+ 3 \times 10^3 \text{mol} \times \frac{9}{2} \times 8.314 \text{J/(kg·K)} \times (367.7 \text{K} - 400 \text{K})$$
$$= 314.7 \times 10^3 \text{J} = 314.7 \text{kJ}$$

(5) 求熵的变化。

混合后氧气和二氧化碳的分压力分别为

$$p'_{O_2} = x_{O_2} p' = \frac{2}{5} \times 3.54 \times 10^5 \text{ Pa} = 1.416 \times 10^5 \text{ Pa}$$

$$p'_{CO_2} = x_{CO_2} p' = \frac{3}{5} \times 3.54 \times 10^5 \text{ Pa} = 2.124 \times 10^5 \text{ Pa}$$

于是熵变

$$\begin{aligned}\Delta S &= n_{O_2}(\Delta S_m)_{O_2} + n_{CO_2}(\Delta S_m)_{CO_2} \\ &= n_{O_2}\left[C_{p,m,O_2}\ln\frac{T'}{T_{O_2}} - R\ln\frac{p'_{O_2}}{p_{O_2}}\right] + n_{CO_2}\left[C_{p,m,CO_2}\ln\frac{T'}{T_{CO_2}} - R\ln\frac{p'_{CO_2}}{p_{CO_2}}\right] \\ &= 2\times 10^3 \text{ mol}\times\left[\frac{7}{2}\times 8.314 \text{ J/(mol·K)}\ln\frac{367.7\text{ K}}{300\text{ K}} - 8.314 \text{ J/(mol·K)}\ln\frac{1.416\times 10^5\text{ Pa}}{5\times 10^5\text{ Pa}}\right] \\ &\quad + 3\times 10^3 \text{ mol}\times\left[\frac{9}{2}\times 8.314 \text{ J/(mol·K)}\ln\frac{367.7\text{ K}}{400\text{ K}} - 8.314 \text{ J/(mol·K)}\ln\frac{2.124\times 10^5\text{ Pa}}{3\times 10^5\text{ Pa}}\right] \\ &= 31.983\times 10^3 \text{ J/K} = 31.983 \text{ kJ}\end{aligned}$$

**讨论**

(1) 理想气体焓的计算，也可以先分别求得混合物的焓值，再相减得到，即

$$\begin{aligned}\Delta H &= H' - (H_{O_2} + H_{CO_2}) \\ &= nC_{p,m}T' - n_{O_2}C_{p,m,O_2}T_{O_2} - n_{CO_2}C_{p,m,CO_2}T_{CO_2}\end{aligned}$$

其中，$C_{p,m} = x_{O_2}C_{p,m,O_2} + x_{CO_2}C_{p,m,CO_2}$。显然该种方法较例题中的复杂，理想气体热力学能和熵的计算也一样。所以，当混合气体进行的热力过程成分不变化，且按定值比热计算时，建议采用例题所用的方法求热力参数的变化量，即分别求得各组分气体的 $\Delta U_i$、$\Delta H_i$ 及 $\Delta S_i$ 后再求和；但若成分发生变化，或要求用比较准确的平均比热计算，则只能先分别求得混合物初、终态的极值后再相减求得变化量。

(2) 该题若是同温、同压下的不同气体相混合，所求各量又怎样呢？可以证明，此时 $\Delta T = 0, \Delta p = 0, \Delta U = 0, \Delta S > 0$。

**【例 11.60】** 某种由甲烷和氮气组成的天然气，已知其摩尔分数 $x_{CH_4} = 70\%$，$x_{N_2} = 30\%$。现将它从 1MPa、220K 可逆绝热压缩到 10MPa。试计算该过程的终态温度、熵变化以及各组成气体的熵变。设该混合气体可按定值比热理想混合气体计算；已知甲烷的摩尔定压比热 $C_{p,m,CH_4} = 35.72 \text{ J/(mol·K)}$，氮气的摩尔定压比热 $C_{p,m,N_2} = 29.08 \text{ J/(mol·K)}$。

**解** (1) 求终态温度。

混合气体的摩尔定压比热为

$$\begin{aligned}C_{p,m} &= \sum_i x_i C_{p,m,i} = x_{CH_4}C_{p,m,CH_4} + x_{N_2}C_{p,m,N_2} \\ &= (0.7\times 35.72 + 0.3\times 29.08) \text{ J/(mol·K)} \\ &= 33.728 \text{ J/(mol·K)}\end{aligned}$$

混合气体的绝热指数为

$$\kappa = \frac{C_{p,m}}{C_{V,m}} = \frac{C_{p,m}}{C_{p,m} - R} = \frac{33.728 \, \text{J/(mol·K)}}{33.728 \, \text{J/(mol·K)} - 8.314 \, \text{J/(mol·K)}} = 1.327$$

终态温度 $T_2$ 为

$$T_2 = T_1 \left(\frac{p_2}{p_1}\right)^{(\kappa-1)/\kappa} = 220\text{K} \times \left(\frac{10\,\text{MPa}}{1\,\text{MPa}}\right)^{(1.327-1)/1.327} = 388.01\,\text{K}$$

（2）求各组成气体及混合气体的熵变。

$$\Delta S_{m,\text{CH}_4} = C_{p,m,\text{CH}_4} \ln\frac{T_2}{T_1} - R \ln\frac{p_{\text{CH}_4,2}}{p_{\text{CH}_4,1}}$$

$$= 35.72\,\text{J/(mol·K)} \ln\frac{388.01\,\text{K}}{220\,\text{K}} - 8.314\,\text{J/(mol·K)} \ln\frac{7 \times 10^6\,\text{Pa}}{0.7 \times 10^6\,\text{Pa}}$$

$$= 1.124\,\text{J/(mol·K)}$$

$$\Delta S_{m,\text{N}_2} = C_{p,m,\text{N}_2} \ln\frac{T_2}{T_1} - R \ln\frac{p_{\text{N}_2,2}}{p_{\text{N}_2,1}}$$

$$= 29.08\,\text{J/(mol·K)} \ln\frac{388.01\,\text{K}}{220\,\text{K}} - 8.314\,\text{J/(mol·K)} \ln\frac{3 \times 10^6\,\text{Pa}}{0.3 \times 10^6\,\text{Pa}}$$

$$= -2.644\,\text{J/(mol·K)}$$

混合气体熵变化

$$\Delta S_m = \sum_i x_i \Delta S_{m,i} = x_{\text{CH}_4} \Delta S_{m,\text{CH}_4} + x_{\text{N}_2} \Delta S_{m,\text{N}_2}$$

$$= [0.7 \times 1.124 + 0.3 \times (-2.644)]\,\text{J/(mol·K)}$$

$$= (0.79 - 0.79)\,\text{J/(mol·K)}$$

$$= 0$$

**讨论**

（1）混合气体的熵变为零，这与可逆绝热是一等熵过程的结论一致。

（2）由于 $\kappa_{\text{N}_2} > \kappa > \kappa_{\text{CH}_4}$，而混合气体在过程中的 $T, p$ 关系是按 $Tp^{(1-\kappa)/\kappa} = C$ 变化的。因此，就混合气体而言，它所经历的虽是一可逆绝热过程，但对其中的组元 $N_2$ 来说，它经历的过程相当于一可逆的放热过程（放热给 $CH_4$），因而其熵减小；而对其中的组元 $CH_4$ 来说，它经历的过程相当于一可逆吸热过程，故熵增加。但整个系统（混合气体在该可逆过程期间与外界是绝热的，因而混合气体的熵值不变）熵值不变。

（3）只有在 $\kappa_{\text{N}_2} = \kappa = \kappa_{\text{CH}_4}$ 时，各组成气体的熵变化才与混合气体的熵变化一样，都等于零。

【**例 11.61**】 $CO_2$ 与 $N_2$ 的混合物为 2kg，其中 $CO_2$ 的质量分数为 $w_{\text{CO}_2} = 0.4$，由 $p=0.8\,\text{MPa}$ 进行可逆绝热膨胀至 $p_2$，后经再热器定压加热至 $T_3 = T_1 = 1000\,\text{K}$，加热量为 460kJ，然后经可逆绝热过程膨胀至 $p_4 = 0.1\,\text{MPa}$。

（1）求膨胀过程的技术功；
（2）若再热器热源温度为 $t_{\text{HR}} = 900°C$，试求不可逆传热引起的熵产。

按定值比热计算，$c_{p,\text{CO}_2} = 0.845\,\text{kJ/(kg·K)}$，$c_{p,\text{N}_2} = 1.04\,\text{kJ/(kg·K)}$。

**解** （1）先求混合气体的物性参数。

$$c_p = \sum_i w_i c_{p,i} = w_{CO_2} c_{p,CO_2} + w_{N_2} c_{p,N_2} = (0.4 \times 0.845 + 0.6 \times 1.04)\,\text{kJ/(kg·K)}$$
$$= 0.962\,\text{kJ/(kg·K)}$$
$$R_g = \sum_i w_i R_{g,i} = w_{CO_2} R_{g,CO_2} + w_{N_2} R_{g,N_2}$$
$$= \left(0.4 \times \frac{8.314\,\text{J/(mol·K)}}{44 \times 10^{-3}\,\text{kg/mol}} + 0.6 \times \frac{8.314\,\text{J/(mol·K)}}{28 \times 10^{-3}\,\text{kg/mol}}\right)$$
$$= 0.254\,\text{kJ/(kg·K)}$$
$$c_V = c_p - R_g = (0.962 - 0.254)\,\text{kJ/(kg·K)}$$
$$\kappa = \frac{c_p}{c_V}$$

再求状态 2 点的温度，由
$$Q_{23} = mc_p(T_3 - T_2) = mc_p(T_1 - T_2)$$

得
$$T_2 = T_1 - \frac{Q}{mc_p} = 1000\,\text{K} - \frac{460 \times 10^3\,\text{J}}{2\,\text{kg} \times 962\,\text{J/(kg·K)}} = 760.9\,\text{K}$$

则
$$p_2 = p_1\left(\frac{T_2}{T_1}\right)^{\kappa/(\kappa-1)} = 0.8 \times 10^6\,\text{Pa} \times \left(\frac{760.9\,\text{K}}{1000\,\text{K}}\right)^{1.36/0.36} = 0.285 \times 10^6\,\text{Pa}$$
$$T_4 = T_3\left(\frac{p_4}{p_3}\right)^{(\kappa-1)/\kappa} = 1000\,\text{K} \times \left(\frac{0.1 \times 10^6\,\text{Pa}}{0.285 \times 10^6\,\text{Pa}}\right)^{0.36/1.36} = 757.9\,\text{K}$$

于是，两个可逆绝热膨胀过程共做技术功为
$$W_t = W_{t,12} + W_{t,34} = mc_p[(T_1 - T_2) + (T_3 - T_4)]$$
$$= 2 \times 962\,\text{J/(kg·K)} \times [(1000 - 760.9)\,\text{K} + (1000 - 757.9)\,\text{K}]$$
$$= 925.8\,\text{kJ}$$

（2）求传热过程 2-3 引起的熵产。
热源熵的变化
$$\Delta S_{HR} = \frac{Q}{T_{HR}} = \frac{-460\,\text{kJ}}{(900 + 273)\,\text{K}} = -0.392\,\text{kJ/K}$$

过程 2-3 混合气体熵的变化
$$\Delta S = mc_p \ln\frac{T_3}{T_2} = 2\,\text{kg} \times 962\,\text{J/(kg·K)} \ln\frac{1000\,\text{K}}{760.9\,\text{K}}$$
$$= 0.526 \times 10^3\,\text{J/K}$$
$$= 0.526\,\text{kJ/K}$$

故不可逆传热引起的熵产
$$\Delta S_g = \Delta S_{HR} + \Delta S = 0.134\,\text{kJ/K}$$

**讨论**

将混合气体等价成某一纯质看待，关键就是求出混合气体的物性参数，之后它就完全等价于纯质的求解方法。

【**例 11.62**】 当地当时大气压力为 0.1MPa，空气温度为 30℃，相对湿度为 60%，试分别用解析法和焓湿图求湿空气的露点 $t_d$、含湿量 $d$、水蒸气分压力 $p_V$ 及焓 $h$。

**解** 水蒸气分压力

$$p_V = \varphi p_s$$

查饱和水和饱和水蒸气表得

$$t = 30℃, \quad p_s = 4.246 \text{kPa}$$

因而

$$p_V = 0.6 \times 4.246 \text{kPa} = 2.548 \text{kPa}$$

露点温度是与 $p_V$ 相应的饱和温度，查饱和水和饱和水蒸气表得

$$t_d = t_s(p_V) = 21.3℃$$

含湿量

$$d = 0.622 \frac{p_V}{p - p_V} = 0.622 \times \frac{2.548 \text{kPa}}{100 \text{kPa} - 2.548 \text{kPa}} = 1.626 \times 10^{-2} \text{kg/kg}$$

湿空气的焓

$$h = 1.005t + d(2501 + 1.86t) = 1.005 \times 30 + 1.626 \times 10^{-2}(2501 + 1.86 \times 30)$$
$$= 71.72 [\text{kJ/(kg·K)}]$$

【**例 11.63**】 某储气筒内装有压缩氮气，压力 $p_1 = 3.0$MPa，当地大气温度 $t_0 = 27℃$，压力 $p_0 = 100$kPa，相对湿度 $\varphi = 60\%$。打开储气筒，筒内气体进行绝热膨胀，试问压力为多少时，筒表面开始出现露滴？假定筒表面与筒内气体温度一致。

**解** 储气筒打开后，筒内气体将进行绝热膨胀，温度降低，若降到大气露点温度值以下，则会在筒表面出现空气结露现象。所以必须先求得湿空气的露点温度。由 $t_0 = 27℃$ 查饱和水和饱和水蒸气表得 $p_s = 3.569$kPa，于是湿空气总水蒸气的分压力为

$$p_V = \varphi p_s = 0.6 \times 3.569 \text{kPa} = 2.141 \text{kPa}$$

查饱和水和饱和水蒸气表得露点温度

$$t_d = t_s(p_V) = 18.58℃$$

氮气膨胀到此温度 $t_2 = t_d = t_s(p_V) = 18.58℃$ 时，所对应的压力为

$$p_2 = p_1 \left(\frac{T_2}{T_1}\right)^{\kappa/(\kappa-1)} = 3.0 \text{MPa} \times \left[\frac{(273 + 18.58)\text{K}}{(273 + 27)\text{K}}\right]^{1.4/0.4} = 2.72 \text{MPa}$$

故当筒内压力小于等于 2.72MPa 时，筒表面有露滴出现。

【**例 11.64**】 将压力为 0.1MPa、温度为 0℃、相对湿度为 60%的湿空气经多变压缩（$n=1.25$）至 60℃，若湿空气压缩过程按理想气体处理，试求压缩终了湿空气的相对湿度。

**解** 由已知条件可求得初始状态湿空气的含湿量为

$$d_1 = 0.622 \frac{\varphi p_s}{p_1 - \varphi p_s}$$

查饱和水和饱和水蒸气表得 $t_1 = 0℃$ 时，$p_{s1} = 0.0006112$MPa，于是

$$d_1 = 0.622 \times \frac{0.6 \times 0.000\,612\,\text{MPa}}{0.1\text{MPa} - 0.6 \times 0.000\,612\,\text{MPa}} = 0.002\,29\,\text{kg/kg}$$

压缩终了的压力为

$$p_2 = p_1 \left(\frac{T_2}{T_1}\right)^{n/(n-1)} = 0.1\text{MPa} \times \left[\frac{333\text{K}}{273\text{K}}\right]^{1.25/0.25} = 0.270\,\text{MPa}$$

终态时，$t_2 = 60℃$ 所对应的水蒸气 $p_{s2} = 0.019\,933\,\text{MPa}$，此时若 $\varphi = 100\%$，则

$$d_2' = 0.622 \frac{p_{s2}}{p_2 - p_{s2}} = 0.622 \times \frac{0.019\,933\,\text{MPa}}{0.270\,\text{MPa} - 0.019\,933\,\text{MPa}} = 0.049\,58\,\text{kg/kg（干空气）}$$

$d_2' > d_1$ 这是不可能的，可见 $\varphi_2 < 100\%$，于是由

$$d_2 = d_1 = 0.622 \frac{\varphi_2 p_{s2}}{p_2 - \varphi_2 p_{s2}} = 0.002\,29\,\text{kg/kg}$$

解得

$$\varphi_2 = 4.97\%$$

**讨论**

通常湿空气所进行的过程总压不变。但此题是一变压过程，因此虽然经分析 1-2 过程是一等含湿量过程，终态的独立变量 $p_2$、$t_2$、$d_2$ 全部确定，但不能与初态在同一 h-d 图上去查取 $\varphi_2$ 值。

**【例 11.65】** 压力为 100kPa、温度为 30℃、相对湿度为 60%的湿空气经绝热节流至 50kPa，试求节流后的相对湿度。湿空气按理想气体处理；30℃时水蒸气的饱和压力为 42.45kPa。

**解** 据热力学第一定律，绝热节流过程

$$h_2 = h_1$$

又湿空气可作为理想气体处理，则上式即为

$$T_1 = T_2$$

于是

$$p_{s2} = p_{s1} = 42.45\,\text{kPa}$$

根据

$$d_2 = d_1 = 0.622 \frac{\varphi_1 p_{s1}}{p_1 - \varphi_1 p_{s1}} = 0.622 \frac{\varphi_2 p_{s2}}{p_2 - \varphi_2 p_{s2}}$$

即

$$\frac{0.6}{100\text{kPa} - 0.6 \times 42.45\text{kPa}} = \frac{\varphi_2}{50\text{kPa} - \varphi_2 42.45\text{kPa}}$$

解得

$$\varphi_2 = 30.0\%$$

**【例 11.66】** 两股湿空气在绝热流动过程中混合，一股 $t_1 = 20℃, \varphi_1 = 30\%$，所含干空气的质量流量 $q_{m1,a} = 25\,\text{kg/min}$,；另一股 $t_2 = 30℃, \varphi_2 = 60\%$，$q_{m2,a} = 40\,\text{kg/min}$。若所处压力为 0.1MPa，试分别用解析法和图解法求混合后空气的相对湿度、温度和含湿量。

**解** 混合过程干空气质量守恒

$$q_{m1,a} + q_{m2,a} = q_{m3,a} \tag{11.12}$$

则
$$q_{m3,a} = (25+40)\,\text{kg/min} = 65\,\text{kg/min}$$

查饱和水和饱和水蒸气表得
$$t_1 = 20\,℃, \quad p_{s1} = 0.002\,337\,\text{MPa}$$
$$t_2 = 30\,℃, \quad p_{s2} = 0.004\,241\,\text{MPa}$$

则
$$\begin{aligned}d_1 &= 0.622\frac{\varphi_1 p_{s1}}{p_b - \varphi_1 p_{s1}} \\ &= 0.622\frac{0.3 \times 2337\,\text{Pa}}{0.1\times 10^6\,\text{Pa} - 0.3\times 2337\,\text{Pa}} \\ &= 0.004\,392\,\text{kg/kg（干空气）}\end{aligned}$$

$$\begin{aligned}d_2 &= 0.622\frac{\varphi_2 p_{s2}}{p_b - \varphi_2 p_{s2}} \\ &= 0.622\frac{0.6 \times 4241\,\text{Pa}}{0.1\times 10^6\,\text{Pa} - 0.6\times 4241\,\text{Pa}} \\ &= 0.016\,24\,\text{kg/kg（干空气）}\end{aligned}$$

据质量守恒有
$$q_{m1,a}d_1 + q_{m2,a}d_2 = q_{m3,a}d_3 \tag{11.13}$$

于是
$$\begin{aligned}d_3 &= \frac{q_{m1,a}d_1 + q_{m2,a}d_2}{q_{m3,a}} \\ &= \frac{25\,\text{kg/min} \times 0.004\,392\,\text{kg/kg} + 40\,\text{kg/min} \times 0.016\,24\,\text{kg/kg}}{65\,\text{kg/min}} \\ &= 0.011\,68\,\text{kg/kg（干空气）}\end{aligned}$$

状态 1、2 点的焓值分别为
$$h_1 = 1.005 t_1 + d_1(2501 + 1.86 t_1) = 31.25\,\text{kJ/kg （干空气）}$$
$$h_2 = 1.005 t_2 + d_2(2501 + 1.86 t_2) = 71.67\,\text{kJ/kg （干空气）}$$

绝热混合过程的能量方程为
$$q_{m1,a}h_1 + q_{m2,a}h_2 = q_{m3,a}h_3 \tag{11.14}$$

得
$$\begin{aligned}h_3 &= \frac{q_{m1,a}h_1 + q_{m2,a}h_2}{q_{m3,a}} \\ &= \frac{25\,\text{kg/min} \times 31.25\,\text{kJ/kg} + 40\,\text{kg/min} \times 71.67\,\text{kJ/kg}}{65\,\text{kg/min}} \\ &= 56.12\,\text{kJ/min}\end{aligned}$$

由

$$h_3 = 1.005t_3 + d_3(2501 + 1.86t_3)$$

得

$$t_3 = \frac{h_3 - 2501d_3}{1.005 + 1.86d_3} = 26.20\text{°C}$$

查饱和水和饱和水蒸气表，内插得

$$p_{s3} = 0.0035\,\text{MPa}$$

由

$$d_3 = 0.622\frac{\varphi_3 p_{s3}}{p_b - \varphi_3 p_{s3}}$$

解得

$$\varphi_3 = \frac{d_3 p_b}{(0.622 + d_3)p_{s3}} = 52.7\%$$

【例 11.67】 由不变气源来的压力 $p_1 = 1.5\,\text{MPa}$、温度 $t_1 = 27\text{°C}$ 的空气，流经一喷管进入压力保持在 $p_b = 0.6\,\text{MPa}$ 的某装置中，若流过喷管的流量为 3kg/s，来流速度可忽略不计，试设计该喷管。若来流速度 $c_{f1} = 100\,\text{m/s}$，其他条件不变，则喷管出口流速及截面积为多少？

**解** （1）这是一典型的喷管设计问题，可按设计步骤进行。

①求滞止参数。

因 $c_{f1} = 0$，所以初始状态即可认为是滞止状态，则

$$p_1 = p_0, \quad T_0 = T_1 = 300\,\text{K}$$

选型

$$\frac{p_b}{p_0} = \frac{0.6\,\text{MPa}}{1.5\,\text{MPa}} = 0.4 < \gamma_{cr} = 0.528$$

所以，为了使气体在喷管内实现完全膨胀，需选缩放喷管，则 $p_2 = p_b = 0.6\,\text{MPa}$。

求临界截面及出口截面参数（状态参数及流速）

$$p_{cr} = \gamma_{cr} p_0 = 0.528 \times 1.5\,\text{MPa} = 0.792\,\text{MPa}$$

$$T_{cr} = T_0 \left(\frac{p_{cr}}{p_0}\right)^{(\kappa-1)/\kappa} = 300\,\text{K} \times \left(\frac{0.792\,\text{MPa}}{1.5\,\text{MPa}}\right)^{0.4/1.4} = 250.0\,\text{K}$$

$$v_{cr} = \frac{R_g T_{cr}}{p_{cr}} = \frac{287\,\text{J/(kg·K)} \times 250.0\,\text{K}}{0.792 \times 10^6\,\text{Pa}} = 0.090\,59\,\text{m}^3/\text{kg}$$

$$c_{f,cr} = \sqrt{\kappa R_g T_{cr}} = \sqrt{1.4 \times 287\,\text{J/(kg·K)} \times 250.0\,\text{K}} = 316.9\,\text{m/s}$$

或

$$c_{f,cr} = \sqrt{2c_p(T_0 - T_{cr})}$$

第 11 章 考研复习试题精讲

$$p_2 = p_b = 0.6\,\text{MPa}$$

$$T_2 = T_0\left(\frac{p_2}{p_0}\right)^{(\kappa-1)/\kappa} = 300\,\text{K} \times \left(\frac{0.6\,\text{MPa}}{1.5\,\text{MPa}}\right)^{0.4/1.4} = 230.9\,\text{K}$$

$$v_2 = \frac{R_g T_2}{p_2} = \frac{287\,\text{J/(kg·K)} \times 230.9\,\text{K}}{0.6 \times 10^6\,\text{Pa}} = 0.1104\,\text{m}^3/\text{kg}$$

$$c_{f2} = \sqrt{2c_p(T_0 - T_2)} = \sqrt{2 \times 1004\,\text{J/(kg·K)} \times (300 - 230.9)\,\text{K}}$$
$$= 372.6\,\text{m/s}$$

②求临界截面积和出口截面积及渐扩段长度。

$$A_{\text{cr}} = \frac{q_m v_{\text{cr}}}{c_{f,\text{cr}}} = \frac{3\,\text{kg/s} \times 0.090\,59\,\text{m}^3/\text{kg}}{316.9\,\text{m/s}}$$
$$= 8.576\,\text{cm}^2$$

$$A_2 = \frac{q_m v_2}{c_{f2}} = \frac{3\,\text{kg/s} \times 0.1104\,\text{m}^3/\text{kg}}{372.6\,\text{m/s}}$$
$$= 8.889\,\text{cm}^2$$

取顶锥角 $\varphi = 10°$

$$l = \frac{d_2 - d_{\min}}{2\tan\varphi/2} = \frac{\sqrt{4 \times 8.889 \times 10^{-4}\,\text{m}^2/3.14} - \sqrt{4 \times 8.576 \times 10^{-4}\,\text{m}^2/3.14}}{2\tan 5}$$
$$= 0.343 \times 10^{-2}\,\text{m} = 0.343\,\text{cm}$$

（2）当 $c_{f1} \neq 0$ 时，$p_1 \neq p_0$，$p_0$ 将增大，则 $\dfrac{p_b}{p_0}$ 减小，说明选用缩放喷管仍可行，否则要重新选型。这时的滞止参数为

$$T_0 = T_1 + \frac{c_{f1}^2}{2c_p} = 300\,\text{K} + \frac{(100\,\text{m/s})^2}{2008\,\text{J/(kg·K)}} = 305.0\,\text{K}$$

$$p_0 = p_1\left(\frac{T_0}{T_1}\right)^{\kappa/(\kappa-1)} = 1.5\,\text{MPa}\left(\frac{305\,\text{K}}{300\,\text{K}}\right)^{1.4/0.4}$$
$$= 1.589\,\text{MPa}$$

$$T_2 = T_0\left(\frac{p_2}{p_0}\right)^{(\kappa-1)/\kappa} = 305.0\,\text{K} \times \left(\frac{0.6\,\text{MPa}}{1.598\,\text{MPa}}\right)^{0.4/1.4}$$
$$= 230.9\,\text{K} \quad （与 c_{f1} = 0 \text{ 时一样}）$$

$$c_{f2} = \sqrt{2c_p(T_0 - T_2)} = \sqrt{2 \times 1004\,\text{J/(kg·K)} \times (305.0 - 230.9)\,\text{K}}$$
$$= 385.8\,\text{m/s}$$

$$A_2 = \frac{q_m v_2}{c_{f2}} = \frac{3\,\text{kg/s} \times 0.1104\,\text{m}^3/\text{kg}}{385.8\,\text{m/s}}$$
$$= 8.585\,\text{cm}^2$$

**讨论**

（1）对于喷管的设计问题，应明确设计任务，明确要求哪些参数，不要遗漏。

（2）当初速 $c_{f1} = 100\,\text{m/s}$ 时，求出的出口速度和出口截面积，与初速 $c_{f1} = 0$ 时相比，其相

对误差均为 3.42%，不大，所以工程上通常将 $c_{f1}<100$m/s 时的初速略去不计。

（3）从本题目求解中看到，当 $c_{f1}=0$ 与 $c_{f1}\neq 0$ 时，求得的出口截面上的状态参数 $T_2$、$v_2$ 是一样的。在初始状态参数 $p_1$、$t_1$ 及终压 $p_2$ 不变的情况下，无论初速 $c_{f1}$ 是否为零，1 和 2 状态点的位置都不会改变，则出口的热力状态参数 $T_2$、$v_2$ 不会改变，但力学参数 $c_{f2}$ 是随初速变化的，因而出口截面积也会改变。

**【例 11.68】** 一渐缩喷管，其进口速度接近零，进口截面积 $A_1=40\text{cm}^2$，出口截面积 $A_2=25\text{cm}^2$。进口水蒸气参数为 $p_1=9\text{MPa}, t_1=500\text{℃}$，背压 $p_b=7\text{MPa}$，试求：

（1）出口流速及流过喷管的流量。

（2）由于工况改变，背压变为 $p_b=4\text{MPa}$，这时的出口流速和流量又为多少？

（3）在（1）条件下，考虑到流动过程有摩阻存在，$\varphi=0.97$，出口流量有何变化？

**解** 这是一典型的喷管校核计算类题目。因为初速为零，所以初态 1 即滞止态。

（1）因

$$\frac{p_b}{p_0}=\frac{p_b}{p_1}=\frac{7\text{MPa}}{9\text{MPa}}=0.778>\gamma_{cr}=0.546$$

所以

$$p_2=p_b=7\text{MPa}$$

根据 $(p_1,t_1)$ 查图或表得

$$h_1=3386.4\text{kJ/kg},\quad s_1=6.6592\text{kJ/(kg·K)}$$

由 $(p_2,s_1)$ 查图得

$$h_2=3306.1\text{kJ/kg},\quad v_2=0.04473\text{m}^3/\text{kg}$$

求出口流速

$$c_{f2}=\sqrt{2(h_0-h_2)}=\sqrt{2(3386.4-3306.1)\times 10^3\text{J/kg}}=400.7\text{m/s}$$

求流量：

$$q_m=\frac{A_2 c_{f2}}{v_2}=\frac{25\times 10^{-4}\text{m}^2\times 400.7\text{m/s}}{0.04473\text{m}^3/\text{kg}}=22.4\text{kg/s}$$

（2）当 $p_b=4\text{MPa}$ 时，因

$$\frac{p_b}{p_0}=\frac{4\text{MPa}}{9\text{MPa}}=0.444<\gamma_{cr}=0.546$$

渐缩喷管最大膨胀能力

$$p_2=p_{cr}=\gamma_{cr} p_0=0.546\times 9\text{MPa}=4.914\text{MPa}$$

查得此压力下

$$h_2=3192.5\text{kJ/kg},\quad v_2=0.05988\text{m}^3/\text{kg}$$

所以

$$c_{f2}=\sqrt{2(h_0-h_2)}=\sqrt{2(3386.4-3192.5)\times 10^3\text{J/kg}}$$
$$=622.7\text{m/s}$$

$$q_m=\frac{A_2 c_{f2}}{v_2}=\frac{25\times 10^{-4}\text{m}^2\times 622.7\text{m/s}}{0.04473\text{m}^3/\text{kg}}=34.8\text{kg/s}$$

（3）若有摩阻存在，则
$$c'_{f2} = \varphi c_{f2} = 0.97 \times 400.7 \,\mathrm{m/s} = 388.7 \,\mathrm{m/s}$$

欲求 $q'_m$ 还涉及 $v_{2'}$，因此状态点 $2'$ 需先确定下来，然后查得 $v_{2'}$。由

$$c'_{f2} = \sqrt{2(h_0 - h_{2'})}$$

得

$$h_{2'} = h_0 - \frac{1}{2}(c'_{f2})^2 = 3386.4 \times 10^3 \,\mathrm{J/kg} - \frac{1}{2} \times (388.7 \,\mathrm{m/s})^2$$
$$= 3310.8 \,\mathrm{kJ/kg}$$

由 $(p_2, h_{2'})$ 查得 $v_{2'} = 0.04488 \,\mathrm{m^3/kg}$，故

$$q'_m = \frac{A_2 c'_{f2}}{v_{2'}} = \frac{25 \times 10^{-4} \,\mathrm{m^2} \times 388.7 \,\mathrm{m/s}}{0.04488 \,\mathrm{m^3/kg}} = 21.65 \,\mathrm{kg/s}$$

**讨论**

（1）当流过喷管的工质是实际气体时，要注意适应于理想气体的公式不再适用，如 $c_{f2} = \sqrt{2(h_0 - h_2)}$ 而不能用 $c_{f2} = \sqrt{2c_p(T_0 - T_2)}$。

（2）求流速时要特别注意单位。通常查图或表得到焓值的单位为 kJ/kg，代公式时要将其化为国际单位 J/kg。

（3）对于渐缩喷管的校核计算，出口压力的确定是很必要的，因为并不是总能降到背压 $p_b$。不能不加判断就认为 $p_2 = p_b$，这是错误做法。

**【例 11.69】** 氦气从恒定压力 $p_1 = 0.695 \,\mathrm{MPa}$，温度 $t_1 = 27\,^\circ\mathrm{C}$ 的储气罐流入一喷管。如果喷管效率 $\eta_N = 0.89$，求喷管里静压力 $p_2 = 0.138 \,\mathrm{MPa}$ 处的流速为多少？其他条件不变，工质由氦气改为空气，其流速变为多少？设氦气及空气的比热为定值 $c_{p,\mathrm{He}} = 5.234 \,\mathrm{kJ/(kg \cdot K)}$，$\kappa_\mathrm{He} = 1.667$，$c_{p,\mathrm{air}} = 1.004 \,\mathrm{kJ/(kg \cdot K)}$，$\kappa_\mathrm{air} = 1.4$。

**解** （1）气体由储气罐流入喷管，初速度很小，可看成零。根据

$$\eta_N = \frac{h_1 - h_{2'}}{h_1 - h_2} = \frac{c_p(T_1 - T_{2'})}{c_p(T_1 - T_2)}$$

得

$$T_{2'} = T_1 - \eta_N(T_1 - T_2)$$

根据定熵过程参数间关系可得

$$T_2 = T_1 \left(\frac{p_2}{p_1}\right)^{(\kappa-1)/\kappa} = (27 + 273)\mathrm{K} \times \left(\frac{0.138 \,\mathrm{MPa}}{0.695 \,\mathrm{MPa}}\right)^{0.667/1.667} = 157.1 \,\mathrm{K}$$

于是

$$T_{2'} = 300 \,\mathrm{K} - 0.89 \times (300 - 157.1) \,\mathrm{K} = 172.8 \,\mathrm{K}$$

$$c_{f2'} = \sqrt{2c_p(T_1 - T_{2'})}$$
$$= \sqrt{2 \times 5.234 \times 10^3 \,\mathrm{J/(kg \cdot K)} \times (300 - 172.8) \,\mathrm{K}} = 1153.9 \,\mathrm{m/s}$$

（2）工质为空气

$$T_2 = T_1 \left(\frac{p_2}{p_1}\right)^{(\kappa-1)/\kappa} = 300\,\text{K} \times \left(\frac{0.138\,\text{MPa}}{0.695\,\text{MPa}}\right)^{0.4/1.4} = 189\,\text{K}$$

$$T_{2'} = T_1 - \eta_N(T_1 - T_2) = 300\,\text{K} - 0.89 \times (300 - 189)\,\text{K} = 201.2\,\text{K}$$

$$c_{f2'} = \sqrt{2c_p(T_1 - T_{2'})}$$
$$= \sqrt{2 \times 5.234 \times 10^3\,\text{J/(kg·K)} \times (300 - 201.2)\,\text{K}} = 1016.98\,\text{m/s}$$

**讨论**

从计算结果看到，对于初始条件相同、出口压力相等的理想气体，$\kappa$ 或 $R_g$ 值大的气体，在流动中将得到大的流速。所以在高速风洞中常用氢气作为工作流体。

【例 11.70】 由 $CO_2$ 和 $N_2$ 组成的混合气体，$CO_2$ 的质量分数 $w = 60\%$。混合气体由初态 $p_1 = 400\,\text{kPa}, t_1 = 500\,\text{℃}$，经一喷管可逆绝热膨胀到 $p_2 = 100\,\text{kPa}$。已知 $c_{p,CO_2} = 0.8503\,\text{kJ/(kg·K)}$，$c_{V,CO_2} = 0.6613\,\text{kJ/(kg·K)}$，$c_{p,N_2} = 1.039\,\text{kJ/(kg·K)}, c_{V,N_2} = 0.742\,\text{kJ/(kg·K)}$，试求：

（1）在设计时应选用什么形状的喷管？为什么？
（2）求喷管出口截面混合气体的温度和速度；
（3）求喷管出口截面的马赫数；
（4）求 1kg 混合气体的熵变量及各组成气体的熵变量。

**解** （1）混合物的物性参数比热

$$R_{g,CO_2} = c_{p,CO_2} - c_{V,CO_2} = 0.1890\,\text{kJ/(kg·K)}$$
$$R_{g,N_2} = c_{p,N_2} - c_{V,N_2} = 0.297\,\text{kJ/(kg·K)}$$

混合物的折合气体常数

$$R_g = \sum_i w_i R_{g,i} = 0.6 \times 0.1890\,\text{kJ/(kg·K)} + 0.4 \times 0.297\,\text{kJ/(kg·K)}$$
$$= 0.2322\,\text{kJ/(kg·K)}$$

混合气体的比热及比热比

$$c_p = \sum_i w_i c_{p,i} = 0.6 \times 0.8503\,\text{kJ/(kg·K)} + 0.4 \times 1.039\,\text{kJ/(kg·K)}$$
$$= 0.9258\,\text{kJ/(kg·K)}$$

$$c_V = c_p - R_g = (0.9258 - 0.2322)\,\text{kJ/(kg·K)} = 0.6936\,\text{kJ/(kg·K)}$$

$$\kappa = \frac{c_p}{c_V} = 1.335$$

选型

$$\frac{p_2}{p_1} = \frac{100}{400} = 0.25$$

临界压力比

$$\gamma_{cr} = \left(\frac{2}{\kappa+1}\right)^{1.335/0.335} = 0.539$$

显然 $\dfrac{p_2}{p_1} < \gamma_{cr}$，所以选缩放喷管。

（2）出口截面气体温度和速度

$$T_2 = T_1 \left(\dfrac{p_2}{p_1}\right)^{(\kappa-1)/\kappa} = 773\text{K} \times \left(\dfrac{100\text{kPa}}{400\text{kPa}}\right)^{0.335/1.335} = 545.8\text{K}$$

$$c_{f2} = \sqrt{2c_p(T_1 - T_2)} = \sqrt{2 \times 825.8\text{J}/(\text{kg}\cdot\text{K}) \times (773 - 545.8)\text{K}}$$
$$= 612.6\text{m/s}$$

（3）出口截面的音速及马赫数

$$c_2 = \sqrt{\kappa R_g T_2} = \sqrt{1.335 \times 232.2\text{J}/(\text{kg}\cdot\text{K}) \times 545.8\text{K}} = 411.3\text{m/s}$$

$$Ma_2 = \dfrac{c_{f2}}{c_2} = \dfrac{612.6\text{m/s}}{411.3\text{m/s}} = 1.489$$

（4）先求各组成气体的分压力，再求它们的熵变量。

各组成气体的摩尔分数为

$$x_{CO_2} = \dfrac{R_{g,CO_2}}{R_g} w_{CO_2} = \dfrac{0.1890\text{kJ}/(\text{kg}\cdot\text{K})}{0.2322\text{kJ}/(\text{kg}\cdot\text{K})} \times 0.6 = 0.4884$$

$$x_{N_2} = 1 - x_{CO_2} = 0.5116$$

分压力：

$$p_{1,CO_2} = x_{CO_2} p_1 = 0.4884 \times 400\text{kPa} = 195.4\text{kPa}$$
$$p_{1,N_2} = p_1 - p_{1,CO_2} = 400\text{kPa} - 195.4\text{kPa} = 204.6\text{kPa}$$
$$p_{2,CO_2} = x_{CO_2} p_2 = 0.4884 \times 100\text{kPa} = 48.84\text{kPa}$$
$$p_{2,N_2} = x_{N_2} p_2 = 0.5116 \times 100\text{kPa} = 51.16\text{kPa}$$

1kg 混合气体中 0.6kg 的 $CO_2$、0.4kg 的 $N_2$，于是

$$\Delta S_{CO_2} = m_{CO_2} \left(c_{p,CO_2} \ln \dfrac{T_2}{T_1} - R_{g,CO_2} \ln \dfrac{p_{2,CO_2}}{p_{1,CO_2}}\right)$$
$$= 0.6\text{kg} \times \left[850.3\text{J}/(\text{kg}\cdot\text{K}) \ln \dfrac{545.8\text{K}}{773\text{K}} - 189.0\text{J}/(\text{kg}\cdot\text{K}) \ln \dfrac{48.84\text{kPa}}{195.4\text{kPa}}\right]$$
$$= -20.26\text{J/K}$$

$$\Delta S_{N_2} = m_{N_2} \left(c_{p,N_2} \ln \dfrac{T_2}{T_1} - R_{g,N_2} \ln \dfrac{p_{2,N_2}}{p_{1,N_2}}\right)$$
$$= 0.4\text{kg} \times \left[1039\text{J}/(\text{kg}\cdot\text{K}) \ln \dfrac{545.8\text{K}}{773\text{K}} - 297\text{J}/(\text{kg}\cdot\text{K}) \ln \dfrac{51.16\text{kPa}}{204.6\text{kPa}}\right]$$
$$= -20.3\text{J/K}$$

1kg 混合气体的熵变

$$\Delta S = \Delta S_{CO_2} + \Delta S_{N_2} \approx 0$$

这符合混合气体在喷管中做定熵流动的特点。

**讨论**

本例题的难点在于流经喷管的是混合气体，因此首先应求出混合气体的物性参数和比热，然后才能求出临界压力比，进而进行喷管选型和求取其他参数。

【例 11.71】 压力 $p_1=100\text{kPa}$、温度 $t_1=27℃$ 的空气，流经扩压管时压力提高到 $p_2=180\text{kPa}$。问空气进入扩压管时至少有多大的流速？这时进口马赫数是多少？应设计成什么形状的扩压管？

**解** （1）依题意 $c_{f2}=0$，根据稳流能量方程

$$h_1+\frac{1}{2}c_{f1}^2=h_2$$

$$c_{f1}=\sqrt{2(h_2-h_1)}=\sqrt{2c_p(T_2-T_1)}=\sqrt{\frac{2\kappa R_g T_1}{\kappa-1}\left[\left(\frac{p_2}{p_1}\right)^{(\kappa-1)/\kappa}-1\right]}$$

$$=\sqrt{\frac{2\times1.4\times287\text{J/(kg·K)}\times300\text{K}}{1.4-1}\left[\left(\frac{180\times10^3}{100\times10^3}\right)^{0.4/1.4}-1\right]}$$

$$=332.1\text{m/s}$$

（2）

$$Ma_1=\frac{c_{f1}}{c_1}=\frac{332.1\text{m/s}}{\sqrt{1.4\times287\text{J/(kg·K)}\times300\text{K}}}=0.956<1$$

（3）因 $Ma_1<1$，所以应设计成渐扩扩压管。

【例 11.72】 空气 $p_1=1\times10^5\text{Pa}, t_1=50℃, V_1=0.032\text{m}^3$，进入压气机按多变过程压缩至 $p_2=31\times10^5\text{Pa}, V_2=0.0021\text{m}^3$。试求：（1）多变指数；（2）压气机的耗功；（3）压缩终了空气温度；（4）压缩过程中传出的热量。

**解** （1）多变指数

$$\frac{p_2}{p_1}=\left(\frac{V_1}{V_2}\right)^n$$

$$n=\frac{\ln\dfrac{p_2}{p_1}}{\ln\dfrac{V_1}{V_2}}=\frac{\ln\dfrac{31}{1}}{\ln\dfrac{0.032}{0.0021}}=1.2607$$

（2）压气机的耗功

$$W_t=\frac{n}{n-1}[p_1V_1-p_2V_2]$$

$$=\frac{1.2607}{0.2607}[1\times10^5\text{Pa}\times0.032\text{m}^3-31\times10^5\text{Pa}\times0.0021\text{m}^3]$$

$$=-16.007\text{kJ}$$

（3）压缩终温

$$T_2=T_1\left(\frac{p_2}{p_1}\right)^{(n-1)/n}=(50+273)\text{K}\left(\frac{31\times10^5\text{Pa}}{1\times10^5\text{Pa}}\right)^{0.2607/1.2607}=657.05\text{K}$$

（4）压缩过程传热量

$$Q = \Delta H + W_t = mc_p(T_2 - T_1) + W_t$$

$$m = \frac{p_1 V_1}{R_g T_1} = \frac{1 \times 10^5 \,\text{Pa} \times 0.032\,\text{m}^3}{287\,\text{J/(kg·K)} \times 323\,\text{K}} = 3.552 \times 10^{-2}\,\text{kg}$$

于是

$$Q = 3.552 \times 10^{-2}\,\text{kg} \times 1004\,\text{J/(kg·K)} \times (657.05 - 323)\,\text{K} - 16.007 \times 10^3\,\text{J}$$
$$= -4.09\,\text{kJ}$$

【例 11.73】 压气机中气体压缩后的温度不宜过高，取极限值为150℃，吸入空气的压力和温度为 $p_1 = 0.1\,\text{MPa}, t_1 = 20\text{℃}$。若压气机缸套中流过 465kg/h 的冷却水，在气缸套中的水温升高14℃。求在单级压气机中压缩 $250\,\text{m}^3/\text{h}$ 进气状态下空气可能达到的最高压力，及压气机必需的功率。

解法1：

（1）压气机的产气量为

$$q_m = \frac{p_1 q_V}{R_g T_1} = \frac{0.1 \times 10^6\,\text{Pa} \times 250\,\text{m}^3/\text{h}}{287\,\text{J/(kg·K)} \times 293\,\text{K}} = 297.3\,\text{kg/h}$$

（2）求多变压缩过程的多变指数。

根据能量守恒有

$$Q_{\text{gas}} = -Q_{\text{H}_2\text{O}}$$

即

$$q_m c_n (T_2 - T_1) = -q_{m,\text{H}_2\text{O}} c_{\text{H}_2\text{O}} \Delta t_{\text{H}_2\text{O}}$$

$$c_n = \frac{-q_{m,\text{H}_2\text{O}} c_{\text{H}_2\text{O}} \Delta t_{\text{H}_2\text{O}}}{q_m (T_2 - T_1)} = \frac{-465\,\text{kg/h} \times 4187\,\text{J/(kg·K)} \times 14\,\text{K}}{297.3\,\text{kg/h} \times (150 - 20)\,\text{K}}$$
$$= -705.3\,\text{J/(kg·K)}$$

又因

$$c_n = \frac{n - \kappa}{n - 1} c_V = \frac{n - \kappa}{n - 1} \cdot \frac{5}{2} R_g$$

即

$$-705.3\,\text{J/(kg·K)} = \frac{n - 1.4}{n - 1} \times \frac{5}{2} \times 287\,\text{J/(kg·K)}$$

解得

$$n = 1.20$$

（3）求压气机的终压

$$p_2 = p_1 \left(\frac{T_2}{T_1}\right)^{n/(n-1)} = 0.1 \times 10^6 \times \left(\frac{423\,\text{K}}{293\,\text{K}}\right)^{1.20/0.20}$$
$$= 0.905 \times 10^6\,\text{Pa}$$
$$= 0.905\,\text{MPa}$$

（4）求压气机的耗功

$$W_t = \frac{n}{n-1} q_m R_g (T_1 - T_2) = \frac{1.20}{0.20} \times 297.3 \text{kg/h} \times \frac{1}{3600} \text{h/s}$$
$$\times 287 \text{J/(kg·K)} \times (293 - 423) \text{K}$$
$$= -18.49 \times 10^3 \text{W} = -18.49 \text{kW}$$

解法2：在求得压气机产气量 $q_m$ 后，再求压气机的耗功量为

$$W_t = Q - \Delta H = -Q_{H_2O} - \Delta H = -q_{m,H_2O} c_{H_2O} \Delta t_{H_2O} - q_m c_p (T_2 - T_1)$$
$$= -465 \text{kg/h} \times \frac{1}{3600} \text{h/s} \times 4187 \text{J/(kg·K)} \times 14 \text{K}$$
$$- 297 \text{J/h} \times \frac{1}{3600} \text{h/s} \times 1004 \text{J/(kg·K)}(150 - 20) \text{K}$$
$$= -18.34 \times 10^3 \text{W} = -18.34 \text{kW}$$

由

$$W_t = \frac{n}{n-1} q_m R_g (T_1 - T_2)$$

可求得多变指数为

$$n = \frac{1}{1 - \dfrac{q_m R_g (T_1 - T_2)}{W_t}}$$

$$= \frac{1}{1 - \dfrac{297.3 \text{kg/h} \times \dfrac{1}{3600} \text{h/s} \times 287 \text{J/(kg·K)} \cdot (20 - 150) \text{K}}{-18.34 \cdot 10^3 \text{W}}}$$

$$= 1.20$$

压气机的终压为

$$p_2 = p_1 \left( \frac{T_2}{T_1} \right)^{n/(n-1)} = 0.905 \text{MPa}$$

**讨论**

本例题提到压气机排气温度的极限值。压气机的排气温度一般规定不得超过160~180℃，由于排气温度超过限定值，会引起润滑油变质，从而影响润滑效果，严重时还可能引起自燃，甚至发生爆炸，所以不可能用单级压缩产生压力很高的压缩空气。例如，实验室需要压力为6.0MPa的压缩空气，应采用一级压缩还是两级压缩？若采用两级压缩，最佳中间压力应为多少？设大气压力为0.1MPa，大气温度为20℃，$n$=1.25，采用中冷器将压缩空气冷却到初温，压缩终了空气的温度又是多少？

决定上述例子是采用一级压缩还是二级压缩，实际上就是要看压缩终温是否超过了规定值。若采用了一级压缩，则终了温度为 $T_2 = T_1 \left( \dfrac{p_4}{p_1} \right)^{(n-1)/n} = 664.5 \text{K} = 391.5 \text{℃}$，显然超过了润滑油允许温度。所以应采用两级压缩中间冷却，最佳中间压力 $p_2 = \sqrt{p_1 p_4} = 0.7746 \text{MPa}$，两级压缩后的终温则为 $T_4 = T_2 = T_1 \left( \dfrac{p_4}{p_1} \right)^{(n-1)/n} = 441 \text{K}$。

**【例 11.74】** 轴流式压气机从大气吸入 $p_1 = 0.1\text{MPa}$、$t_1 = 17℃$ 的空气，经绝热压缩至 $p_2 = 0.9\text{MPa}$。由于摩阻作用，出口空气温度为307℃，若此不可逆绝热过程的初、终态参数满足 $p_1 v_1^n = p_2 v_2^n$，且质量流量为720kJ/min，试求：（1）多变指数；（2）压气机的绝热效率；（3）拖动压气机所需的功率；（4）由不可逆多耗的功量 $\Delta \dot{W}_t$；（5）若环境温度 $t_0 = t_1 = 17℃$，求由不可逆引起的有效能损失 $\dot{I}$。

**解** （1）求多变指数。

不可逆绝热压缩过程的初、终态参数满足多变过程的关系

$$\frac{T_{2'}}{T_1} = \left(\frac{p_2}{p_1}\right)^{(n-1)/n}$$

$$\frac{n-1}{n} = \frac{\ln(T_{2'}/T_1)}{\ln(p_2/p_1)} = \frac{\ln(580\text{K}/290\text{K})}{\ln[0.9 \times 10^6\text{Pa}/(0.1 \times 10^6\text{Pa})]} = 0.315$$

则多变指数

$$n = 1.461$$

（2）求压气机的绝热效率。

可逆绝热压缩过程的终温

$$T_2 = T_1 \left(\frac{p_2}{p_1}\right)^{(n-1)/n} = 290\text{K} \left(\frac{0.9\text{MPa}}{0.1\text{MPa}}\right)^{0.4/1.4} = 543.3\text{K}$$

压气机的绝热效率

$$\eta_{C,s} = \frac{T_2 - T_1}{T_{2'} - T_1} = \frac{(543.3 - 290)\text{K}}{(580 - 290)\text{K}} = 87.3\%$$

（3）求压气机所耗功率。

$$P = \dot{W}_t = q_m c_p (T_{2'} - T_1)$$
$$= 720\text{kg/min} \times \frac{1}{60}\text{min/s} \times 1004\text{J/(kg·K)} \times (580 - 290)\text{K}$$
$$= 3.49 \times 10^6\text{W} = 3.49 \times 10^3\text{kW}$$

（4）求由不可逆多耗的功量。

$$\Delta \dot{W}_t = \dot{W}_t - \dot{W}_t \eta_{C,s} = (1 - \eta_{C,s})\dot{W}_t$$
$$= (1 - 0.873) \times 3.49 \times 10^3\text{kW} = 443.2\text{kW}$$

（5）求有效能的损失。

$$\dot{I} = q_m T_0 \Delta s_g = q_m T_0 (s_{2'} - s_1) = q_m T_0 (s_{2'} - s_2)$$

由于 $2'$ 与 $2$ 状态在一条定压线上，故

$$\dot{I} = q_m T_0 c_p \ln \frac{T_{2'}}{T_2}$$
$$= 720\text{kg/min} \times \frac{1}{60}\text{min/s} \times 290\text{K} \times 1004\text{J/(kg·K)} \ln \frac{580\text{K}}{543.3\text{K}}$$
$$= 228.4 \times 10^3\text{W} = 228.4\text{kW}$$

**讨论**

（1）由不可逆多消耗的功量为443.2kW，且压缩终温$T_{2'}$比$T_2$高近37℃，这都是不利的。

（2）由不可逆多耗的功量$\Delta \dot{W}_t$与不可逆损失$I$并不相等。这是因为$\Delta \dot{W}_t$转变为热量被气体吸收（使气体温度从$T_2$上升到$T_{2'}$），其中一部分仍为有效能。但是，对于压缩气体来说，增加这部分有效能实际上并无用处。

（3）不可逆绝热压缩过程的熵产$\Delta s_g = c_p \ln \dfrac{T_{2'}}{T_1} - R_g \ln \dfrac{p_2}{p_1}$，可简化为$\Delta s_g = c_p \ln \dfrac{T_{2'}}{T_1}$。

**【例11.75】** 汽油机的增压器吸入$p_1 = 98\text{kPa}$、$t_1 = 17℃$的空气——燃油混合物，经绝热压缩到$p_2 = 216\text{kPa}$。已知混合物的初始密度$\rho_1 = 1.3\text{kg/m}^3$，混合物中空气与燃油的质量比为14∶1，燃油耗量为0.66kg/min。求增压器的绝热效率为0.84时增压器的功率。设混合物可视为理想气体，比热为定值，$\kappa = 1.38$。

**解** 先求混合物的$R_g$及$c_p$

$$R_g = \frac{p_1 v_1}{T_1} = \frac{p_1}{\rho_1 T_1} = \frac{98 \times 10^3 \text{Pa}}{1.3 \text{kg/m}^3 \times 290 \text{K}} = 259.9 \text{J/(kg·K)}$$

$$c_p = \frac{\kappa}{\kappa - 1} R_g = \frac{1.38}{1.38 - 1} \times 259.9 \text{J/(kg·K)} = 943.8 \text{J/(kg·K)}$$

可逆绝热压缩时，增压器出口的混合物温度

$$T_2 = T_1 \left(\frac{p_2}{p_1}\right)^{(\kappa-1)/\kappa} = 290\text{K} \left(\frac{216 \text{kPa}}{98 \text{kPa}}\right)^{0.38/1.38} = 360.5 \text{K}$$

由

$$\eta_{C,s} = \frac{T_1 - T_2}{T_1 - T_{2'}}$$

可求得不可逆绝热压缩时，混合物的终温

$$T_{2'} = T_1 - \frac{T_1 - T_2}{\eta_{C,s}} = 290\text{K} - \frac{(290 - 360.5)\text{K}}{0.84} = 373.9 \text{K}$$

按题意可知，混合物的空燃比为14∶1，即1kg燃油对应于1.5kg的混合物，则经过增压器混合物的耗量为

$$q_m = 0.66 \text{kg/min} \times \frac{1}{60} \text{min/s} \times 15 = 0.165 \text{kg/s}$$

不可逆压缩时，增压器所消耗的功率

$$P = q_m w'_t = q_m c_p (T_1 - T_{2'})$$
$$= 0.165 \text{kg/s} \times 943.8 \text{J/(kg·K)} \times (290 - 373.9)\text{K}$$
$$= -13.07 \text{kW}$$

**【例11.76】** 某轴流式压气机对$SO_2$和$CO_2$的混合物进行绝热压缩。已知初温$t_1 = 25℃$，初压$p_1 = 102\text{kPa}$，混合气体的质量分数为$w_{CO_2} = 0.3, w_{N_2} = 0.65$。试求在下列两种情况下每分钟生产66kg、压力为400kPa的压缩气体的耗功量：

（1）若压缩过程是可逆的；
（2）若压气机的绝热效率 $\eta_{C,s} = 0.84$，计算不可逆绝热压缩过程的熵产。

按定值比热计算 $c_{p,SO_2} = 0.644 \text{kJ/(kg·K)}, c_{p,CO_2} = 0.845 \text{kJ/(kg·K)}$，$c_{p,N_2} = 1.038 \text{kJ/(kg·K)}$。

**解** （1）求混合气体的 $R_g, c_p, \kappa$ 等

$$w_{SO_2} = 1 - w_{CO_2} - w_{N_2} = 1 - 0.3 - 0.65 = 0.05$$

$$R_g = \sum_i w_i R_{g,i} = \sum_i w_i \frac{R}{M_i} = R\sum_i \frac{w_i}{M_i}$$

$$= 8.314 \text{J/(mol·K)} \left( \frac{0.05}{64.1 \times 10^{-3} \text{kg/mol}} + \frac{0.3}{44 \times 10^{-3} \text{kg/mol}} + \frac{0.65}{28 \times 10^{-3} \text{kg/mol}} \right)$$

$$= 256 \text{J/(kg·K)}$$

$$c_p = \sum_i w_i c_{p,i}$$

$$= 0.05 \times 644 \text{J/(kg·K)} + 0.3 \times 845 \text{J/(kg·K)} + 0.65 \times 1038 \text{J/(kg·K)}$$

$$= 960.4 \text{J/(kg·K)}$$

$$c_V = c_p - R_g = (960.4 - 256) \text{J/(kg·K)} = 704.4 \text{J/(kg·K)}$$

$$\kappa = \frac{c_p}{c_V} = \frac{960.4 \text{J/(kg·K)}}{704.4 \text{J/(kg·K)}} = 1.363$$

压气机的耗功量为

$$P = \dot{W}_t = \frac{q_m \kappa R_g T_1}{\kappa - 1} \left[ 1 - \left( \frac{p_2}{p_1} \right)^{(\kappa-1)/\kappa} \right]$$

$$= 66 \text{kg/min} \times \frac{1}{60} \times \frac{1.363}{1.363 - 1} \times 256 \text{J/(kg·K)} \times (25 + 273) \text{K}$$

$$\times \left[ 1 - \left( \frac{400 \text{kPa}}{102 \text{kPa}} \right)^{0.363/1.363} \right]$$

$$= -138.3 \times 10^3 \text{W} = -138.3 \text{kW}$$

（2）不可逆过程压气机的耗功率为

$$p' = p / \eta_{C,s} = -138.3 \text{kW} / 0.84 = -164.7 \text{kW}$$

为了求不可逆绝热压缩过程的熵产，需先求出出口温度。可逆时的出口温度

$$T_2 = T_1 \left( \frac{p_2}{p_1} \right)^{(\kappa-1)/\kappa} = 298 \text{K} \left( \frac{400 \text{kPa}}{102 \text{kPa}} \right)^{(1.363-1)/1.363} = 428.8 \text{K}$$

不可逆时的出口温度，根据

$$\eta_{C,s} = \frac{T_1 - T_2}{T_1 - T_{2'}}$$

得

$$T_{2'} = T_1 - (T_1 - T_2) / \eta_{C,s} = 298 \text{K} - \frac{298 \text{K} - 428.8 \text{K}}{0.84} = 453.7 \text{K}$$

不可逆过程的熵产

$$\Delta s_g = q_m c_p \ln \frac{T_{2'}}{T_1} = \frac{66}{60} \text{kg/s} \times 960.4 \text{J/(kg·K)} \ln \frac{453.7 \text{K}}{428.8 \text{K}} = 59.6 \text{W/K}$$

**讨论**

例 11.75 和例 11.76，关键是要先求出混合气体的物性参数 $R_g$ 及 $c_p$、$c_V$、$\kappa$ 等值。

【**例 11.77**】 活塞式压气机从大气吸入压力为 0.1MPa、温度为 27℃ 的空气，经 $n=1.3$ 的多变过程压缩 0.7MPa 后进入一储气筒，再经储气筒上的渐缩喷管排入大气，参见图 11.24。由于储气筒散热，进入喷管时空气压力为 0.7MPa，温度为 60℃，已知喷管出口截面面积为 4cm²。试求：

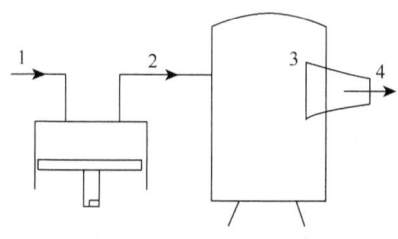

图 11.24 例 11.77 图

（1）流经喷管的空气流量；
（2）压气机每小时吸入大气状态下的空气容积；
（3）压气机的功率；
（4）将过程表示在 $T$-$s$ 图上。

**解** （1）对于喷管来说，属校核计算型题目。确定喷管出口压力，因

$$\frac{p_b}{p_3} = \frac{0.1 \text{MPa}}{0.7 \text{MPa}} = 0.143 < \gamma_{cr} = 0.528$$

所以

$$p_4 = p_0 \gamma_{cr} = p_3 \gamma_{cr} = 0.528 \times 0.7 \text{MPa} = 0.3696 \text{MPa}$$

喷管出口截面上的流速

$$c_{f4} = c_{cr,4} = \sqrt{\frac{2\kappa}{\kappa+1} R_g T_3}$$

$$= \sqrt{\frac{2.8}{1.4+1} \times 287 \text{J/(kg·K)} \times (60+273) \text{K}} = 333.9 \text{m/s}$$

$$v_3 = \frac{R_g T_3}{p_3} = \frac{287 \text{J/(kg·K)} \times 333 \text{K}}{0.7 \times 10^6 \text{Pa}} = 0.1365 \text{m}^3/\text{kg}$$

$$v_4 = v_3 \left(\frac{1}{\gamma_{cr}}\right)^{1/\kappa} = 0.1365 \text{m}^3/\text{kg} \times \left(\frac{1}{0.528}\right)^{1/1.4} = 0.2154 \text{m}^3/\text{kg}$$

流经喷管的空气流量

$$q_{m4} = \frac{c_{f4} A_4}{v_4} = \frac{333.9 \text{ m/s} \times 4 \times 10^{-4} \text{ m}^2}{0.2154 \text{ m}^3/\text{kg}} = 0.620 \text{ kg/s}$$

（2）压气机吸入大气状态下的体积流量

$$\begin{aligned} q_{V1} &= \frac{q_{m1} R_g T_1}{p_1} = \frac{q_{m4} R_g T_1}{p_1} \\ &= \frac{0.620 \text{ kg/s} \times 287 \text{ J/(kg·K)} \times (273+27) \text{ K}}{0.1 \times 10^6 \text{ Pa}} \times 3600 \text{ s/h} \\ &= 1921.8 \text{ m}^3/\text{h} \end{aligned}$$

（3）压气机的耗功率

$$\begin{aligned} P = \dot{W}_t &= \frac{q_{m1} n R_g T_1}{n-1}\left[1-\left(\frac{p_2}{p_1}\right)^{(n-1)/n}\right] \\ &= \frac{0.620 \text{ kg/s} \times 0.3 \times 287 \text{ J/(kg·K)} \times (273+27) \text{ K}}{1.3-1}\left[1-\left(\frac{0.7 \text{ MPa}}{0.1 \text{ MPa}}\right)^{(1.3-1)/1.3}\right] \\ &= -30.26 \times 10^3 \text{ W} \\ &= -30.26 \text{ kW} \end{aligned}$$

（4）过程表示如图 11.25 所示，1-2 是在压气机中进行的多变压缩过程，2-3 是在储气筒中进行的定压放热过程，3-4 是在喷管中进行的可逆绝热膨胀过程。

**讨论**

这是一压气机与喷管的综合题。喷管的计算属校核计算问题，它的进口状态是 3，出口状态是 4。进口状态、背压及喷管尺寸已知，可从它入手，求得流过喷管的流量（求解时注意喷管出口压力的确定）。此流量也是通过压气机的流量，于是求压气机的耗功率等问题就迎刃而解。

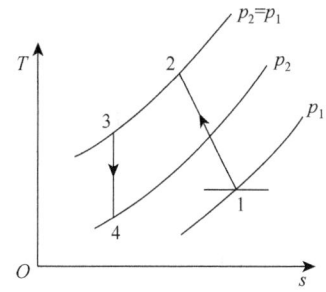

图 11.25　例 11.77 中（4）图

**【例 11.78】** 某活塞式压气机的余隙比 $C=0.05$，进气的初参数 $p_1=0.1 \text{MPa}$，$t_1=27℃$，压缩终压为 $p_2=0.6 \text{MPa}$。若压缩过程与膨胀过程的多变指数相同，均为 $n=1.2$，气缸直径 $D=200 \text{mm}$，活塞行程 $S=300 \text{mm}$，机轴转速为 500r/min。（1）画出压气机示功图；（2）求压气机的有效吸气容积；（3）求压气机的容积效率；（4）求压气机排气及拖动压气机所需的功率。

**解**（1）压气机示功图如图 11.26 所示。

（2）压气机的有效吸气及活塞排量

$$V_h = V_1 - V_3 = \frac{\pi D^2}{4} S = \frac{\pi \times (0.2 \text{ m})^2 \times 0.3 \text{ m}}{4} = 9.42 \times 10^{-3} \text{ m}^3$$

根据余隙比

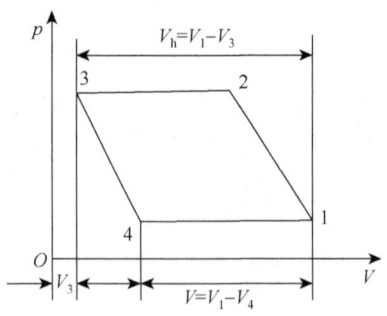

图 11.26 例 11.78 图

$$C = \frac{V_3}{V_h} = \frac{V_3}{V_1 - V} = 0.05$$

求得

$$V_3 = 0.05 V_h = 0.05 \times 9.42 \times 10^{-3}\,\mathrm{m}^3 = 4.71 \times 10^{-4}\,\mathrm{m}^3$$

及

$$V_1 = V_h + V_3 = 9.42 \times 10^{-3}\,\mathrm{m}^3 + 4.71 \times 10^{-4}\,\mathrm{m}^3 = 9.891 \times 10^{-3}\,\mathrm{m}^3$$

按可逆多变膨胀过程 3-4 参数间的关系得

$$V_4 = V_3 \left(\frac{p_2}{p_1}\right)^{1/n} = 4.71 \times 10^{-4}\,\mathrm{m}^3 \times \left(\frac{0.6\,\mathrm{MPa}}{0.1\,\mathrm{MPa}}\right)^{1/1.2} = 2.096 \times 10^{-3}\,\mathrm{m}^3$$

有效吸气容积

$$V = V_1 - V_4 = 9.891 \times 10^{-3}\,\mathrm{m}^3 - 2.096 \times 10^{-3}\,\mathrm{m}^3 = 7.795 \times 10^{-3}\,\mathrm{m}^3$$

（3）压气机的容积效率

$$\eta_V = \frac{V}{V_h} = \frac{7.795 \times 10^{-3}\,\mathrm{m}^3}{9.42 \times 10^{-3}\,\mathrm{m}^3} = 82.7\%$$

（4）压气机排气温度

$$T_2 = T_1 \left(\frac{p_2}{p_1}\right)^{(n-1)/n} = 300\,\mathrm{K} \left(\frac{0.6\,\mathrm{MPa}}{0.1\,\mathrm{MPa}}\right)^{0.2/1.2} = 404.4\,\mathrm{K}$$

压气机所耗功率

$$P = N \frac{n}{n-1} p_1 (V_1 - V_4) \left[1 - \left(\frac{p_2}{p_1}\right)^{(n-1)/n}\right]$$

$$= \frac{500}{60}\,\mathrm{r/s} \times \frac{1.2}{1.2 - 1} \times 0.1 \times 10^6\,\mathrm{Pa} \times 7.795 \times 10^{-3}\,\mathrm{m}^3 \times \left[1 - \left(\frac{0.6\,\mathrm{MPa}}{0.1\,\mathrm{MPa}}\right)^{0.2/1.2}\right]$$

$$= -13.56 \times 10^3\,\mathrm{W} = -13.56\,\mathrm{kW}$$

【例 11.79】 在两级压缩活塞式压气机装置中，空气从初态 $p_1 = 0.1\,\mathrm{MPa}$、$t_1 = 27\,\mathrm{℃}$ 压缩到终压 $p_4 = 6.4\,\mathrm{MPa}$。设两气缸中的可逆多变过程的多变指数均为 $n=1.2$，且级间压力取最佳中间压力。要求压气机每小时向外供给 $4\,\mathrm{m}^3$ 的压缩空气量。求：（1）压气机总的耗功率；（2）每小时流经压气机水套及中间冷却器总的水量。设水流过压气机水套及中间冷却器时的温升都是 15℃。

**解** （1）求压气机总的耗功率。

中间压力 $p_2$

$$p_2 = \sqrt{p_1 p_4} = \sqrt{0.1 \times 10^6 \, \text{Pa} \times 6.4 \times 10^6 \, \text{Pa}} = 0.8 \times 10^6 \, \text{Pa}$$

$$P = \sum_i q_m w_{\text{t},i} = 2\frac{n}{n-1} p_1 \dot{V}_1 \left[1 - \left(\frac{p_4}{p_3}\right)^{(n-1)/n}\right]$$

$$= 2\frac{n}{n-1} p_3 \dot{V}_3 \left[1 - \left(\frac{p_2}{p_1}\right)^{(n-1)/n}\right]$$

因为

$$\frac{p_4 \dot{V}_4}{p_3 \dot{V}_3} = \frac{T_4}{T_3} = \left(\frac{p_4}{p_3}\right)^{(n-1)/n}$$

故

$$p_3 \dot{V}_3 = \frac{p_4 \dot{V}_4}{(p_4/p_3)^{(n-1)/n}}$$

所以

$$P = 2\frac{n}{n-1} p_4 \dot{V}_4 \left[\left(\frac{p_4}{p_3}\right)^{(1-n)/n} - 1\right]$$

$$= 2 \times \frac{1.2}{1.2-1} \times 6.4 \times 10^6 \, \text{Pa} \times 4 \, \text{m}^3/\text{h} \times \left[\left(\frac{6.4 \, \text{MPa}}{0.8 \, \text{MPa}}\right)^{(1-1.2)/1.2} - 1\right]$$

$$= -89\,974 \times 10^3 \, \text{J/h}$$

$$= -25.0 \, \text{kW}$$

（2）求总的冷却水量。

空气的终温 $T_4$

$$T_3 = T_1 = 300 \, \text{K}$$

$$T_4 = T_3 \left(\frac{p_4}{p_3}\right)^{(n-1)/n} = 300 \, \text{K} \times 8^{(1.2-1)/1.2} = 424.3 \, \text{K}$$

空气的质量流量为

$$q_m = \frac{p_4 \dot{V}_4}{R_g T_4} = \frac{6.4 \times 10^6 \, \text{Pa} \times 4 \, \text{m}^3/\text{h}}{287 \, \text{J/(kg·K)} \times 424.3 \, \text{K}} = 210.2 \, \text{kg/h}$$

压缩空气在多变压缩过程中，对冷却水放出的热流量 $\dot{Q}_n$（也是冷却水流经压气机水套时带走的热流量）

$$\dot{Q}_n = 2\Delta \dot{H} + \dot{W}_\text{t} = 2q_m c_p (T_2 - T_1) + P$$

$$= 2 \times 210.2 \, \text{kg/h} \times 1004 \, \text{J/(kg·K)} \times (424.3 - 300) \, \text{K} - 89\,974 \times 10^3 \, \text{J/h}$$

$$= -37.51 \times 10^6 \, \text{J/h}$$

压缩空气在中间冷却器中，对冷却水放出的热流量 $\dot{Q}_p$（也是冷却水流经中间冷却器时带走的热流量）

$$\dot{Q}_p = q_m c_p (T_3 - T_2) = 210.2 \, \text{kg/h} \times 1004 \, \text{J/(kg·K)} \times (300 - 424.3) \, \text{K}$$

$$= -26.23 \times 10^6 \, \text{J/h}$$

冷却水流经压气机水套及中间冷却器时，带走的总热流量 $\dot{Q}$

$$\dot{Q} = \dot{Q}_n + \dot{Q}_p = (37.51 \times 10^6 + 26.23 \times 10^6) \text{J/h}$$
$$= 63.74 \times 10^6 \text{J/h}$$

每小时流经压气机水套及中间冷却器总的冷却水量为

$$q_{m,H_2O} = \frac{\dot{Q}}{c_{p,H_2O}\Delta t} = \frac{63.74 \times 10^6 \text{J/h}}{4187 \text{J/(kg·K)} \times 15 \text{K}} = 1014.9 \text{kg/h}$$

【例 11.80】 综观蒸汽动力循环、燃气轮机循环、内燃机循环中的气体动力循环等，可以发现它们都由升压、加热、膨胀、放热等几个过程所组成。试分析在这几个过程中：

（1）能否去掉放热过程，这是否违背基本定律？

（2）能否去掉加热过程，这是否违背基本定律？

（3）升压过程要耗功，因此能否去掉升压过程？这是否违背基本定律？

（4）如果在这些过程中，任何一个过程都不能删除，能否改变这些过程的次序？例如，能否先加热再升压，然后膨胀及放热？

（5）总结动力循环工作过程的一般规律。

**解** 每一问的详细分析，留给读者自己进行。这里要说明的是通过本例，希望读者能基本掌握动力循环工作过程的一般规律。这种规律就是任何动力循环都是以消耗热能为代价，以做功为目的。但是为了达到这个目的，首先必须以升压造成压力差为前提。否则，消耗的热能再多，倘若没有必要的压差条件，仍是无法利用膨胀转变为动力的。由此可见，压差的存在与否，是把热能转换为机械能的先决条件，它也为拉开平均吸、放热温度创造条件。其次还必须以放热为基础，否则将违背热力学第二定律。总之，升压是前提，加热是手段，做功是目的，放热是基础。一切将热能转换为机械能或能的动力循环，都必须遵循这些一般规律。当然，在具体动力循环中，有些过程如定容加热过程可以同时兼有升压与加热两种作用。如定温放热过程同时兼有升压与放热两种作用，有的兼有膨胀与放热的作用，因而有些动力循环可以由 3 个过程组成。但是无论什么动力循环，依旧必须遵循上述一般规律。

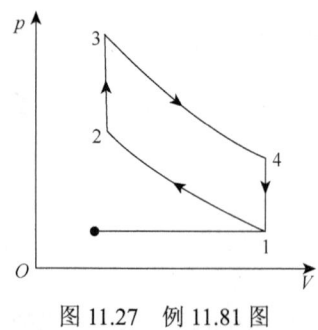

图 11.27 例 11.81 图

【例 11.81】 一台按奥托循环工作的四缸四冲程发动机，压缩比 $\varepsilon = 8.6$，活塞排量 $V_h' = 1000 \text{cm}^3$，压缩过程的初始态为 $p_1 = 100 \text{kPa}$，$t_1 = 18℃$，每缸向工质提供热量135J。求循环热效率及加热过程终了的温度和压力。

**解** 因为是理想循环，工质可视为理想气体的空气，故 $\kappa = 1.4, c_V = 717 \text{J/(kg·K)}$。

画出循环的 p-V 图，如图 11.27 所示。

循环的热效率为

$$\eta_t = 1 - \frac{1}{\varepsilon^{\kappa-1}} = 1 - \frac{1}{8.6^{(1.4-1)}} = 0.577 = 57.7\%$$

1-2 是定熵过程，有

$$T_2 = T_1\left(\frac{V_1}{V_2}\right)^{(\kappa-1)} = T_1\varepsilon^{\kappa-1} = (18+273)\text{K} \times 8.6^{(1.4-1)} = 688.2\,\text{K}$$

$$p_2 = p_1\left(\frac{V_1}{V_2}\right)^{\kappa} = 100\,\text{kPa} \times 8.6^{1.4} = 2034\,\text{kPa}$$

为求 3 点的温度，利用式

$$Q_{23} = mc_V(T_3 - T_2)$$

显然，必须先求出进入内燃机每缸的空气的质量。利用求解，又需先解决为多少的问题。因此

$$V_1 = \text{余隙容积} + \text{每缸的活塞排量}$$

这里，$V_2$ 即余隙容积，且有 $V_2 = \dfrac{V_1}{\varepsilon}$。每缸活塞排量为

$$V_h = \frac{V_h'}{4} = \frac{1000\,\text{cm}^3}{4} = 250\,\text{cm}^3 = 250 \times 10^{-6}\,\text{m}^3$$

那么

$$V_1 = \frac{V_1}{\varepsilon} + V_h$$

则

$$V_1 = \left(\frac{1}{1-\dfrac{1}{\varepsilon}}\right)V_h = \left(\frac{1}{1-\dfrac{1}{8.6}}\right) \times 250 \times 10^{-6}\,\text{m}^3 = 0.283 \times 10^{-3}\,\text{m}^3$$

每缸内工质的质量

$$m = \frac{p_1 V_1}{R_g T_1} = \frac{(100 \times 10^3)\,\text{Pa} \times (0.283 \times 10^{-3})\,\text{m}^3}{287\,\text{J/(kg·K)} \times 291\,\text{K}} = 0.339 \times 10^{-3}\,\text{kg}$$

2-3 过程每缸工质的吸热量为

$$Q_{23} = mc_V(T_3 - T_2)$$

从上式可得

$$T_3 = T_2 + \frac{Q_{23}}{mc_V}$$

$$= 688.2\,\text{K} + \frac{135\,\text{J}}{(0.339 \times 10^{-3})\,\text{kg} \times 717\,\text{J/(kg·K)}} = 1243.6\,\text{K}$$

从 2-3 的定容过程可得

$$p_3 = p_2 \frac{T_3}{T_2} = 2034\,\text{kPa} \times \frac{1243.6\,\text{K}}{688.2\,\text{K}} = 3676\,\text{kPa}$$

**讨论**

此题若给出每缸单位工质的吸热量，而不是总吸热量，则求解简单得多，读者不妨试一下。

**【例 11.82】** 某奥托循环的发动机，余隙容积比为 8.7%，空气与燃料的比是 28，空气的流量为 0.20 kg/s，燃料热值为 42 000 kJ/kg，吸气状态为 100 kPa 和 20℃。试求：(1) 各过程终了状态的温度和压力；(2) 循环做出的功率；(3) 循环热效率；(4) 平均有效压力（平均有

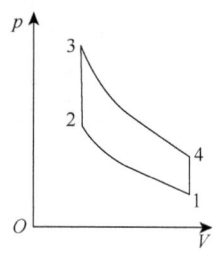

图 11.28 例 11.82 图

效压力是循环发出功量 $w_{net}$ 与活塞排量 $V_h$ 的比值)。

**解** 循环的 $p$-$V$ 图,如图 11.28 所示。工质的热力性质近似按理想气体的空气处理,故 $\kappa = 1.4, c_V = 717 \text{J/(kg·K)}$。

(1)求各状态点的温度和压力。

因

$$余隙比 = \frac{V_2}{V_1 - V_2} = \frac{1}{\frac{V_1}{V_2} - 1} = \frac{1}{\varepsilon - 1} = 0.087$$

故有

$$\varepsilon = \frac{1.087}{0.087} = 12.5$$

于是

$$p_2 = p_1 \varepsilon^\kappa = 100 \text{kPa} \times 12.5^{1.4} = 3433 \text{kPa}$$

$$T_2 = T_1 \varepsilon^{(\kappa-1)} = 293 \text{K} \times 12.5^{0.4} = 804.7 \text{K}$$

$$\dot{Q}_{23} = (42\,000 \times 10^3) \text{J/kg} \times \frac{0.2 \text{kg/s}}{28} = 300 \times 10^3 \text{J/s}$$

工质的质量流量为

$$q_m = 0.2 \text{kg/s} + \frac{0.2 \text{kg/s}}{28} = 0.207\,14 \text{kg/s}$$

$$T_3 = T_2 + \frac{\dot{Q}_{23}}{q_m c_V}$$

$$= 804.7 \text{K} + \frac{300 \times 10^3 \text{J/s}}{0.207\,14 \text{kg/s} \times 717 \text{J/(kg·K)}} = 2825 \text{K}$$

$$p_3 = p_2 \frac{T_3}{T_2} = 3433 \text{kPa} \times \frac{2825 \text{K}}{804.7 \text{K}} = 12\,052 \text{kPa}$$

$$T_4 = T_3 \frac{1}{\varepsilon^{(\kappa-1)}} = 2825 \text{K} \times \frac{1}{12.5^{0.4}} = 1028.6 \text{K}$$

$$p_4 = p_3 \frac{1}{\varepsilon^\kappa} = 12\,052 \text{kPa} \times \frac{1}{12.5^{1.4}} = 351.1 \text{kPa}$$

(2)求循环做出的功率。

循环放热量

$$\dot{Q}_2 = \dot{Q}_{41} = q_m c_V (T_4 - T_1)$$

$$= 0.207\,14 \text{kg/s} \times 717 \text{J/(kg·K)} \times (1028.6 - 293) \text{K}$$

$$= 109.3 \times 10^3 \text{J/s}$$

循环净功率

$$W_{net} = \dot{Q}_1 - \dot{Q}_2 = \dot{Q}_{23} - \dot{Q}_{41} = 300 \times 10^3 \text{J/s} - 109.3 \times 10^3 \text{J/s}$$

$$= 190.7 \times 10^3 \text{J/s} = 190.7 \text{kW}$$

（3）循环热效率

$$\eta_t = 1 - \frac{\dot{Q}_2}{\dot{Q}_1} = 1 - \frac{109.3 \times 10^3 \text{ W}}{300 \times 10^3 \text{ W}} = 63.6\%$$

或

$$\eta_t = 1 - \frac{1}{\varepsilon^{\kappa-1}} = 1 - \frac{1}{12.5^{(1.4-1)}} = 63.6\%$$

（4）平均有效压力

$$\dot{V}_1 = \frac{q_m R_g T_1}{p_1} = \frac{0.207\,14 \text{ kg/s} \times 287 \text{ J/(kg·K)} \times 293 \text{ K}}{100 \text{ kPa}} = 0.174\,19 \text{ m}^3/\text{s}$$

$$\dot{V}_2 = \frac{\dot{V}_1}{\varepsilon} = \frac{0.174\,19 \text{ m}^3/\text{s}}{12.5} = 0.013\,935 \text{ m}^3/\text{s}$$

$$p_m = \frac{\dot{W}_{net}}{\dot{V}_h} = \frac{\dot{W}_{net}}{\dot{V}_1 - \dot{V}_2} = \frac{190.7 \times 10^3 \text{ W}}{(0.174\,19 - 0.013\,935) \text{ m}^3/\text{s}}$$

$$= 1.190 \times 10^3 \text{ kPa}$$

**【例 11.83】** 狄塞尔循环的压缩比 $\varepsilon = 20$，做功冲程的 4% 作为定压加热过程。压缩冲程的初始状态为 $p_1 = 100 \text{ kPa}, t_1 = 20°\text{C}$。求：（1）循环中每个过程的初始压力和温度；（2）循环热效率；（3）平均有效压力。

**解**（1）理想循环表明，工质是理想气体的空气，$\kappa = 1.4, c_p = 1004 \text{ J/(kg·K)}$，$c_V = 717 \text{ J/(kg·K)}$，画出循环的 p-V 图，如图 11.29 所示。

从已知条件可得

$$v_1 = \frac{R_g T_1}{p_1} = \frac{287 \text{ J/(kg·K)} \times (20 + 273) \text{ K}}{100 \times 10^3 \text{ Pa}} = 0.841 \text{ m}^3/\text{kg}$$

$$v_2 = \frac{v_1}{\varepsilon} = \frac{0.841 \text{ m}^3/\text{kg}}{20} = 0.042 \text{ m}^3/\text{kg}$$

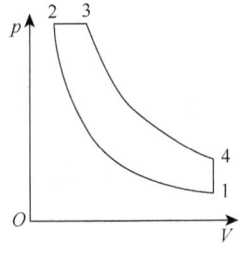

图 11.29  例 11.83 图

1-2 是定熵过程，有

$$T_2 = T_1 \left(\frac{v_1}{v_2}\right)^{(\kappa-1)} = 293 \text{ K} \times 20^{0.4} = 971.1 \text{ K}$$

$$p_2 = p_1 \left(\frac{v_1}{v_2}\right)^{\kappa} = 100 \text{ kPa} \times 20^{1.4} = 6628.9 \text{ kPa}$$

已知定压加热过程是做功冲程的 4%，即有

$$\frac{v_3 - v_2}{v_1 - v_2} = 0.04$$

由上式可得

$$v_3 = v_2 + 0.04 v_2 \left(\frac{v_1}{v_2} - 1\right) = v_2[1 + 0.04(\varepsilon - 1)]$$

$$= v_2[1 + 0.04 \times (20 - 1)] = 1.76 v_2$$

即预胀比 $\rho = \frac{v_3}{v_2} = 1.76$。2-3 是定压过程，有

$$T_3 = T_2\left(\frac{v_3}{v_2}\right) = T_2\rho = 971.1\text{K} \times 1.76 = 1709.1\text{K}$$

$$p_3 = p_2 = 6628.9\text{kPa}$$

3-4 是定熵过程，有

$$T_4 = T_3\left(\frac{v_3}{v_4}\right)^{\kappa-1} = T_3\left(\frac{v_3/v_2}{v_4/v_2}\right)^{\kappa-1} = T_3\left(\frac{\rho}{\varepsilon}\right)^{\kappa-1}$$

$$= 1709.1\text{K} \times \left(\frac{1.76}{20}\right)^{1.4-1} = 646.5\text{K}$$

$$p_4 = p_3\left(\frac{v_3}{v_4}\right)^{\kappa} = p_3\left(\frac{\rho}{\varepsilon}\right)^{\kappa}$$

$$= 6628.9\text{kPa} \times \left(\frac{1.76}{20}\right)^{1.4} = 220.60\text{kPa}$$

式中应用了 $v_1 = v_4$ 的关系。

（2）循环热效率为

$$\eta_t = 1 - \frac{q_2}{q_1} = 1 - \frac{c_V(T_4 - T_1)}{c_p(T_3 - T_2)}$$

$$= 1 - \frac{717\text{J}/(\text{kg}\cdot\text{K}) \times (646.5\text{K} - 293\text{K})}{1004\text{J}/(\text{kg}\cdot\text{K}) \times (1709.1\text{K} - 971.1\text{K})} = 65.8\%$$

或用式 $\eta_t = 1 - \dfrac{\rho^{\kappa}-1}{\varepsilon^{\kappa-1}\kappa(\rho-1)}$ 计算。

（3）平均有效压力为

$$p_m = \frac{w_{net}}{v_h} = \frac{\eta_t q_1}{v_1 - v_2} = \frac{\eta_t \cdot c_p(T_3 - T_2)}{v_1 - v_2}$$

$$= \frac{0.658 \times 1004\text{J}/(\text{kg}\cdot\text{K}) \times (1709.1\text{K} - 971.1\text{K})}{(0.841 - 0.042)\text{m}^3/\text{kg}}$$

$$= 610.2\text{kPa}$$

【例 11.84】 内燃机混合加热循环的 $p$-$V$ 图及 $T$-$s$ 图如图 11.30 所示。已知 $p_1 = 97\text{kPa}$，$t_1 = 28\text{℃}$，$V_1 = 0.048\text{m}^3$，压缩比 $\varepsilon = 15$，循环最高压力 $p_3 = 6.2\text{MPa}$，循环最高温度 $t_4 = 1320\text{℃}$，

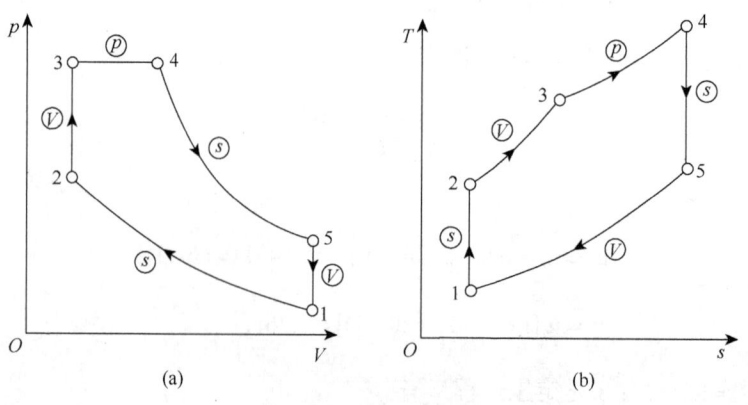

图 11.30 例 11.84 图

工质视为空气。试计算：(1) 循环各状态点的压力、温度和容积；(2) 循环热效率；(3) 循环吸热量；(4) 循环净功量。

**解** (1) 求各状态点的基本状态参数。

点 1：
$$p_1 = 97\,\text{kPa}, \quad t_1 = 28\,\text{℃}, \quad V_1 = 0.048\,\text{m}^3$$

点 2：
$$V_2 = \frac{V_1}{\varepsilon} = \frac{0.048\,\text{m}^3}{15} = 0.0032\,\text{m}^3$$
$$p_2 = p_1\left(\frac{V_1}{V_2}\right)^{\kappa} = 97\,\text{kPa} \times 15^{1.4} = 4298\,\text{kPa}$$
$$T_2 = T_1\left(\frac{V_1}{V_2}\right)^{\kappa-1} = 301\,\text{K} \times 15^{1.4-1} = 889.2\,\text{K}$$

点 3：
$$p_3 = 6.2\,\text{MPa}, \quad V_3 = V_2 = 0.0032\,\text{m}^3$$
$$T_3 = T_2 \frac{p_3}{p_2} = 889.2\,\text{K} \times \frac{6.2 \times 10^6\,\text{Pa}}{4298 \times 10^3\,\text{Pa}} = 1282.7\,\text{K}$$

点 4：
$$T_4 = (1320 + 273)\,\text{K} = 1593\,\text{K}, \quad p_4 = p_3 = 6.2\,\text{MPa}$$
$$V_4 = V_3 \frac{T_4}{T_3} = 0.0032\,\text{m}^3 \times \frac{1593\,\text{K}}{1282.7\,\text{K}} = 0.003\,974\,\text{m}^3$$

点 5：
$$V_5 = V_1 = 0.048\,\text{m}^3$$
$$p_5 = p_4\left(\frac{V_4}{V_5}\right)^{\kappa} = 6.2 \times 10^6\,\text{Pa} \times \left(\frac{0.003\,974}{0.048}\right)^{1.4} = 189.5\,\text{kPa}$$
$$T_5 = T_4\left(\frac{V_4}{V_5}\right)^{\kappa-1} = 1593\,\text{K} \times \left(\frac{0.003\,974}{0.048}\right)^{0.4} = 588.04\,\text{K}$$

(2) 求循环热效率。
$$\eta_{\text{t}} = 1 - \frac{T_5 - T_1}{(T_3 - T_2) + \kappa(T_4 - T_3)}$$
$$= 1 - \frac{(588.04 - 301)\,\text{K}}{(1282.7 - 889.2)\,\text{K} + 1.4 \times (1593 - 1282.7)\,\text{K}} = 65.3\%$$

(3) 求循环吸热量。
$$Q_1 = Q_{1,V} + Q_{1,p} = m[c_V(T_3 - T_2) + c_p(T_4 - T_3)]$$

其中
$$m = \frac{p_1 V_1}{R_g T_1} = \frac{97\,\text{kPa} \times 0.048\,\text{m}^3}{0.287\,\text{kJ/(kg·K)} \times 301\,\text{K}} = 0.053\,897\,\text{kg}$$

$$Q_1 = 0.053\,897\,\text{kg} \times [717\,\text{kJ/(kg·K)} \times (1282.7\,\text{K} - 889.2\,\text{K}) + 1004\,\text{J/(kg·K)} \times (1593\,\text{K} - 1282.7\,\text{K})]$$
$$= 31.998 \times 10^3\,\text{J} = 31.998\,\text{kJ}$$

（4）求循环净功量。
$$W_{\text{net}} = \eta_t Q_1 = 0.653 \times 31.998\,\text{kJ} = 20.89\,\text{kJ}$$

或
$$w_{\text{net}} = Q_1 - Q_2 = Q_1 - mc_V(T_5 - T_1)$$

**【例 11.85】** 在朗肯循环中，蒸汽进入汽轮机的初压力 $p_1$ 为 13.5MPa，初温度 $t_1$ 为 550℃，乏汽压力为 0.004MPa，求循环净功、加热量、热效率、汽耗率[蒸汽动力装置输出 1kW·h(3600kJ) 功量所消耗的蒸汽量]及汽轮机出口干度。

**解** 循环的 T-s 图如图 11.31 所示。由已知条件查饱和水和饱和水蒸气表，得到各状态点参数。

1 点：$p_1 = 13.5\,\text{MPa}, t_1 = 550℃$ 得
$$h_1 = 3464.5\,\text{kJ/kg}, \quad s_1 = 6.5851\,\text{kJ/(kg·K)}$$

2 点：$s_2 = s_1 = 6.5851\,\text{kJ/(kg·K)}, p_2 = 0.004\,\text{MPa}$，得
$$x_2 = 0.765, \quad h_2 = 1982.4\,\text{kJ/kg}$$

3 点：
$$h_3 = h_2' = 121.41\,\text{kJ/kg}, \quad s_3 = s_2' = 0.4224\,\text{kJ/(kg·K)}$$

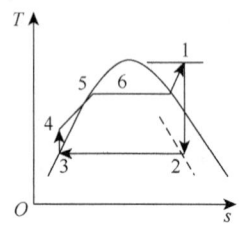

图 11.31 例 11.85 图

4 点：
$$s_4 = s_3 = 0.4224\,\text{kJ/(kg·K)}, \quad p_4 = p_1 = 13.5\,\text{MPa}$$
$$h_4 = 134.93\,\text{kJ/kg}$$

汽轮机做功
$$w_T = h_1 - h_2 = 3464.5\,\text{kJ/kg} - 1982.4\,\text{kJ/kg} = 1482.1\,\text{kJ/kg}$$

水泵消耗的功
$$w_p = h_4 - h_3 = 134.93\,\text{kJ/kg} - 121.41\,\text{kJ/kg} = 13.52\,\text{kJ/kg}$$

循环净功
$$w_{\text{net}} = w_T - w_p = 1482.1\,\text{kJ/kg} - 13.52\,\text{kJ/kg} = 1468.58\,\text{kJ/kg}$$

工质吸热量
$$q_1 = h_1 - h_4 = 3464.5\,\text{kJ/kg} - 134.93\,\text{kJ/kg} = 3329.57\,\text{kJ/kg}$$

朗肯循环热效率
$$\eta_t = \frac{w_{\text{net}}}{q_1} = \frac{1468.58\,\text{kJ/kg}}{3329.57\,\text{kJ/kg}} = 44.1\%$$

汽耗率
$$d = \frac{3600}{w_{\text{net}}} = \frac{3600}{1468.58} = 2451\,[\text{kg/(kW·h)}]$$

汽轮机出口干度
$$x_2 = 0.765$$

**讨论**

（1）水泵消耗的功还可以这样计算：$w_{\mathrm{p}}=\int v\mathrm{d}p$，考虑到水的不可压缩性，于是 $w_{\mathrm{p}}=v_3\Delta p=v_2'\Delta p=0.001\,004\,\mathrm{m^3/kg}\times(13.5\times10^3\,\mathrm{kPa}-0.004\times10^3\,\mathrm{kPa})=13.55\,\mathrm{kJ/kg}$。两种方法算出的功相差极小，用 $w_{\mathrm{p}}=v\Delta p$ 计算免去了求 4 点 $h_4$ 的麻烦，结果也足够精确。

（2）$w_{\mathrm{T}}$ 与 $w_{\mathrm{p}}$ 的计算结果可以看到，水泵耗功只占汽轮机做功的 0.9%。在一般估算中，可以忽略泵功，于是 $q_1\approx h_1-h_3=h_1-h_{2'},\eta_{\mathrm{t}}=\dfrac{w_{\mathrm{T}}}{q_1}$。

（3）$\eta_{\mathrm{t}}=44.1\%$ 说明蒸汽机吸入的热量 $q_1$ 中，只有 44.1%转变成了功，55.9%都放给了大气环境，十分可惜。但是，由于实际上排气温度已较低（$T_2=28.95℃$），排出的热量有效能为

$$
\begin{aligned}
e_{x,q}&=q_2\left(1-\frac{T_0}{T_2}\right)=(h_2-h_3)\left(1-\frac{T_0}{T_2}\right)\\
&=(1982.4\,\mathrm{kJ/kg}-121.41\,\mathrm{kJ/kg})\left[1-\frac{(20+273)\mathrm{K}}{(28.5+273)\mathrm{K}}\right]\\
&=55.16\,\mathrm{kJ/kg}
\end{aligned}
$$

式中，$T_0$ 为环境温度。由数值看，虽然排出的热量较多，但其有效能值较小，说明排汽的热能品质较低，因而动力利用的价值不大。

**【例 11.86】** 蒸汽参数与例 11.85 相同，即 $p_1=13.5\,\mathrm{MPa}$，$t_1=550℃$，$p_2=0.004\,\mathrm{MPa}$。当蒸汽在汽轮机中膨胀至 3MPa 时，再热到 $t_1$，形成一次再热循环。求该循环的净功、热效率、汽耗率及汽轮机出口干度。

**解** 将一次再热循环表示在 *T*-*s* 图上，如图 11.32 所示。

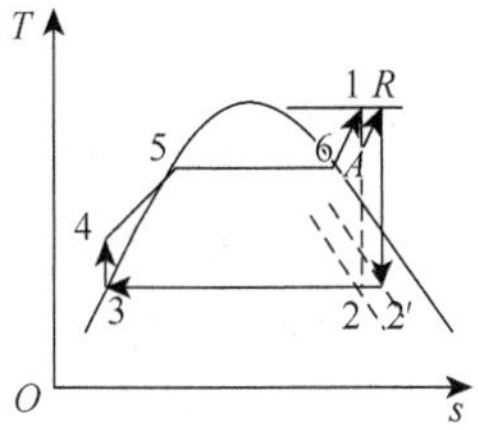

图 11.32　例 11.86 图

1 点、3 点的状态参数值相同，同例 11.85，即

$$h_1=3464.5\,\mathrm{kJ/kg},\quad h_3\approx h_4=121.41\,\mathrm{kJ/kg}$$

*A* 点：根据 $p_A,s_1$ 查表得 $h_A=3027.6\,\mathrm{kJ/kg}$。

*R* 点：根据 $p_A,t_1$ 查表得 $h_R=3568.5\,\mathrm{kJ/kg}$。

2 点：根据 $p_2,s_R$ 查表得 $h_2=2222.0\,\mathrm{kJ/kg}$。

忽略泵功时循环净功为

$$
\begin{aligned}
w_{\mathrm{net}}&=(h_1-h_A)+(h_R-h_2)\\
&=(3464.5-3027.6)\,\mathrm{kJ/kg}+(3568.5-2222.0)\,\mathrm{kJ/kg}=1783.4\,\mathrm{kJ/kg}
\end{aligned}
$$

循环吸热量为

$$
\begin{aligned}
q_1&=h_1-h_3+h_R-h_A=(3464.5-121.41+3568.5-3027.6)\,\mathrm{kJ/kg}\\
&=3884.0\,\mathrm{kJ/kg}
\end{aligned}
$$

循环热效率

$$\eta_{\mathrm{t}}=\frac{w_{\mathrm{net}}}{q_1}=\frac{1783.4\,\mathrm{kJ/kg}}{3884.0\,\mathrm{kJ/kg}}=45.9\%$$

汽耗率

$$d = \frac{3600}{w_{\text{net}}} = 2.019 \, \text{kg/(kW·h)}$$

汽轮机出口干度

$$x = 0.8635$$

**讨论**

将本例的计算结果与例 11.85 的朗肯循环比较。可见，采用再热循环，当再热参数合适时，可使汽轮机出口干度提高到容许范围内，同时提高了热效率，降低了汽耗率，从而提高了整个装置的经济性。

**【例 11.87】** 某蒸汽动力厂按一次再热理想循环工作，新蒸汽参数为 $p_1 = 14\text{MPa}$，$t_1 = 450℃$，再热压力 $p_A = 3.8\text{MPa}$，再热后温度 $t_R = 480℃$，背压 $p_2 = 0.005\text{MPa}$，环境温度 $t_0 = 25℃$。试：(1) 定性地画出循环的 $T\text{-}s$ 图；(2) 循环的平均吸、放热温度 $\bar{T}_1$，$\bar{T}_2$；(3) 循环热效率 $\eta_t$；(4) 排气放热量中的不可用能。

**解** (1) 循环的 $T\text{-}s$ 图如图 11.33 所示。

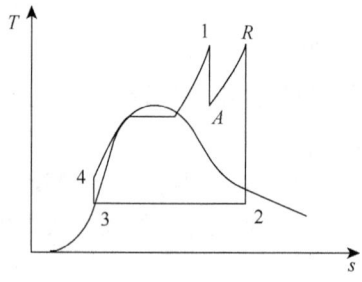

图 11.33　例 11.87 图

(2) 求平均吸、放热温度。

查水蒸气图或表得各点参数。

1 点：根据 $p_1, t_1$ 查得 $h_1 = 3167.1 \text{kJ/kg}$。

$A$ 点：根据 $p_A, s_1$ 查得 $h_A = 2856.3 \text{kJ/kg}$。

$R$ 点：根据 $p_A, t_R$ 查得 $h_R = 3406.9 \text{kJ/kg}, s_R = 7.0458 \text{kJ/(kg·K)}$。

2 点：根据 $s_R, p_2$ 查得 $h_2 = 2198.1 \text{kJ/kg}$。

3 点：$h_3 = h'_2 = 137.82 \text{kJ/kg}, s_3 = 0.4762 \text{kJ/(kg·K)}$。

4 点：$h_4 \approx h_3 = 137.82 \text{kJ/kg}$（忽略水泵功）。

于是

$$\bar{T}_1 = \frac{q_1}{s_R - s_3} = \frac{(h_1 - h_3) + (h_R - h_A)}{s_R - s_3}$$

$$= \frac{(3167.1 - 137.82 + 3406.9 - 2856.3)\text{kJ/kg}}{(7.0458 - 0.4762)\text{kJ/(kg·K)}} = 544.92 \text{K}$$

$$\bar{T}_2 = \frac{q_2}{s_R - s_3} = \frac{h_2 - h_3}{s_R - s_3} = \frac{(2198.1 - 137.82)\text{kJ/kg}}{(7.0458 - 0.4762)\text{kJ/(kg·K)}} = 313.6 \text{K}$$

（3）循环热效率

$$\eta_t = 1 - \frac{\bar{T}_2}{\bar{T}_1} = 1 - \frac{313.6\,\text{K}}{544.92\,\text{K}} = 42.5\%$$

（4）$q_2$ 中的不可用能

$$q_0 = T_0(s_R - s_3) = 298\,\text{K} \times (7.0458 - 0.4762)\,\text{kJ}/(\text{kg}\cdot\text{K}) = 1957.7\,\text{kJ/kg}$$

**讨论**

注意公式 $\eta_t = 1 - \dfrac{\bar{T}_2}{\bar{T}_1}$ 的适用条件是多热源的可逆循环，若循环中某一过程不可逆，此式就不能用。

【**例 11.88**】 在图 11.34 所示的两级抽汽回热循环中，第Ⅰ级回热加热器为混合式，第Ⅱ

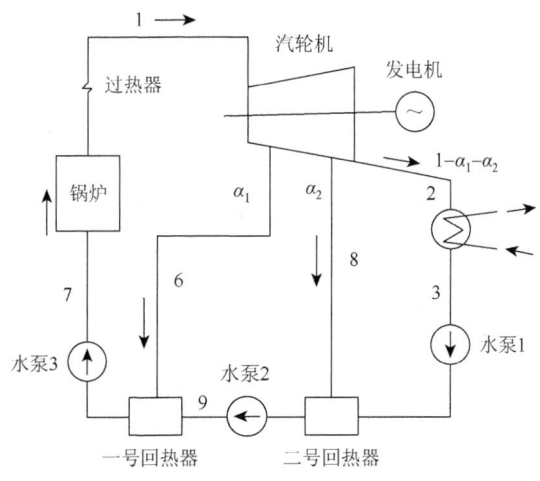

图 11.34  例 11.88 图

级为表面式。表面式回热加热器的疏水流回冷凝器。若已知该回热循环的参数为 $p_1 = 3.5\,\text{MPa}$，$t_1 = 435\,℃$，$p_2 = 0.004\,\text{MPa}$，给水回热温度为 150℃，抽汽点蒸汽的压力按等温差分配选定。试：（1）定性画出循环的 $T\text{-}s$ 图；（2）求加热器级间的温差分配；（3）求各级抽汽参数 $p_{01}$、$p_{02}$、$h_{01}$、$h_{02}$；（4）求抽汽系数 $\alpha_1$、$\alpha_2$；（5）求循环功；（6）求循环热效率和汽耗率；（7）求与同参数朗肯循环相比较。

**解** （1）循环的 $T\text{-}s$ 图如图 11.35 所示。

（2）从冷凝器的凝结水温度升至给水温度间的总温差 $\Delta t = t_7 - t_3$。已知 $t_7 = 150℃$，又由 $p_2$ 查水蒸气图表得 $t_3 = 29.0℃$，故

$$\Delta t = 150℃ - 29.0℃ = 121.0℃$$

加热级数为 2，故平均每级温差应为

$$\frac{\Delta t}{2} = 60.5℃$$

由此可算出

$$t_5 = 29.0℃ + 60.5℃ = 89.5℃$$

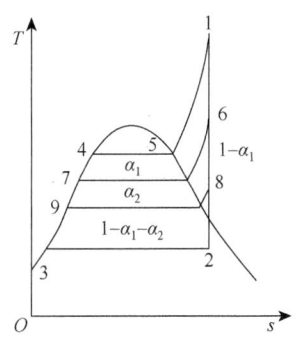

图 11.35  例 11.88 中（1）图

(3) 求各级抽汽参数。

各级抽汽压力是根据所供加热器出口水温要求而确定的。在混合式加热器中，抽汽压力 $p_{01}$ 必须是温度 $t_6$（忽略泵功时等于 $t_7$）对应下的饱和压力，可由饱和水和饱和水蒸气表查出 $p_{01} = 0.476\,\text{MPa}$。在表面式加热器中，抽汽压力 $p_{02}$ 应至少相应于温度 $t_5$ 时的饱和压力（本例中忽略冷热流体间的传热温差，即认为凝结水可以被加热至抽汽压力下的饱和温度 $t_5 = t_{02}$）。于是由 $t_{02} = 89.5\,℃$ 查出 $p_{02} = 0.069\,\text{MPa}$。抽汽压力确定之后，即可由水蒸气在 h-s 图上各定压线与定熵线的交点查出各抽汽点的焓

$$h_1 = 3306\,\text{kJ/kg},\quad h_2 = 2090\,\text{kJ/kg},\quad h_2' = h_3 = h_4 = 121\,\text{kJ/kg}$$

$$h_{01} = 2804\,\text{kJ/kg},\quad h_{01}' = h_6 = h_7 = 633\,\text{kJ/kg}$$

$$h_{02} = 2488\,\text{kJ/kg},\quad h_{02}' = h_5 = 375\,\text{kJ/kg}$$

(4) 抽汽系数的计算。

取混合式加热器为热力系，由能量平衡可得

$$\alpha_1 = \frac{h_{01}' - h_5}{h_{02} - h_5} = \frac{(633 - 375)\,\text{kJ/kg}}{(2804 - 375)\,\text{kJ/kg}} = 0.106$$

取表面式加热器为热力系，并进行能量和质量平衡计算，则

$$\alpha_2 (h_{02} - h_{02}') = (1 - \alpha_1)(h_4 - h_5)$$

$$\alpha_2 = (1 - \alpha_1) \frac{h_5 - h_4}{h_{02} - h_{02}'}$$

$$= (1 - 0.106) \frac{(375 - 121)\,\text{kJ/kg}}{(2488 - 375)\,\text{kJ/kg}} = 0.107$$

(5) 循环功量计算

$$w_{\text{net}} \approx w_{\text{T}} = h_1 - \alpha_1 h_{01} - \alpha_2 h_{02} - (1 - \alpha_1 - \alpha_2) h_2$$

$$= 3306\,\text{kJ/kg} - 0.106 \times 2804\,\text{kJ/kg} - 0.107 \times 2488\,\text{kJ/kg}$$

$$- (1 - 0.106 - 0.107) \times 2090\,\text{kJ/kg}$$

$$= 1097.7\,\text{kJ/kg}$$

(6) 求循环热效率和汽耗率。

循环吸热量

$$q_1 = h_1 - h_7 = (3306 - 633)\,\text{kJ/kg} = 2673\,\text{kJ/kg}$$

循环热效率

$$\eta_t = \frac{w_{\text{net}}}{q_1} = \frac{1097.7\,\text{kJ/kg}}{2673\,\text{kJ/kg}} = 0.410$$

循环汽耗率

$$d = \frac{3600}{w_{\text{net}}} = \frac{3600}{1097.7} = 3.279\,[\text{kg}/(\text{kW}\cdot\text{h})]$$

(7) 同参数朗肯循环的比较。

同参数朗肯循环的热效率为

$$\eta_t^R = \frac{h_1 - h_2}{h_1 - h_4} = \frac{(3306 - 2090)\text{kJ/kg}}{(3306 - 121)\text{kJ/kg}} = 0.381$$

回热使循环效率提高

$$0.410 - 0.381 = 0.029$$

相对值为

$$\frac{0.029}{0.381} = 7.6\%$$

**讨论**

（1）从本例题看到，蒸汽回热循环计算的步骤一般是先根据已知条件定出各抽汽点的参数，然后取各加热器为热力系，利用质量和能量平衡方程式，求出抽汽系数，再算出吸放热量、循环净功能及汽耗率、热效率等各项指标。

（2）由于表面式回热器的疏水流回冷凝器，所以循环放热量除了有$(1-\alpha_1-\alpha_2)\text{kg}$的蒸汽在冷凝器中对外放热，还有$\alpha_2\text{kg}$的疏水在冷凝器中也对外放热，即

$$q_2 = (1 - \alpha_1 - \alpha_2)(h_2 - h_3) + \alpha_2(h'_{02} - h_3)$$

计算时注意勿将第二部分放热量漏掉。

【**例 11.89**】 有一蒸汽动力厂按一次再热和一级抽汽回热理想循环工作，如图 11.36 所示。

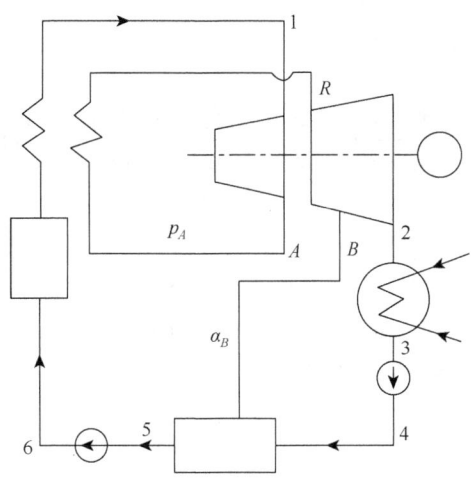

图 11.36　例 11.89 图

新蒸汽参数为$p_1 = 14\text{MPa}, t_1 = 550℃$，再热压力$p_A = 3.5\text{MPa}$，再热温度$t_R = t_1 = 550℃$，回热抽汽压力$p_B = 0.5\text{MPa}$，回热器为混合式，背压$p_2 = 0.004\text{MPa}$，水泵功可忽略。试：（1）定性画出循环的 T-s 图；（2）求抽汽系数$\alpha_B$；（3）求循环输出净功$w_{\text{net}}$、吸热量$q_1$、放热量$q_2$；（4）求循环热效率$\eta_t$。

**解**　（1）循环的 T-s 图如图 11.37 所示。

（2）查水蒸气图表得各点的参数。

1 点：根据$p_1$、$t_1$查得$h_1 = 3459.2\text{kJ/kg}$。

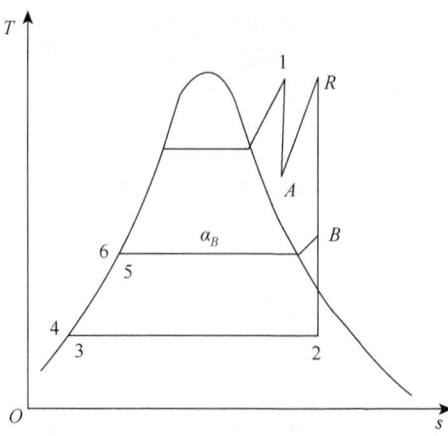

图 11.37　例 11.89 图

$A$ 点：由 $h$-$s$ 图上的 $p_A$ 定压线与过 1 点的定熵线的交点查得
$$h_A = 3072\text{kJ/kg}$$

$R$ 点：根据 $p_A$, $t_R$ 查得
$$h_R = 3564.5\text{kJ/kg}$$

$B$ 点、2 点：由 $h$-$s$ 图上 $p_B$, $p_2$ 各定压线与过 $R$ 点的定熵线的交点查得
$$h_B = 2967.5\text{kJ/kg}, \quad h_2 = 2240\text{kJ/kg}$$

3（4）点：$h_3 = h_4 = h_2' = 121.41\text{kJ/kg}$。

5（6）点：$h_5 = h_6 = h_B' = 640.1\text{kJ/kg}$。

于是，抽汽系数
$$\alpha_B = \frac{h_5 - h_4}{h_B - h_4} = \frac{(640.1 - 121.41)\text{kJ/kg}}{(2967.5 - 121.41)\text{kJ/kg}} = 0.182$$

（3）循环净功
$$\begin{aligned}
w_{\text{net}} &\approx w_T = (h_1 - h_A) + (h_R - h_B) + (1 - \alpha_B)(h_B - h_2) \\
&= (3459.2 - 3072)\text{kJ/kg} + (3564.5 - 2967.5)\text{kJ/kg} \\
&\quad + (1 - 0.182)(2967.5 - 2240)\text{kJ/kg} \\
&= 1579.295\text{kJ/kg}
\end{aligned}$$

循环吸热量
$$\begin{aligned}
q_1 &= (h_1 - h_6) + (h_R - h_A) \\
&= (3459.2 - 640.1)\text{kJ/kg} + (3564.5 - 3072)\text{kJ/kg} \\
&= 3311.6\text{kJ/kg}
\end{aligned}$$

循环放热量
$$\begin{aligned}
q_2 &= (1 - \alpha_B)(h_2 - h_3) \\
&= (1 - 0.182)(2240 - 121.41)\text{kJ/kg} = 1733\text{kJ/kg}
\end{aligned}$$

（4）循环热效率
$$\eta_t = \frac{w_{\text{net}}}{q_1} = \frac{1579.295\text{kJ/kg}}{3311.6\text{kJ/kg}} = 47.7\%$$

# 第12章 专升本复习试题汇编

## 复习参考题（一）

1. 若大气压力为 0.1MPa，容器内的压力比大气压力高 0.004MPa，则容器内的绝对压力为多少？

2. 一活塞气缸装置中的气体经历了两个过程。从状态 1 到状态 2，气体吸热 500kJ，活塞对外做功 800kJ。从状态 2 到状态 3 是一个定压的压缩过程，压力 $p=400$kPa，气体向外散热 450kJ。并且已知 $U_1=2000$kJ，$U_3=3500$kJ，试计算 2-3 过程中气体体积的变化。

3. 0.1MPa、20℃、$c_{f1}=0$ 的空气在压气机中绝热压缩，升压升温后导入换热器，排走部分热量后再进入喷管膨胀到 0.1MPa、20℃。喷管出口截面积 $A=0.0324\text{m}^2$，气体流速 $c_{f2}=300$m/s。已知压气机耗功率 710kW，问换热器中空气散失的热量。

4. 用隔板将绝热刚性容器分为 A、B 两部分（图 12.1），B 为真空，将隔板抽去后理想气体自由膨胀，求：$\Delta s_{12}$。

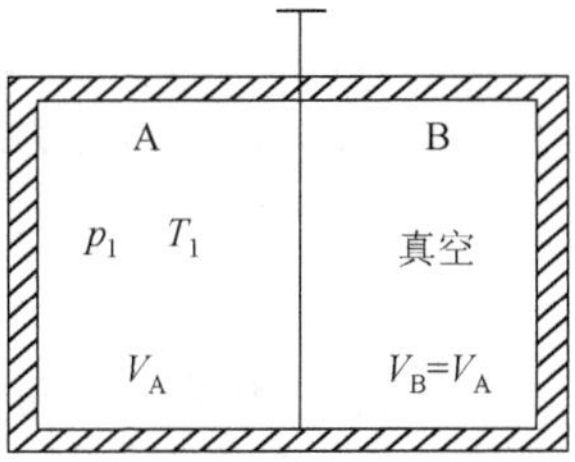

5. 0.5kmol 某种单原子理想气体，由 25℃、$2\text{m}^3$ 可逆绝热膨胀到 1atm，然后在此状态的温度下定温可逆压缩回到 $2\text{m}^3$。（1）画出各过程的 p-v 图及 T-s 图；（2）计算整个过程的 $Q$、$W$、$\Delta U$、$\Delta H$ 及 $\Delta S$。

图 12.1

## 复习参考题（二）

1. 某项专利申请书上提出一种热机，它从 167℃的热源接受热量，向 7℃冷源排热，热机每接受 1000kJ 热量，能发出 0.12kW·h 的电力。请判定专利局是否应受理其申请，为什么？

2. 设工质为 $T_H=1000$K 的恒温热源和 $T_L=1000$K 的恒温冷源间按热力循环工作，已知吸热量为 100kJ，求循环热效率和净功。
（1）理想情况无任何可逆损失；
（2）吸热时有 200K 温差，放热时有 100K 温差。

3. 某循环在 700K 的热源及 400K 的冷源之间工作，如图 12.2 所示，试判别循环是热机循环还是制冷循环，可逆还是不可逆？

4. 气缸内储有 1kg 空气，分别经可逆等温及不可逆等温，由初态 $p_1=0.1$MPa、$t_1=27$℃压缩到 $p_2=0.2$MPa，若不可逆等温压缩过程中耗功为可逆压缩的 120%，确定两种过程中空气的熵增及过程的熵流及熵产（空气取定比热，$t_0=27$℃）。

5. 一刚性绝热容器用隔板分成两部分，如图 12.3 所示，$V_B=3V_A$。A 侧有 1kg 空气，$p_1=1$MPa，$T_1=330$K，B 侧为真空。抽去隔板，系统恢复平衡后，求过程中不可逆造成的㶲损失（$T_0=293$K、$p_0=0.1$MPa）。

6. 将 $p_1=0.1$MPa、$t_1=250$℃的空气冷却到 $t_2=80$℃。求单位质量空气放出热量中可转化为功的最大值是多少？环境温度为 27℃。若将此热量全部放给环境，则㶲损失为多少？

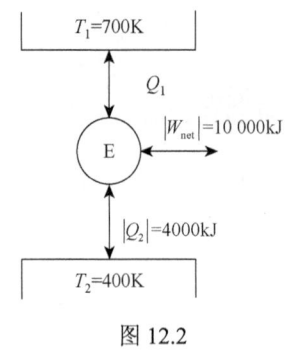

图 12.2

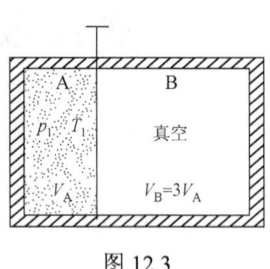

图 12.3

## 专升本模拟考试试题（一）

共 100 分；考试时间 75 分钟

**一、单项选择题**（每小题 2 分，共 16 分）在每小题列出的 4 个备选项中只有一个是符合题目要求的，错选、多选或未选均无分。

1. 热力系统与外界既无能量交换也无物质交换，称为（    ）
   A. 闭口系统　　　　　　　　B. 开口系统
   C. 绝热系统　　　　　　　　D. 孤立系统
2. 下列参数中，与热力过程有关的是（    ）
   A. 温度　　　　　　　　　　B. 热量
   C. 压力　　　　　　　　　　D. 比体积
3. 热力学能 $u$ 与流动功 $pv$ 的和通常称为（    ）
   A. 㶲　　　B. 热量　　　C. 熵　　　D. 焓
4. 在 $p$-$v$ 图上，某比体积减小的可逆过程线与坐标轴所围成的面积表示该过程中系统（    ）
   A. 所做的膨胀功的大小　　　B. 所消耗的外界功的大小
   C. 所做的技术功的大小　　　D. 所消耗的热量
5. 对于理想气体，在 $T$-$s$ 图上，过同一点的定容线与定压线相比（    ）
   A. 定容线比定压线陡一些　　B. 定容线与定压线重合
   C. 定容线比定压线缓一些　　D. 两曲线关系不确定
6. 热力学第二定律的核心是（    ）
   A. 能　　　B. 功　　　C. 焓　　　D. 熵
7. 理想气体不可逆过程中的熵变量（    ）
   A. 等于相同初终状态可逆过程的熵变量
   B. 大于相同初终状态可逆过程的熵变量
   C. 小于相同初终状态可逆过程的熵变量
   D. 小于等于相同初终状态可逆过程的熵变量
8. 在水蒸气的 $p$-$v$ 图中，零度水线左侧的区域称为（    ）
   A. 过冷水状态区　　　　　　B. 湿蒸汽状态区
   C. 过热蒸汽状态区　　　　　D. 固体状态区

## 二、多项选择题（每小题 4 分，共 12 分）在每小题列出的 5 个备选项中至少有两个是符合题目要求的，错选、多选、少选或未选均无分。

9. 卡诺循环是由哪些可逆过程组成的？（　　）
   A. 定温吸热　　B. 定压膨胀　　C. 定温放热
   D. 绝热膨胀　　E. 绝热压缩

10. 闭口系内的理想气体经历一个不可逆过程，吸热 5kJ，对外做功 10kJ，则（　　）
    A. 该过程的熵产大于零
    B. 该过程的熵流大于零
    C. 理想气体的熵增加
    D. 理想气体的热力学能增加
    E. 理想气体的温度升高

11. 对水蒸气而言，下列说法正确的是（　　）
    A. 某一饱和温度必对应于某一饱和压力
    B. 水蒸气的内能和焓是温度的单值性函数
    C. 湿蒸汽是指混有饱和水的饱和蒸汽
    D. 干度不同的湿蒸汽的温度可能相等
    E. 没有 380℃ 的液态水

## 三、填空题（每空 2 分，共 12 分）请在每小题的空格中填上正确答案。错填、不填均无分。

12. ＿＿＿＿＿是热力系统的内部储存能，表示物质内部各种微观能量的总和。

13. 任何过同一点的多变过程，若过程线在定容线右方，则过程中 $w$ ＿＿＿＿ 0。

14. 饱和水的干度 $x$ 为＿＿＿＿。

15. 测得容器的真空度 $p_v$=65kPa，大气压力 $p_b$=0.1MPa，则容器内的绝对压力为＿＿＿＿kPa。

16. 在给定的环境条件下，能量中可无限转换的部分称为＿＿＿＿。

17. 氢气和氧气的混合物为 2m³，压力为 0.12MPa，其中氢气的分容积为 0.6m³，则氧气的分压力为 $p_{O_2}$ = ＿＿＿＿ MPa。

## 四、名词解释（每小题 4 分，共 8 分）

18. 稳定流动

19. 热力学第二定律的开尔文-普朗克说法

## 五、简答题（每小题 6 分，共 18 分）

20. 理想气体常数及普适气体常数分别与哪些因素有关？

21. 简述孤立系统熵增原理内容及其数学表达式。

22. 写出可逆过程的体积变化功与技术功的公式，并将可逆体积变化功与可逆技术功的大小分别在 $p\text{-}v$ 图上表示出来。

**六、计算题**（共 2 小题，共 34 分）

23. 已知质量为 50kg 的氮气经冷却器后，温度由 350℃下降到 20℃，试按定值比热计算氮气的热力学能变化量和焓的变化量各是多少（$M_{N_2}$=28.02kg/kmol）。（12 分）

24. 某刚性容器由隔板分成两部分，左边盛有压力为 600kPa、温度为 27℃的空气 0.05kmol，右边为真空，其容积为左边的 5 倍。将隔板抽出后，空气迅速膨胀充满整个容器。求容器内最终压力和温度、空气的熵变及过程㶲损失（设膨胀是在绝热下进行的，环境温度 27℃，ln6=1.792）。（22 分）

# 专升本模拟考试试题（二）

共 100 分；考试时间 75 分钟

**一、单项选择题**（每小题 2 分，共 16 分）在每小题列出的 4 个备选项中只有一个是符合题目要求的，错选、多选或未选均无分。

1. 下列对热力系统边界描述错误的是（　　）
   A. 可以是真实的　　　　　　B. 可以是虚构的
   C. 必须是固定的　　　　　　D. 可以是变化的

2. 下列说法符合热力学第二定律的是（　　）
   A. 功可以转换成热，但热不能转换成功
   B. 自发过程是不可逆的，但非自发过程是可逆的
   C. 从任何具有一定温度的热源取热，都能进行热变功的循环
   D. 孤立系统熵增大的过程必是不可逆过程

3. 每千克湿蒸汽和它所含有的干饱和蒸汽质量的比值称为（　　）
   A. 含湿量　　　　B. 干度　　　　C. 相对湿度　　　　D. 绝对湿度

4. 对于理想气体，在 p-v 图上，过同一点的定温线与绝热线相比（　　）
   A. 定温线比绝热线陡一些　　　　B. 定温线与绝热线重合
   C. 定温线比绝热线缓一些　　　　D. 两曲线关系不确定

5. 某系统经过一个任意不可逆过程达到另一状态，则（　　）
   A. $ds>dq/T$　　B. $ds<dq/T$　　C. $ds=dq/T$　　D. 无法确定

6. 具有一定初始速度的气流，在定熵条件下使其速度为多少时，即达到了定熵滞止状态？（　　）
   A. 0　　　　B. −1　　　　C. 1　　　　D. 2

7. 湿空气的干球温度 $t$、湿球温度 $t_w$、露点温度 $t_d$ 之间的关系是（　　）
   A. $t \geq t_w \geq t_d$　　B. $t>t_w>t_d$　　C. $t=t_w=t_d$　　D. $t_w=t_d>t$

8. 绝热加湿过程中，若对湿空气加湿喷入的是液相水时，则可将绝热加湿近似认为是（　　）
   A. 定温过程　　B. 定压过程　　C. 定焓过程　　D. 定容过程

二、**多项选择题**（每小题 4 分，共 12 分）在每小题列出的 5 个备选项中至少有两个是符合题目要求的，错选、多选、少选或未选均无分。

9. 下列属于基本状态参数的是？（　　）
   A. 压力　　B. 焓　　C. 比体积　　D. 温度　　E. 功

10. 理想气体绝热节流的特征有（　　）
    A. $p_2<p_1$　　B. $p_2>p_1$　　C. $t_2=t_1$　　D. $h_2=h_1$　　E. $s_1<s_2$

11. 对制冷循环而言，下列说法正确的是（　　）
    A. 逆向卡诺循环制冷系数只取决于高温热源与低温热源温度
    B. 空气压缩制冷循环的制冷系数小于同温度范围内逆向卡诺循环的制冷系数
    C. 制冷系数的取值范围 $0<\varepsilon<1$
    D. 蒸气压缩制冷循环是实际使用最为广泛的制冷循环
    E. 蒸汽喷射式制冷循环中，其制冷剂的增压、升温是在压缩机中实现的

三、**填空题**（每空 2 分，共 12 分）请在每小题的空格中填上正确答案。错填、不填均无分。

12. 在热力发电厂中绝大多数用_____作为工质。

13. 初始状态相同、经历不同的变化过程，状态参数的变化量是_____。

14. 按照工作原理不同，制冷装置可分为压缩制冷、_____、吸附式制冷和蒸汽喷射式制冷等。

15. 湿空气是水蒸气和_____组成的二元气体混合物。

16. 要获得高压流体，则必须使高速气流在适合条件下_____流速。

17. 热力系统的储存能包括内部储存能和外部储存能，其中内部储存能的内动能和内位能属于_____能，而外部储存能属于_____能。

四、**名词解释**（每小题 4 分，共 8 分）

18. 热量

19. 马赫数

**五、简答题**（每小题 6 分，共 18 分）

20. 什么是可逆过程？实施可逆过程的条件是什么？

21. 试将工质膨胀、吸热且降温的多变过程表示在 $p$-$v$ 和 $T$-$s$ 图上（先标出四个基本热力过程）。

22. 再热循环和回热循环中再热和回热有何不同？

**六、计算题**（共 2 小题，共 34 分）

23. 欲设计一热机，使之能从温度为 900K 的高温热源吸热 2100kJ，并向温度为 300K 的冷源放热 810kJ。问：（1）此循环能否实现？如能实现，是否可逆？（2）若把此热机当制冷机用，从冷源吸热 810kJ，是否可能向热源放热 2100kJ？欲使之从冷源吸热 810kJ，至少需耗多少功？（12 分）

24. 有一蒸汽动力循环采用一级抽汽回热循环，汽轮机进口蒸汽参数为 $p_1$=2.6MPa，$t_1$=420℃，排汽压力 $p_2$=0.004MPa。已知抽汽压力 $p_{01}$=0.12MPa。求该循环的抽汽率、热效率、汽耗率和热耗率，并与同参数朗肯循环比较，得出相应结论（不计泵功）（已查出：进口蒸汽焓 $h_1$=3283kJ/kg，排汽焓 $h_2$=2144kJ/kg；抽汽焓 $h_{01}$=2604kJ/kg，压力 $p_{01}$ 下饱和水焓 $h_{01}'$=439.36kJ/kg；排气压力 $p_2$ 下饱和水的焓 $h_3$=121.41kJ/kg）。（22 分）

# 专升本模拟考试试题（三）

共 100 分；考试时间 75 分钟

一、**单项选择题**（每小题 2 分，共 16 分）在每小题列出的 4 个备选项中只有一个是符合题目要求的，错选、多选或未选均无分。

1. 如图 12.4 所示，若表 A 为真空计，其读值为 35kPa，压力表 B 读值为 47kPa，则表 C 是什么表？其读数为多少？（　　）
    A. 压力表，12kPa          B. 真空计，12kPa
    C. 压力表，82kPa          D. 真空计，82kPa

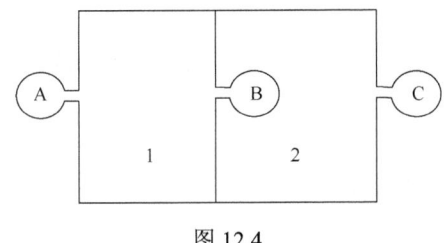

图 12.4

2. 在气缸活塞系统内，理想气体经历一个绝热过程。对外做功 10kJ，气体的熵变为 $\Delta S$=0.3kJ/K，则该过程是否可逆？气体的温度如何变化？（　　）
    A. 可逆，升高     B. 不可逆，升高     C. 可逆，降低     D. 不可逆，降低
3. 理想气体经历一可逆定压过程，则（　　）
    A. 体积变化功为零          B. 技术功为零
    C. 热量交换为零            D. 热力学能增量为零
4. 由不可逆性引起的做功的减少，称为（　　）
    A. 工质㶲     B. 热量㶲     C. 㶲损失     D. 㶲
5. 在超音速流动中，若使气流加速，应选用（　　）
    A. 渐缩喷管     B. 渐扩喷管     C. 缩放喷管     D. 拉瓦尔喷管
6. 在绝热节流过程中，节流前、后稳定截面处的流体（　　）
    A. 焓值增加     B. 焓值减小     C. 熵增加     D. 熵减少
7. 逆向卡诺循环制冷系数 $\varepsilon_c$ 的取值范围（　　）
    A. $0<\varepsilon_c<1$     B. $0<\varepsilon_c\leq1$     C. $1<\varepsilon_c$     D. $0<\varepsilon_c$
8. 未饱和湿空气的干球温度 $t$，湿球温度 $t_w$，露点温度 $t_d$ 之间的关系是（　　）
    A. $t\geq t_w\geq t_d$     B. $t>t_w>t_d$     C. $t=t_w=t_d$     D. $t_w>t_d>t$

二、**多项选择题**（每小题 4 分，共 12 分）在每小题列出的 5 个备选项中至少有两个是符合题目要求的，错选、多选、少选或未选均无分。

9. 理想气体有哪些性质？（　　）
    A. 可看成不占体积的质点          B. 分子之间不存在相互作用力
    C. 热力学能与熵是温度的单值函数   D. 满足关系式 $pv=R_gT$

E. 燃气轮机燃气中所含的水蒸气可看成是理想气体
10. 理想气体在喷管中做稳定可逆绝热流动时（　　）
    A. 流速增大　　　　　B. 压力增大　　　　　C. 温度升高
    D. 比体积增大　　　　E. 焓增大
11. 采用不同蒸汽动力循环热效率比较（　　）
    A. 同温限间的朗肯循环热效率一定低于卡诺循环热效率
    B. 同温限间的朗肯循环热效率一定低于再热循环热效率
    C. 同温限间的朗肯循环热效率一定低于回热循环热效率
    D. 同温限间的朗肯循环热效率一定高于有摩擦阻力的实际循环热效率
    E. 同温限间的朗肯循环热效率一定低于热电联产循环热效率

三、填空题（每空2分，共12分）请在每小题的空格中填上正确答案。错填、不填均无分。

12. 由热力系统与外界发生_____交换而引起的熵的变化量称为熵流。
13. 理想气体的声速是_____的单值函数。
14. 实际使用最为广泛的制冷循环是_____。
15. 湿空气的一个重要特点是水蒸气的分压力_____相同温度下的饱和压力。
16. 工作于两个恒温热源间的可逆热机，其热源温度分别为2000K和500K，则该可逆热机的热效率为_____。
17. 露点是指湿空气中水蒸气分压力对应的_____。

四、名词解释（每小题4分，共8分）

18. 定熵滞止过程

19. 湿空气的焓

五、简答题（每小题6分，共18分）

20. 水的定压过程可分为哪几个阶段？并分析不同阶段中水的状态变化。

21. 若工质从一初态出发，分别经可逆绝热过程与不可逆绝热过程到达相同的终压，试分析两过程中熵的变化。

22. 蒸汽的初、终参数的变化对循环热效率有何影响？

**六、计算题**（共 2 小题，共 34 分）

23. 某封闭容器中，气体经过某一过程吸收了 50J 的热量，同时，热力学能增加 84J，问此过程是膨胀过程还是压缩过程？对外做功是多少 J？（12 分）

24. 质量为 3kg 的空气，在可逆绝热压缩过程中压力从 0.1MPa 升高至 6MPa，初始温度为 300K，定熵指数为 1.4，气体常数为 287J/（kg·K）。（22 分）

试求：（1）将此过程表示在 $p$-$v$ 图和 $T$-$s$ 图上；（2）经可逆绝热压缩后的终态温度；（3）空气的定值比热 $c_p$ 和 $c_V$（单位：J/(kg·K)）；（4）该过程的体积功和技术功。

# 专升本模拟考试试题（四）

共 100 分；考试时间 75 分钟

**一、单项选择题**（每小题 2 分，共 16 分）在每小题列出的 4 个备选项中只有一个是符合题目要求的，错选、多选或未选均无分。

1. 工质进行了一个吸热、升温、压力下降的多变过程，则多变指数 $n$ 的取值范围（    ）
   A. $0<n<1$    B. $0<n<k$    C. $n>k$    D. 不能确定

2. 以下措施，不能提高蒸汽朗肯循环的热效率的是（    ）
   A. 提高新汽温度    B. 提高新汽压力
   C. 降低乏汽温度    D. 降低乏汽压力

3. 闭口系内 1kg 理想气体经历一不可逆过程，过程对外做功 20kJ，放热 20kJ，则气体温度变化为（    ）
   A. 提高    B. 降低    C. 不变    D. 不能确定

4. 若要使得气流由亚音速变成超音速，则喷管的形状应该选择（    ）
   A. 渐缩型    B. 渐扩型    C. 缩放型    D. 等截面型

5. 经历一不可逆循环过程，系统的熵（    ）
   A. 增加    B. 减小    C. 不变    D. 可能增加，也可能减小

6. 水在定压汽化过程中，下列说法错误的是（　　）
   A. 压力不变　　　B. 温度不变　　　C. 干度不变　　　D. 比体积增加
7. 下列对湿空气的相对湿度说法错误的是（　　）
   A. 在数值上介于 0 和 1 之间
   B. 相对湿度越小，表明湿空气越干燥
   C. 相对湿度等于 1 时为饱和湿空气状态
   D. 湿空气的相对湿度等于湿空气中水蒸气的分压力与湿空气的总压力的比值
8. 在水蒸气的 $p$-$v$ 图中，夹在饱和水线和干饱和蒸汽线之间的区域称为（　　）
   A. 过冷水状态区　　　　　　　B. 湿蒸汽状态区
   C. 过热蒸汽状态区　　　　　　D. 固体状态区

二、**多项选择题**（每小题 4 分，共 12 分）在每小题列出的 5 个备选项中至少有两个是符合题目要求的，错选、多选、少选或未选均无分。

9. 蒸汽喷射式制冷装置设备包括（　　）
   A. 膨胀机　　B. 冷凝器　　C. 节流阀　　D. 引射器　　E. 锅炉
10. 对于可逆定容过程，下列说法正确的是（　　）
    A. 体积变化功为零　　　　　　B. 技术功等于体积变化功
    C. 热量交换等于热力学能增量　　D. 压力与温度成正比
    E. 比体积与温度成反比
11. 下列参数只与状态有关，而与过程无关的是（　　）
    A. 密度　　　　　B. 热力学能　　　　C. 流动功
    D. 工质㶲　　　　E. 热量㶲

三、**填空题**（每空 2 分，共 12 分）请在每小题的空格中填上正确答案。错填、不填均无分。

12. 入口为亚声速气流，扩压管的形状是_____。
13. 热的品位比机械能的品位（高还是低）_____。
14. 水在定压加热过程中吸收热量成为过热蒸汽必须经历 5 种状态的变化，即未饱和水、饱和水、_____、干饱和蒸汽及过热蒸汽。
15. 在一定的湿空气温度下，含湿量越大，则湿空气的焓_____。
16. 如果蒸汽初参数提高超过水的临界压力，则在锅炉内的定压加热过程将不经过气液相变过程，此循环称为_____。
17. 氢气和氧气的混合物为 2m³，其中氢气的分容积为 0.6m³，已知氢气的摩尔质量为 2.016kg/kmol，氧气的摩尔质量为 32.00kg/kmol，则氧气所占质量分数为_____。

四、**名词解释**（每小题 4 分，共 8 分）

18. 临界压力比

19. 湿球温度

**五、简答题**（每小题 6 分，共 18 分）

20. 空气压缩制冷系数与哪些因素有关？

21. 简述卡诺定理。

22. 为什么在实际工程中不采用饱和蒸汽卡诺循环？

**六、计算题**（共 2 小题，共 34 分）

23. 有一台稳定工况下运行的水冷式压缩机，运行参数如图 12.5 所示。设空气的比热 $c_p$=1.003kJ/(kg·K)，水的比热 $c_w$=4.187kJ/(kg·K)。若不计压气机向环境的散热损失以及动能差及位能差，试确定驱动该压气机所需的功率。（空气看作理想气体）（12 分）

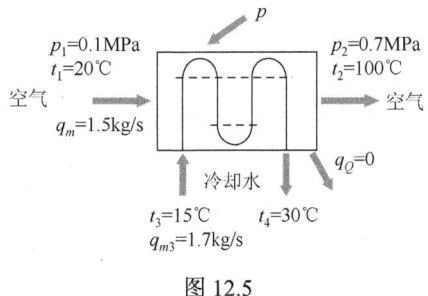

图 12.5

24. 如图 12.6 所示，一闭口系从状态 $a$ 沿图中路径 $acb$ 变化到 $b$ 时，吸热 90kJ，对外做功 40kJ。（22 分）

试问：（1）系统从 $a$ 经 $d$ 到达 $b$，若对外做功 10kJ，则吸热量为多少？

（2）系统由 $b$ 经曲线所示过程返回 $a$，若外界对系统做功 20kJ，吸热量为多少？

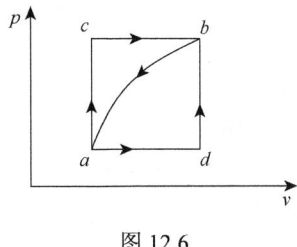

图 12.6

（3）设 $U_a=0$，$U_d=40\ \text{kJ}$，那么 $db$、$ad$ 过程的吸热量各为多少？

# 专升本模拟考试试题（五）

共 100 分；考试时间 75 分钟

**一、单项选择题**（每小题 2 分，共 16 分）在每小题列出的 4 个备选项中只有一个是符合题目要求的，错选、多选或未选均无分。

1. 湿空气流过湿球温度计湿纱布表面的过程接近于（　　）
   A. 单纯加热过程　　　　　　　　B. 单纯冷却过程
   C. 绝热加湿过程　　　　　　　　D. 冷却去湿过程
2. 当水的状态参数为 $p=0.1\text{MPa}$，$t=180\ ℃$ 时，处于何种状态（　　）
   A. 饱和水　　　B. 湿饱和蒸汽　　　C. 干饱和蒸汽　　　D. 过热蒸汽
3. 下列说法错误的是（　　）
   A. 能量贬值原理是热力学第二定律的另一种表述
   B. 孤立系统的熵增与系统做功能力损失成反比
   C. 孤立系统内发生不可逆过程实际上是能量贬值过程
   D. 只有当功损所形成的热能全部是废热时，可用能的损失才等于功损
4. 下列说法正确的是（　　）
   A. 绝热节流是等温过程
   B. 绝热过程必是定熵过程
   C. 绝热闭口系的熵只能增加或保持不变
   D. 不可逆过程使得绝热系统的熵减少
5. 对于缩放喷管，当某处的压力等于临界压力时，此处为（　　）
   A. 入口截面处　　　　　　　　　B. 出口截面处
   C. 最小截面处　　　　　　　　　D. 最大截面处
6. 每做 1kW·h 的功所需的新蒸汽量称为（　　）
   A. 热效率　　　B. 汽耗率　　　C. 热耗率　　　D. 抽汽率
7. 下列对吸收式制冷循环说法错误的是（　　）
   A. 工质为两种沸点相差较大的物质组成的二元溶液
   B. 低沸点的物质作制冷剂，高沸点的物质作吸收剂
   C. 氨-水溶液中，氨作制冷剂，水作吸收剂
   D. 水-溴化锂溶液中，溴化锂作制冷剂，水作吸收剂
8. 热力学第一定律的核心是（　　）
   A. 能　　　B. 功　　　C. 焓　　　D. 熵

二、**多项选择题**（每小题 4 分，共 12 分）在每小题列出的 5 个备选项中至少有两个是符合题目要求的，错选、多选、少选或未选均无分。

9. 0℃的水变为过热蒸汽所需的总热量包括（　　　）

   A. 液体热　　　　B. 汽体热　　　　C. 汽化潜热　　　　D. 过热热　　　　E. 过程热

10. 下列表述正确的是（　　　）

   A. 自发过程均具有方向性

   B. 自发过程均是不可逆过程

   C. 各种不可逆过程具有等效性

   D. 热力过程存在耗散损失，必为不可逆过程

   E. 热力过程既无非平衡损失又无耗散损失，必为可逆过程

11. 下列对再热循环说法正确的是（　　　）

   A. 再热循环在朗肯循环基础上加了一个过热器

   B. 中间再热压力的选择对再热循环热效率是有影响的

   C. 中间再热压力的选择越高越好

   D. 中间再热压力一般为进汽压力的 20%～30%

   E. 蒸汽动力循环一般只采用一级再热

三、**填空题**（每空 2 分，共 12 分）请在每小题的空格中填上正确答案。错填、不填均无分。

12. 在相同的初温和背压下，提高初压可使朗肯循环的热效率＿＿＿＿＿＿。（填增大、减小或不变）

13. 可逆过程膨胀功的计算式 $w=$ ＿＿＿＿＿＿。

14. 热力学第二定律可以表述为＿＿＿＿＿＿永动机是不可能制成的。

15. 对逆卡诺制冷循环，冷热源的温差越大，则制冷系数＿＿＿＿＿＿。

16. 对于渐缩喷管，当背压大于临界压力时，出口截面的速度＿＿＿＿＿＿当地声速。

17. 已知一理想气体可逆过程中，技术功等于膨胀功，则此过程是＿＿＿＿＿＿过程。

四、**名词解释**（每小题 4 分，共 8 分）

18. 单纯加热过程

19. 比熵

五、**简答题**（每小题 6 分，共 18 分）

20. 空气压缩制冷循环的优缺点是什么？

21. 湿球温度的值与哪些因素有关？

22. 什么是流动功？影响流动功的因素有哪些？

**六、计算题**（共 2 小题，共 34 分）

23. 1kg 空气从相同初态 $p_1$=0.1MPa、$t_1$=27℃经可逆定容过程至终温 $t_2$=135℃，试求终态压力、比体积、吸热量、膨胀功、技术功和初终态焓差(空气的 $c_p$=1.004kJ/(kg·K)，$c_V$=0.717kJ/(kg·K)，$R_g$=287J/(kg·K))。（12 分）

24. 空气可逆绝热流经渐缩喷管时某截面上压力为 0.28MPa，温度为 345K，速度是 150m/s，该截面面积为 $9.29\times10^{-3}\text{m}^2$，试求：(1) 该截面上的马赫数 $Ma$；(2) 滞止压力和滞止温度；(3) 若出口截面上 $Ma$=1，则出口截面上压力、温度、面积各为多少？空气作理想气体处理，比热可取定值，$R_g$=287J/(kg·K)，$c_p$=1004J/(kg·K)。（22 分）

## 专升本模拟考试试题（六）

共 100 分；考试时间 75 分钟

**一、单项选择题**（每小题 2 分，共 16 分）在每小题列出的 4 个备选项中只有一个是符合题目要求的，错选、多选或未选均无分。

1. 热力系统与外界无物质交换，称为（　　）
   A. 封闭热力系统　　　　　　B. 开口热力系统
   C. 绝热热力系统　　　　　　D. 孤立热力系统

2. 用干-湿球温度计和露点仪对湿空气测量得到 3 个温度：15℃、20℃、30℃。那么干球温度、湿球温度和露点温度依次为（　　）
   A. 15℃、20℃、30℃　　　　B. 30℃、20℃、15℃
   C. 20℃、15℃、30℃　　　　D. 30℃、15℃、20℃

3. 稳定流动方程应用于汽轮机时可简化为（　　）

   A. $q=h_2-h_1$　　　　　　　　　　B. $w_s=h_1-h_2$

   C. $0.5(c_2^2-c_1^2)=h_1-h_2$　　　　D. $h_2=h_1$

4. 抽汽率的选取（　　）

   A. 是任意的　　　　　　　　　　B. 由汽轮机的出口压力决定

   C. 由回热器的热平衡决定　　　　D. 由冷凝器的出口温度决定

5. 水的压力 $p=0.5MPa$，比体积为 $0.241\,37m^3/kg$，已知此压力下饱和水的比体积为 $0.001\,092\,8m^3/kg$，干饱和蒸汽的比体积为 $0.374\,81m^3/kg$，那么此时水处于（　　）

   A. 过冷水状态　　　　　　　　　B. 湿蒸汽状态

   C. 干饱和蒸汽状态　　　　　　　D. 过热蒸汽状态

6. 绝热加湿过程中，若对湿空气加湿喷入的是水蒸气，则可将绝热加湿近似认为是（　　）

   A. 定温过程　　B. 定压过程　　C. 定焓过程　　D. 定容过程

7. 下列说法正确的是（　　）

   A. 气体吸热后体积必然膨胀　　　B. 气体被压缩时一定消耗外功

   C. 气体膨胀时一定对外做功　　　D. 气体不能一边压缩，一边吸热

8. 对于渐缩喷管，当背压等于临界压力时，出口截面处的马赫数（　　）

   A. $Ma<1$　　B. $Ma=1$　　C. $Ma>1$　　D. 无法确定

**二、多项选择题**（每小题4分，共12分）在每小题列出的5个备选项中至少有两个是符合题目要求的，错选、多选、少选或未选均无分。

9. 下列对湿空气的说法正确的是（　　）

   A. 湿空气的分压力只能等于相应温度下的饱和压力

   B. 湿空气的状态需要两个独立的变量确定

   C. 湿空气的绝对湿度在数值上等于湿空气中水蒸气的密度

   D. 湿空气的相对湿度表示的是湿空气的吸湿能力

   E. 当湿空气的温度高于湿空气总压力所对应的水蒸气饱和温度时，含湿量仅取决于相对湿度

10. 下列对水蒸气的可逆定压过程说法正确的是（　　）

    A. 热量为 $q_{12}=h_2-h_1$　　B. 体积功为 $w=p(v_2-v_1)$　　C. 技术功为0

    D. 热力学能增量为 $\Delta u=\Delta h$　　E. 熵增 $\Delta s=0$

11. 下列对蒸气压缩制冷循环表述正确的是（　　）

    A. 蒸气压缩制冷的理想循环是由两个定熵过程和两个定压过程所组成的可逆逆向循环

    B. 蒸气压缩制冷装置用节流阀取代了膨胀机

    C. 其制冷剂的增压、升温是用引射器代替压缩机来实现的

    D. 蒸气压缩制冷循环是实际使用最为广泛的制冷循环

    E. 只要确定蒸气压缩制冷循环各状态点的焓值，就可以计算循环制冷系数

**三、填空题**（每空2分，共12分）请在每小题的空格中填上正确答案。错填、不填均无分。

12. 循环的经济指标用工作系数来衡量，是＿＿＿＿＿＿＿＿与付出的代价之比。

13. 熵产是由＿＿＿＿＿＿＿＿＿＿＿＿＿＿＿＿而引起的熵变化。

14. 湿饱和蒸汽的干度 $x$ 取值范围为_____。

15. 压力为 0.1MPa、温度为 20℃ 的空气以 100m/s 流速流动，已知空气的 $c_p = 1004$J/(kg·K)，则空气的滞止压力为_____。

16. 在标准状态下，任何气体的摩尔体积为_____。

17. 在含有 1kg 干空气的湿空气中，所含有的水蒸气的质量称为_____。

## 四、名词解释（每小题 4 分，共 8 分）

18. 多变过程

19. 准平衡过程

## 五、简答题（每小题 6 分，共 18 分）

20. 简述孤立系统熵增原理。

21. 简述朗肯循环的 3 个经济性指标，并写出其公式。

22. 为什么蒸气压缩制冷装置用节流阀来取代膨胀机？

## 六、计算题（共 2 小题，共 34 分）

23. 一气缸活塞内的气体由初态 $p_1 = 0.5$MPa、$V_1 = 0.1\text{m}^3$，可逆膨胀到 $V_2 = 0.4\text{m}^3$，若过程中压力与体积间的关系为 $pV =$ 常数，试求气体所做的膨胀功。（12 分）

24. 在两个恒温热源之间工作的动力循环系统，其高温热源温度 $T_1=1000K$，低温热源温度 $T_2=320K$。循环中工质吸热过程的熵变 $\Delta s_1=1.0kJ/(kg·K)$，吸热量 $q_1=980kJ/kg$；工质放热过程的熵变 $\Delta s_2=-1.020kJ/(kg·K)$，放热量 $q_2=600kJ/kg$。（1）判断该循环过程能否实现；（2）求吸热过程和放热过程的熵流和熵产。（22分）

## 专升本模拟考试试题（七）

共 100 分；考试时间 75 分钟

一、从供选择的答案中，选出一个正确答案，将其编号填入括号内。（每题 1 分，共 10 分）

1. 开口系统是指（　　）的热力系统
   A. 具有活动边界　　　　　　　B. 与外界有功量交换
   C. 与外界有热量交换　　　　　D. 与外界有物质交换

2. 系统中工质的真实压力是指（　　）
   A. $p_g$　　　B. $p_b$　　　C. $p_v$　　　D. $p_b+p_g$ 或 $p_b-p_v$

3. 在 p-v 图上，（　　）所包围的面积代表单位质量的工质完成一个循环时与外界交换的净功量
   A. 任意循环　　　　　　　　　B. 可逆循环
   C. 正向循环　　　　　　　　　D. 逆向循环

4. （　　）的焓是温度的单值函数
   A. 水蒸气　　　　　　　　　　B. 所有气体
   C. 理想气体　　　　　　　　　D. 湿空气

5. 公式 $q=\Delta u+w$ 适用于闭口系（　　）
   A. 理想气体的可逆过程　　　　B. 实际气体的任意过程
   C. 任何工质的任意过程　　　　D. 任何工质的可逆过程

6. 热熵流的计算式适用于（　　）
   A. 理想气体任意过程　　　　　B. 理想气体可逆过程
   C. 任何工质任意过程　　　　　D. 任何工质可逆过程

7. 在两恒温热库之间工作的可逆热机，热效率高低取决于（　　）
   A. 热力循环包围的面积大小　　B. 高温热库温度
   C. 低温热库温度　　　　　　　D. 高温热库及低温热库温度

8. 工质完成一个不可逆循环后，其熵变化（　　）
   A. 增加　　　　　　　　　　　B. 减少
   C. 为零　　　　　　　　　　　D. 可能增加、减少或为零

9. 在相同的温度变化区间内，理想气体经历一个定容过程时，其热力学能变化量比经历一个定压过程时（　　）

  A. 大　　　　　　B. 大小相等　　　　C. 小　　　　　　D. 大或小不确定

10. 空气流在定熵滞止后，其温度（　　）

  A. 降低　　　　　B. 不变化　　　　　C. 升高　　　　　D. 可能升高或保持不变

## 二、简答题（每题 5 分，共 40 分）

1. 闭口系内的工质完成一个热力循环，循环包括以下 4 个过程：1-2、2-3、3-4、4-1。求下表中未知的项。

| 过程 | $Q$/kJ | $W$/kJ | $\Delta U$/kJ |
| --- | --- | --- | --- |
| 1-2 | 41.9 |  | 41.9 |
| 2-3 | −104.75 | 147.105 |  |
| 3-4 | 251.4 |  |  |
| 4-1 | −62.85 | −83.36 |  |

2. 2kg 某种气体在 25MPa 压力下从 $T_1$ 定压加热至 $T_2$，气体的初终态分别为 $V_1=0.03\text{m}^3$，$V_2=0.035\text{m}^3$，加入气体的热量为 700kJ，求过程中气体热力学能的变化量。

3. 温度为 500℃的热库向热机工质放出 500kJ 的热量，设环境温度为 30℃，试问这部分热量的㶲值为多少？

4. 将满足下列要求的多变过程表示在 $p$-$v$、$T$-$s$ 图上。设工质为空气，过程中工质升温且 $n=1.3$。

5. $p^*=2.5\text{ MPa}$、$T^*=293\text{ K}$ 的压缩空气流经一渐缩喷管，喷管出口处背压 $p_B=1.0\text{MPa}$，试求喷管出口截面上空气的流速（$\beta_{cr}=0.528$）。

6. 在 $T$-$s$ 图及 $p$-$h$ 图上画出蒸气压缩制冷的实际循环图（带过冷和过热措施），并指出提高蒸发温度对制冷系数的影响。

7. 在湿空气的 $h$-$d$ 图上画出使湿空气的含湿量由状态 1 的 $d_1$ 减少至 $d_2$ 的冷却去湿过程，并给出代表露点温度的等温线。

8. 试根据 $c_p$ 和 $c_V$ 的一般关系分析水的定压比热和定容比热的关系。

## 三、计算题（共 3 小题，共 50 分）

9. 从压缩空气总管向一个最大容积为 $0.5\text{m}^3$ 的布袋充气，总管内压缩空气参数恒定为 $p_0=500\text{kPa}$，$T_0=298\text{K}$。设布袋材料绝热，充气开始时布袋处于扁平状态，当布袋内压力达到 500kPa 时停止充气，布袋外大气压力 $p_b=100\text{kPa}$，求充气终了时袋内空气的温度。设空气 $c_p=1004\text{J/(kg·K)}$，$c_V=716\text{J/(kg·K)}$。（15 分）

10. 10kg 燃气在汽轮机中绝热膨胀，$p_1=600\text{kPa}$，$t_1=800℃$，$p_2=100\text{kPa}$。若汽轮机做功 $w_s=3980\text{kJ}$，大气温度 $T_0=300\text{K}$，试求由不可逆而引起的功损失和㶲损失，并在 $T$-$s$ 图上表示这两种损失。设燃气 $c_p=1005\text{J/(kg·K)}$，$R=287\text{J/(kg·K)}$。（20 分）

11. 空气在压气机中被压缩，压缩前空气压力为 0.1MPa，温度为 20℃，压缩终了时压力为 6.0MPa，压缩过程的多变指数为 $n=1.25$，采用理想的中间定压冷却措施。（15 分）
试问：（1）应采用几级压缩？
（2）压缩终了空气的温度。

# 参 考 文 献

蔡祖恢. 1994. 工程热力学. 北京：高等教育出版社.
傅秦生，何雅玲，赵小明. 2004. 热工基础与应用. 北京：机械工业出版社.
郝玉福，吴淑美，邓先琛. 1993. 热工理论基础. 北京：高等教育出版社.
黄素逸. 1999. 能源科学导论. 北京：中国电力出版社.
蒋汉文. 1994. 热工学. 2 版. 北京：人民教育出版社.
刘桂玉，刘志刚，阴建民，等. 1998. 工程热力学. 北京：高等教育出版社.
沈维道，蒋智敏，童钧耕，等. 2001. 工程热力学. 3 版. 北京：高等教育出版社.
沈维道，童钧耕. 2007. 工程热力学. 4 版. 北京：高等教育出版社.
王修彦. 2008. 工程热力学. 北京：机械工业出版社.
严家騄，王永青. 2014. 工程热力学. 2 版. 北京：中国电力出版社.
严家騄，余晓福. 1995. 水和水蒸气热力性质图表. 北京：高等教育出版社.
赵玉珍. 1990. 热工原理. 哈尔滨：哈尔滨工业大学出版社.
Borgnakke C，Sonntag R E. 1997. Thermodynamic and Transport Properties. New York：John Wiley & Sons Inc.
Jones J B，Dugan R E. 1996. Engineering Thermodynamics. New Jersey：Prentice Hall Inc.
Moran M J，Shapiro H N. 1995. Fundamentals of Engineering Thermodynamics. 3rd ed. New York：John Wiley & Sons Inc.

# 附　　录

### 附表 1　各种单位制常用单位换算

| | |
|---|---|
| 长度 | $1\text{ m} = 3.2808\text{ ft} = 39.37\text{ in}$<br>$1\text{ ft} = 12\text{ in} = 0.3048\text{ m}$<br>$1\text{ in} = 2.54\text{ cm}$<br>$1\text{ mile} = 5280\text{ ft} = 1.6093 \times 10^3\text{ m}$ |
| 质量 | $1\text{ kg} = 1000\text{g} = 2.2046\text{lb} = 6.8521 \times 10^{-2}\text{ slug}$<br>$1\text{ lb} = 0.45359\text{ kg} = 3.10801 \times 10^{-2}\text{ slug}$<br>$1\text{ slug} = 1\text{ lbf} \cdot \text{s}^2 / \text{ft} = 32.174\text{ lb} = 14.594\text{ kg}$ |
| 时间 | $1\text{ h} = 3600\text{ s} = 60\text{ min}$<br>$1\text{ ms} = 10^{-3}\text{ s}$<br>$1\text{ μs} = 10^{-6}\text{ s}$ |
| 力 | $1\text{ N} = 1\text{ kg} \cdot \text{m} / \text{s}^2 = 0.102\text{kgf} = 0.2248\text{ lbf}$<br>$1\text{ dyn} = 1\text{ g} \cdot \text{cm} / \text{s}^2 = 10^{-5}\text{ N}$<br>$1\text{ lbf} = 4.448 \times 10^5\text{ dyn} = 4.448\text{ N} = 0.4536\text{ kgf}$<br>$1\text{kgf} = 9.8\text{N} = 2.2046\text{lbf} = 9.8 \times 10^5\text{dyn} = 9.8\text{kg} \cdot \text{m} / \text{s}^2$ |
| 能量 | $1\text{ J} = 1\text{ kg} \cdot \text{m}^2 / \text{s}^2 = 0.102\text{ kgf} \cdot \text{m} = 0.2389 \times 10^{-3}\text{ kcal} = 1\text{ N} \cdot \text{m}$<br>$1\text{ Btu} = 778.16\text{ ft} \cdot \text{lbf} = 252\text{ cal} = 1055.0\text{ J}$<br>$1\text{ kcal} = 4186\text{ J} = 427.2\text{ kgf} \cdot \text{m} = 3.09\text{ ft} \cdot \text{lbf}$<br>$1\text{ ft} \cdot \text{lbf} = 1.3558\text{ J} = 3.24 \times 10^{-4}\text{ kcal} = 0.1383\text{ kgf} \cdot \text{m}$<br>$1\text{ erg} = 1\text{ g} \cdot \text{cm}^2 / \text{s}^2 = 10^{-7}\text{ J}$<br>$1\text{ eV} = 1.602 \times 10^{-19}\text{ J}$<br>$1\text{ kJ} = 0.9478\text{ Btu} = 0.2388\text{ kcal}$ |
| 功率 | $1\text{ W} = 1\text{ kg} \cdot \text{m}^2 / \text{s}^2 = 1\text{ J} / \text{s} = 0.9478\text{ Btu} / \text{s} = 0.2388\text{ kcal} / \text{s}$<br>$1\text{ kW} = 1000\text{W} = 3412\text{ Btu} / \text{h} = 859.9\text{ kcal} / \text{h} = 1\text{ kJ} / \text{s}$<br>$1\text{ hp} = 0.746\text{ kW} = 2545\text{ Btu} / \text{h} = 550\text{ ft} \cdot \text{lbf} / \text{s}$<br>$1\text{ 马力} = 75\text{ kgf} \cdot \text{m} / \text{s} = 735.5\text{ W} = 2509\text{ Btu} / \text{h} = 542.3\text{ ft} \cdot \text{lbf} / \text{s}$ |
| 压力 | $1\text{ atm} = 760\text{ mmHg} = 101325\text{ N} / \text{m}^2 = 1.0333\text{ kgf} / \text{cm}^2 = 14.6959\text{ lbf} / \text{in}^2 = 1.03323\text{ at}$<br>$1\text{ bar} = 10^5\text{ N} / \text{m}^2 = 1.0197\text{ kgf} / \text{cm}^2 = 750.06\text{ mmHg} = 14.5038\text{ lbf} / \text{in}^2$<br>$1\text{ kgf} / \text{cm}^2 = 735.6\text{ mmHg} = 9.80665 \times 10^4\text{ N} / \text{m}^2 = 14.2233\text{ lbf} / \text{in}^2$<br>$1\text{ Pa} = 1\text{ N} / \text{m}^2 = 10^{-5}\text{ bar} = 750.06 \times 10^{-5}\text{ mmHg} = 10.1974 \times 10^{-5}\text{ mH}_2\text{O} = 1.01972 \times 10^{-5}\text{ at} = 0.98692 \times 10^{-5}\text{ atm}$<br>$1\text{ mmHg} = 1.3595 \times 10^{-3}\text{ kgf} / \text{cm}^2 = 0.01934\text{ lbf} / \text{in}^2 = 1\text{ Torr} = 133.3\text{ Pa}$<br>$1\text{ mmH}_2\text{O} = 1\text{ kgf} / \text{m}^2 = 9.81\text{ Pa}$ |
| 比热 | $1\text{ kJ} / (\text{kg} \cdot \text{K}) = 0.23885\text{ kcal} / (\text{kg} \cdot \text{K}) = 0.2388\text{ Btu} / (\text{lb} \cdot °\text{R})$<br>$1\text{ kcal} / (\text{kg} \cdot \text{K}) = 4.1868\text{ kJ} / (\text{kg} \cdot \text{K}) = 1\text{ Btu} / (\text{lb} \cdot °\text{R})$<br>$1\text{ Btu} / (\text{lb} \cdot °\text{R}) = 4.1868\text{ kJ} / (\text{kg} \cdot \text{K}) = 1\text{ kcal} / (\text{kg} \cdot \text{K})$ |
| 比体积 | $1\text{ m}^3 / \text{kg} = 16.0185\text{ ft}^3 / \text{lb}$<br>$1\text{ ft}^3 / \text{lb} = 0.062428\text{ m}^3 / \text{kg}$ |

续表

| 温度 | $\dfrac{t}{℃} = \dfrac{T}{K} - 273.15$ <br> $\dfrac{t_F}{°F} = \dfrac{9}{5}\dfrac{t}{℃} + 32 = \dfrac{9}{5}\dfrac{T}{K} - 459.67$ <br> $1°R = \dfrac{5}{9}K$ |
|---|---|

### 常用物理常数

| 阿伏伽德罗常数 | $N_A = 6.022 \times 10^{23}\ mol^{-1}$ |
|---|---|
| 玻尔兹曼常数 | $k = 1.380 \times 10^{-23}\ J/K$ |
| 普朗克常数 | $h = 6.626 \times 10^{-34}\ J \cdot s$ |
| 摩尔气体常数 | $R = 8.314\,510\ J/(mol \cdot K)$ <br> $= 1.985\,8\ Btu/(lbmol \cdot °R)$ <br> $= 1.985\,8\ cal/(mol \cdot K)$ |
| 1kg 干空气的气体常数 | $R_a = 287.05\ J/(kg \cdot K)$ <br> $= 29.23\ kgf \cdot m/(kg \cdot K)$ |
| 1kg 水蒸气的气体常数 | $R_{H_2O} = 461.5\ J/(kg \cdot K)$ |
| 重力加速度 | $g = 9.806\,65\ m/s^2$ |
| 水的比热 | $c = 4.186\,8\ kJ/(kg \cdot K)$ |
| 1 物理大气压 | $1\ atm = 760\,mmHg = 101.325\ kPa$ |

### 附表2  一些常用气体的摩尔质量和临界参数

| 物质 | 分子式 | $M/(g/mol)$ | $R_g/[J/(mol \cdot K)]$ | $T_{cr}/K$ | $p_{cr}/MPa$ | $Z_{cr}$ |
|---|---|---|---|---|---|---|
| 乙炔 | $C_2H_2$ | 26.04 | 319 | 309 | 6.28 | 0.274 |
| 空气 | — | 28.97 | 287 | 133 | 3.77 | 0.284 |
| 氨 | $NH_3$ | 17.04 | 488 | 406 | 11.28 | 0.242 |
| 氩 | Ar | 39.94 | 208 | 151 | 4.86 | 0.290 |
| 苯 | $C_6H_6$ | 78.11 | 106 | 563 | 4.93 | 0.274 |
| 正丁烷 | $C_4H_{10}$ | 58.12 | 143 | 425 | 3.80 | 0.274 |
| 二氧化碳 | $CO_2$ | 44.01 | 189 | 304 | 7.39 | 0.276 |
| 一氧化碳 | CO | 28.01 | 297 | 133 | 3.50 | 0.294 |
| 乙烷 | $C_2H_6$ | 30.07 | 277 | 305 | 4.88 | 0.285 |
| 乙醇 | $C_2H_5OH$ | 46.07 | 180 | 516 | 6.38 | 0.249 |
| 乙烯 | $C_2H_4$ | 28.05 | 296 | 283 | 5.12 | 0.270 |
| 氦 | He | 4.003 | 2077 | 5.2 | 0.23 | 0.300 |
| 氢 | $H_2$ | 2.018 | 4124 | 33.2 | 1.30 | 0.304 |
| 甲烷 | $CH_4$ | 16.04 | 518 | 191 | 4.64 | 0.290 |
| 甲醇 | $CH_3OH$ | 32.05 | 259 | 513 | 7.95 | 0.220 |
| 氮 | $N_2$ | 28.01 | 297 | 126 | 3.39 | 0.291 |

续表

| 物质 | 分子式 | $M$ / (g/mol) | $R_g$ /[J/(mol·K)] | $T_{cr}$ / K | $p_{cr}$ / MPa | $Z_{cr}$ |
|---|---|---|---|---|---|---|
| 正辛烷 | $C_8H_{18}$ | 114.22 | 73 | 569 | 2.49 | 0.258 |
| 氧 | $O_2$ | 32.00 | 260 | 154 | 5.05 | 0.290 |
| 丙烷 | $C_3H_8$ | 44.09 | 189 | 370 | 4.27 | 0.276 |
| 丙烯 | $C_3H_6$ | 42.08 | 198 | 365 | 4.62 | 0.276 |
| R12 | $CCl_2F_2$ | 120.92 | 69 | 385 | 4.12 | 0.278 |
| R22 | $CHClF_2$ | 86.48 | 96 | 369 | 4.98 | 0.267 |
| R134a | $CF_3CH_2F$ | 102.03 | 81 | 374 | 4.07 | 0.260 |
| 二氧化硫 | $SO_2$ | 64.06 | 130 | 431 | 7.87 | 0.268 |
| 水蒸气 | $H_2O$ | 18.02 | 461 | 647.3 | 22.09 | 0.233 |

**附表3　理想气体的平均定压比热**　　　（单位：kJ/(kg·K))

| 温度/℃ 气体 | $O_2$ | $N_2$ | CO | $CO_2$ | $H_2O$ | $SO_2$ | 空气 |
|---|---|---|---|---|---|---|---|
| 0 | 0.915 | 1.039 | 1.040 | 0.815 | 1.859 | 0.607 | 1.004 |
| 100 | 0.923 | 1.040 | 1.042 | 0.866 | 1.873 | 0.636 | 1.006 |
| 200 | 0.935 | 1.043 | 1.046 | 0.910 | 1.894 | 0.662 | 1.012 |
| 300 | 0.950 | 1.049 | 1.054 | 0.949 | 1.919 | 0.687 | 1.019 |
| 400 | 0.965 | 1.057 | 1.063 | 0.983 | 1.948 | 0.708 | 1.028 |
| 500 | 0.979 | 1.066 | 1.075 | 1.013 | 1.978 | 0.724 | 1.039 |
| 600 | 0.993 | 1.076 | 1.086 | 1.040 | 2.009 | 0.737 | 1.050 |
| 700 | 1.005 | 1.087 | 1.093 | 1.064 | 2.042 | 0.754 | 1.061 |
| 800 | 1.016 | 1.097 | 1.109 | 1.085 | 2.075 | 0.762 | 1.071 |
| 900 | 1.026 | 1.108 | 1.120 | 1.104 | 2.110 | 0.775 | 1.081 |
| 1000 | 1.035 | 1.118 | 1.130 | 1.122 | 2.144 | 0.783 | 1.091 |
| 1100 | 1.043 | 1.127 | 1.140 | 1.138 | 2.177 | 0.791 | 1.100 |
| 1200 | 1.051 | 1.136 | 1.149 | 1.153 | 2.211 | 0.795 | 1.108 |
| 1300 | 1.058 | 1.145 | 1.158 | 1.166 | 2.243 | | 1.117 |
| 1400 | 1.065 | 1.153 | 1.166 | 1.178 | 2.274 | | 1.124 |
| 1500 | 1.071 | 1.160 | 1.173 | 1.189 | 2.305 | | 1.131 |
| 1600 | 1.077 | 1.167 | 1.180 | 1.200 | 2.335 | | 1.138 |
| 1700 | 1.083 | 1.174 | 1.187 | 1.209 | 2.363 | | 1.144 |
| 1800 | 1.089 | 1.180 | 1.192 | 1.218 | 2.391 | | 1.150 |
| 1900 | 1.094 | 1.186 | 1.198 | 1.226 | 2.417 | | 1.156 |
| 2000 | 1.099 | 1.191 | 1.203 | 1.233 | 2.442 | | 1.161 |
| 2100 | 1.104 | 1.197 | 1.208 | 1.241 | 2.466 | | 1.166 |
| 2200 | 1.109 | 1.201 | 1.213 | 1.247 | 2.489 | | 1.171 |
| 2300 | 1.114 | 1.206 | 1.218 | 1.253 | 2.512 | | 1.176 |
| 2400 | 1.118 | 1.210 | 1.222 | 1.259 | 2.533 | | 1.180 |
| 2500 | 1.123 | 1.214 | 1.226 | 1.264 | 2.554 | | 1.184 |
| 2600 | 1.127 | | | | 2.574 | | |

续表

| 温度/°C \ 气体 | $O_2$ | $N_2$ | CO | $CO_2$ | $H_2O$ | $SO_2$ | 空气 |
|---|---|---|---|---|---|---|---|
| 2700 | 1.131 | | | | 2.594 | | |
| 2800 | | | | | 2.612 | | |
| 2900 | | | | | 2.630 | | |
| 3000 | | | | | | | |

**附表 4　几种理想气体的真实摩尔定压比热公式**

$$\frac{C_{p,m}}{R} = \alpha + \beta T + \gamma T^2 + \delta T^3 + \varepsilon T^4,\ \text{适用范围为 } 300\sim1000\text{K}$$

| 气体 | $\alpha$ | $\beta \times 10^3$ | $\gamma \times 10^6$ | $\delta \times 10^9$ | $\varepsilon \times 10^{12}$ |
|---|---|---|---|---|---|
| CO | 3.710 | −1.619 | 3.692 | −2.032 | 0.240 |
| $CO_2$ | 2.401 | 8.735 | −6.607 | 2.002 | 0 |
| $H_2$ | 3.057 | 2.677 | −5.810 | 5.521 | −1.812 |
| $H_2O$ | 4.070 | −1.108 | 4.152 | −2.964 | 0.807 |
| $O_2$ | 3.626 | −1.878 | 7.055 | −6.764 | 2.156 |
| $N_2$ | 3.675 | −1.208 | 2.324 | −0.632 | −0.226 |
| 空气 | 3.653 | −1.337 | 3.294 | −1.913 | 0.2763 |
| $SO_2$ | 3.267 | 5.324 | 0.684 | −5.281 | 2.559 |
| $CH_4$ | 3.826 | −3.979 | 24.558 | −22.733 | 6.963 |
| $C_2H_2$ | 1.410 | 19.057 | −24.501 | 16.391 | −4.135 |
| $C_2H_4$ | 1.426 | 11.383 | 7.989 | −16.254 | 6.749 |
| 单原子气体 | 2.5 | 0 | 0 | 0 | 0 |

**附表 5　气体的平均定压比热的直线关系式**

| 气体 | 平均比热 |
|---|---|
| 空气 | $\{c_V\}_{\text{kJ/(kg·K)}} = 0.7088 + 0.000093\{t\}_{\text{°C}}$ <br> $\{c_p\}_{\text{kJ/(kg·K)}} = 0.9936 + 0.000093\{t\}_{\text{°C}}$ |
| $H_2$ | $\{c_V\}_{\text{kJ/(kg·K)}} = 10.12 + 0.0005945\{t\}_{\text{°C}}$ <br> $\{c_p\}_{\text{kJ/(kg·K)}} = 14.33 + 0.0005945\{t\}_{\text{°C}}$ |
| $N_2$ | $\{c_V\}_{\text{kJ/(kg·K)}} = 0.7304 + 0.00008955\{t\}_{\text{°C}}$ <br> $\{c_p\}_{\text{kJ/(kg·K)}} = 1.032 + 0.00008955\{t\}_{\text{°C}}$ |
| $O_2$ | $\{c_V\}_{\text{kJ/(kg·K)}} = 0.6594 + 0.0001065\{t\}_{\text{°C}}$ <br> $\{c_p\}_{\text{kJ/(kg·K)}} = 0.919 + 0.0001065\{t\}_{\text{°C}}$ |
| CO | $\{c_V\}_{\text{kJ/(kg·K)}} = 0.7331 + 0.00009681\{t\}_{\text{°C}}$ <br> $\{c_p\}_{\text{kJ/(kg·K)}} = 1.035 + 0.00009681\{t\}_{\text{°C}}$ |
| $H_2O$ | $\{c_V\}_{\text{kJ/(kg·K)}} = 1.372 + 0.0003111\{t\}_{\text{°C}}$ <br> $\{c_p\}_{\text{kJ/(kg·K)}} = 1.833 + 0.0003111\{t\}_{\text{°C}}$ |
| $CO_2$ | $\{c_V\}_{\text{kJ/(kg·K)}} = 0.6837 + 0.0002406\{t\}_{\text{°C}}$ <br> $\{c_p\}_{\text{kJ/(kg·K)}} = 0.8725 + 0.0002406\{t\}_{\text{°C}}$ |

附表 6　空气的热力性质

| $T/\text{K}$ | $t/\text{℃}$ | $h/(\text{kJ/kg})$ | $p_\text{r}$ | $v_\text{r}$ | $s^0/[\text{kJ/(kg·K)}]$ |
|---|---|---|---|---|---|
| 200 | −73.15 | 201.87 | 0.341 4 | 585.82 | 6.300 0 |
| 210 | −63.15 | 211.94 | 0.405 1 | 518.39 | 6.349 1 |
| 220 | −53.15 | 221.99 | 0.476 8 | 461.41 | 6.395 9 |
| 230 | −43.15 | 232.04 | 0.557 1 | 412.85 | 6.440 6 |
| 240 | −33.15 | 242.08 | 0.646 6 | 371.17 | 6.483 3 |
| 250 | −23.15 | 252.12 | 0.745 8 | 335.21 | 6.524 3 |
| 260 | −13.15 | 262.15 | 0.855 5 | 303.92 | 6.563 6 |
| 270 | −3.15 | 272.19 | 0.976 1 | 276.61 | 6.601 5 |
| 280 | 6.85 | 282.22 | 1.108 4 | 252.62 | 6.638 0 |
| 290 | 16.85 | 292.25 | 1.253 1 | 231.43 | 6.673 2 |
| 300 | 26.85 | 302.29 | 1.410 8 | 212.65 | 6.707 2 |
| 310 | 36.85 | 312.33 | 1.582 3 | 195.92 | 6.740 1 |
| 320 | 46.85 | 322.37 | 1.768 2 | 180.98 | 6.772 0 |
| 330 | 56.85 | 332.42 | 1.969 3 | 167.57 | 6.802 9 |
| 340 | 66.85 | 342.47 | 2.186 5 | 155.50 | 6.833 0 |
| 350 | 76.85 | 352.54 | 2.420 4 | 144.60 | 6.862 1 |
| 360 | 86.85 | 362.61 | 2.672 0 | 134.73 | 6.890 5 |
| 370 | 96.85 | 372.69 | 2.941 9 | 125.77 | 6.918 1 |
| 380 | 106.85 | 382.79 | 3.231 2 | 117.60 | 6.945 0 |
| 390 | 116.85 | 392.89 | 3.540 7 | 110.15 | 6.971 3 |
| 400 | 126.85 | 403.01 | 3.871 2 | 103.33 | 6.996 9 |
| 410 | 136.85 | 413.14 | 4.223 8 | 97.069 | 7.021 9 |
| 420 | 146.85 | 423.29 | 4.599 3 | 91.318 | 7.046 4 |
| 430 | 156.85 | 433.45 | 4.998 9 | 86.019 | 7.070 3 |
| 440 | 166.85 | 443.62 | 5.423 4 | 81.130 | 7.093 7 |
| 450 | 176.85 | 453.81 | 5.873 9 | 76.610 | 7.116 6 |
| 460 | 186.85 | 464.02 | 6.351 6 | 72.423 | 7.139 0 |
| 470 | 196.85 | 474.25 | 6.857 5 | 68.538 | 7.161 0 |
| 480 | 206.85 | 484.49 | 7.392 7 | 64.929 | 7.182 6 |
| 490 | 216.85 | 494.76 | 7.958 4 | 61.570 | 7.203 7 |
| 500 | 226.85 | 505.04 | 8.555 8 | 58.440 | 7.224 5 |
| 510 | 236.85 | 515.34 | 9.186 1 | 55.519 | 7.244 9 |
| 520 | 246.85 | 525.66 | 9.850 6 | 52.789 | 7.265 0 |
| 530 | 256.85 | 536.01 | 10.551 | 50.232 | 7.284 7 |
| 540 | 266.85 | 546.37 | 11.287 | 47.843 | 7.304 0 |
| 550 | 276.85 | 556.76 | 12.062 | 45.598 | 7.323 1 |
| 560 | 286.85 | 567.16 | 12.877 | 43.488 | 7.341 8 |
| 570 | 296.85 | 577.59 | 13.732 | 41.509 | 7.360 3 |
| 580 | 306.85 | 588.04 | 14.630 | 39.645 | 7.378 5 |
| 590 | 316.85 | 598.52 | 15.572 | 37.889 | 7.396 4 |

续表

| $T/K$ | $t/℃$ | $h/(kJ/kg)$ | $p_r$ | $v_r$ | $s^0/[kJ/(kg·K)]$ |
|---|---|---|---|---|---|
| 600 | 326.85 | 609.02 | 16.559 | 36.234 | 7.414 0 |
| 610 | 336.85 | 619.54 | 17.593 | 34.673 | 7.431 4 |
| 620 | 346.85 | 630.08 | 18.676 | 33.198 | 7.448 6 |
| 630 | 356.85 | 640.65 | 19.810 | 31.802 | 7.465 5 |
| 640 | 366.85 | 651.24 | 20.995 | 30.483 | 7.482 1 |
| 650 | 376.85 | 661.85 | 22.234 | 29.235 | 7.498 6 |
| 660 | 386.85 | 672.49 | 23.528 | 28.052 | 7.514 8 |
| 670 | 396.85 | 683.15 | 24.880 | 26.929 | 7.530 9 |
| 680 | 406.85 | 693.84 | 26.291 | 25.864 | 7.546 7 |
| 690 | 416.85 | 704.55 | 27.763 | 24.853 | 7.562 3 |
| 700 | 426.85 | 715.28 | 29.298 | 23.892 | 7.577 8 |
| 710 | 436.85 | 726.04 | 30.898 | 22.979 | 7.593 1 |
| 720 | 446.85 | 736.82 | 32.565 | 22.110 | 7.608 1 |
| 730 | 456.85 | 747.63 | 34.301 | 21.282 | 7.623 0 |
| 740 | 466.85 | 758.46 | 36.109 | 20.494 | 7.637 8 |
| 750 | 476.85 | 769.32 | 37.989 | 19.743 | 7.652 3 |
| 760 | 486.85 | 780.19 | 39.945 | 19.026 | 7.666 7 |
| 770 | 496.85 | 791.10 | 41.978 | 18.343 | 7.681 0 |
| 780 | 506.85 | 802.02 | 44.092 | 17.690 | 7.695 1 |
| 790 | 516.85 | 812.97 | 46.288 | 17.067 | 7.709 0 |
| 800 | 526.85 | 823.94 | 48.568 | 16.472 | 7.722 8 |
| 810 | 536.85 | 834.94 | 50.935 | 15.903 | 7.736 5 |
| 820 | 546.85 | 845.96 | 53.392 | 15.358 | 7.750 0 |
| 830 | 556.85 | 857.00 | 55.941 | 14.837 | 7.763 4 |
| 840 | 566.85 | 868.06 | 58.584 | 14.338 | 7.776 7 |
| 850 | 576.85 | 879.15 | 61.325 | 13.861 | 7.789 8 |
| 860 | 586.85 | 890.26 | 64.165 | 13.403 | 7.802 8 |
| 870 | 596.85 | 901.39 | 67.107 | 12.964 | 7.815 6 |
| 880 | 606.85 | 912.54 | 70.155 | 12.544 | 7.828 4 |
| 890 | 616.85 | 923.72 | 73.310 | 12.140 | 7.841 0 |
| 900 | 626.85 | 934.91 | 76.576 | 11.753 | 7.853 5 |
| 910 | 636.85 | 946.13 | 79.956 | 11.381 | 7.865 9 |
| 920 | 646.85 | 957.37 | 83.452 | 11.024 | 7.878 2 |
| 930 | 656.85 | 968.63 | 87.067 | 10.681 | 7.890 4 |
| 940 | 666.85 | 979.90 | 90.805 | 10.352 | 7.902 4 |
| 950 | 676.85 | 991.20 | 94.667 | 10.035 | 7.914 4 |
| 960 | 686.85 | 1 002.52 | 98.659 | 9.730 5 | 7.926 2 |
| 970 | 696.85 | 1 013.86 | 102.78 | 9.437 6 | 7.938 0 |
| 980 | 706.85 | 1 025.22 | 107.04 | 9.155 5 | 7.949 6 |
| 990 | 716.85 | 1 036.60 | 111.43 | 8.884 5 | 7.961 2 |

续表

| $T/K$ | $t/°C$ | $h/(kJ/kg)$ | $p_r$ | $v_r$ | $s^0/[kJ/(kg \cdot K)]$ |
|---|---|---|---|---|---|
| 1 000 | 726.85 | 1 047.99 | 115.97 | 8.622 9 | 7.972 7 |
| 1 010 | 736.85 | 1 059.41 | 120.65 | 8.371 3 | 7.984 0 |
| 1 020 | 746.85 | 1 070.84 | 125.49 | 8.128 1 | 7.995 3 |
| 1 030 | 756.85 | 1 082.30 | 130.47 | 7.894 5 | 8.006 5 |
| 1 040 | 766.85 | 1 093.77 | 135.60 | 7.669 6 | 8.017 5 |
| 1 050 | 776.85 | 1 105.26 | 140.90 | 7.452 1 | 8.028 5 |
| 1 060 | 786.85 | 1 116.76 | 146.36 | 7.242 4 | 8.039 4 |
| 1 070 | 796.85 | 1 128.28 | 151.98 | 7.040 4 | 8.050 3 |
| 1 080 | 806.85 | 1 139.82 | 157.77 | 6.845 4 | 8.061 0 |
| 1 090 | 816.85 | 1 151.38 | 163.74 | 6.656 9 | 8.071 6 |
| 1 100 | 826.85 | 1 162.95 | 169.88 | 6.475 2 | 8.082 2 |
| 1 110 | 836.85 | 1 174.54 | 176.20 | 6.299 7 | 8.092 7 |
| 1 120 | 846.85 | 1 186.15 | 182.71 | 6.129 9 | 8.103 1 |
| 1 130 | 856.85 | 1 197.77 | 189.40 | 5.966 2 | 8.113 4 |
| 1 140 | 866.85 | 1 209.40 | 196.29 | 5.807 7 | 8.123 7 |
| 1 150 | 876.85 | 1 221.06 | 203.38 | 5.654 4 | 8.133 9 |
| 1 160 | 886.85 | 1 232.72 | 210.66 | 5.506 5 | 8.144 0 |
| 1 170 | 896.85 | 1 244.41 | 218.15 | 5.363 3 | 8.154 0 |
| 1 180 | 906.85 | 1 256.10 | 225.85 | 5.224 7 | 8.163 9 |
| 1 190 | 616.85 | 1 267.82 | 233.77 | 5.090 5 | 8.173 8 |
| 1 200 | 926.85 | 1 279.54 | 241.90 | 4.960 7 | 8.183 6 |
| 1 210 | 936.85 | 1 291.28 | 250.25 | 4.835 2 | 8.193 4 |
| 1 220 | 946.85 | 1 303.04 | 258.83 | 4.713 5 | 8.203 1 |
| 1 230 | 956.85 | 1 314.81 | 267.64 | 4.595 7 | 8.212 7 |
| 1 240 | 966.85 | 1 326.59 | 276.69 | 4.481 5 | 8.222 2 |
| 1 250 | 976.85 | 1 338.39 | 285.98 | 4.370 9 | 8.231 7 |
| 1 260 | 986.85 | 1 350.20 | 295.51 | 4.263 8 | 8.241 1 |
| 1 270 | 996.85 | 1 362.03 | 305.30 | 4.159 8 | 8.250 4 |
| 1 280 | 1 006.85 | 1 373.86 | 315.33 | 4.059 2 | 8.259 7 |
| 1 290 | 1 016.85 | 1 385.71 | 325.63 | 3.961 6 | 8.269 0 |
| 1 300 | 1 026.85 | 1 397.58 | 336.19 | 3.866 9 | 8.278 1 |
| 1 310 | 1 036.85 | 1 409.45 | 347.02 | 3.775 0 | 8.287 2 |
| 1 320 | 1 046.85 | 1 421.34 | 358.13 | 3.685 8 | 8.296 3 |
| 1 330 | 1 056.85 | 1 433.24 | 369.51 | 3.599 4 | 8.305 2 |
| 1 340 | 1 066.85 | 1 445.16 | 381.19 | 3.515 3 | 8.314 2 |
| 1 350 | 1 076.85 | 1 457.08 | 393.15 | 3.433 8 | 8.323 0 |
| 1 360 | 1 086.85 | 1 469.02 | 405.40 | 3.354 7 | 8.331 8 |
| 1 370 | 1 096.85 | 1 480.97 | 417.96 | 3.277 8 | 8.340 6 |
| 1 380 | 1 106.85 | 1 492.93 | 430.82 | 3.203 2 | 8.349 3 |
| 1 390 | 1 116.85 | 1 504.91 | 444.00 | 3.130 6 | 8.357 9 |

续表

| $T/K$ | $t/℃$ | $h/(kJ/kg)$ | $p_r$ | $v_r$ | $s^0/[kJ/(kg·K)]$ |
|---|---|---|---|---|---|
| 1 400 | 1 126.85 | 1 516.89 | 457.49 | 3.060 2 | 8.366 5 |
| 1 410 | 1 136.85 | 1 528.89 | 471.30 | 2.991 7 | 8.375 1 |
| 1 420 | 1 146.85 | 1 540.89 | 485.44 | 2.925 2 | 8.383 6 |
| 1 430 | 1 156.85 | 1 552.91 | 499.92 | 2.860 5 | 8.392 0 |
| 1 440 | 1 166.85 | 1 564.94 | 514.74 | 2.797 5 | 8.400 4 |
| 1 450 | 1 176.85 | 1 576.98 | 529.90 | 2.736 4 | 8.408 7 |
| 1 460 | 1 186.85 | 1 589.03 | 545.42 | 2.676 8 | 8.417 0 |
| 1 470 | 1 196.85 | 1 601.09 | 561.29 | 2.619 0 | 8.425 2 |
| 1 480 | 1 206.85 | 1 613.17 | 577.53 | 2.562 6 | 8.433 4 |
| 1 490 | 1 216.85 | 1 625.25 | 594.13 | 2.507 9 | 8.441 5 |
| 1 500 | 1 226.85 | 1 637.34 | 611.12 | 2.454 5 | 8.449 6 |
| 1 510 | 1 236.85 | 1 649.44 | 628.48 | 2.402 6 | 8.457 7 |
| 1 520 | 1 246.85 | 1 661.56 | 646.24 | 2.352 1 | 8.465 7 |
| 1 530 | 1 256.85 | 1 673.68 | 664.38 | 2.302 9 | 8.473 6 |
| 1 540 | 1 266.85 | 1 685.81 | 682.94 | 2.255 0 | 8.481 5 |
| 1 550 | 1 276.85 | 1 697.95 | 701.89 | 2.208 3 | 8.489 4 |
| 1 560 | 1 286.85 | 1 710.10 | 721.27 | 2.162 9 | 8.497 2 |
| 1 570 | 1 296.85 | 1 722.26 | 741.06 | 2.118 6 | 8.505 0 |
| 1 580 | 1 306.85 | 1 734.43 | 761.29 | 2.075 4 | 8.512 7 |
| 1 590 | 1 316.85 | 1 746.61 | 781.94 | 2.033 4 | 8.520 4 |
| 1 600 | 1 326.85 | 1 758.80 | 803.04 | 1.992 4 | 8.528 0 |
| 1 610 | 1 336.85 | 1 771.00 | 824.59 | 1.952 5 | 8.535 6 |
| 1 620 | 1 346.85 | 1 783.21 | 846.60 | 1.913 5 | 8.543 2 |
| 1 630 | 1 356.85 | 1 795.42 | 869.06 | 1.875 6 | 8.550 7 |
| 1 640 | 1 366.85 | 1 807.64 | 892.00 | 1.838 6 | 8.558 2 |
| 1 650 | 1 376.85 | 1 819.88 | 915.41 | 1.802 5 | 8.565 6 |
| 1 660 | 1 386.85 | 1 832.12 | 939.31 | 1.767 3 | 8.573 0 |
| 1 670 | 1 396.85 | 1 844.37 | 963.70 | 1.732 9 | 8.580 4 |
| 1 680 | 1 406.85 | 1 856.63 | 988.59 | 1.699 4 | 8.587 7 |
| 1 690 | 1 416.85 | 1 868.89 | 1 013.99 | 1.666 7 | 8.595 0 |
| 1 700 | 1 426.85 | 1 881.17 | 1 039.9 | 1.634 8 | 8.602 2 |
| 1 725 | 1 451.85 | 1 911.89 | 1 107.0 | 1.558 3 | 8.620 1 |
| 1 750 | 1 476.85 | 1 942.66 | 1 177.4 | 1.486 3 | 8.637 8 |
| 1 775 | 1 501.85 | 1 973.48 | 1 251.4 | 1.418 4 | 8.655 3 |
| 1 800 | 1 526.85 | 2 004.34 | 1 329.0 | 1.354 4 | 8.672 6 |
| 1 825 | 1 551.85 | 2 035.25 | 1 410.4 | 1.294 0 | 8.689 7 |
| 1 850 | 1 576.85 | 2 066.21 | 1 495.6 | 1.237 0 | 8.706 5 |
| 1 875 | 1 601.85 | 2 097.20 | 1 584.9 | 1.183 0 | 8.723 1 |
| 1 900 | 1 626.85 | 2 128.25 | 1 678.4 | 1.132 0 | 8.739 6 |
| 1 925 | 1 651.85 | 2 159.33 | 1 776.2 | 1.083 8 | 8.755 8 |

续表

| $T/K$ | $t/℃$ | $h/(kJ/kg)$ | $p_r$ | $v_r$ | $s^0/[kJ/(kg·K)]$ |
|---|---|---|---|---|---|
| 1 950 | 1 676.85 | 2 190.45 | 1 878.4 | 1.038 1 | 8.771 9 |
| 1 975 | 1 701.85 | 2 221.61 | 1 985.3 | 0.994 81 | 8.787 8 |
| 2 000 | 1 726.85 | 2 252.82 | 2 096.9 | 0.953 79 | 8.803 5 |
| 2 025 | 1 751.85 | 2 284.05 | 2 213.5 | 0.914 84 | 8.819 0 |
| 2 050 | 1 776.85 | 2 315.33 | 2 335.1 | 0.877 91 | 8.834 4 |
| 2 075 | 1 801.85 | 2 346.64 | 2 461.9 | 0.842 84 | 8.849 5 |
| 2 100 | 1 826.85 | 2 377.99 | 2 594.2 | 0.809 50 | 8.864 6 |
| 2 125 | 1 851.85 | 2 409.38 | 2 732.0 | 0.777 82 | 8.879 4 |
| 2 150 | 1 876.85 | 2 440.80 | 2 875.6 | 0.747 67 | 8.894 1 |
| 2 175 | 1 901.85 | 2 472.25 | 3 025.0 | 0.719 01 | 8.908 7 |
| 2 200 | 1 926.85 | 2 503.73 | 3 180.6 | 0.691 69 | 8.923 0 |
| 2 225 | 1 951.85 | 2 535.25 | 3 342.5 | 0.665 67 | 8.937 3 |
| 2 250 | 1 976.85 | 2 566.80 | 3 510.8 | 0.640 88 | 8.951 4 |
| 2 275 | 2 001.85 | 2 598.38 | 3 685.8 | 0.617 23 | 8.965 4 |
| 2 300 | 2 026.85 | 2 630.00 | 3 867.6 | 0.594 68 | 8.979 2 |
| 2 325 | 2 051.85 | 2 661.64 | 4 056.5 | 0.573 15 | 8.992 9 |
| 2 350 | 2 076.85 | 2 693.32 | 4 252.6 | 0.552 60 | 9.006 4 |
| 2 375 | 2 101.85 | 2 725.02 | 4 456.2 | 0.532 97 | 9.019 8 |
| 2 400 | 2 126.85 | 2 756.75 | 4 667.4 | 0.514 20 | 9.033 1 |
| 2 425 | 2 151.85 | 2 788.51 | 4 886.5 | 0.496 27 | 9.046 3 |
| 2 450 | 2 176.85 | 2 820.31 | 5 113.7 | 0.479 11 | 9.059 3 |
| 2 475 | 2 201.85 | 2 852.12 | 5 349.2 | 0.462 69 | 9.072 2 |
| 2 500 | 2 226.85 | 2 883.97 | 5 593.2 | 0.446 97 | 9.085 1 |
| 2 525 | 2 251.85 | 2 915.84 | 5 846.0 | 0.431 92 | 9.097 7 |
| 2 550 | 2 276.85 | 2 947.74 | 6 107.7 | 0.417 51 | 9.110 3 |
| 2 575 | 2 301.85 | 2 979.67 | 6 378.7 | 0.403 69 | 9.122 8 |
| 2 600 | 2 326.85 | 3 011.63 | 6 659.2 | 0.390 44 | 9.135 1 |
| 2 625 | 2 351.85 | 3 043.61 | 6 949.4 | 0.377 73 | 9.147 4 |
| 2 650 | 2 376.85 | 3 075.61 | 7 249.5 | 0.365 54 | 9.159 5 |
| 2 675 | 2 401.85 | 3 107.64 | 7 559.8 | 0.353 85 | 9.171 5 |
| 2 700 | 2 426.85 | 3 139.70 | 7 880.6 | 0.342 61 | 9.183 5 |
| 2 725 | 2 451.85 | 3 171.78 | 8 212.1 | 0.331 83 | 9.195 3 |
| 2 750 | 2 476.85 | 3 203.88 | 8 554.7 | 0.321 46 | 9.207 0 |
| 2 775 | 2 501.85 | 3 236.01 | 8 908.4 | 0.311 50 | 9.218 6 |
| 2 800 | 2 526.85 | 3 268.16 | 9 273.7 | 0.301 93 | 9.230 2 |
| 2 825 | 2 551.85 | 3 300.33 | 9 650.9 | 0.292 72 | 9.241 6 |
| 2 850 | 2 576.85 | 3 332.53 | 10 040.0 | 0.283 86 | 9.253 0 |
| 2 875 | 2 601.85 | 3 364.75 | 10 441.6 | 0.275 34 | 9.264 2 |
| 2 900 | 2 626.85 | 3 396.99 | 10 855.8 | 0.267 14 | 9.275 4 |
| 2 925 | 2 651.85 | 3 429.25 | 11 283.0 | 0.259 24 | 9.286 5 |

### 附表 7-a  饱和水和饱和水蒸气表（按温度排列）

| 温度 | 压力 | 比体积 液体 | 比体积 蒸汽 | 焓 液体 | 焓 蒸汽 | 汽化潜热 | 熵 液体 | 熵 蒸汽 |
|---|---|---|---|---|---|---|---|---|
| $t/℃$ | $p_s$/MPa | $v'$/(m³/kg) | $v''$/(m³/kg) | $h'$/(kJ/kg) | $h''$/(kJ/kg) | $\gamma$/(kJ/kg) | $s'$/[kJ/(kg·K)] | $s''$/[kJ/(kg·K)] |
| 0.00 | 0.000 611 2 | 0.001 000 22 | 206.154 | −0.05 | 2 500.51 | 2 500.6 | −0.000 2 | 9.154 4 |
| 0.01 | 0.000 611 7 | 0.001 000 21 | 206.012 | 0.00 | 2 500.53 | 2 500.5 | 0.000 0 | 9.154 1 |
| 1 | 0.000 657 1 | 0.001 000 18 | 192.464 | 4.18 | 2 502.35 | 2 498.2 | 0.015 3 | 9.127 8 |
| 2 | 0.000 705 9 | 0.001 000 13 | 179.787 | 8.39 | 2 504.19 | 2 495.8 | 0.030 6 | 9.101 4 |
| 4 | 0.000 813 5 | 0.001 000 08 | 157.151 | 16.82 | 2 507.87 | 2 491.1 | 0.061 1 | 9.049 3 |
| 5 | 0.000 872 5 | 0.001 000 08 | 147.048 | 21.02 | 2 509.71 | 2 488.7 | 0.076 3 | 9.023 6 |
| 6 | 0.000 935 2 | 0.001 000 10 | 137.670 | 25.22 | 2 511.55 | 2 486.3 | 0.091 3 | 8.998 2 |
| 8 | 0.001 072 8 | 0.001 000 19 | 120.868 | 33.62 | 2 515.23 | 2 481.6 | 0.121 3 | 8.948 0 |
| 10 | 0.001 227 9 | 0.001 000 34 | 106.341 | 42.00 | 2 518.90 | 2 476.9 | 0.151 0 | 8.898 8 |
| 12 | 0.001 402 5 | 0.001 000 54 | 93.756 | 50.38 | 2 522.57 | 2 472.2 | 0.180 5 | 8.850 4 |
| 14 | 0.001 598 5 | 0.001 000 80 | 82.828 | 58.76 | 2 526.24 | 2 467.5 | 0.209 8 | 8.802 9 |
| 15 | 0.001 705 3 | 0.001 000 94 | 77.910 | 62.95 | 2 528.07 | 2 465.1 | 0.224 3 | 8.779 4 |
| 16 | 0.001 818 3 | 0.001 001 10 | 73.320 | 67.13 | 2 529.90 | 2 462.8 | 0.238 8 | 8.756 2 |
| 18 | 0.002 064 0 | 0.001 001 45 | 65.029 | 75.50 | 2 533.55 | 2 458.1 | 0.267 7 | 8.710 3 |
| 20 | 0.002 338 5 | 0.001 001 85 | 57.786 | 83.86 | 2 537.20 | 2 453.3 | 0.296 3 | 8.665 2 |
| 22 | 0.002 644 4 | 0.001 002 29 | 51.445 | 92.23 | 2 540.84 | 2 448.6 | 0.324 7 | 8.621 0 |
| 24 | 0.002 984 6 | 0.001 002 76 | 45.884 | 100.59 | 2 544.47 | 2 443.9 | 0.353 0 | 8.577 4 |
| 25 | 0.003 168 7 | 0.001 003 02 | 43.362 | 104.77 | 2 546.29 | 2 441.5 | 0.367 0 | 8.556 0 |
| 26 | 0.003 362 5 | 0.001 003 28 | 40.997 | 108.95 | 2 548.10 | 2 439.2 | 0.381 0 | 8.534 7 |
| 28 | 0.003 781 4 | 0.001 003 83 | 36.694 | 117.32 | 2 551.73 | 2 434.4 | 0.408 9 | 8.492 7 |
| 30 | 0.004 245 1 | 0.001 004 42 | 32.899 | 125.68 | 2 555.35 | 2 429.7 | 0.436 6 | 8.451 4 |
| 35 | 0.005 626 3 | 0.001 006 05 | 25.222 | 146.59 | 2 564.38 | 2 417.8 | 0.505 0 | 8.351 1 |
| 40 | 0.007 381 1 | 0.001 007 89 | 19.529 | 167.50 | 2 573.36 | 2 405.9 | 0.572 3 | 8.255 1 |
| 45 | 0.009 589 7 | 0.001 009 93 | 15.263 6 | 188.42 | 2 582.30 | 2 393.9 | 0.638 6 | 8.163 0 |
| 50 | 0.012 344 6 | 0.001 012 16 | 12.036 5 | 209.33 | 2 591.19 | 2 381.9 | 0.703 8 | 8.074 5 |
| 55 | 0.015 752 | 0.001 014 55 | 9.572 3 | 230.24 | 2 600.02 | 2 369.8 | 0.768 0 | 7.989 6 |
| 60 | 0.019 933 | 0.001 017 13 | 7.674 0 | 251.15 | 2 608.79 | 2 357.6 | 0.831 2 | 7.908 0 |
| 65 | 0.025 024 | 0.001 019 86 | 6.199 2 | 272.08 | 2 617.48 | 2 345.4 | 0.893 5 | 7.829 5 |
| 70 | 0.031 178 | 0.001 022 76 | 5.044 3 | 293.01 | 2 626.10 | 2 333.1 | 0.955 0 | 7.754 0 |
| 75 | 0.038 565 | 0.001 025 82 | 4.133 0 | 313.96 | 2 634.63 | 2 320.7 | 1.015 6 | 7.681 2 |
| 80 | 0.047 376 | 0.001 029 03 | 3.408 6 | 334.93 | 2 643.06 | 2 308.1 | 1.075 3 | 7.611 2 |
| 85 | 0.057 818 | 0.001 032 40 | 2.828 8 | 355.92 | 2 651.40 | 2 295.5 | 1.134 3 | 7.543 6 |
| 90 | 0.070 121 | 0.001 035 93 | 2.361 6 | 376.94 | 2 659.63 | 2 282.7 | 1.192 6 | 7.478 3 |
| 95 | 0.084 533 | 0.001 039 61 | 1.982 7 | 397.98 | 2 667.73 | 2 269.7 | 1.250 1 | 7.415 4 |
| 100 | 0.101 325 | 0.001 043 44 | 1.673 6 | 419.06 | 2 675.71 | 2 256.6 | 1.306 9 | 7.354 5 |
| 110 | 0.143 243 | 0.001 051 56 | 1.210 6 | 461.33 | 2 691.26 | 2 229.9 | 1.418 6 | 7.238 6 |
| 120 | 0.198 483 | 0.001 060 31 | 0.892 19 | 503.76 | 2 706.18 | 2 202.4 | 1.527 7 | 7.129 7 |
| 130 | 0.270 018 | 0.001 069 68 | 0.668 73 | 546.38 | 2 720.39 | 2 174.0 | 1.634 6 | 7.027 2 |

续表

| 温度 | 压力 | 比体积 液体 | 比体积 蒸汽 | 焓 液体 | 焓 蒸汽 | 汽化潜热 | 熵 液体 | 熵 蒸汽 |
|---|---|---|---|---|---|---|---|---|
| $t$/℃ | $p_s$/MPa | $v'$/(m³/kg) | $v''$/(m³/kg) | $h'$/(kJ/kg) | $h''$/(kJ/kg) | $\gamma$/(kJ/kg) | $s'$/[kJ/(kg·K)] | $s''$/[kJ/(kg·K)] |
| 140 | 0.361 190 | 0.001 079 72 | 0.509 00 | 589.21 | 2 733.81 | 2 144.6 | 1.739 3 | 6.930 2 |
| 150 | 0.475 71 | 0.001 090 46 | 0.392 86 | 632.28 | 2 746.35 | 2 114.1 | 1.842 0 | 6.838 1 |
| 160 | 0.617 66 | 0.001 101 93 | 0.307 09 | 657.62 | 2 757.92 | 2 082.3 | 1.942 9 | 6.750 2 |
| 170 | 0.791 47 | 0.001 114 20 | 0.242 83 | 719.25 | 2 768.42 | 2 049.2 | 2.042 0 | 6.666 1 |
| 180 | 1.001 93 | 0.001 127 32 | 0.194 03 | 763.22 | 2 777.74 | 2 014.5 | 2.139 6 | 6.585 2 |
| 190 | 1.254 17 | 0.001 141 36 | 0.156 50 | 807.56 | 2 785.80 | 1 978.2 | 2.235 8 | 6.507 1 |
| 200 | 1.553 66 | 0.001 156 41 | 0.127 32 | 852.34 | 2 792.47 | 1 940.1 | 2.330 7 | 6.431 2 |
| 210 | 1.906 17 | 0.001 172 58 | 0.104 38 | 897.62 | 2 797.65 | 1 900.0 | 2.424 5 | 6.357 1 |
| 220 | 2.317 83 | 0.001 190 00 | 0.086 157 | 943.46 | 2 801.20 | 1 857.7 | 2.517 5 | 6.284 6 |
| 230 | 2.795 05 | 0.001 208 82 | 0.071 553 | 989.95 | 2 803.00 | 1 813.0 | 2.609 6 | 6.213 0 |
| 240 | 3.344 59 | 0.001 229 22 | 0.059 743 | 1 037.2 | 2 802.88 | 1 765.7 | 2.701 3 | 6.142 2 |
| 250 | 3.973 51 | 0.001 251 45 | 0.050 112 | 1 085.3 | 2 800.66 | 1 715.4 | 2.792 6 | 6.071 6 |
| 260 | 4.689 23 | 0.001 275 79 | 0.042 195 | 1 134.3 | 2 796.14 | 1 661.8 | 2.883 7 | 6.000 7 |
| 270 | 5.499 56 | 0.001 302 62 | 0.035 637 | 1 184.5 | 2 789.05 | 1 604.5 | 2.975 1 | 5.929 2 |
| 280 | 6.412 73 | 0.001 332 42 | 0.030 165 | 1 236.0 | 2 779.08 | 1 543.1 | 3.066 8 | 5.856 4 |
| 290 | 7.437 46 | 0.001 365 82 | 0.025 565 | 1 289.1 | 2 765.81 | 1 476.7 | 3.159 4 | 5.781 7 |
| 300 | 8.583 08 | 0.001 403 69 | 0.021 669 | 1 344.0 | 2 748.71 | 1 404.7 | 3.253 3 | 5.704 2 |
| 310 | 9.857 9 | 0.001 447 28 | 0.018 343 | 1 401.2 | 2 727.01 | 1 325.9 | 3.349 0 | 5.622 6 |
| 320 | 11.278 | 0.001 498 44 | 0.015 479 | 1 461.2 | 2 699.72 | 1 238.5 | 3.447 5 | 5.535 6 |
| 330 | 12.851 | 0.001 560 08 | 0.012 987 | 1 524.9 | 2 665.30 | 1 140.4 | 3.550 0 | 5.440 8 |
| 340 | 14.593 | 0.001 637 28 | 0.010 790 | 1 593.7 | 2 621.32 | 1 027.6 | 3.658 6 | 5.334 5 |
| 350 | 16.521 | 0.001 740 08 | 0.008 812 | 1 670.3 | 2 563.39 | 893.0 | 3.777 3 | 5.210 4 |
| 360 | 18.657 | 0.001 894 23 | 0.006 958 | 1 761.1 | 2 481.68 | 720.6 | 3.915 5 | 5.053 6 |
| 370 | 21.033 | 0.002 214 80 | 0.004 982 | 1 891.7 | 2 338.79 | 447.1 | 4.112 5 | 4.807 6 |
| 372 | 21.542 | 0.002 365 30 | 0.004 451 | 1 936.1 | 2 282.99 | 346.9 | 4.179 6 | 4.717 3 |
| 373.99 | 22.064 | 0.003 106 | 0.003 106 | 2 085.9 | 2 085.87 | 0.0 | 4.409 2 | 4.409 2 |

### 附表 7-b  饱和水和饱和水蒸气表（按压力排列）

| 压力 | 温度 | 比体积 液体 | 比体积 蒸汽 | 焓 液体 | 焓 蒸汽 | 汽化潜热 | 熵 液体 | 熵 蒸汽 |
|---|---|---|---|---|---|---|---|---|
| $p$/MPa | $t_s$/℃ | $v'$/(m³/kg) | $v''$/(m³/kg) | $h'$/(kJ/kg) | $h''$/(kJ/kg) | $\gamma$/(kJ/kg) | $s'$/[kJ/(kg·K)] | $s''$/[kJ/(kg·K)] |
| 0.001 | 6.949 1 | 0.001 000 1 | 129.185 | 29.21 | 2 513.29 | 2 484.1 | 0.105 6 | 8.973 5 |
| 0.002 | 17.540 3 | 0.001 001 4 | 67.008 | 73.58 | 2 532.71 | 2 459.1 | 0.261 1 | 8.722 0 |
| 0.003 | 24.114 2 | 0.001 002 8 | 45.666 | 101.07 | 2 544.68 | 2 443.6 | 0.354 6 | 8.575 8 |
| 0.004 | 28.953 3 | 0.001 004 1 | 34.796 | 121.30 | 2 553.45 | 2 432.2 | 0.422 1 | 8.472 5 |
| 0.005 | 32.879 3 | 0.001 005 3 | 28.191 | 137.72 | 2 560.55 | 2 422.8 | 0.476 1 | 8.393 0 |
| 0.006 | 36.166 3 | 0.001 006 5 | 23.738 | 151.47 | 2 566.48 | 2 415.0 | 0.520 8 | 8.328 3 |

续表

| 压力 | 温度 | 比体积 液体 | 比体积 蒸汽 | 焓 液体 | 焓 蒸汽 | 汽化潜热 | 熵 液体 | 熵 蒸汽 |
|---|---|---|---|---|---|---|---|---|
| $p$/MPa | $t_s$/℃ | $v'$/(m$^3$/kg) | $v''$/(m$^3$/kg) | $h'$/(kJ/kg) | $h''$/(kJ/kg) | $\gamma$/(kJ/kg) | $s'$/[kJ/(kg·K)] | $s''$/[kJ/(kg·K)] |
| 0.007 | 38.996 7 | 0.001 007 5 | 20.528 | 163.31 | 2 571.56 | 2 408.3 | 0.558 9 | 8.273 7 |
| 0.008 | 41.507 5 | 0.001 008 5 | 18.102 | 173.81 | 2 576.06 | 2 402.3 | 0.592 4 | 8.226 6 |
| 0.009 | 43.790 1 | 0.001 009 4 | 16.204 | 183.36 | 2 580.15 | 2 396.8 | 0.622 6 | 8.185 4 |
| 0.010 | 45.798 8 | 0.001 010 3 | 14.673 | 191.76 | 2 583.72 | 2 392.0 | 0.649 0 | 8.148 1 |
| 0.015 | 53.970 5 | 0.001 014 0 | 10.022 | 225.93 | 2 598.21 | 2 372.3 | 0.754 8 | 8.006 5 |
| 0.020 | 60.065 0 | 0.001 017 2 | 7.649 7 | 251.43 | 2 608.90 | 2 357.5 | 0.832 0 | 7.906 8 |
| 0.025 | 64.972 6 | 0.001 019 8 | 6.204 7 | 271.96 | 2 617.43 | 2 345.5 | 0.893 2 | 7.829 8 |
| 0.030 | 69.104 1 | 0.001 022 2 | 5.229 6 | 289.26 | 2 624.56 | 2 335.3 | 0.944 0 | 7.767 1 |
| 0.040 | 75.872 0 | 0.001 026 4 | 3.993 9 | 317.61 | 2 636.10 | 2 318.5 | 1.026 0 | 7.668 8 |
| 0.050 | 81.338 8 | 0.001 029 9 | 3.240 9 | 340.55 | 2 645.31 | 2 304.8 | 1.091 2 | 7.592 8 |
| 0.060 | 85.949 6 | 0.001 033 1 | 2.732 4 | 359.91 | 2 652.97 | 2 293.1 | 1.145 4 | 7.531 0 |
| 0.070 | 89.955 6 | 0.001 035 9 | 2.365 4 | 376.75 | 2 659.55 | 2 282.8 | 1.192 1 | 7.478 9 |
| 0.080 | 93.510 7 | 0.001 038 5 | 2.087 6 | 391.71 | 2 665.33 | 2 273.6 | 1.233 0 | 7.433 9 |
| 0.090 | 96.712 1 | 0.001 040 9 | 1.869 8 | 405.20 | 2 670.48 | 2 265.3 | 1.269 6 | 7.394 3 |
| 0.100 | 99.634 | 0.001 043 2 | 1.694 3 | 417.52 | 2 675.14 | 2 257.6 | 1.302 8 | 7.358 9 |
| 0.120 | 104.810 | 0.001 047 3 | 1.428 7 | 439.37 | 2 683.26 | 2 243.9 | 1.360 9 | 7.297 8 |
| 0.140 | 109.318 | 0.001 051 0 | 1.236 8 | 458.44 | 2 690.22 | 2 231.8 | 1.411 0 | 7.246 2 |
| 0.150 | 111.378 | 0.001 052 7 | 1.159 53 | 467.17 | 2 693.35 | 2 226.2 | 1.433 8 | 7.223 2 |
| 0.160 | 113.326 | 0.001 054 4 | 1.091 59 | 475.42 | 2 696.29 | 2 220.9 | 1.455 2 | 7.201 6 |
| 0.180 | 116.941 | 0.001 057 6 | 0.977 67 | 490.76 | 2 701.69 | 2 210.9 | 1.494 6 | 7.162 3 |
| 0.200 | 120.240 | 0.001 060 5 | 0.885 85 | 504.78 | 2 706.53 | 2 201.7 | 1.530 3 | 7.127 2 |
| 0.250 | 127.444 | 0.001 067 2 | 0.718 79 | 535.47 | 2 716.83 | 2 181.4 | 1.607 5 | 7.052 8 |
| 0.300 | 133.556 | 0.001 073 2 | 0.605 87 | 561.58 | 2 725.26 | 2 163.7 | 1.672 1 | 6.992 1 |
| 0.350 | 138.891 | 0.001 078 6 | 0.524 27 | 584.45 | 2 732.37 | 2 147.9 | 1.727 8 | 6.940 7 |
| 0.400 | 143.642 | 0.001 083 5 | 0.462 46 | 604.87 | 2 738.49 | 2 133.6 | 1.776 9 | 6.896 1 |
| 0.450 | 147.939 | 0.001 088 2 | 0.413 96 | 623.38 | 2 743.85 | 2 120.5 | 1.821 0 | 6.856 7 |
| 0.600 | 158.863 | 0.001 100 6 | 0.315 63 | 670.67 | 2 756.66 | 2 086.0 | 1.931 5 | 6.760 0 |
| 0.700 | 164.983 | 0.001 107 9 | 0.272 81 | 697.32 | 2 763.29 | 2 066.0 | 1.992 5 | 6.707 9 |
| 0.800 | 170.444 | 0.001 114 8 | 0.240 37 | 721.20 | 2 768.86 | 2 047.7 | 2.046 4 | 6.662 5 |
| 0.900 | 175.389 | 0.001 121 2 | 0.214 91 | 742.90 | 2 773.59 | 2 030.7 | 2.094 8 | 6.622 2 |
| 1.00 | 179.916 | 0.001 127 2 | 0.194 38 | 762.84 | 2 777.67 | 2 014.8 | 2.138 8 | 6.585 9 |
| 1.10 | 184.100 | 0.001 133 0 | 0.177 47 | 781.35 | 2 781.21 | 1 999.9 | 2.179 2 | 6.552 9 |
| 1.20 | 187.995 | 0.001 138 5 | 0.163 28 | 798.64 | 2 784.29 | 1 985.7 | 2.216 6 | 6.522 5 |
| 1.30 | 191.644 | 0.001 143 8 | 0.151 20 | 814.89 | 2 786.99 | 1 972.1 | 2.251 5 | 6.494 4 |
| 1.40 | 195.078 | 0.001 148 9 | 0.140 79 | 830.24 | 2 789.37 | 1 959.1 | 2.284 1 | 6.468 3 |
| 1.50 | 198.327 | 0.001 153 8 | 0.131 72 | 844.82 | 2 791.46 | 1 946.6 | 2.314 9 | 6.443 7 |
| 1.60 | 210.410 | 0.001 158 6 | 0.123 75 | 858.69 | 2 793.29 | 1 934.6 | 2.344 0 | 6.420 6 |
| 1.70 | 204.346 | 0.001 163 3 | 0.116 68 | 871.96 | 2 794.91 | 1 923.0 | 2.371 6 | 6.398 8 |

续表

| 压力 | 温度 | 比体积 液体 | 比体积 蒸汽 | 焓 液体 | 焓 蒸汽 | 汽化潜热 | 熵 液体 | 熵 蒸汽 |
|---|---|---|---|---|---|---|---|---|
| $p$/MPa | $t_s$/℃ | $v'$/(m³/kg) | $v''$/(m³/kg) | $h'$/(kJ/kg) | $h''$/(kJ/kg) | $\gamma$/(kJ/kg) | $s'$/[kJ/(kg·K)] | $s''$/[kJ/(kg·K)] |
| 1.80 | 207.151 | 0.001 167 9 | 0.110 37 | 884.67 | 2 796.33 | 1 911.7 | 2.397 9 | 6.378 1 |
| 1.90 | 209.838 | 0.001 172 3 | 0.104 707 | 896.88 | 2 797.58 | 1 900.7 | 2.423 0 | 6.358 3 |
| 2.00 | 212.417 | 0.001 176 7 | 0.099 588 | 908.64 | 2 798.66 | 1 890.0 | 2.447 1 | 6.339 5 |
| 2.50 | 223.990 | 0.001 197 3 | 0.079 949 | 961.93 | 2 802.14 | 1 840.2 | 2.554 3 | 6.255 9 |
| 3.00 | 233.893 | 0.001 216 6 | 0.066 662 | 1 008.2 | 2 803.19 | 1 794.9 | 2.645 4 | 6.185 4 |
| 3.50 | 242.597 | 0.001 234 8 | 0.057 054 | 1 049.6 | 2 802.51 | 1 752.9 | 2.725 0 | 6.123 8 |
| 4.00 | 250.394 | 0.001 252 4 | 0.049 771 | 1 087.2 | 2 800.53 | 1 713.4 | 2.796 2 | 6.068 8 |
| 4.50 | 257.477 | 0.001 269 4 | 0.044 052 | 1 121.8 | 2 797.51 | 1 675.7 | 2.860 7 | 6.018 7 |
| 5.00 | 263.980 | 0.001 286 2 | 0.039 439 | 1 154.2 | 2 793.64 | 1 639.5 | 2.920 1 | 5.972 4 |
| 6.00 | 275.625 | 0.001 319 0 | 0.032 440 | 1 213.3 | 2 783.82 | 1 570.5 | 3.026 6 | 5.888 5 |
| 7.00 | 285.869 | 0.001 351 5 | 0.027 371 | 1 266.9 | 2 771.72 | 1 504.8 | 3.121 0 | 5.812 9 |
| 8.00 | 295.048 | 0.001 384 3 | 0.023 520 | 1 316.5 | 2 757.70 | 1 441.2 | 3.206 6 | 5.743 0 |
| 9.00 | 303.385 | 0.001 417 7 | 0.020 485 | 1 363.1 | 2 741.92 | 1 378.9 | 3.285 4 | 5.677 1 |
| 10.0 | 311.037 | 0.001 452 2 | 0.018 026 | 1 407.2 | 2 724.46 | 1 317.2 | 3.359 1 | 5.613 9 |
| 12.0 | 324.715 | 0.001 526 0 | 0.014 263 | 1 490.7 | 2 684.50 | 1 193.8 | 3.495 2 | 5.492 0 |
| 14.0 | 336.707 | 0.001 609 7 | 0.011 486 | 1 570.4 | 2 637.07 | 1 066.7 | 3.622 0 | 5.371 1 |
| 16.0 | 347.396 | 0.001 709 9 | 0.009 311 | 1 649.4 | 2 580.21 | 930.8 | 3.745 1 | 5.245 0 |
| 18.0 | 357.034 | 0.001 840 2 | 0.007 503 | 1 732.0 | 2 509.45 | 777.4 | 3.871 5 | 5.105 1 |
| 20.0 | 365.789 | 0.002 037 9 | 0.005 870 | 1 827.2 | 2 413.05 | 585.9 | 4.015 3 | 4.932 2 |
| 22.0 | 373.752 | 0.002 704 0 | 0.003 684 | 2 013.0 | 2 084.02 | 71.0 | 4.296 9 | 4.406 6 |

### 附表8  未饱和水和过热蒸汽表

| $p$ | 0.050MPa | | | 0.10MPa | | | 0.20MPa | | |
|---|---|---|---|---|---|---|---|---|---|
| 饱和参数 | $t_s$=81.339℃<br>$v'$=0.001 029 9   $v''$=3.240 9<br>$h'$=340.55   $h''$=2 645.3<br>$s'$=1.091 2   $s''$=7.592 8 | | | $t_s$=99.634℃<br>$v'$=0.001 043 1   $v''$=1.694 3<br>$h'$=417.52   $h''$=2 675.1<br>$s'$=1.302 8   $s''$=7.358 9 | | | $t_s$=120.240℃<br>$v'$=0.001 060 5   $v''$=0.885 90<br>$h'$=504.78   $h''$=2 706.5<br>$s'$=1.530 3   $s''$=7.127 2 | | |
| $t$/℃ | $v$/(m³/kg) | $h$/(kJ/kg) | $s$/[kJ/(kg·K)] | $v$/(m³/kg) | $h$/(kJ/kg) | $s$/[kJ/(kg·K)] | $v$/(m³/kg) | $h$/(kJ/kg) | $s$/[kJ/(kg·K)] |
| 0 | 0.001 000 2 | 0.00 | −0.000 2 | 0.001 000 2 | 0.05 | −0.000 2 | 0.001 000 1 | 0.15 | −0.000 2 |
| 10 | 0.001 000 3 | 42.05 | 0.151 0 | 0.001 000 3 | 42.10 | 0.151 0 | 0.001 000 2 | 42.20 | 0.151 0 |
| 20 | 0.001 001 8 | 83.91 | 0.296 3 | 0.001 001 8 | 83.96 | 0.296 3 | 0.001 001 8 | 84.05 | 0.296 3 |
| 40 | 0.001 007 9 | 167.54 | 0.572 3 | 0.001 007 8 | 167.59 | 0.572 3 | 0.001 007 8 | 167.67 | 0.572 2 |
| 50 | 0.001 012 1 | 209.36 | 0.703 7 | 0.001 012 1 | 209.40 | 0.703 7 | 0.001 012 1 | 209.49 | 0.703 7 |
| 60 | 0.001 017 1 | 251.18 | 0.831 2 | 0.001 017 1 | 251.22 | 0.831 2 | 0.001 017 0 | 251.31 | 0.831 1 |
| 80 | 0.001 029 0 | 334.93 | 1.075 3 | 0.001 029 0 | 334.97 | 1.075 3 | 0.001 029 0 | 335.05 | 1.075 2 |
| 100 | 3.418 8 | 2 682.1 | 7.694 1 | 1.696 1 | 2 675.9 | 7.360 9 | 0.001 043 4 | 419.14 | 1.306 8 |
| 120 | 3.607 8 | 2 721.2 | 7.796 2 | 1.793 1 | 2 716.3 | 7.466 5 | 0.001 060 3 | 503.76 | 1.527 7 |
| 140 | 3.795 8 | 2 760.2 | 7.892 8 | 1.888 9 | 2 756.2 | 7.565 4 | 0.935 11 | 2 748.0 | 7.230 0 |
| 150 | 3.889 5 | 2 779.6 | 7.939 3 | 1.936 4 | 2 776.0 | 7.612 8 | 0.959 68 | 2 768.6 | 7.279 3 |

续表

| $p$ | 0.050MPa | | | 0.10MPa | | | 0.20MPa | | |
|---|---|---|---|---|---|---|---|---|---|
| 饱和参数 | $t_s$=81.339℃ $v'$=0.001 029 9  $v''$=3.240 9 $h'$=340.55   $h''$=2 645.3 $s'$=1.091 2   $s''$=7.592 8 | | | $t_s$=99.634℃ $v'$=0.001 043 1  $v''$=1.694 3 $h'$=417.52   $h''$=2 675.1 $s'$=1.302 8   $s''$=7.358 9 | | | $t_s$=120.240℃ $v'$=0.001 060 5  $v''$=0.885 90 $h'$=504.78   $h''$=2 706.5 $s'$=1.530 3   $s''$=7.127 2 | | |
| $t$/℃ | $v$/(m³/kg) | $h$/(kJ/kg) | $s$/[kJ/(kg·K)] | $v$/(m³/kg) | $h$/(kJ/kg) | $s$/[kJ/(kg·K)] | $v$/(m³/kg) | $h$/(kJ/kg) | $s$/[kJ/(kg·K)] |
| 160 | 3.983 0 | 2 799.1 | 7.984 8 | 1.983 8 | 2 795.8 | 7.659 0 | 0.984 07 | 2 789.0 | 7.327 1 |
| 180 | 4.169 7 | 2 838.1 | 8.072 7 | 2.078 3 | 2 835.3 | 7.748 2 | 1.032 41 | 2 829.6 | 7.418 7 |
| 200 | 4.356 0 | 2 877.1 | 8.157 1 | 2.172 3 | 2 874.8 | 7.833 4 | 1.080 30 | 2 870.0 | 7.505 8 |
| 250 | 4.820 5 | 2 975.5 | 8.354 7 | 2.406 1 | 2 973.8 | 8.032 4 | 1.198 78 | 2 970.4 | 7.707 6 |
| 300 | 5.284 0 | 3 075.0 | 8.536 4 | 2.638 8 | 3 073.8 | 8.214 8 | 1.316 17 | 3 071.2 | 7.891 7 |
| 350 | 5.746 9 | 3 175.9 | 8.705 1 | 2.870 9 | 3 174.9 | 8.384 0 | 1.432 94 | 3 172.9 | 8.061 8 |
| 400 | 6.209 4 | 3 278.1 | 8.862 9 | 3.102 7 | 3 277.3 | 8.542 2 | 1.549 32 | 3 275.8 | 8.220 5 |
| 450 | 6.671 7 | 3 381.8 | 9.011 5 | 3.334 2 | 3 381.2 | 8.690 9 | 1.665 46 | 3 379.9 | 8.369 7 |
| 500 | 7.133 8 | 3 487.0 | 9.152 1 | 3.565 6 | 3 486.5 | 8.831 7 | 1.781 42 | 3 485.4 | 8.510 8 |
| 600 | 8.057 7 | 3 703.1 | 9.414 8 | 4.027 9 | 3 702.7 | 9.094 6 | 2.013 01 | 3 701.9 | 8.774 0 |

| $p$ | 0.50MPa | | | 0.80MPa | | | 1.0MPa | | |
|---|---|---|---|---|---|---|---|---|---|
| 饱和参数 | $t_s$=151.867℃ $v'$=0.001 093   $v''$=0.374 90 $h'$=640.55   $h''$=2 748.6 $s'$=1.861 0   $s''$=6.821 4 | | | $t_s$=170.444℃ $v'$=0.001 114 8  $v''$=0.240 40 $h'$=721.20   $h''$=2 768.9 $s'$=2.046 4   $s''$=6.662 5 | | | $t_s$=179.916℃ $v'$=0.001 127 2  $v''$=0.194 40 $h'$=762.84   $h''$=2 777.7 $s'$=2.138 8   $s''$=6.585 9 | | |
| $t$/℃ | $v$/(m³/kg) | $h$/(kJ/kg) | $s$/[kJ/(kg·K)] | $v$/(m³/kg) | $h$/(kJ/kg) | $s$/[kJ/(kg·K)] | $v$/(m³/kg) | $h$/(kJ/kg) | $s$/[kJ/(kg·K)] |
| 0 | 0.001 000 0 | 0.46 | −0.000 1 | 0.000 999 8 | 0.77 | −0.000 1 | 0.000 999 7 | 0.97 | −0.000 1 |
| 10 | 0.001 000 1 | 42.49 | 0.151 0 | 0.001 000 0 | 42.78 | 0.151 0 | 0.000 999 9 | 42.98 | 0.150 9 |
| 20 | 0.001 001 6 | 84.33 | 0.296 2 | 0.001 001 5 | 84.61 | 0.296 1 | 0.001 001 4 | 84.80 | 0.296 1 |
| 40 | 0.001 007 7 | 167.94 | 0.572 1 | 0.001 007 5 | 168.21 | 0.572 0 | 0.001 007 4 | 168.38 | 0.571 9 |
| 50 | 0.001 011 9 | 209.75 | 0.703 5 | 0.001 011 8 | 210.01 | 0.703 4 | 0.001 011 7 | 210.18 | 0.703 3 |
| 60 | 0.001 016 9 | 251.56 | 0.831 0 | 0.001 016 8 | 251.81 | 0.830 8 | 0.001 016 7 | 251.98 | 0.830 7 |
| 80 | 0.001 028 8 | 335.29 | 1.075 0 | 0.001 028 7 | 335.53 | 1.074 8 | 0.001 028 6 | 335.69 | 1.074 7 |
| 100 | 0.001 043 2 | 419.36 | 1.306 6 | 0.001 043 1 | 419.59 | 1.306 4 | 0.001 043 0 | 419.74 | 1.306 2 |
| 120 | 0.001 060 1 | 503.97 | 1.527 5 | 0.001 060 0 | 504.18 | 1.527 2 | 0.001 059 9 | 504.32 | 1.527 0 |
| 140 | 0.001 079 6 | 589.30 | 1.739 2 | 0.001 079 4 | 589.49 | 1.738 9 | 0.001 079 3 | 589.62 | 1.738 6 |
| 150 | 0.001 090 4 | 632.30 | 1.842 0 | 0.001 090 2 | 632.48 | 1.841 7 | 0.001 090 1 | 632.61 | 1.841 4 |
| 160 | 0.383 58 | 2 767.2 | 6.864 7 | 0.001 101 8 | 675.72 | 1.942 7 | 0.001 101 7 | 675.84 | 1.942 4 |
| 180 | 0.404 50 | 2 811.7 | 6.965 1 | 0.247 11 | 2 792.0 | 6.714 2 | 0.194 43 | 2 777.9 | 6.586 4 |
| 200 | 0.424 87 | 2 854.9 | 7.058 5 | 0.260 74 | 2 838.7 | 6.815 1 | 0.205 90 | 2 827.3 | 6.693 1 |
| 250 | 0.474 32 | 2 960.0 | 7.269 7 | 0.293 10 | 2 949.2 | 7.037 1 | 0.232 64 | 2 941.8 | 6.923 3 |
| 300 | 0.522 55 | 3 063.6 | 7.458 8 | 0.324 10 | 3 055.7 | 7.231 6 | 0.257 93 | 3 050.4 | 7.121 6 |
| 350 | 0.570 12 | 3 167.0 | 7.631 9 | 0.354 39 | 3 161.0 | 7.407 8 | 0.282 47 | 3 157.0 | 7.299 9 |
| 400 | 0.617 29 | 3 271.1 | 7.792 4 | 0.384 26 | 3 266.3 | 7.570 3 | 0.306 58 | 3 263.1 | 7.463 8 |
| 450 | 0.664 20 | 3 376.0 | 7.942 8 | 0.413 88 | 3 372.1 | 7.721 9 | 0.330 43 | 3 369.6 | 7.616 3 |
| 500 | 0.710 94 | 3 482.2 | 8.084 8 | 0.443 31 | 3 479.0 | 7.864 6 | 0.354 10 | 3 476.8 | 7.759 7 |
| 600 | 0.804 08 | 3 699.6 | 8.349 1 | 0.501 84 | 3 697.2 | 8.130 2 | 0.401 09 | 3 695.7 | 8.025 9 |

续表

| $p$ | 2.0MPa ||| 3.0MPa ||| 4.0MPa |||
|---|---|---|---|---|---|---|---|---|---|
| 饱和参数 | $t_s$=212.41℃<br>$v'$=0.001 176 7  $v''$=0.099 600<br>$h'$=908.64  $h''$=2 798.7<br>$s'$=2.447 1  $s''$=6.339 5 ||| $t_s$=233.893℃<br>$v'$=0.001 2166  $v''$=0.066 700<br>$h'$=1 008.2  $h''$=2 803.2<br>$s'$=2.645 4  $s''$=6.185 4 ||| $t_s$=250.394℃<br>$v'$=0.001 2524  $v''$=0.049 800<br>$h'$=1 087.2  $h''$=2 800.5<br>$s'$=2.796 2  $s''$=6.068 8 |||
| $t$/℃ | $v$/(m³/kg) | $h$/(kJ/kg) | $s$/[kJ/(kg·K)] | $v$/(m³/kg) | $h$/(kJ/kg) | $s$/[kJ/(kg·K)] | $v$/(m³/kg) | $h$/(kJ/kg) | $s$/[kJ/(kg·K)] |
| 0 | 0.000 999 2 | 1.99 | 0.000 0 | 0.000 998 7 | 3.01 | 0.000 0 | 0.000 998 2 | 4.03 | 0.000 1 |
| 10 | 0.000 999 4 | 43.95 | 0.150 8 | 0.000 998 9 | 44.92 | 0.150 7 | 0.000 998 4 | 45.89 | 0.150 7 |
| 20 | 0.001 000 9 | 85.74 | 0.295 9 | 0.001 000 5 | 86.68 | 0.295 7 | 0.001 000 0 | 87.62 | 0.295 5 |
| 40 | 0.001 007 0 | 169.27 | 0.571 5 | 0.001 006 6 | 170.15 | 0.571 1 | 0.001 006 1 | 171.04 | 0.570 8 |
| 50 | 0.001 011 3 | 211.04 | 0.702 8 | 0.001 010 8 | 211.90 | 0.702 4 | 0.001 010 4 | 212.77 | 0.701 9 |
| 60 | 0.001 016 2 | 252.82 | 0.830 2 | 0.001 015 8 | 253.66 | 0.829 6 | 0.001 015 3 | 254.50 | 0.829 1 |
| 80 | 0.001 028 1 | 336.48 | 1.074 0 | 0.001 027 6 | 337.28 | 1.073 4 | 0.001 027 2 | 338.07 | 1.072 7 |
| 100 | 0.001 042 5 | 420.49 | 1.305 4 | 0.001 042 0 | 421.24 | 1.304 7 | 0.001 041 5 | 421.99 | 1.303 9 |
| 120 | 0.001 059 3 | 505.03 | 1.526 1 | 0.001 058 7 | 505.73 | 1.525 2 | 0.001 058 2 | 506.44 | 1.524 3 |
| 140 | 0.001 078 7 | 590.27 | 1.737 6 | 0.001 078 1 | 590.92 | 1.736 6 | 0.001 077 4 | 591.58 | 1.735 5 |
| 150 | 0.001 089 4 | 633.22 | 1.840 3 | 0.001 088 8 | 633.84 | 1.839 2 | 0.001 088 1 | 634.46 | 1.838 1 |
| 160 | 0.001 100 9 | 676.43 | 1.941 2 | 0.001 100 2 | 677.01 | 1.940 0 | 0.001 099 5 | 677.60 | 1.938 9 |
| 180 | 0.001 126 5 | 763.72 | 2.138 2 | 0.001 125 6 | 764.23 | 2.136 9 | 0.001 124 8 | 764.74 | 2.135 5 |
| 200 | 0.001 156 0 | 852.52 | 2.330 0 | 0.001 154 9 | 852.93 | 2.328 4 | 0.001 153 9 | 853.31 | 2.326 8 |
| 250 | 0.111 412 | 2901.5 | 6.543 6 | 0.070 564 | 2854.7 | 6.285 5 | 0.001 251 4 | 1085.3 | 2.792 5 |
| 300 | 0.125 449 | 3022.6 | 6.764 8 | 0.081 126 | 2992.4 | 6.537 1 | 0.058 821 | 2 959.5 | 6.359 5 |
| 350 | 0.138 564 | 3136.2 | 6.955 0 | 0.090 520 | 3114.4 | 6.741 4 | 0.066 436 | 3 091.5 | 6.580 5 |
| 400 | 0.151 190 | 3246.8 | 7.125 8 | 0.099 352 | 3230.1 | 6.919 9 | 0.734 01 | 3 212.7 | 6.767 7 |
| 450 | 0.163 523 | 3356.4 | 7.282 8 | 0.107 864 | 3343.0 | 7.081 7 | 0.080 016 | 3 329.2 | 6.934 7 |
| 500 | 0.175 666 | 3465.9 | 7.429 3 | 0.116 174 | 3454.9 | 7.231 4 | 0.086 417 | 3 443.6 | 7.087 7 |
| 600 | 0.199 598 | 3687.8 | 7.699 1 | 0.132 427 | 3679.9 | 7.505 1 | 0.098 836 | 3 671.9 | 7.365 3 |
| $p$ | 5.0MPa ||| 6.0MPa ||| 7.0MPa |||
| 饱和参数 | $t_s$=263.980℃<br>$v'$=0.001 286 1  $v''$=0.039 400<br>$h'$=1 154.2  $h''$=2 793.6<br>$s'$=2.920 0  $s''$=5.972 4 ||| $t_s$=275.625℃<br>$v'$=0.001 319 0  $v''$=0.032 400<br>$h'$=1 213.3  $h''$=2 783.8<br>$s'$=3.026 6  $s''$=5.888 5 ||| $t_s$=285.869℃<br>$v'$=0.001 351 5  $v''$=0.027 400<br>$h'$=1 266.9  $h''$=2 771.7<br>$s'$=3.121 0  $s''$=5.812 9 |||
| $t$/℃ | $v$/(m³/kg) | $h$/(kJ/kg) | $s$/[kJ/(kg·K)] | $v$/(m³/kg) | $h$/(kJ/kg) | $s$/[kJ/(kg·K)] | $v$/(m³/kg) | $h$/(kJ/kg) | $s$/[kJ/(kg·K)] |
| 0 | 0.000 997 7 | 5.04 | 0.000 2 | 0.000 997 2 | 6.05 | 0.000 2 | 0.000 996 7 | 7.07 | 0.000 3 |
| 10 | 0.000 997 9 | 46.87 | 0.150 6 | 0.000 997 5 | 47.83 | 0.150 5 | 0.000 997 0 | 48.80 | 0.150 4 |
| 20 | 0.000 999 6 | 88.55 | 0.295 2 | 0.000 999 1 | 89.49 | 0.295 0 | 0.000 998 6 | 90.42 | 0.294 8 |
| 40 | 0.001 005 7 | 171.92 | 0.570 4 | 0.001 005 2 | 172.81 | 0.570 0 | 0.001 004 8 | 173.69 | 0.569 6 |
| 50 | 0.001 009 9 | 213.63 | 0.701 5 | 0.001 009 5 | 214.49 | 0.701 0 | 0.001 009 1 | 215.35 | 0.700 5 |
| 60 | 0.001 014 9 | 255.34 | 0.828 6 | 0.001 014 4 | 256.18 | 0.828 0 | 0.001 014 0 | 257.01 | 0.827 5 |
| 80 | 0.001 026 7 | 338.87 | 1.072 1 | 0.001 026 2 | 339.67 | 1.771 4 | 0.001 025 8 | 340.46 | 1.070 8 |
| 100 | 0.001 041 0 | 422.75 | 1.303 1 | 0.001 040 4 | 423.50 | 1.302 3 | 0.001 039 9 | 424.25 | 1.301 6 |
| 120 | 0.001 057 6 | 507.14 | 1.523 4 | 0.001 057 1 | 507.85 | 1.522 5 | 0.001 056 5 | 508.55 | 1.521 6 |
| 140 | 0.001 0768 | 592.23 | 1.734 5 | 0.001 076 2 | 592.88 | 1.733 5 | 0.001 075 6 | 593.54 | 1.732 5 |

续表

| $p$ | 5.0MPa | | | 6.0MPa | | | 7.0MPa | | |
|---|---|---|---|---|---|---|---|---|---|
| 饱和参数 | $t_s$=263.980 ℃<br>$v'$=0.001 286 1  $v''$=0.039 400<br>$h'$=1 154.2  $h''$=2 793.6<br>$s'$=2.920 0  $s''$=5.972 4 | | | $t_s$=275.625 ℃<br>$v'$=0.001 3190  $v''$=0.032 400<br>$h'$=1 213.3  $h''$=2 783.8<br>$s'$=3.026 6  $s''$=5.888 5 | | | $t_s$=285.869℃<br>$v'$=0.001 3515  $v''$=0.027 400<br>$h'$=1 266.9  $h''$=2 771.7<br>$s'$=3.121 0  $s''$=5.812 9 | | |
| $t/℃$ | $v/(m^3/kg)$ | $h/(kJ/kg)$ | $s/[kJ/(kg·K)]$ | $v/(m^3/kg)$ | $h/(kJ/kg)$ | $s/[kJ/(kg·K)]$ | $v/(m^3/kg)$ | $h/(kJ/kg)$ | $s/[kJ/(kg·K)]$ |
| 150 | 0.001 087 4 | 635.09 | 1.837 0 | 0.001 086 8 | 635.71 | 1.835 9 | 0.001 086 1 | 636.34 | 1.834 8 |
| 160 | 0.001 098 8 | 678.19 | 1.937 7 | 0.001 098 1 | 678.78 | 1.936 5 | 0.001 097 4 | 679.37 | 1.935 3 |
| 180 | 0.001 124 0 | 765.25 | 2.134 2 | 0.001 123 1 | 765.76 | 2.132 8 | 0.001 122 3 | 766.28 | 2.131 5 |
| 200 | 0.001 152 9 | 853.75 | 2.325 3 | 0.001 151 9 | 854.17 | 2.323 7 | 0.001 151 0 | 854.59 | 2.322 2 |
| 250 | 0.001 249 6 | 1 085.2 | 2.790 1 | 0.001 247 8 | 1 085.2 | 2.787 7 | 0.012 460 | 1 085.2 | 2.785 3 |
| 300 | 0.045 301 | 2 923.3 | 6.206 4 | 0.036 148 | 2 883.1 | 6.065 6 | 0.029 457 | 2 837.5 | 5.929 1 |
| 350 | 0.051 932 | 3 067.4 | 6.447 7 | 0.042 213 | 3 041.9 | 6.331 7 | 0.035 225 | 3 014.8 | 6.226 5 |
| 400 | 0.057 804 | 3 194.9 | 6.644 8 | 0.047 382 | 3 176.4 | 6.539 5 | 0.039 917 | 3 157.3 | 6.446 5 |
| 450 | 0.063 291 | 3 315.2 | 6.817 0 | 0.052 128 | 3 300.9 | 6.717 9 | 0.044 143 | 3 286.2 | 6.631 4 |
| 500 | 0.068 552 | 3 432.2 | 6.973 5 | 0.056 632 | 3 420.6 | 6.878 1 | 0.048 110 | 3 408.9 | 6.795 4 |
| 600 | 0.078 675 | 3 663.9 | 7.255 3 | 0.065 228 | 3 655.7 | 7.164 0 | 0.055 617 | 3 647.5 | 7.085 7 |

| $p$ | 8.0MPa | | | 9.0MPa | | | 10.0MPa | | |
|---|---|---|---|---|---|---|---|---|---|
| 饱和参数 | $t_s$=295.048℃<br>$v'$=0.001 384 3  $v''$=0.023 520<br>$h'$=1 316.5  $h''$=2 757.7<br>$s'$=3.206 6  $s''$=5.743 0 | | | $t_s$=303.385℃<br>$v'$=0.001 417 7  $v''$=0.020 500<br>$h'$=1 363.1  $h''$=2 741.9<br>$s'$=3.285 4  $s''$=5.677 1 | | | $t_s$=311.037℃<br>$v'$=0.001 452 2  $v''$=0.018 000<br>$h'$=1 407.2  $h''$=2 724.5<br>$s'$=3.359 1  $s''$=5.613 9 | | |
| $t/℃$ | $v/(m^3/kg)$ | $h/(kJ/kg)$ | $s/[kJ/(kg·K)]$ | $v/(m^3/kg)$ | $h/(kJ/kg)$ | $s/[kJ/(kg·K)]$ | $v/(m^3/kg)$ | $h/(kJ/kg)$ | $s/[kJ/(kg·K)]$ |
| 0 | 0.000 996 2 | 8.08 | 0.000 3 | 0.000 995 7 | 9.08 | 0.000 4 | 0.000 995 2 | 10.09 | 0.000 4 |
| 10 | 0.000 996 5 | 49.77 | 0.150 2 | 0.000 996 1 | 50.74 | 0.150 1 | 0.000 995 6 | 51.70 | 0.150 0 |
| 20 | 0.000 998 2 | 91.36 | 0.294 6 | 0.000 997 7 | 92.29 | 0.294 4 | 0.000 997 3 | 93.22 | 0.294 2 |
| 40 | 0.001 004 4 | 174.57 | 0.569 2 | 0.001 003 9 | 175.46 | 0.568 8 | 0.001 003 5 | 176.34 | 0.568 4 |
| 50 | 0.001 008 6 | 216.21 | 0.700 1 | 0.001 008 2 | 217.07 | 0.699 6 | 0.001 007 8 | 217.93 | 0.699 2 |
| 60 | 0.001 013 6 | 257.85 | 0.827 0 | 0.001 013 1 | 258.69 | 0.826 5 | 0.001 012 7 | 259.53 | 0.825 9 |
| 80 | 0.001 025 3 | 341.26 | 1.070 1 | 0.001 024 8 | 342.06 | 1.069 5 | 0.001 024 4 | 342.85 | 1.068 8 |
| 100 | 0.001 039 5 | 425.01 | 1.300 8 | 0.001 039 0 | 425.76 | 1.300 0 | 0.001 038 5 | 426.51 | 1.299 3 |
| 120 | 0.001 056 0 | 509.26 | 1.520 7 | 0.001 055 4 | 509.97 | 1.519 9 | 0.001 054 9 | 510.68 | 1.519 0 |
| 140 | 0.001 075 0 | 594.19 | 1.731 4 | 0.001 074 4 | 594.85 | 1.730 4 | 0.001 073 8 | 595.50 | 1.729 4 |
| 150 | 0.001 085 5 | 636.96 | 1.833 7 | 0.001 084 8 | 637.59 | 1.832 7 | 0.001 084 2 | 638.22 | 1.831 6 |
| 160 | 0.001 096 7 | 679.97 | 1.934 2 | 0.001 096 0 | 680.56 | 1.933 0 | 0.001 095 3 | 681.16 | 1.931 9 |
| 180 | 0.001 121 5 | 766.80 | 2.130 2 | 0.001 120 7 | 767.32 | 2.128 8 | 0.001 119 9 | 767.84 | 2.127 5 |
| 200 | 0.001 150 0 | 855.02 | 2.320 7 | 0.001 149 0 | 855.44 | 2.319 1 | 0.001 148 1 | 855.88 | 2.317 6 |
| 250 | 0.001 244 3 | 1 085.2 | 2.782 9 | 0.001 242 5 | 1 085.3 | 2.780 6 | 0.001 240 8 | 1 085.3 | 2.778 3 |
| 300 | 0.024 255 | 2 784.5 | 5.789 9 | 0.001 401 8 | 1 343.5 | 3.251 4 | 0.001 397 5 | 1 342.3 | 3.246 9 |
| 350 | 0.029 940 | 2 986.1 | 6.128 2 | 0.025 786 | 2 955.3 | 6.034 2 | 0.022 415 | 2 922.1 | 5.942 3 |
| 400 | 0.034 302 | 3 137.5 | 6.362 2 | 0.029 921 | 3 117.1 | 6.284 2 | 0.026 402 | 3 095.8 | 6.210 9 |
| 450 | 0.038 145 | 3 271.3 | 6.554 0 | 0.033 474 | 3 256.0 | 6.483 5 | 0.029 735 | 3 240.5 | 6.418 4 |
| 500 | 0.041 712 | 3 397.0 | 6.722 1 | 0.036 733 | 3 385.0 | 6.656 0 | 0.032 750 | 3 372.8 | 6.595 4 |
| 600 | 0.048 403 | 3 639.2 | 7.016 8 | 0.042 789 | 3 630.8 | 6.955 2 | 0.038 297 | 3 622.5 | 6.899 2 |

### 附表 9　0.1MPa 时的饱和空气的状态参数

| 干球温度 $t/℃$ | 水蒸气压力 $p_s/\text{kPa}$ | 含湿量 $d_s/(\text{g/kg})$ | 饱和焓 $h_s/(\text{kJ/kg})$ | 密度 $\rho/(\text{kg/m}^3)$ | 汽化潜热 $\gamma/(\text{kJ/kg})$ |
|---|---|---|---|---|---|
| −20 | 0.103 | 0.64 | −18.5 | 1.38 | 2 839 |
| −18 | 0.125 | 0.78 | −16.4 | 1.36 | 2 839 |
| −16 | 0.150 | 0.94 | −13.8 | 1.35 | 2 838 |
| −14 | 0.181 | 1.13 | −11.3 | 1.34 | 2 838 |
| −12 | 0.217 | 1.35 | −8.7 | 1.33 | 2 837 |
| −10 | 0.259 | 1.62 | −6.0 | 1.32 | 2 837 |
| −8 | 0.309 | 1.93 | −3.2 | 1.31 | 2 836 |
| −6 | 0.368 | 2.30 | −0.3 | 1.30 | 2 836 |
| −4 | 0.437 | 2.73 | 2.8 | 1.29 | 2 835 |
| −2 | 0.517 | 3.23 | 6.0 | 1.28 | 2 834 |
| 0 | 0.611 | 3.82 | 9.5 | 1.27 | 2 500 |
| 2 | 0.705 | 4.42 | 13.1 | 1.26 | 2 496 |
| 4 | 0.813 | 5.10 | 16.8 | 1.25 | 2 491 |
| 6 | 0.935 | 5.87 | 20.7 | 1.24 | 2 486 |
| 8 | 1.072 | 6.74 | 25.0 | 1.23 | 2 481 |
| 10 | 1.227 | 7.73 | 29.5 | 1.22 | 2 477 |
| 12 | 1.401 | 8.84 | 34.4 | 1.21 | 2 472 |
| 14 | 1.597 | 10.10 | 39.5 | 1.21 | 2 470 |
| 16 | 1.817 | 11.51 | 45.2 | 1.20 | 2 465 |
| 18 | 2.062 | 13.10 | 51.3 | 1.19 | 2 458 |
| 20 | 2.337 | 14.88 | 57.9 | 1.18 | 2 453 |
| 22 | 2.642 | 16.88 | 65.0 | 1.17 | 2 448 |
| 24 | 2.982 | 19.12 | 72.8 | 1.16 | 2 444 |
| 26 | 3.360 | 21.63 | 81.3 | 1.15 | 2 441 |
| 28 | 3.778 | 24.42 | 90.5 | 1.14 | 2 434 |
| 30 | 4.241 | 27.52 | 100.5 | 1.13 | 2 430 |
| 32 | 4.753 | 31.07 | 111.7 | 1.12 | 2 425 |
| 34 | 5.318 | 34.94 | 123.7 | 1.11 | 2 420 |
| 36 | 5.940 | 39.28 | 137.0 | 1.10 | 2 415 |
| 38 | 6.624 | 44.12 | 151.6 | 1.09 | 2 411 |
| 40 | 7.376 | 49.52 | 167.7 | 1.08 | 2 406 |
| 42 | 8.198 | 55.54 | 185.5 | 1.07 | 2 401 |
| 44 | 9.100 | 62.26 | 205.0 | 1.06 | 2 396 |
| 46 | 10.085 | 69.76 | 226.7 | 1.05 | 2 391 |
| 48 | 11.185 | 78.15 | 250.7 | 1.04 | 2 386 |
| 50 | 12.335 | 87.52 | 277.3 | 1.03 | 2 382 |
| 52 | 13.613 | 98.01 | 306.8 | 1.02 | 2 377 |
| 54 | 15.002 | 109.80 | 339.8 | 1.00 | 2 372 |
| 56 | 16.509 | 123.00 | 376.7 | 0.99 | 2 367 |
| 58 | 18.146 | 137.89 | 418.0 | 0.98 | 2 363 |
| 60 | 19.917 | 154.75 | 464.5 | 0.97 | 2 358 |
| 65 | 25.010 | 207.44 | 609.2 | 0.93 | 2 345 |
| 70 | 31.160 | 281.54 | 811.1 | 0.90 | 2 333 |
| 75 | 38.550 | 390.20 | 1 105.7 | 0.85 | 2 320 |
| 80 | 47.360 | 559.61 | 1 563.0 | 0.81 | 2 309 |
| 85 | 57.800 | 851.90 | 2 351.0 | 0.76 | 2 295 |
| 90 | 70.110 | 1 459.00 | 3 983.0 | 0.70 | 2 282 |

### 附表 10  氟利昂 134a 的饱和性质（温度基准）

| $t/℃$ | $p_s/\text{kPa}$ | $v''/(\text{m}^3/\text{kg}\times 10^{-3})$ | $v'/(\text{m}^3/\text{kg}\times 10^{-3})$ | $h''/(\text{kJ/kg})$ | $h'/(\text{kJ/kg})$ | $s''/[\text{kJ}/(\text{kg}\cdot\text{K})]$ | $s'/[\text{kJ}/(\text{kg}\cdot\text{K})]$ | $e_x''/(\text{kJ/kg})$ | $e_x'/(\text{kJ/kg})$ |
|---|---|---|---|---|---|---|---|---|---|
| −85.00 | 2.56 | 5 899.997 | 0.648 84 | 345.37 | 94.12 | 1.870 2 | 0.534 8 | −112.877 | 34.014 |
| −80.00 | 3.87 | 4 045.366 | 0.655 01 | 348.41 | 99.89 | 1.853 5 | 0.566 8 | −104.855 | 30.243 |
| −75.00 | 5.72 | 2 816.477 | 0.661 06 | 351.48 | 105.68 | 1.837 9 | 0.597 4 | −97.131 | 26.914 |
| −70.00 | 8.27 | 2 004.070 | 0.667 19 | 354.57 | 111.46 | 1.823 9 | 0.627 2 | −89.867 | 23.818 |
| −65.00 | 11.72 | 1 442.296 | 0.673 27 | 357.68 | 117.38 | 1.810 7 | 0.656 2 | −82.815 | 21.091 |
| −60.00 | 16.29 | 1 055.363 | 0.679 47 | 360.81 | 123.37 | 1.798 7 | 0.684 7 | −76.104 | 18.584 |
| −55.00 | 22.24 | 785.161 | 0.685 83 | 363.95 | 129.42 | 1.787 8 | 0.712 7 | −69.740 | 16.266 |
| −50.00 | 29.90 | 593.412 | 0.692 38 | 367.10 | 135.54 | 1.778 2 | 0.740 5 | −63.706 | 14.122 |
| −45.00 | 39.58 | 454.926 | 0.699 16 | 370.25 | 141.72 | 1.769 5 | 0.767 8 | −57.971 | 12.145 |
| −40.00 | 51.69 | 353.529 | 0.706 19 | 373.40 | 147.96 | 1.761 8 | 0.794 9 | −52.521 | 10.329 |
| −35.00 | 66.63 | 278.087 | 0.713 48 | 376.54 | 154.26 | 1.754 9 | 0.821 6 | −47.328 | 8.671 |
| −30.00 | 84.85 | 221.302 | 0.721 05 | 379.67 | 160.62 | 1.748 8 | 0.847 9 | −42.382 | 7.168 |
| −25.00 | 106.86 | 177.937 | 0.728 92 | 382.79 | 167.04 | 1.743 4 | 0.874 0 | −37.656 | 5.815 |
| −20.00 | 133.18 | 144.450 | 0.737 12 | 385.89 | 173.52 | 1.738 7 | 0.899 7 | −33.138 | 4.611 |
| −15.00 | 164.36 | 118.481 | 0.745 72 | 388.97 | 180.04 | 1.734 6 | 0.925 3 | −28.847 | 3.528 |
| −10.00 | 201.00 | 97.832 | 0.754 63 | 392.01 | 186.63 | 1.730 9 | 0.950 4 | −24.704 | 2.614 |
| −5.00 | 243.71 | 81.304 | 0.763 88 | 395.01 | 193.29 | 1.727 6 | 0.975 3 | −20.709 | 1.858 |
| 0.00 | 293.14 | 68.164 | 0.773 65 | 397.98 | 200.00 | 1.724 8 | 1.000 0 | −16.951 | 1.203 |
| 5.00 | 349.96 | 57.470 | 0.783 84 | 400.90 | 206.78 | 1.722 3 | 1.024 4 | −13.258 | 0.701 |
| 10.00 | 414.88 | 48.721 | 0.794 53 | 403.76 | 213.63 | 1.720 1 | 1.048 6 | −9.740 | 0.331 |
| 15.00 | 488.60 | 41.532 | 0.805 77 | 406.57 | 220.55 | 1.718 2 | 1.072 7 | −6.363 | 0.091 |
| 20.00 | 571.88 | 35.576 | 0.817 62 | 409.30 | 227.55 | 1.716 5 | 1.096 5 | −3.120 | −0.018 |
| 25.00 | 665.49 | 30.603 | 0.830 17 | 411.96 | 234.63 | 1.714 9 | 1.120 2 | −0.001 | 0.000 |
| 30.00 | 770.21 | 26.424 | 0.843 47 | 414.52 | 241.80 | 1.713 5 | 1.143 7 | 2.995 | 0.148 |
| 35.00 | 886.87 | 22.899 | 0.857 68 | 416.99 | 249.07 | 1.712 1 | 1.167 2 | 5.868 | 0.419 |
| 40.00 | 1 016.32 | 19.893 | 0.872 84 | 419.34 | 256.44 | 1.710 8 | 1.190 6 | 8.629 | 0.828 |
| 45.00 | 1 159.45 | 17.320 | 0.889 19 | 421.55 | 263.94 | 1.709 3 | 1.213 9 | 11.274 | 1.364 |
| 50.00 | 1 317.19 | 15.112 | 0.906 94 | 423.62 | 271.57 | 1.707 8 | 1.237 3 | 13.795 | 2.031 |
| 55.00 | 1 490.52 | 13.203 | 0.926 34 | 425.51 | 279.36 | 1.706 1 | 1.260 4 | 16.195 | 2.834 |
| 60.00 | 1 680.47 | 11.538 | 0.947 75 | 427.18 | 287.33 | 1.704 1 | 1.284 2 | 18.471 | 3.780 |
| 65.00 | 1 888.17 | 10.080 | 0.971 75 | 428.61 | 295.51 | 1.701 6 | 1.308 0 | 20.612 | 4.869 |
| 70.00 | 2 114.81 | 8.788 | 0.999 02 | 429.70 | 303.94 | 1.698 6 | 1.332 1 | 22.609 | 6.119 |
| 75.00 | 2 361.75 | 7.638 | 1.030 72 | 430.38 | 312.71 | 1.694 8 | 1.356 8 | 24.440 | 7.539 |
| 80.00 | 2 630.48 | 6.601 | 1.068 69 | 430.53 | 321.92 | 1.689 8 | 1.382 2 | 26.073 | 9.158 |
| 85.00 | 2 922.80 | 5.647 | 1 011 621 | 429.86 | 331.74 | 1.682 9 | 1.408 9 | 27.454 | 11.014 |
| 90.00 | 3 240.89 | 4.751 | 1.118 04 | 427.99 | 342.54 | 1.673 2 | 1.437 9 | 28.483 | 13.189 |
| 95.00 | 3 587.80 | 3.851 | 1.279 26 | 423.70 | 355.23 | 1.657 4 | 1.471 4 | 28.900 | 15.883 |
| 100.00 | 3 969.25 | 2.779 | 1.534 10 | 412.19 | 375.04 | 1.623 0 | 1.523 4 | 27.656 | 20.192 |
| 101.00 | 4 051.31 | 2.382 | 1.968 10 | 404.50 | 392.88 | 1.601 8 | 1.570 7 | 26.276 | 23.917 |
| 101.15 | 4 064.00 | 1.969 | 1.968 50 | 393.07 | 393.07 | 1.571 2 | 1.571 2 | 23.976 | 23.976 |

## 附表 11 过热氟利昂 134a 蒸气的热力性质

| | $p = 0.05\text{MPa}(t_s = -40.64℃)$ | | | $p = 0.10\text{MPa}(t_s = -26.45℃)$ | | |
|---|---|---|---|---|---|---|
| $t/℃$ | $v/(\text{m}^3/\text{kg})$ | $h/(\text{kJ/kg})$ | $s/[\text{kJ/(kg·K)}]$ | $v/(\text{m}^3/\text{kg})$ | $h/(\text{kJ/kg})$ | $s/[\text{kJ/(kg·K)}]$ |
| −20.0 | 0.404 77 | 388.69 | 1.828 2 | 0.193 79 | 383.10 | 1.751 0 |
| −10.0 | 0.421 95 | 396.49 | 1.858 4 | 0.207 42 | 395.08 | 1.797 5 |
| 0.0 | 0.438 96 | 404.43 | 1.888 0 | 0.216 33 | 403.20 | 1.828 2 |
| 10.0 | 0.455 86 | 412.53 | 1.917 1 | 0.225 08 | 411.44 | 1.857 8 |
| 20.0 | 0.472 73 | 420.79 | 1.945 8 | 0.233 79 | 419.81 | 1.886 8 |
| 30.0 | 0.489 45 | 429.21 | 1.974 0 | 0.242 42 | 428.32 | 1.915 4 |
| 40.0 | 0.506 17 | 437.79 | 2.001 9 | 0.250 94 | 436.98 | 1.943 5 |
| 50.0 | 0.522 81 | 446.53 | 2.029 4 | 0.259 45 | 445.79 | 1.971 2 |
| 60.0 | 0.539 45 | 455.43 | 2.056 5 | 0.267 93 | 454.76 | 1.998 5 |
| 70.0 | 0.556 02 | 464.50 | 2.083 3 | 0.276 37 | 463.88 | 2.025 5 |
| 80.0 | 0.572 58 | 473.73 | 2.109 8 | 0.284 77 | 473.15 | 2.052 1 |
| 90.0 | 0.589 06 | 483.12 | 2.136 0 | 0.293 13 | 482.58 | 2.078 4 |

| | $p = 0.15\text{MPa}(t_s = -17.20℃)$ | | | $p = 0.20\text{MPa}(t_s = -10.14℃)$ | | |
|---|---|---|---|---|---|---|
| $t/℃$ | $v/(\text{m}^3/\text{kg})$ | $h/(\text{kJ/kg})$ | $s/[\text{kJ/(kg·K)}]$ | $v/(\text{m}^3/\text{kg})$ | $h/(\text{kJ/kg})$ | $s/[\text{kJ/(kg·K)}]$ |
| −10.0 | 0.135 48 | 393.63 | 1.760 7 | 0.099 98 | 392.14 | 1.732 9 |
| 0.0 | 0.142 03 | 401.93 | 1.791 6 | 0.104 86 | 400.63 | 1.764 6 |
| 10.0 | 0.148 13 | 410.32 | 1.821 8 | 0.109 61 | 409.17 | 1.795 3 |
| 20.0 | 0.154 10 | 418.81 | 1.851 2 | 0.114 26 | 417.79 | 1.825 2 |
| 30.0 | 0.160 02 | 427.42 | 1.880 1 | 0.118 81 | 426.51 | 1.854 5 |
| 40.0 | 0.165 86 | 436.17 | 1.908 5 | 0.123 32 | 435.34 | 1.883 1 |
| 50.0 | 0.171 68 | 445.05 | 1.936 5 | 0.127 75 | 444.30 | 1.911 3 |
| 60.0 | 0.177 42 | 454.08 | 1.964 0 | 0.132 15 | 453.39 | 1.939 0 |
| 70.0 | 0.183 13 | 463.25 | 1.991 1 | 0.136 52 | 462.62 | 1.966 3 |
| 80.0 | 0.188 83 | 472.57 | 2.017 9 | 0.140 86 | 471.98 | 1.993 2 |
| 90.0 | 0.194 49 | 482.04 | 2.044 3 | 0.145 16 | 481.50 | 2.019 7 |
| 100.0 | 0.200 16 | 491.66 | 2.070 4 | 0.149 45 | 491.15 | 2.046 0 |

| | $p = 0.25\text{MPa}(t_s = -4.35℃)$ | | | $p = 0.30\text{MPa}(t_s = 0.63℃)$ | | |
|---|---|---|---|---|---|---|
| $t/℃$ | $v/(\text{m}^3/\text{kg})$ | $h/(\text{kJ/kg})$ | $s/[\text{kJ/(kg·K)}]$ | $v/(\text{m}^3/\text{kg})$ | $h/(\text{kJ/kg})$ | $s/[\text{kJ/(kg·K)}]$ |
| 0.0 | 0.082 53 | 399.30 | 1.742 7 | — | — | — |
| 10.0 | 0.086 47 | 408.00 | 1.774 0 | 0.071 03 | 406.81 | 1.756 0 |
| 20.0 | 0.090 31 | 416.76 | 1.804 4 | 0.074 34 | 415.70 | 1.786 8 |
| 30.0 | 0.094 06 | 425.58 | 1.834 0 | 0.077 56 | 424.64 | 1.816 8 |
| 40.0 | 0.097 77 | 434.51 | 1.863 0 | 0.080 72 | 433.66 | 1.846 1 |
| 50.0 | 0.101 41 | 443.54 | 1.891 4 | 0.083 81 | 442.77 | 1.874 7 |
| 60.0 | 0.104 98 | 452.69 | 1.919 2 | 0.086 88 | 451.99 | 1.902 8 |
| 70.0 | 0.108 54 | 461.98 | 1.946 7 | 0.089 89 | 461.33 | 1.930 5 |
| 80.0 | 0.112 07 | 471.39 | 1.973 8 | 0.092 88 | 470.80 | 1.957 6 |
| 90.0 | 0.115 57 | 480.95 | 2.000 4 | 0.095 83 | 480.40 | 1.984 4 |
| 100.0 | 0.119 04 | 490.64 | 2.025 8 | 0.098 75 | 490.13 | 2.010 9 |
| 110.0 | 0.122 50 | 500.48 | 2.052 8 | 0.101 68 | 500.00 | 2.037 0 |

续表

| \multicolumn{3}{c|}{$p=0.40$MPa($t_s=8.93$℃)} | \multicolumn{3}{c}{$p=0.50$MPa($t_s=15.72$℃)} |
|---|---|---|---|---|---|
| $t$/℃ | $v$/(m³/kg) | $h$/(kJ/kg) | $s$/[kJ/(kg·K)] | $v$/(m³/kg) | $h$/(kJ/kg) | $s$/[kJ/(kg·K)] |

| $t$/℃ | $v$/(m³/kg) | $h$/(kJ/kg) | $s$/[kJ/(kg·K)] | $v$/(m³/kg) | $h$/(kJ/kg) | $s$/[kJ/(kg·K)] |
|---|---|---|---|---|---|---|
| 20.0 | 0.054 33 | 413.51 | 1.757 8 | 0.042 27 | 411.22 | 1.733 6 |
| 30.0 | 0.056 89 | 422.70 | 1.788 6 | 0.044 45 | 420.68 | 1.765 3 |
| 40.0 | 0.059 39 | 431.92 | 1.818 5 | 0.046 56 | 430.12 | 1.796 0 |
| 50.0 | 0.061 83 | 441.20 | 1.847 7 | 0.048 60 | 439.58 | 1.825 7 |
| 60.0 | 0.064 20 | 450.56 | 1.876 2 | 0.050 59 | 449.09 | 1.854 7 |
| 70.0 | 0.066 55 | 460.02 | 1.904 2 | 0.052 53 | 458.68 | 1.883 0 |
| 80.0 | 0.068 86 | 469.59 | 1.931 6 | 0.054 44 | 468.36 | 1.910 8 |
| 90.0 | 0.071 14 | 479.28 | 1.958 7 | 0.056 32 | 478.14 | 1.938 2 |
| 100.0 | 0.073 41 | 489.09 | 1.985 4 | 0.058 17 | 488.04 | 1.965 1 |
| 110.0 | 0.075 64 | 499.03 | 2.011 7 | 0.060 00 | 498.05 | 1.991 5 |
| 120.0 | 0.077 86 | 509.11 | 2.037 6 | 0.061 83 | 508.19 | 2.017 7 |
| 130.0 | 0.080 06 | 519.31 | 2.063 2 | 0.063 63 | 518.46 | 2.043 5 |

| \multicolumn{3}{c|}{$p=0.60$MPa($t_s=21.55$℃)} | \multicolumn{3}{c}{$p=0.70$MPa($t_s=26.72$℃)} |

| $t$/℃ | $v$/(m³/kg) | $h$/(kJ/kg) | $s$/[kJ/(kg·K)] | $v$/(m³/kg) | $h$/(kJ/kg) | $s$/[kJ/(kg·K)] |
|---|---|---|---|---|---|---|
| 30.0 | 0.036 13 | 418.58 | 1.745 2 | 0.030 13 | 416.37 | 1.727 0 |
| 40.0 | 0.037 98 | 428.26 | 1.776 6 | 0.031 83 | 426.32 | 1.759 3 |
| 50.0 | 0.039 77 | 437.91 | 1.807 0 | 0.033 44 | 436.19 | 1.790 4 |
| 60.0 | 0.041 49 | 447.58 | 1.836 4 | 0.034 98 | 446.04 | 1.820 4 |
| 70.0 | 0.043 17 | 457.31 | 1.865 2 | 0.036 48 | 455.91 | 1.849 6 |
| 80.0 | 0.044 82 | 467.10 | 1.893 3 | 0.037 94 | 465.82 | 1.878 0 |
| 90.0 | 0.046 44 | 476.99 | 1.909 2 | 0.039 36 | 475.81 | 1.905 9 |
| 100.0 | 0.048 02 | 486.97 | 1.948 0 | 0.040 76 | 485.89 | 1.933 3 |
| 110.0 | 0.049 59 | 497.06 | 1.974 7 | 0.042 13 | 496.06 | 1.960 2 |
| 120.0 | 0.051 13 | 507.27 | 2.001 0 | 0.043 48 | 506.33 | 1.986 7 |
| 130.0 | 0.052 66 | 517.59 | 2.027 0 | 0.044 83 | 516.72 | 2.012 8 |
| 140.0 | 0.054 17 | 528.04 | 2.052 6 | 0.046 15 | 527.23 | 2.038 5 |

| \multicolumn{3}{c|}{$p=0.80$MPa($t_s=31.32$℃)} | \multicolumn{3}{c}{$p=0.90$MPa($t_s=35.50$℃)} |

| $t$/℃ | $v$/(m³/kg) | $h$/(kJ/kg) | $s$/[kJ/(kg·K)] | $v$/(m³/kg) | $h$/(kJ/kg) | $s$/[kJ/(kg·K)] |
|---|---|---|---|---|---|---|
| 40.0 | 0.027 18 | 424.31 | 1.743 5 | 0.023 55 | 422.19 | 1.728 7 |
| 50.0 | 0.028 67 | 434.41 | 1.775 3 | 0.024 94 | 432.57 | 1.761 3 |
| 60.0 | 0.030 09 | 444.45 | 1.805 9 | 0.026 26 | 442.81 | 1.792 5 |
| 70.0 | 0.031 45 | 454.47 | 1.836 6 | 0.027 52 | 453.00 | 1.822 7 |
| 80.0 | 0.032 77 | 464.52 | 1.864 4 | 0.028 74 | 463.19 | 1.851 9 |
| 90.0 | 0.034 06 | 474.62 | 1.892 6 | 0.029 92 | 473.40 | 1.880 4 |
| 100.0 | 0.035 31 | 484.79 | 1.920 2 | 0.031 06 | 483.67 | 1.908 3 |
| 110.0 | 0.036 54 | 495.04 | 1.947 3 | 0.032 19 | 494.01 | 1.937 5 |
| 120.0 | 0.037 75 | 505.39 | 1.974 0 | 0.033 29 | 504.43 | 1.962 5 |
| 130.0 | 0.038 95 | 515.84 | 2.000 2 | 0.034 38 | 514.95 | 1.988 9 |
| 140.0 | 0.040 13 | 526.40 | 2.026 1 | 0.035 44 | 525.57 | 2.015 0 |

续表

| $t$/℃ | $v$/(m³/kg) | $h$/(kJ/kg) | $s$/[kJ/(kg·K)] | $v$/(m³/kg) | $h$/(kJ/kg) | $s$/[kJ/(kg·K)] |
|---|---|---|---|---|---|---|
| \multicolumn{7}{c}{} |

$p=1.0\text{MPa}(t_s=39.39℃)$ | $p=1.1\text{MPa}(t_s=42.99℃)$

| $t$/℃ | $v$/(m³/kg) | $h$/(kJ/kg) | $s$/[kJ/(kg·K)] | $v$/(m³/kg) | $h$/(kJ/kg) | $s$/[kJ/(kg·K)] |
|---|---|---|---|---|---|---|
| 40.0 | 0.020 61 | 419.97 | 1.714 5 | — | — | — |
| 50.0 | 0.021 94 | 430.64 | 1.748 1 | 0.019 47 | 428.64 | 1.735 5 |
| 60.0 | 0.023 19 | 441.12 | 1.780 0 | 0.020 66 | 439.37 | 1.768 2 |
| 70.0 | 0.024 37 | 451.49 | 1.810 7 | 0.021 78 | 449.93 | 1.799 4 |
| 80.0 | 0.025 51 | 461.82 | 1.840 4 | 0.022 85 | 460.42 | 1.829 6 |
| 90.0 | 0.026 60 | 472.16 | 1.869 2 | 0.023 88 | 470.89 | 1.858 8 |
| 100.0 | 0.027 66 | 482.53 | 1.897 4 | 0.024 88 | 481.37 | 1.887 3 |
| 110.0 | 0.028 70 | 492.96 | 1.925 0 | 0.025 84 | 491.89 | 1.915 1 |
| 120.0 | 0.029 71 | 503.46 | 1.952 0 | 0.026 79 | 502.48 | 1.942 4 |
| 130.0 | 0.030 71 | 514.05 | 1.978 7 | 0.027 71 | 513.14 | 1.969 2 |
| 140.0 | 0.031 69 | 524.73 | 2.004 8 | 0.028 62 | 523.88 | 1.995 5 |
| 150.0 | 0.032 65 | 535.52 | 2.030 6 | 0.029 51 | 534.72 | 2.021 4 |

$p=1.2\text{MPa}(t_s=46.31℃)$ | $p=1.3\text{MPa}(t_s=49.44℃)$

| $t$/℃ | $v$/(m³/kg) | $h$/(kJ/kg) | $s$/[kJ/(kg·K)] | $v$/(m³/kg) | $h$/(kJ/kg) | $s$/[kJ/(kg·K)] |
|---|---|---|---|---|---|---|
| 50.0 | 0.017 39 | 426.53 | 1.723 3 | 0.015 59 | 424.30 | 1.711 3 |
| 60.0 | 0.018 54 | 437.55 | 1.756 9 | 0.016 73 | 435.65 | 1.745 9 |
| 70.0 | 0.019 62 | 448.33 | 1.788 8 | 0.017 78 | 446.68 | 1.778 5 |
| 80.0 | 0.020 64 | 458.99 | 1.819 4 | 0.018 75 | 457.52 | 1.809 6 |
| 90.0 | 0.021 61 | 469.60 | 1.849 0 | 0.019 68 | 468.28 | 1.839 7 |
| 100.0 | 0.022 55 | 480.19 | 1.877 8 | 0.020 57 | 478.99 | 1.868 8 |
| 110.0 | 0.023 46 | 490.81 | 1.905 9 | 0.021 44 | 489.72 | 1.897 2 |
| 120.0 | 0.024 34 | 501.48 | 1.933 4 | 0.022 27 | 500.47 | 1.924 9 |
| 130.0 | 0.025 21 | 512.21 | 1.960 3 | 0.023 09 | 511.28 | 1.950 2 |
| 140.0 | 0.026 06 | 523.02 | 1.986 8 | 0.023 88 | 522.16 | 1.978 7 |
| 150.0 | 0.026 89 | 533.92 | 2.012 9 | 0.024 67 | 533.12 | 2.004 9 |

$p=1.4\text{MPa}(t_s=52.48℃)$ | $p=1.5\text{MPa}(t_s=55.23℃)$

| $t$/℃ | $v$/(m³/kg) | $h$/(kJ/kg) | $s$/[kJ/(kg·K)] | $v$/(m³/kg) | $h$/(kJ/kg) | $s$/[kJ/(kg·K)] |
|---|---|---|---|---|---|---|
| 60.0 | 0.015 16 | 433.66 | 1.735 1 | 0.013 79 | 431.52 | 1.724 5 |
| 70.0 | 0.016 18 | 444.96 | 1.768 5 | 0.014 79 | 443.17 | 1.758 8 |
| 80.0 | 0.017 13 | 456.01 | 1.800 3 | 0.015 72 | 454.45 | 1.791 2 |
| 90.0 | 0.018 02 | 466.92 | 1.830 8 | 0.016 58 | 465.54 | 1.822 2 |
| 100.0 | 0.018 88 | 477.77 | 1.860 2 | 0.017 41 | 476.52 | 1.852 0 |
| 110.0 | 0.019 70 | 488.60 | 1.888 9 | 0.018 19 | 487.47 | 1.881 0 |
| 120.0 | 0.020 50 | 499.45 | 1.916 8 | 0.018 95 | 498.41 | 1.909 2 |
| 130.0 | 0.021 27 | 510.34 | 1.944 2 | 0.019 69 | 509.38 | 1.936 7 |
| 140.0 | 0.022 02 | 521.28 | 1.971 0 | 0.020 41 | 520.40 | 1.963 7 |
| 150.0 | 0.022 76 | 532.30 | 1.997 3 | 0.021 11 | 531.48 | 1.990 2 |

续表

| | $p=1.6\text{MPa}(t_s=57.94℃)$ | | | $p=1.7\text{MPa}(t_s=60.45℃)$ | | |
|---|---|---|---|---|---|---|
| $t/℃$ | $v/(\text{m}^3/\text{kg})$ | $h/(\text{kJ/kg})$ | $s/[\text{kJ}/(\text{kg·K})]$ | $v/(\text{m}^3/\text{kg})$ | $h/(\text{kJ/kg})$ | $s/[\text{kJ}/(\text{kg·K})]$ |
| 60.0 | 0.012 56 | 429.36 | 1.713 9 | — | — | — |
| 70.0 | 0.013 56 | 441.32 | 1.749 3 | 0.012 47 | 439.37 | 1.739 8 |
| 80.0 | 0.014 47 | 452.84 | 1.782 4 | 0.013 36 | 451.17 | 1.773 8 |
| 90.0 | 0.015 32 | 464.11 | 1.813 9 | 0.014 19 | 462.65 | 1.805 8 |
| 100.0 | 0.016 11 | 475.25 | 1.844 1 | 0.014 97 | 473.94 | 1.836 5 |
| 110.0 | 0.016 87 | 486.31 | 1.873 4 | 0.015 70 | 485.14 | 1.866 1 |
| 120.0 | 0.017 60 | 497.36 | 1.901 8 | 0.016 41 | 496.29 | 1.894 8 |
| 130.0 | 0.018 31 | 508.41 | 1.929 6 | 0.017 09 | 507.43 | 1.922 8 |
| 140.0 | 0.019 00 | 519.50 | 1.956 8 | 0.017 75 | 518.60 | 1.950 2 |
| 150.0 | 0.019 66 | 530.65 | 1.983 4 | 0.018 39 | 529.81 | 1.977 0 |

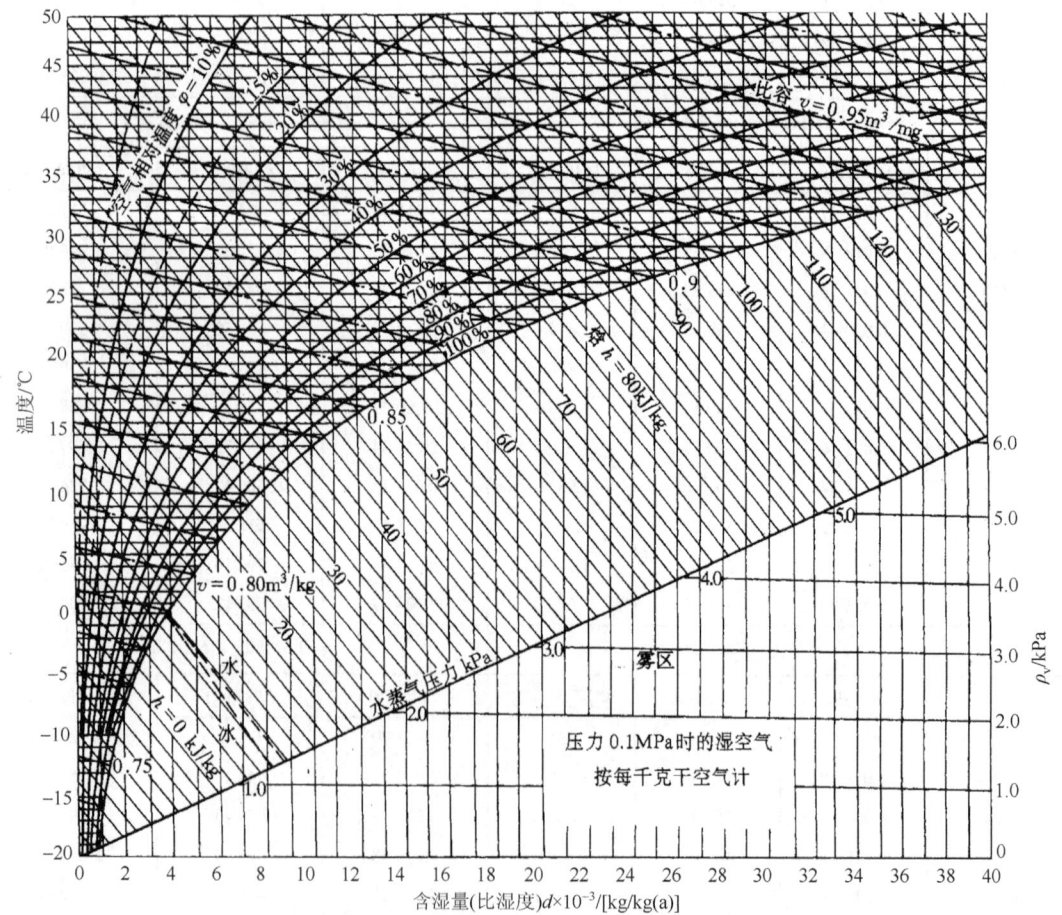

附图 1　湿空气焓湿图（$p_b=0.1\text{MPa}$）